长江中游航道整治建筑物稳定性研究

王平义　杨成渝　喻　涛　韩林峰　著

科学出版社
北　京

内 容 简 介

本书紧紧围绕三峡蓄水后长江中游航道整治理论及实际问题进行研究，主要从整治建筑物水毁机理及稳定性、模型试验两方面展开。在前期研究工作的基础上，通过物理模型试验，对长江中游航道整治建筑物受三峡工程“清水”下泄及水库下游河床发生长距离、长时段的冲刷变形影响下，整治建筑物周围的水流结构、局部冲刷、破坏程度、受力分布等特征进行分析，并提出有效治理措施，以预防和根治水毁灾害的发生。

本书介绍的航道整治建筑物稳定性研究成果对于延长整治建筑物使用寿命、提高航道整治效果具有重要作用，对其他河段的航道整治建筑物设计、施工及维护也具有借鉴意义。本书可供大专院校、科研单位及工程设计和管理部门相关人员参考使用。

图书在版编目(CIP)数据

长江中游航道整治建筑物稳定性研究 / 王平义等著. —北京：科学出版社，2016.7

ISBN 978-7-03-049384-2

Ⅰ.①长… Ⅱ.①王… Ⅲ.①长江-中游-河道整治-建筑物-稳定性-研究 Ⅳ.①TV867

中国版本图书馆 CIP 数据核字（2016）第 160917 号

责任编辑：杨 岭 唐 梅 / 责任校对：韩雨舟
封面设计：墨创文化 / 责任印制：余少力

科学出版社出版
北京东黄城根北街16号
邮政编码：100717
http://www.sciencep.com

四川煤田地质制图印刷厂印刷
科学出版社发行 各地新华书店经销
*
2016 年 8 月第 一 版 开本：787×1092 1/16
2016 年 8 月第一次印刷 印张：17 3/4
字数：420 千字

定价：176.00 元

前　言

内河航运是典型的资源节约、绿色环保的交通运输方式，具有运能大、能耗小、成本低、占地少、污染轻等优势。在当前交通拥堵、环境污染、能源短缺等问题日益严重的形势下，发展内河航运越来越受到重视。我国内河航道通航里程位居世界第一，但高等级航道开发利用还相当有限。

长江横贯东西、通江达海，是连通东、中、西部地区的水运主动脉，是我国最重要的内河水运主通道，也是世界上运量最大、运输最繁忙的通航河流，对促进流域经济协调发展发挥了重要作用，素有“黄金水道”之称。随着我国国民经济和对外贸易快速发展，提升长江黄金水道通航能力已成为支撑沿江经济社会发展的必然要求和迫切需要。而长江中游航道作为长江航道“承上启下”的交通枢纽，历来是长江航道养护的重中之重。随着三峡水库蓄水后长江航道通航环境的变化，长江中游航道通航能力不足的问题进一步凸显，其航道条件与日益增长的沿江经济对水运的需求有较大差距，航道的治理难度、整治建筑物的平面布置和结构型式也在发生变化，对整治建筑物的稳定性要求越来越高。针对三峡水库蓄水运行后对长江中游航道条件的不利影响及趋势，近年来航道部门陆续对一些重要浅险碍航滩段实施了航道整治控导工程，包括护心滩工程、分汊河段洲头守护工程、护边滩工程、筑坝工程、护岸工程及护岸加固工程等。航道整治的成败关键在于治理效果，而整治建筑物的稳定性是确保治理效果的重要基础。因此，深入研究三峡水库蓄水后，新水沙条件下整治建筑物的稳定性问题，对确保整治工程质量安全和降低工程维护成本，促进长江经济带的发展具有重要意义。

本书为作者等所组成的研究团队先后结合交通运输部科技项目专题“长江中游航道整治丁坝稳定性关键技术研究”、“长江航道整治护滩建筑物模拟技术研究”、“长江中游心滩守护工程关键技术研究”、“航道整治建筑物周围水沙运动规律研究”、“整治建筑物的可靠度及使用年限研究”及“新型生态环保型护岸工程结构型式试验研究”，紧紧围绕三峡水库蓄水运行后，新水沙条件下长江中游航道整治中的实际需求，以基础理论为导向，以研究工程实际技术问题为核心，以解决工程实际应用需求为目标，将原型观测、理论分析、数值模拟、模型试验等多种研究手段相结合，历经十多年对长江中游航道整治建筑物的整治效果及稳定性进行比较全面、系统、深入的研究所取得的主要成果。参加项目研究的主要人员有王平义、杨成渝、高桂景、高培、赵维阳、刘胜、刘晓菲、喻涛、王伟峰、梁碧、苏伟、张可、韩林峰、路鼎、杨渠锋、张秀芳、李晓玲、杜飞、李明龙、杨锐等。在研究过程中得到了交通运输部科技司、交通运输部水运局、长江航道局、长江航道规划设计研究院、南京水利科学研究院、交通运输部天津水运工程科学研究院等单位的大力支持和协助，同时也得到行业内有关专家的热情帮助与指导。在此，谨向所有给予支持与帮助的各级领导和专家表示衷心的感谢！

本书仅是作者近年来对长江中游航道整治建筑物模拟研究及应用的初步总结，参考了国内多家科研设计单位、高等院校及管理部门近十年来的研究成果，由于作者水平有限，书中难免有疏漏和不妥之处，敬请读者批评指正。

作　者

2016 年 4 月

目　录

第1章　概　　论

1.1　长江中游航道建设概况

长江中游自湖北宜昌到江西湖口，全长 955km，流域面积 68 万 km^2，流经湖北、湖南、江西三省，区域人口超过 1.1 亿。而按照航道养护管理的特点，一般将宜昌以上航段称为长江上游航道，宜昌至汉口航段称为长江中游航道，汉口至长江口航段称为长江下游航道。

1.1.1　长江中游航道概述

宜昌下临江坪(中游里程 615.0km)至武汉长江大桥(中游里程 2.5km)为长江中游航道，全长 612.5km，由 64 个水道组成(图 1-1)，包括芦家河、枝江、江口、太平口、武桥等 10 多个重点浅水道。长江中游历来是枯水期长江航道养护的重中之重，航道技术等级为Ⅱ级，航道养护类别为一类航道养护，航标配布类别为一类航标配布。根据地理，按河道特性分为三段。

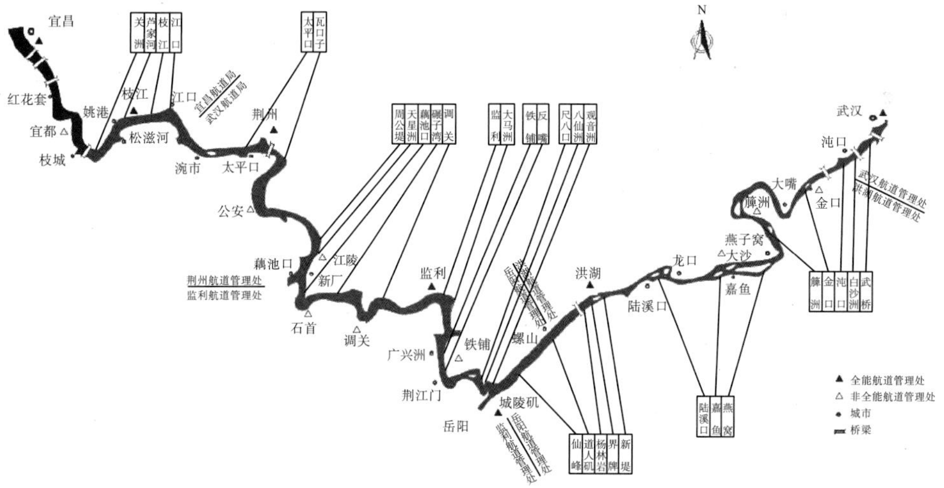

图 1-1　长江中游河段水道分布图

(1)宜昌(中游里程 615.0km)至枝城(中游里程 570.0km)段，长 45km，是山区河流进入平原河流的过渡段，两岸有低山、丘陵和阶地控制，河岸抗冲能力强，河床组成物较粗。河道多为顺直微弯型，河床稳定，航道条件较好。

(2)枝城(中游里程 570.0km)至城陵矶(中游里程 230.0km)段，又称荆江河段，以藕池口为界分为上、下荆江。上荆江长约175km，河段内弯道较多，弯道内有江心洲，属微弯型河段，河槽平均宽度为1300～1500m。下荆江长约165km，属蜿蜒型河段，河道迂回曲折，河槽平均宽度约1000m。目前该河段大部分严重崩岸已通过人工护岸得到控制，河势总体上已趋于稳定，但少数河段崩岸仍十分严重。

(3)城陵矶(中游里程230.0km)至武汉(中游里程2.5km)段，长227.5km，江面较宽，河道较顺直，航道较荆江河段稳定，多为宽窄相间的藕节状分汊河段，窄段一般有节点控制，河道单一、稳定；宽段河道内发育有洲滩，形成分汊。河床演变主要表现为局部河段的深泓摆动，洲滩的冲淤，主支汊交替消长。

宜昌至武汉河段枯水期水流一般流速为1.0～1.7m/s，洪水期流速为2.0～3.0m/s，多年平均径流量为4510亿m^3(宜昌站资料)。

1.1.2 长江中游航道建设

自“九五”期以来，以实施长江中游界牌水道治理工程为标志，长江中游航道建设步入了系统治理的时期，先后对界牌、碾子湾、罗湖洲、马家咀、瓦口子等浅险水道进行了系统有效、科学合理的整治，使得严重碍航的局面得到一定缓解，逐步摆脱蜿蜒曲折、演变频繁的天然状态，通航尺度大幅提升。2009年，宜昌至城陵矶河段枯水期最小维护水深从2.9m提高到3.2m，打破了延续56年长江中游枯水期航道水深2.9m的局面。2010年，海轮航道成功实现了“双延”，即延长武汉至巢湖河段海轮航道通航期、海轮航道上延至城陵矶，同时提前一个月开放了武汉以下海轮航道。从2011年枯水期开始，宜昌到武汉的最低水深已经正式提高到3.2m，可通航5000t级船舶。2011年1月21日，国务院颁布了《关于加快长江等内河水运发展的意见》(国发(2011)2号)，标志着长江等内河水运发展已经上升为国家战略，其中以长江干线中游荆江河段航道治理工程和南京以下12.5m深水航道建设工程为重中之重，围绕这两个重点工程和“十二五”发展目标，全面开展了长江中下游航道建设工作，加快推进“十二五”期长江黄金水道建设。

1.1.3 长江中游航道治理规划

《长江干线航道总体规划纲要》(2009年3月)中明确：到2020年，宜昌至城陵矶河段、城陵矶至武汉河段航道建设标准分别为3.5m×150m×1000m和3.7m×150m×1000m，保证率均为98%。根据《长江干线航道建设规划(2011～2015年)》，到2015年，长江中游宜昌至城陵矶河段航道为内河Ⅰ级、水深为3.5m；城陵矶至武汉河段的航道水深为3.7m；武汉至江西湖口河段的航道水深为4.5m，可通航由2000t或5000t级驳船组成的2万～4万t级船队，利用自然水深通航5000t级海船。

1.2 长江中游航道整治建筑物主要类型及研究现状

自20世纪90年代以来，航道部门在长江中游河段实施了一系列航道整治工程，工程所建的航道整治建筑物有效改善了中游通航条件，对释放中游通航潜能起到了较大作用。从1994年至今，长江中游(宜昌至武汉河段)先后实施并竣工交付使用了12项航道整治(控导)工程，共建成丁坝、顺坝、锁坝、护滩(底)带、护岸、鱼嘴等各类整治建筑物75个。长江中游航道整治建筑物根据整治作用和守护位置的不同大致可以分为坝体类整治建筑物、护岸类整治建筑物和护滩(底)类整治建筑物等三类。其中坝体类整治建筑物主要包括丁坝(群)、顺坝、锁坝、潜坝、鱼骨坝、导流坝；护岸类整治建筑物主要包括抛石护岸、混凝土块护岸、四面六边透水框架护岸、钢丝笼护岸、土工织物软体排护岸及模袋混凝土护岸等；护滩(底)类整治建筑物主要包括抛石护滩(底)、砍肩护底、钢筋笼护滩(底)、混凝土铰链排、护滩(底)软体排、固化砂土新型护滩结构等。

下面简要介绍长江中游几种典型的整治建筑物应用情况及研究现状。

1.2.1 丁坝研究现状

丁坝是航道整治工程中最常用的整治建筑物，其坝根与河岸连接，坝头伸向河心，坝轴线与水流方向正交或斜交，在平面上与河岸构成丁字形，形成横向阻水的整治建筑物。在山区河流的急险滩航道整治中，丁坝多用于调整流向、改善流态，或壅高滩上水位，增加水深或调整比降，减缓局部地区流速，以便船舶利用缓流上滩。在浅滩航道整治中也常用于束窄河床，集中水流冲深航槽，或与疏浚结合，束水归槽，维护航道尺度等；在平原河流航道整治中，丁坝多用于加高或固定边滩，延长水流对浅滩的冲刷时间，或与疏浚结合，减小挖槽回淤量。

早在20世纪50年代初期，国外已开始对丁坝绕流问题进行试验和理论研究。我国从1954年开始对长江干流航道进行系统整治，共整治滩险188处，完成工程量约580万m^3，其中大量使用了丁坝等航道整治建筑物。目前，国内对丁坝的研究主要有试验研究和数值计算两种手段。

(1)试验研究方面：窦国仁等(1978)对丁坝回流问题进行试验和理论研究；汪德胜(1988)在试验观测的基础上，对缓流时漫水丁坝的水流结构及局部冲刷进行了分析研究；赵世强(1989)通过水槽试验讨论了丁坝周围的水流流态和丁坝局部冲刷机理，并导出了丁坝局部冲刷计算公式；方达宪等(1992)对丁坝坝头床沙起冲流速进行较为全面、系统的试验研究，在单因素分析及丁坝附近水流结构的观察分析的基础上，用优化组合及多元线性回归的方法，提出了丁坝坝头床沙起冲流速的计算方法，进而得出了坝头局部最大冲深的计算模式；应强(1995)以水槽试验为基础，对淹没丁坝附近的水流现象进行了定性描述，采用量纲分析法，提出过坝流量的计算公式和坝前最大壅水值的计算公式；彭静等(2000)介绍了用颜料示踪和最新的油膜技术对流动进行可视化记录以研究淹没丁坝群的近体流场分布的试验结果，得到绕丁坝的近场流动具有强三维非恒定特性的结论；周银军等(2008)试验研究了透水丁坝附近河床的冲淤特性；童年虎等(2009)通过动床模型试验研究了黄河下游裴峪至官庄峪丁坝缩窄河段，在河道不同位置布设丁坝，不同情况下丁坝相对长度对河道泥沙冲淤变化的影响；韩林峰等(2013)通过水槽试验，将丁坝水毁近似看作由不同洪峰流量的洪水交替作用产生的结果，提出了三参数威布尔丁坝水毁可靠度分析模型，并在水毁体积等效的基础上推导出受年际洪水交替作用后丁坝剩余寿命的计算公式；喻涛等(2014)通过水槽概化模型试验，以天然河流日均流量过程作为试验水流条件，进行非恒定流作用下丁坝局部冲刷研究。

(2)数值计算方面：陆永军等(1991)用 k-ε 紊流模型建立了丁坝绕流的水深平均运动特性的数学模型；沈波(1997)在水力方程中考虑环流对方程的修正，局部水深突然变化引起局部阻力对方程的修正，同时输沙方程中考虑环流输沙的基础上，建立了适合于河流丁坝局部冲刷的平面二维数学模型；周宜林(2001)通过大涡数值模拟研究了丁坝附近水流特性；彭静等(2002)对洪水条件下丁坝近体的局部冲淤进行了三维数值模拟；朱军政等(2003)采用 VOF 方法模拟涌潮翻越丁坝过程，得到定床情况下丁坝上游任意点任意瞬间的时均流速分布；崔占峰等(2006)采用标准 k-ε 模型结合壁面函数的方法，模拟分析了丁坝淹没情况下丁坝附近的流场、紊动能及耗散率的分布；刘玉玲等(2010)采用高精度 WENO 格式结合有限体积法建立了河道丁坝群二维水流的数学模型；张新周等(2012)针对局部冲刷和一般冲刷的不同，建立了考虑垂向水流作用的局部冲刷三维紊流泥沙数学模型，并对往复流和单向流作用下的丁坝局部冲刷进行了验证计算和数值模拟。

1.2.2 护滩软体排研究现状

长江中游为典型的平原冲积型河道，分布有大量的、形态各异的成形淤积体，其中具有一定规模的淤积体通常称为滩体(江心滩或边滩)，是河道的重要组成部分。在航道整治工程中，为了稳固河岸和洲滩、稳定枯水航槽、控制河道格局，需对一些滩体加以保护和控制，从而维持其相对稳定。护滩软体排相对于其他类型的整治建筑物，具有施工方便、造价低等优点；同时，不占用过水面积，对滩槽周围流场影响较小，且不改变地形冲淤变化，能够较好地维持滩槽稳定，是目前长江中游常用的护滩建筑物型式。

在早期航道整治工程中，护滩建筑物的结构型式主要为在滩面上修筑低矮丁坝群或者散抛块石。20 世纪 80 年代，长江中开始采用单层聚丙烯编织布软体排+覆盖块石的结构型式，虽然起到了一定的作用，但是由于这种排体的排垫与压载体是分离的，压载块石易滚落，排体多有毁坏，所以总体效果不是很理想，现已不再采用。20 世纪 90 年代，长江航道整治进入快速发展期，软体排护滩结构在长江中下游航道整治工程中得到广泛使用，排体结构也由最初的排垫与压载体分离的形式变为系结压载软体排形式，由于其平面布置呈带状，所以又称为护滩带，其结构型式包括沙垫软体排、系小沙袋软体排等。由于系小沙袋软体排在施工和使用过程中存在一些问题，主要包括劳动力强度过大、压载重量不够、沙袋破损后影响排体稳定等不利因素，在 90 年代末期逐渐被系混凝土块软体排取代。

由于护滩软体排是近二十年才开始在长江中游航道整治工程中使用，且排体结构相对比较复杂，所以目前对软体排的研究主要采取现场观测和模型试验相结合的方法。刘怀汉等(2007)系统总结了长江中游已建护滩带的平面布置形式和破坏形式，对护滩带的破坏机理进行了分析，通过水槽概化模型试验，分析了护滩带周边水流泥沙运动特征，提出了护滩带宽度和间距的确定方法；刘晓菲(2008)针对 X 型系混凝土块软体排排体的模拟技术展开深入研究，解决了X型排排体的几何相似、重力相似、平面布置相似以及变形相似等几个方面的问题，基本实现了X型排排体的实体模拟；张秀芳等(2010)以长江中游典型碍航心滩河段——沙市三八滩河段为原型，通过概化模型试验并结合理论分析，详细论述了软体排护滩前后心滩和河床的冲刷变化规律以及软体排护滩带对汊道分流分沙比的影响；马爱兴等(2011)通过对护滩带损毁过程的试验观测、损毁影响因素分析、护滩带块体间脉动力及受力分析，研究了护滩带常见的边缘塌陷、悬挂、排体中部鼓包或塌陷等破坏类型的损毁机理，并提出在护滩带边缘抛四面六边透水框架、增大排体自身的抗拉强度、选择合理的平面布置形式等应对措施；郑英等(2012)通过水槽试验，研究了四面六边透水框架结构的护滩效果；贾晓等(2013)以长江口深水航道治理工程为基础，对长江中下游及河口地区软体排的实际冲刷情况进行了梳理，根据引起排体局部冲刷的动力原因，将冲刷坑形态分为沿软体排冲刷槽、绕流冲刷坑和跌流冲刷坑，并具体分析了不同形态冲刷坑的特征及演变过程。

1.2.3 鱼骨坝研究现状

鱼骨坝一般依心滩或江心洲而建，由顺水流方向的脊坝和垂直于脊坝轴线的刺坝组成，脊坝主要用于分流、分沙和归顺水流方向，刺坝可调节环流的运动，并增强坝体的稳定。因此，在航道整治中，鱼骨坝在分流分沙的同时，还可用于改善不良流态、稳定洲滩、保持有利的河势和滩槽格局。

不同形式的鱼骨坝工程对整治河段的水、沙运动有着不同程度的影响。以固滩(护滩)、稳定洲头为主的鱼骨坝，依原有滩头或洲头的地形进行防护，其平面线型应顺滑、水流能够平顺过渡，以减少工程对原有水、沙运动的干扰；而以分流、分沙、调整不利流态为主的鱼骨坝，其方向和尺寸的选取非常关键，一般需进行多方案比较以确定最佳方案。因此，根据河道地形、水流特征以及整治建筑物功能的不同，鱼骨坝的布置形式也往往具有多样性。

鱼骨坝复杂的坝体结构决定了其周围水流条件的复杂性。目前对鱼骨坝的研究主要有原型观测与模型试验两种方法，胡旭跃等(2002)在对桃源大桥斜流碍航问题的研究中发现，在江心洲洲头修建鱼骨坝可以使斜流与航槽的最大的交角由38°减少到15°～24°；张少云等(2005)在沅水跑马滩的整治模型试验中发现，处于斜流区的鱼骨坝，刺坝长度越短，对斜流的约束作用就越小；周彬瑞等(2006)结合水槽实验数据，利用数学模型，对不同刺坝间距的鱼骨坝工程方案进行比较，根据坝体上游近岸水位单位长度壅高、坝体两侧及两岸岸边流速增加情况，确定刺坝布置的最佳间距；刘怀汉等(2008)结合水槽概化实验和二维水流数值计算成果，研究了鱼骨坝的水位、流速、流场和动水压强等水力特性，并对水毁原因进行了分析。

1.2.4 生态型护岸研究现状

以往人们在河道护岸过程中只考虑工程的安全性、耐久性，故多采用干砌石、浆砌石、混凝土、预制块等材料修筑硬质护岸，隔断了水生生态系统和陆地生态系统之间的联系，导致河流失去原本完整的结构和作为生态廊道的功能，进而影响到整个河道生态系统的稳定。而生态型护岸工程是结合了航道工程学、环境学、生物科学、美学等学科于一体的治河工程，对改善水生生物的生存条件、提高河流水质提供一定的帮助。

1. 国外生态型护岸研究概况

国外最早从20世纪50年代就着手研究传统护岸工程对河流自然环境的影响，发现传统的混凝土护岸结构在一定程度上会造成河流生态功能退化和周边环境破坏。为了能够有效地守护河岸边坡和保持生态系统，许多国家相继提出了一系列生态型护岸技术。德国首先建立了“近自然河道整治工程”理念，提出河流的整治应满足生命化和植物化的原理；阿尔卑斯山脉的法国、瑞士、斯洛文尼亚等国家，在河道整治领域也有着非常成熟的经验，并且非常注重河流生态系统的完整性以及河流作为自然生态景观和生物基因库的作用；德国、瑞士等国于20世纪80年代提出了“自然型护岸”技术，广泛采用捆材护岸、木沉排、草格栅、干砌石等新型环保护岸结构型式，在大小河道均有广泛的实践。目前在欧美等国使用更为广泛的生态护岸技术是土壤生物工程(soil-bioengineering)，该工程的实质是最大程度地利用植被对水体、气候、土壤的作用，以实现河岸边坡的稳固。这类技术比较常见的一般有以下几种。

(1)土壤保持技术：大都采用植物对岸坡进行遮盖，以避免岸坡表面受到水体的直接冲刷及侵蚀。其主要防护方法有遮盖草皮、种植乔灌树木、播种草籽等。

(2)地表加固技术：重点是利用植物庞大的根系吸取土体水分来减小土壤中的孔隙水压力，以获得稳固土体的效果。其常见的技术方法有根系填塞、灌木丛层、枝条篱墙、活枝柴捆、草卷等。

(3)植被与建筑材料的搭配利用：其常见的技术方法有绿化干砌石墙、植物网箱、植物栅栏、渗透式植被边坡等。

日本的河道边坡治理技术主要师从于欧美国家，并在此基础上提升优化，主要有植物、石笼网、干砌石、生态混凝土等生态护岸技术，并在河道治理工程中取得了很多突破。日本在20世纪70年代末提出“亲水”的理念，90年代初又提出了“多自然型河川建设”工程，并在探索新型护岸结构型式上做了大量的科学研究。例如，日本丰桥市的河道治理工程，以纵横排列的圆木作为坡脚附近的护岸，给水域中各类生物营造了优越的生态空间，在靠近河流的岸坡附近堆上适当大小的天然块石，以抵抗水流的冲刷。

2. 国内生态型护岸研究概况

我国对生态护岸的使用和研究起步较晚。从20世纪90年代后期开始，由于国内生态环境受到不同程度的破坏，严重影响了人们的正常生活，所以人们逐渐对生态环境的保护有了一定的意识；同时，受到来自欧美等发达国家先进环保技术及环保理念的影响，我国的水利工作者开始在航道整治工程中利用生态护岸技术实现对河道生态系统的保护。例如，胡海泓(1999)在桂林市漓江旅游景区生态河道治理工程中引进并应用了笼石挡墙、复合植被护坡、网笼垫块护坡等三种生态型护岸技术；陈海波(2001)在传统土渠护坡的基础上，将砌筑工程技术与生物工程技术有机结合，提出了网格反滤生物组合护坡技术；李洪远等(2003)以多功能生态堤岸为基础，分析了海河堤岸的现状及存在的问题，针对海河综合开发改造方案提出了生态堤岸与亲水景观建设等建议；张玮(2007)通过种植水生植物的透空块体砌筑成河岸坡面，结合分格梁、柱来提升堤岸结构的整体稳定性，提出了生态河流治理的新方法；周明等(2008)针对长江护岸工程现状，围绕“产业化管理、体制改革、技术创新”的主题，论述了长江护岸工程特性、建设管理现状及存在的问题、改革目标模式及相关对策，探讨了适合新时期长江护岸工程现代化建设管理的优化模式；吴义锋等(2011)采用多孔混凝土为河渠生态护岸载体，联合绿色植物、微生物构建河渠岸坡特定生态系统，以岸坡硬质护砌的河渠为实验对照，研究该系统对河渠中微型生物群落的胁迫效应；曾子等(2013)通过极限平衡法结合有限元数值计算，提出了基于乔灌木根系加固及柔性石笼网挡墙变形自适应的生态护坡技术。

1.3 航道整治建筑物模拟技术研究进展

与土木、水利、港口等领域建筑物相比，航道整治建筑物密实度差、结构强度低、基础可动性强，加之其工作环境一般位于水下，条件复杂且难以进行实际测量，因此，传统航道整治建筑物模拟技术主要以物理模型试验为主。近年来，随着数值模拟技术的日趋成熟以及高性能计算机的出现，CFD(计算流体动力学)模拟技术以其工作周期短、投入小等优点，而逐渐受到航道工作者的青睐。

1.3.1 物理模型试验

物理模型试验是较早用于整治建筑物模拟研究的方法。19世纪初比尺模型开始出现，由于当时试验和测量手段比较落后，控制由人工调节，模型的模拟精度较低。20世纪中期，河工模型试验有了较大的发展，测量手段有了显著改善，模型试验方法也在不断完善。但由于场地等因素限制，河工模型一般相比于真实河道要小得多，而且有时候不得不在某种程度上降低几何相似的要求，将模型做成变态，导致河工模型中整治建筑物通常做得很小，难以找到模型相似的材料，无法真实模拟其水毁过程。目前，航道整治建筑物模型试验通常是在概化的明渠或水槽中进行，通过定床和动床模型试验模拟整治建筑物局部范围内的水流、泥沙运动情况以及整治建筑物水毁过程。

1.3.2 数学模型

数学模型是将已知的水动力学基本定律用数学方程进行描述，在一定的定解条件下求解这些数学方程，从而达到模拟一些水动力学的理论问题及实际问题的目的。描述水流运动的控制方程组，多具有非线性和非恒定性，定解条件复杂多变，用解析法求解几乎不可能，因此长期以来，问题的解决主要借助于物理模型实验。但在大型水利、水运工程的规划设计时，不仅要考虑邻近区域的水利条件及其影响，还必须考虑工程对整个流域或邻近流域的影响，物理模型对此一般难以解决。同时物理模型存在周期长、费用高等缺点，促使许多学者和工程技术人员寻求数值求解水流运动方程的方法和理论。1928年，Courant、Friedrichs和Lewy提出了有限差分理论，但因计算量太大而未能推广应用。直到电子计算机的问世，为求解水流运动方程提供了强有力的计算工具，数学模型受到重视并得到迅速发展。1952～1954年，Lsaacson和Twesch建立了俄亥俄河和密西西比河部分河段的数学模型，并进行了实际洪水过程的模拟。到20世纪60年代中期，为解决各种各样的设计和规划问题，建立了大量用途单一的数学模型。到20世纪70年代后，许多功能更加完善的数学模型先后出现，特别是紊流模式的不断完善，三维数学模型也进入实用阶段。今天，数值计算已广泛应用于水利、航运、海洋、环境、流体机械和流体工程等各个科学研究领域。

由于数学模型在求解过程中存在参数或系数确定的问题，如糙率、阻力系数、挟沙力公式及系数、推移质输沙率公式及系数等，这些经验公式如果应用不当就会脱离实际。在利用数学模型进行河床变形预测时，从理论上讲，可以在这些资料的范围内对未来进行准确的预报，但并不一定能够外延。另外，现阶段的数学模型计算结果的表达不直观，用户无法对模型计算进行跟踪操作，模型计算结果难于与其他信息集成，造成交流困难，这也影响了数学模型的进一步发展。

第 2 章　长江中游航道整治建筑物水毁特征

长江中游河段航道整治建筑物根据整治作用和守护位置的不同大致可以分为坝体类整治建筑物和护岸类整治建筑物、护滩(底)类航道整治建筑物等三类。自 2009 年三峡工程 175m 试验性蓄水以来，受清水下泄的影响，长江中游河段河床演变剧烈，洲滩变迁频繁，航槽极不稳定，碍航情况频发，河床发生调整后对整治建筑物结构稳定性也会带来影响，让原本已得到稳定的河势将再次面临新的调整。目前，长江中游已建和在建航道整治工程的建筑物类型和数量都比较多，分布的部位也有很大的差别。以枝城至城陵矶段为例，该河段目前已(在)建航道整治建筑物近 90 处，其中已经竣工验收并投入使用的约 50 处，包括丁坝(群)、护岸、护滩(底)软体排、鱼嘴、锁坝等整治类型。如何保障整治建筑物的稳定，确保工程质量安全，需要掌握三峡蓄水后新水沙条件下各类整治建筑物的破坏机理。

2.1　坝体类整治建筑物水毁特征

坝体类整治建筑物在调整水流结构、改善局部航道条件上发挥着重要的作用，是长江中游常用的整治建筑物类型之一。坝体结构通常为散抛石坝体或加芯散抛石坝体。

2.1.1　破坏形式

1. 坝头破坏

坝头破坏主要发生在早期建设的丁坝上，如长江中游武穴水道 3# 丁坝，坝头出现局部垮塌，坝芯沙枕出露，如图 2-1 所示。最早建设的界牌右岸侧上边滩丁坝群，虽然有

图 2-1　坝头破坏实例

些坝头出现破坏，但由于丁坝由窜沟内锁坝部分与丁坝滩面部分组成，丁坝滩面部分结构实际为护滩带，出现了塌陷甚至冲刷后退现象，由于不是一般意义上的实体坝头，此处不作深入研究。

2. 坝身破坏

坝身破坏通常表现为坝身出现缺口，如图 2-2 所示。根据调查，一些坝体中部出现 10～40m 的缺口，这些缺口经及时维修加固后，避免了破坏的进一步扩大，保证了建筑物功能的持续发挥。

图 2-2　坝身破坏实例

3. 坝根破坏

长江中下游坝体类整治建筑物坝根的破坏主要表现在坝体下游近岸侧护底区域出现比较大的冲刷坑，导致近岸侧坝体发生局部塌陷，形成缺口；或坝根护岸守护长度不够，岸坡发生局部崩塌，如图 2-3 所示。

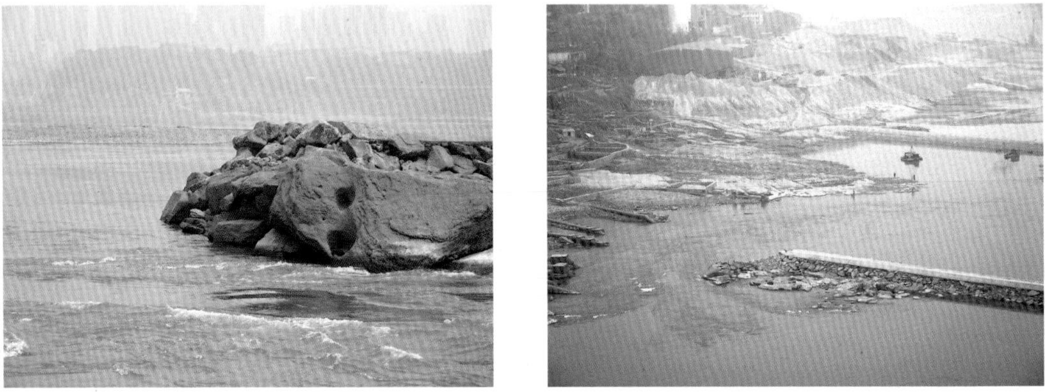

图 2-3　坝根破坏实例

4. 坝面破坏

坝面破坏通常是一些小型的破坏，如坝面块石流失、坝面小型塌陷等，有些沙枕填芯+块石盖面结构的坝体，在块石流失后，坝体内侧的沙枕往往暴露在阳光下，产生老化破坏，如图 2-4 所示。

图 2-4　坝面块石流失、沙枕出露

结合长江中游河道边界特点，根据整治建筑物近年维修资料可以看出，长江中游坝体类整治建筑物破坏主要有以下几个特点。

(1)建筑物破坏多表现为坝头坍塌、坝身形成缺口、坝根岸坡崩塌及坝面小型破坏。

(2)坝体大多位于中细沙河床上，周围泥沙易被冲走形成冲刷坑，进而导致坝体失稳，坝体块石滑落、形成缺口。

(3)整个建筑物的崩毁，往往是多种局部水毁因素共同作用，或是单一水毁因素未得到及时修复而扩大蔓延所致。坝体缺口一旦形成，若不及时修复，则缺口往往会迅速扩大。

(4)坝体常处于极为恶劣的自然环境中，老化现象较为严重。例如，中下游一些沙枕填芯的坝体，在盖面块石滑落后，沙枕出露后易发生老化。

2.1.2　损毁原因分析

1. 水流动力作用

河道是水沙相互作用的产物，坝体建于河床或边心滩之上，不仅坝体受到水流作用，而且坝体基础也会受到水流作用。从已有研究成果来看，造成坝体类整治建筑物局部或整体崩陷的主要原因是建筑物坝头、坝根等部位的基础和泥沙常年受到水流冲刷和侵蚀作用，导致基础被淘空，坝体在其自身重力作用下失稳所致。据相关统计，长江中游80%以上的坝体类整治建筑物水毁是由此种原因所致。

除此之外，在较大流速梯度、垂向水流、紊动水流等动力因素作用下，坝头以及坝后容易产生较大的冲刷坑；在螺旋流作用下坝头根石流失，随着冲刷历时增加，冲刷坑发展壮大，导致坝体失稳而坍塌破坏；还有部分研究认为急流顶冲、横向冲刷、漩涡作用、下潜水流以及河床变形等均是坝体水毁的动力因素。

水流对坝体的作用力主要有拖曳力和上举力，拖曳力是由水流绕过坝体块石出现的坡面摩擦及迎流面和背流面的压力差所构成的；上举力是由坝体顶部流速大、压力小，底部流速小、压力大所造成的。水流对坝体的破坏常见形式主要包括：急流顶冲、横向冲刷以及坝后冲刷。

(1)急流顶冲：凡地处中洪水主流顶冲点上的坝体类整治建筑物，在汛期承受着很大的冲击力，在着力点处，局部集中冲刷是整治建筑物破坏的主要动力。破坏过程先是坝顶或坡面出现单个或多个缺口剥落流失，形成小缺口，之后缺口扩散冲深，坝体断裂，破坏越来越严重。

(2)横向冲刷：导流顺坝、堵顺坝、封弯顺坝的前沿因受弯道横向环流的作用，坝基(多为砂卵石)被淘空，致使坝体外侧失去支撑，坝体在自重作用下，失去平衡而塌陷破坏。

(3)坝后冲刷：丁坝、锁坝的迎水面和背水面前后水位差值较大。中洪水期坝体被淹没，坝后水流流速大、冲刷力强，护坡块石常被急流剥落，坝基基脚常被淘空，失去支撑导致坝身产生不均匀沉降或偏移，从而导致坝体上部结构产生破坏。

2. 基础变形

长江中游沙质河床，床沙粒径小、重量轻、易起动，导致河床更容易变形。当在河床上修筑坝体类整治建筑物后，由于局部流速增大，坝体附近的河床、洲滩变形更为剧烈，进而导致坝体基础局部或整体被冲刷淘空，坝体发生坍塌破坏。由以往大量丁坝冲刷试验和原型观测资料可知，当坝头坡脚处冲刷坑的后坡斜率超过一定临界值时，坝头很快开始水毁，随后水流将崩塌堆积的泥沙冲刷带走，冲刷坑坡度继续变陡，当坝基被淘空至一定程度时，坝体失稳而坍塌。

3. 人为因素

人类在整治建筑物附近的生产、生活活动也会对整治建筑物的稳定性产生影响，主要表现在以下几个方面。

(1)随意采挖砂卵石、无序超量采砂。沿江村民为获取暂时的眼前利益，常在坝根处开挖沙石，将基脚挖空，形成隐患。

(2)拾取水柴，撬拗坝顶块石。洪水期，随洪流漂移的枯枝残根，常卡落在丁坝、顺坝、洲头坝等坝体的缝隙中，村民为拾取柴火，用钢钎随意撬拗石块、抽取水柴，使坝体松动，密实度降低，咬合功能减弱，洪水一到，极易成为水毁的突破口。

(3)无序的围河造地，护岸保土。沿江村镇为了各自利益，随意地筑堤围地，破坏了天然河流的动态平衡，危及河势和稳定。

(4)各种涉水建筑的修建物，包括桥梁、滨江道路、航道整治建筑物等。桥梁的桥墩对河道的主流平面位置、流态均会产生一定影响，进而影响附近所建坝体的稳定。

2.2 护岸类整治建筑物水毁特征

长江中游两岸地势总体西高东低，地面高程一般为 26～42m，河岸多为土、细沙、砾石组成，岸线多变，稳定性较差，因此沿线多护岸工程。护岸一般可分为抛散粒体护岸和排体护岸两种，前者主要包括抛石护岸、混凝土块护岸、四面六边框架护岸、钢丝笼护岸、土工织物沙枕护岸及模袋混凝土护岸等；后者主要包括柴排护岸、混凝土铰链排护岸、土工布软体排护岸等。长江中游目前护岸类型多以抛石护岸、混凝土预制块护岸、钢丝网垫护岸等结构型式为主。

2.2.1　破坏形式

通过对碾子湾水道柴码头 500m 护岸工程和鲁家湾 1000m 护岸工程的损毁情况的调查分析，结合近年长江中游其他水道护岸工程的损毁维修情况，对长江中游较为常见的块石护岸、混凝土块护岸和钢丝笼护岸的主要损毁形式进行说明。

1. 护岸顶部破坏

护岸工程顶部破坏一般发生在护岸体与原有岸坡衔接部位，在水流作用下或其他外界因素影响下，局部土沙被水流冲走，散粒体护岸块石松动，钢丝笼损坏，都会引起护岸局部损毁。护岸工程都布设有良好的排水系统，但在实际运用过程中，如果出现排水系统堵塞，那么会引起护岸工程顶部的异常冲刷，导致护岸工程的损毁(图 2-5)。

图 2-5　护岸工程衔接部位及顶部排水系统

2. 护岸坡面破坏

目前长江中游河段护岸工程坡面常见的结构型式有块石结构、混凝土块结构和钢丝笼结构，而坡面损毁主要发生在块石坡面和混凝土块坡面。坡面损毁的主要形式为在水流冲击等外力作用下块体脱离原位，致使护岸坡面局部凹陷损毁，通常这种损毁形式会引起一系列连锁反应，导致周围块石相继脱离滑落造成更大的破坏。坡面的另一种损毁形式为块石或混凝土块底部垫层发生冲刷或者下沉，进而引起局部坡面凹陷，造成护岸坡面损坏(图 2-6)。

图 2-6　块石护岸坡面破坏实例

3. 护岸基础破坏

护岸基础破坏是长江中游较为常见的护岸损毁形式，由于本河段河床质及岸坡多土沙结构，当护岸河段河床演变趋势发生转变或有外界因素对河床冲淤特性产生影响时，往往在护岸工程所在的河床部位会出现比较明显的冲刷，这会造成护岸工程的基础发生破坏(图 2-7 和图 2-8)，通常来说，基础破坏之后会对护岸稳定造成较大影响。

图 2-7 护岸工程基础破坏实例之一

图 2-8 护岸工程基础破坏实例之二

长江中游护岸类整治建筑物破坏通常具有以下一般特点。

(1)破坏部位多发生在边缘、衔接部位和基础等位置。

(2)破坏过程通常呈现连锁强化趋势，一个部位出现损坏未及时修复就会引起大规模的连锁破坏。

(3)护岸类整治建筑物通常以基础淘刷等破坏引起整治建筑物垮塌较为常见，一般出现在洪水期，损毁发展速度快。

2.2.2 损毁原因分析

护岸工程通常都建设在原有岸坡不够稳定，易发生崩岸和垮塌的位置，影响护岸工程稳定的因素从宏观上可以分为自然因素和人为因素两大类。荆江河段大部分岸线的崩塌都是河道自然演变的结果，同样护岸工程的破坏也大部分来源于此。在护岸工程损毁的过程中通常水流条件都是主导因素，当然这也离不开河道边界条件和适宜的催化条件。

1. 水流动力作用

1)纵向水流作用

河道的纵向水流决定着河流纵向输沙和河道整体变形的强度，不同的水文年和年内水文分布决定了河段的纵向输沙关系，是河道演变特性的直接决定因素，也是河床演变乃至护岸工程破坏的关键因素。在河道的平面变形过程中，河底及护岸附近的泥沙启动、推移、扬动并由水流输向下游。一般来说，水流的挟沙力越强，其携带的泥沙就越多，对现有护岸工程带来的影响就越大。

2)环流作用

环流对护岸工程的损坏也是一个重要因素。长江中游荆江河段九曲多弯，纵向水流与环流一起形成螺旋流，冲刷河岸，螺旋流底部旋度大，底部泥沙横向输移剧烈。弯道环流在荆江河岸冲刷破坏尤其是弯曲过度的河段护岸类整治建筑物损毁过程中表现为主导作用。

3)回流作用

回流是一种次生流，在一定的边界条件下产生。一般情况下回流具有二重性。当纵向水流达到一定强度时，回流能使近岸附近的床面泥沙启动，悬浮通过与纵向水流的掺混交换，淘刷冲击岸线，造成护岸工程破坏。

4)波浪作用

波浪对岸的冲击作用常发生在风吹程度较大的岸段和岸滩，其作用是间歇、往复的。一般情况下，行船波也具有风浪的一般特征，在波浪的往复作用力下，容易引起护岸块体松动破坏，但从目前长江中下游护岸破坏情况来看，除了受潮流影响较大河段波浪因素作用较明显外，其余河段波浪影响作用较小。

2. 河床边界条件

1)河弯曲率

河弯曲率是河道平面形态的重要指标，是河床演变的结果，同时对水流运动起着一定的控制作用。河弯曲率约束着纵向水流作用的方向，曲率越大，水流对河岸的顶冲角也越大，主流运行迹线越靠近岸线，相应的环流强度也越大，护岸工程受到的水流作用力也越大，越容易破坏。因此在河床边界条件中河弯曲率对护岸工程破坏的影响是非常显著的。

2)河床组成

河床泥沙一般特指枯水位以下河槽部分的床沙，这部分河槽是河床演变中冲淤变化最活跃的部分。荆江河段的河床泥沙组成包括少部分推移质，而主要由悬移质中的床沙质堆积而成，集中体现了在水流作用下泥沙运动所具备的固有特性。护岸工程是限制河道平面变形的重要工程措施，同时，泥沙输移和河床冲淤的强度又直接代表着河床变形的强度。因此，护岸工程可制约河床演变的过程，同时河床演变也对护岸有巨大的反作用。

3)河岸组成

在二元结构组成的河岸中，上层河漫滩相沉积的细颗粒泥沙，是在悬移质床沙质堆积的基础上属于冲泄部分的堆积物。河漫滩黏性土层的厚薄可表示河岸抗冲性的程度，一般来说，黏性土层厚度越大，河岸抗冲性越强，崩塌后的土体对原河床掩护并隔开水流冲刷的时间越长，冲刷速率会相对较慢。沙质或粉沙质河岸易受水流冲刷，是河床泥沙发生冲淤变化的主体。当护岸底部基础为沙质河床时，河床将随着水流的冲刷发生巨大的变化，破坏现有护岸工程基础稳定，进而造成护岸工程的垮塌破坏。

4)滩槽高差

这一因素即是在水流作用下河道平面变形过程中形成的反应岸坡特征的横断面形态，同时它又是影响岸坡产生破坏的重要因素。显然，滩槽高差越大，岸坡越不稳定，越容易引起护岸工程的损毁破坏。

5)河岸地下水活动

这方面主要包括河岸地下水的来源和河道内水位降落幅度和速率的影响。它是通过对岸坡土体力学的作用来反映对岸坡稳定的影响的。岸坡守护工程的损毁也与前期的水流冲刷有关，表现为汛期冲刷过后，在汛后至枯水期较易引起岸坡失稳而产生破坏。

3. 人为因素

护岸类整治建筑物破坏人为影响因素与坝体类大致相同。

2.3 护滩(底)类整治建筑物水毁特征

长江中游河岸两侧或河心处常存在边滩、心滩、江心洲等滩体，这些滩体在枯水期露出，中洪水期被淹没，是维持航槽畅通稳定的基础。为了维持航槽稳定，需要通过护滩建筑物对那些在演变周期中河势条件较好、滩体较为高大完整的滩槽加以守护。护底工程通常是与护岸或者护滩相接的岸边水下河床进行守护的工程，一般与护滩结构相似。长江中下游常用的护滩、护底建筑物为系砼块软体排结构，一般护滩为X型排，护底为D型排。

2.3.1 破坏形式

护滩(底)类整治建筑物守护的基本原理是隔离水流对河床和滩体的直接作用，保护滩面、河床不被冲刷，以维持现有良好航道条件。不同结构型式的护滩带，破坏形式也不尽相同。块石护面的破坏主要表现在抛石部分的坍塌和沉陷，发生破坏的部位主要在坝头的下游侧。一般情况下坝体部分主要是坍塌，而在坝体的下游侧由于翻坝水的作用，形成一条沿坝轴线方向在坝体坡脚以外的冲刷坑。软体排型护滩带的破坏部位一般位于排体上边缘、头部以及下游一侧，出现程度不一的冲刷坍陷、排布撕裂、排布暴露在外等现象。软体排护滩带的破坏形式可归纳为以下五大类。

1)排体边缘塌陷

排体边缘塌陷主要由于水流冲刷护滩带边缘外的未护滩面，使排体边缘塌陷，这种破坏非常普遍。造成的问题有：①砼排体和系结条外露，进而老化；②系结条松开，砼块移动或滑落。如图 2-9 所示。

图 2-9　排体边缘塌陷

2)排体中部塌陷或鼓包

排体中部塌陷或鼓包主要由于接缝处理不牢，造成接缝处泥沙冲失或泥沙从接缝处挤入排底。造成的问题为：系结条松开，排体外露、老化，所护滩体被破坏。如图 2-10 所示。

图 2-10　排体中部塌陷或鼓包

3)边缘形成陡坡，排体边缘变形较大甚至悬挂

边缘形成陡坡，排体边缘变形较大甚至悬挂与平面布置及河床组成有一定关系，周天清淤工程中存在这种变形。造成的问题有：①砼排体和系结条外露，进而老化；②系结条松开，砼块移动或滑落；③排体撕裂。如图 2-11 所示。

4)边缘排体下部河床局部淘刷，形成空洞

边缘排体下部河床局部淘刷，形成空洞是特殊水流条件作用的结果，具体原因尚未完全确定，天兴洲头部守护工程中存在此类情况。造成的问题为：排体撕裂(一般从接缝处)，进一步向排内淘刷，最后形成垛状。如图 2-12 所示。

图 2-11 排体边缘形成陡坡、悬挂

图 2-12 排体边缘下部河床被淘空

5)排体基础整体冲刷坍塌

排体基础整体冲刷坍塌主要与滩体地质条件、护滩带的平面布置、护滩带宽度等有关，三八滩守护工程中存在此类情况。造成的问题为：排整体塌陷并破坏，所护滩体破坏。如图 2-13 所示。

图 2-13 排体基础整体冲刷坍塌

护滩(底)类整治建筑物在长江中游河段滩体守护中最为常见，应用也最为广泛，效果也最好，护滩(底)由于处于枯水期水沫线附近，水流往复作用频繁，因此损毁也较为常见，从现有长江中下游护滩(底)工程损毁维修资料我们可以看出，其具有以下一般特征。

(1)损毁部位多发生在护滩(底)带边缘和排体搭接部位。

(2)守护工程稳定性与河床组成、河床演变过程密切相关。

(3)护滩(底)工程出现破坏后，在持续外力作用下破坏不断扩大，当工程位于水下时不易发现，极易给通航带来不利影响。

2.3.2 损毁原因分析

护滩(底)建筑物损毁机理复杂，影响因素众多，不仅与护滩带自身的强度有很大的关系，而且与护滩带的平面布置、守护区域内的水流泥沙条件、滩体的地质条件以及施工质量等因素有关。

(1)护滩带布置不合理。软体排护滩带布置包括排体间距和守护范围。排体间距过大，起不到守护效果，排体间距过小，则无法适应较大地形变化；而护滩带的守护范围要能维持护滩带自身的稳定，守护范围过大，造成工程浪费，守护范围过小，则起不到应有的守护效果。

(2)自身强度低。自身强度较低主要表现在三个方面：一是排布及系结条强度低，在排体悬空或变形较大时，经常出现排布撕裂、系结条散开、砼块散落等现象；二是排体搭接时的强度较低，排体外侧出现一定程度的变形后，可能会引起排体搭接处遭受破坏；三是排垫在阳光下易老化，老化后强度降低，这是护滩带破坏的另一关键因素。

(3)水流条件是造成护滩带破坏的动力因素，也是根本原因。未受护滩建筑物守护的滩体边缘部位容易被水流冲刷，护滩带边缘部位的滩体被掏空，形成陡坡，导致排体边缘部位塌陷变形。滩体被淹没时，渗透水流能从护滩带底部携走泥沙，形成局部沉降或鼓包，当护滩带不能适应较大地形变化时，就发生坍塌破坏，这也是护底建筑物破坏的主要形式。漫滩水流对滩尾的冲刷作用也很强烈，水流流过护滩带，尚有足够的动力回落到滩面，对护滩建筑物下游未被保护的滩面形成冲刷，这种“抄后路”的破坏形式也不容忽视。

(4)施工质量。特别是接缝位置强度直接关系到护滩带的稳定，这在许多地方都得以印证。

第3章　长江中游丁坝破坏机理及稳定性研究

3.1　概化模型试验设计及试验内容

本章着重研究三峡工程蓄水后，水沙条件变化对坝下游航道整治建筑物——丁坝坝体稳定性的影响。通过收集大量相关资料，结合水槽模型试验，研究了长江中游丁坝周围水流结构、局部冲刷、水毁机理、破坏程度、坝体受力分布等特征，提出丁坝结构空间力的分析计算模式以及科学、合理的护底结构型式；给出坝头附近冲刷坑深度的计算方法、丁坝结构安全性评定模型。

3.1.1　水槽试验

1. 仪器和设备

水槽试验系统主要包括高精度自控尾门玻璃水槽、变频器、水泵、电磁流量计、6个超声水位计以及水位流量自动测控程序(图3-1)。水槽长30m，宽2m，高1m，坡度变化范围为±1%，沿程宽度误差小于±1mm。用变速泵和电磁流量计控制流量，流量范围

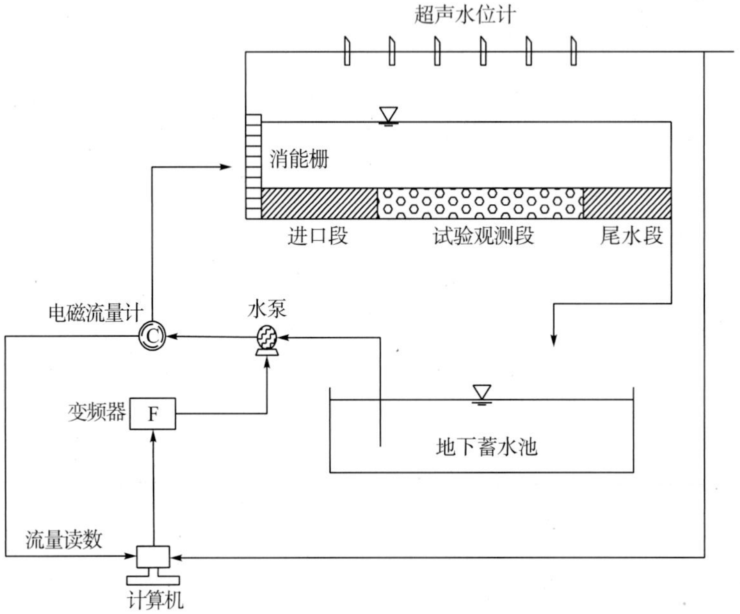

图3-1　试验布置示意图

为 0.001～0.3m^3/s，精度为 0.0001m^3/s。水槽槽底从上游到下游由 3 段组成：10m 进口段、15m 试验观测段和 5m 尾水段。进口段和尾水段为定床段，试验段既可以铺设素混凝土成为定床，也可以铺设试验沙成为动床。

2. 清水定床试验

根据交通部《航道整治工程技术规范》（JTJ 312—2003）中对丁坝坝身结构的规范要求和长江中游航道常见的丁坝结构型式，清水定床试验采用三种不同长度的正挑丁坝，丁坝横断面为梯形断面，坝体材料采用有机玻璃。

清水定床试验主要观测不同流量、水深、坝长等因素组合下，丁坝周围流场以及坝体受力分布情况。

3. 清水动床试验

清水动床试验在水槽试验观测段铺设长 15m、厚 0.3m 的石英砂。铺沙厚度根据长江中游航道实际工程所在河段河床冲刷深度的估算值确定，铺沙级配由所在河段河床实测级配确定，试验布置如图 3-2 所示。

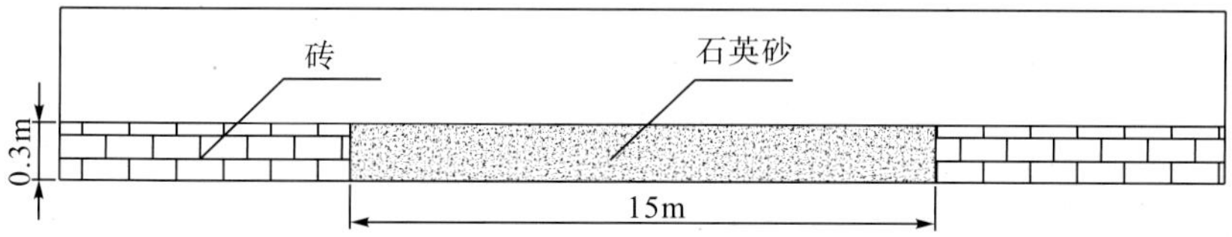

图 3-2　清水动床试验布置图

动床试验丁坝的长度、断面形式与定床试验完全一致，坝体材料采用散抛石。

试验主要观测丁坝周围流场、泥沙运动、冲刷坑发展变化、坝体水毁过程以及护底破坏的程度和范围等。

3.1.2　试验设计

1. 模型设计依据

为了将研究成果推广运用到天然河流上，必须考虑概化模型试验比尺问题。由于长江中游天然河段及丁坝工程尺度较大，水槽概化模型不可能模拟某个具体河段和工程，只能模拟部分工程长度，使模型沙级配、试验水深、流速等与天然河流有某种粗略的比尺关系。为此，以长江中游治理难度最大的荆江河段的水流、泥沙等条件作为模型设计的主要依据。

1)长江中游荆江河段年平均径流量变化情况

三峡水库蓄水前，坝下游宜昌、枝城、沙市、监利、螺山、汉口、大通站多年平均径流量分别为 4368 亿 m^3、4450 亿 m^3、3942 亿 m^3、3576 亿 m^3、6460 亿 m^3、7111 亿 m^3、9052 亿 m^3；三峡水库蓄水后，除监利站基本持平外，2003～2008 年长江中下游各站水量偏枯 5%～10%。175m 试验性蓄水的这两年，较蓄水前总体仍略偏枯，由于

2010年中下游水量较大，与蓄水后平均值相比，枝城以下径流量略偏多，幅度为0.1%～2.8%，见表3-1。

表3-1 三峡水库蓄水前后荆江河段主要水文站年平均径流量统计表

时间	宜昌	枝城	沙市	监利
多年平均(蓄水前)/亿 m^3	4368	4450	3942	3576
2003～2008年平均值/亿 m^3	3978	4064	3750	3601
变率 A	−8.9%	−8.7%	−4.9%	0.7%
2009～2010年平均值/亿 m^3	3935	4119	3753	3664
变率 A	−9.9%	−7.4%	−4.8%	2.4%
变率 B	−1.1%	1.4%	0.1%	1.7%

注：变率 A、B 分别为与2002年前均值、2003～2008年均值的相对变化

2)长江中游荆江河段年平均输沙量变化情况

三峡水库蓄水前，坝下游宜昌、枝城、沙市、监利、螺山、汉口、大通站多年平均输沙量分别为4.92亿t、5亿t、4.34亿t 、3.58亿t、4.09亿t、3.98亿t、4.27亿t。三峡水库蓄水后，受清水下泄的影响，坝下游各站输沙量减幅为64%～88%，且减幅沿程递减。175m试验性蓄水的这两年，长江中下游输沙量减少更加明显，与蓄水前相比，减幅达65.3%～93.1%，与蓄水后年均值相比，也有明显减少，减幅达3.7%～44.3%，减幅均沿程递减，具体情况见表3-2。

表3-2 三峡水库蓄水后荆江河段主要水文站输沙量统计表

时间	宜昌	枝城	沙市	监利
多年平均(蓄水前)/亿t	4.92	5	4.34	3.58
2003～2008年平均值/亿t	0.609	0.746	0.857	0.976
变率 A	−87.6%	−85.1%	−80.3%	−72.7%
2009～2010年平均值/亿t	0.340	0.394	0.493	0.654
变率 A	−93.1%	−92.1%	−88.6%	−81.7%
变率 B	−44.3%	−47.2%	−42.5%	−33.0%

注：变率 A、B 分别为与2002年前均值、2003～2008年均值的相对变化

3)长江中游荆江河段河床质级配变化

从坝下游宜昌至湖口沿程的床沙变化情况来看，床沙中值粒径均有粗化，粗化的幅度沿程逐渐减小。其中荆江河段床沙主要由细砂组成，其次有卵石和砾石组成的沙质、砂卵质、砂卵砾质河床。根据多年床沙取样，含卵、砾石床沙一般分布在大布街以上河段，大布街至郝穴河段河床中卵、砾石埋深较大，郝穴以下为纯沙质河段。

三峡水库蓄水运行后，卵石河床下延近5km。沙质河床也逐年粗化，床沙平均中值粒径由2003年的0.197mm变粗为2009年的0.241mm，增粗幅度为22.3%，2010年与2009年相比，除枝城河段床沙中值粒径略有减小外，其余河段均有所增加，具体情况见表3-3。

表 3-3　三峡水库蓄水运行前后荆江河段床沙中值粒径变化统计表　(单位：mm)

河段＼年份	2000	2001	2003	2004	2005	2006	2007	2008	2009	2010
枝城河段	0.240	0.212	0.211	0.218	0.246	0.262	0.264	0.272	0.311	0.261
沙市河段	0.215	0.190	0.209	0.204	0.226	0.233	0.233	0.246	0.251	0.251
公安河段	0.206	0.202	0.220	0.204	0.223	0.225	0.231	0.214	0.237	0.245
石首河段	0.173	0.177	0.182	0.182	0.183	0.196	0.204	0.207	0.203	0.212
监利河段	0.166	0.159	0.165	0.174	0.181	0.181	0.194	0.209	0.202	0.201
荆江河段	0.200	0.188	0.197	0.196	0.212	0.219	0.225	0.230	0.241	0.227

通过表 3-3 可以看出，三峡工程蓄水后荆江河段整体河床级配略有粗化，中值粒径大小略有增大，表明蓄水后荆江河段处于冲刷状态。试验中重点对水沙条件的变化情况进行分析，着重研究水沙过程改变对抛石丁坝整治效果及结构稳定的影响。

4)长江中游丁坝结构型式

长江中游丁坝由坝体、坝头、护底和坝根等四部分组成。以碾子湾水道典型丁坝工程作为模型设计的参考依据，该水道 2＃～7＃丁坝结构的特征见表 3-4。模型设计需要考虑丁坝结构型式基本相似。

表 3-4　碾子湾水道丁坝特征值汇总表

坝号	坝长/m	坝头高程/m	坝宽/m	纵坡	迎水坡	背水坡	最大坝高/m
2＃丁坝	59.68	27.5	3	1∶300	1∶1.5	1∶2	
3＃丁坝	89.45	27.5	3	1∶300	1∶1.5	1∶2	
4＃丁坝	135.48	27.5	3	1∶300	1∶1.5	1∶2	5.1
5＃丁坝	168	27.5	3	1∶300	1∶1.5	1∶2	6.2
6＃丁坝	242	27.5	3	1∶300	1∶1.5	1∶2	7.7
7＃丁坝	274	27.5	3	1∶300	1∶1.5	1∶2	5.6

2. 模型比尺

1)模型几何比尺的确定

丁坝的局部冲刷与坝体对河道断面的束窄程度有关，考虑到坝长对束窄河床的影响，模型丁坝坝长按水面收缩比 μ 与原型相等进行设计，即模型坝长应满足

$$\left(\frac{L}{B}\right)_P = \left(\frac{L}{B}\right)_M = \mu \tag{3-1}$$

式中，L，B 分别代表丁坝坝长和河道宽度；P、M 分别表示模型和原型。

长江中游河宽为 800～2000m，根据表 3-4，取原型丁坝的长度为 200m，则丁坝引起的收缩比为

$$\mu_1 = \frac{L}{B_1} = \frac{200}{800} = 0.25 \tag{3-2}$$

$$\mu_2 = \frac{L}{B_2} = \frac{200}{2000} = 0.1 \tag{3-3}$$

故丁坝的收缩比为 $0.1 \leqslant \mu \leqslant 0.25$，试验水槽为 2m，根据收缩比来确定模型丁坝的长度，即

$$L_{M(\max)} = \left(\frac{L}{B}\right)_P B_M = \mu_1 B_M = 0.25 \times 2.0 = 0.5\text{m} \tag{3-4}$$

$$L_{M(\min)} = \left(\frac{L}{B}\right)_P B_M = \mu_2 B_M = 0.1 \times 2.0 = 0.2\text{m} \tag{3-5}$$

故模型丁坝的长度应为 0.2～0.5m，试验采用坝长分别为 20cm、30cm、50cm 三种丁坝。

根据长江中游河段平面尺寸以及丁坝结构尺寸，考虑实验水槽的大小和供水系统的实际情况，水槽概化模型仅模拟部分工程长度，采用平面比尺 $\lambda_L = 60$。概化模型采用正态模型，故水平比尺和垂直比尺分别为

$$\lambda_L = \lambda_H = 60 \tag{3-6}$$

根据表 3-4 的统计数据，取原型丁坝坝高为 6m，坝顶宽为 3m，根据比尺，则模型丁坝坝高为 10cm，坝顶宽为 5cm。坝体面层厚度按垂直比尺确定，纵坡、迎水坡、背水坡与原型一致，丁坝护底范围按水平比尺确定。

原型丁坝坝体块石粒径根据《航道整治工程技术规范》(JTJ 312—2003)中的公式计算，即

$$d = 0.04 V_f^2 \tag{3-7}$$

式中，d 为块石等容粒径，m；V_f 为整治建筑物处的表面流速，m/s。

模型坝体材料仍采用天然石料，但需要保证与原型块石起动相似。实践表明，由式(3-7)计算所得抛石粒径偏小，根据以往工程经验给出坝体抛石粒径与抗冲流速的关系，见表 3-5。

表 3-5　各种规格的块石抗冲流速

抗冲流速/(m/s)	2.0	2.5	3.0	3.5	4.0
抛石粒径/m	0.2	0.3	0.4	0.53	0.7
抛石重量/kg	13	40	90	200	470

在模型试验水流控制方面：枝城水文站实测到的最大流速为 4.58m/s，长江中游天然河流洪水平均流速约为 2.8m/s，枯水一般约为 1.0m/s。因此试验中行进流速按天然最大流速不超过 3.0m/s 控制，试验流量以对坝体破坏作用较大的中洪水流速(2.5～3.0m/s)为主，坝头处最大流速一般不超过 5m/s。由式(3-7)计算得到的模型丁坝抛石粒径在 0.6cm 左右，由表 3-5 估算得到的模型块石粒径在 0.67cm 左右，因此试验采用平均粒径为 0.65cm 的天然碎石。

2)模型水流比尺的确定

为了保证水流运动的相似性，模型水流应同时满足下列两个条件，即

$$\lambda_V = \sqrt{\lambda_H} \tag{3-8}$$

$$\lambda_V = \frac{1}{\lambda_n} \lambda_H^{1/6} \frac{\lambda_H}{\sqrt{\lambda_L}} \tag{3-9}$$

联解式(3-8)及式(3-9)，得到需要的糙率比尺和模型糙率为

$$\lambda_n = \lambda_H^{1/6}\sqrt{\frac{\lambda_H}{\lambda_L}} = 60^{1/6}\sqrt{\frac{60}{60}} = 1.98 \quad (3\text{-}10)$$

$$n_m = \frac{n_p}{\lambda_n} = \frac{0.025}{1.98} = 0.0126 \quad (3\text{-}11)$$

故为保证模型水流运动的相似，应采用

$$\lambda_V = \sqrt{60} = 7.746 \quad (3\text{-}12)$$

$$\lambda_Q = \lambda_H \lambda_L \lambda_V = 60 \times 60 \times 7.746 = 27885.6 \quad (3\text{-}13)$$

式中，λ_V 为流速比尺；λ_Q 为流量比尺。长江中游河道枯水河宽为 800m 左右，洪水河宽为 2000m 左右，河道断面呈“U”形。三峡大坝蓄水后，坝下游年平均流量为 12262.2m^3/s，年平均径流量为 3867 亿 m^3。模型流量按进口段为均匀流设计，模拟长江中游洪、中、枯三级流量进行试验。

3)模型沙的选择及粒径级配的确定

试验利用宜昌、枝城、沙市等站的实测河床资料进行模型沙的选取。图 3-3 为三峡蓄水后荆江河段床沙平均中值粒径变化情况。由图可知，三峡蓄水后坝下游床沙中值粒径总体呈上升趋势。

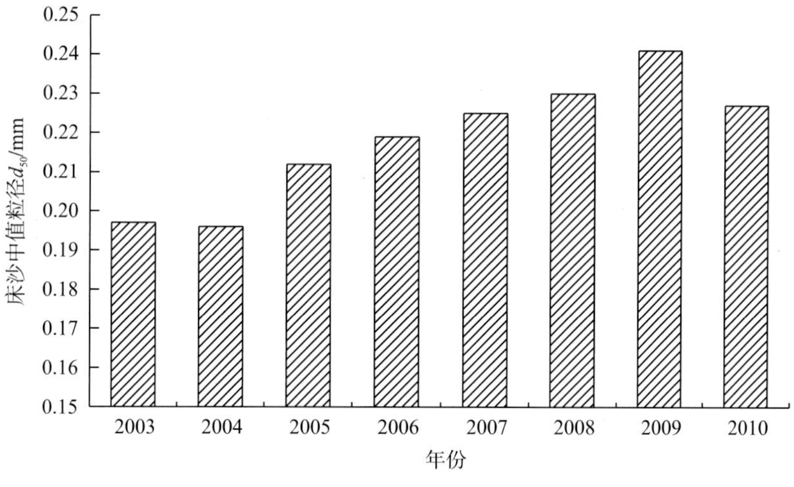

图 3-3　三峡蓄水后荆江河段床沙平均中值粒径变化图

长江中游河床主要由细颗粒泥沙组成，而推移质细沙有时处于悬移质状态，形成悬移质泥沙的床沙质部分，有时则处于推移状态，因此，对于这部分泥沙既要满足推移质运动相似，又要满足悬移质运动的悬浮相似。故模型沙应按下列五个条件来设计选择。

$$\lambda_V = \sqrt{\lambda_H} \quad (3\text{-}14)$$

$$\lambda_V = \frac{1}{\lambda_n}\lambda_H^{1/6}\frac{\lambda_H}{\sqrt{\lambda_L}} \quad (3\text{-}15)$$

$$\lambda_V = \lambda_{V_0} \quad (3\text{-}16)$$

$$\lambda_\omega = \frac{\lambda_V \lambda_H}{\lambda_L} \quad (3\text{-}17)$$

$$\lambda_{\omega} = \lambda_{u*} = \sqrt{\frac{\lambda_V \lambda_H}{\lambda_L}} \tag{3-18}$$

由于模型试验为清水冲刷试验，模型最重要的是应满足起动流速相似条件。窦国仁院士根据长江宜昌站现场实测推移质输沙率与流速的关系曲线分析，认为沙玉清泥沙起动流速公式

$$U_0 = H^{0.2}\sqrt{1.1\frac{(0.7-\varepsilon)^4}{D} + 0.43D^{3/4}} \tag{3-19}$$

适合计算原型河道泥沙的起动流速。式中，H 为水深，m；ε 为泥沙孔隙率，一般取值为 0.4；D 为粒径，mm。取原型水深 H=6m 时，原型沙起动流速 U_0=0.605m/s；取原型水深 H=7m 时，原型起动流速 U_0=0.623m/s。

而岗恰洛夫(1954)不动流速公式为

$$V_0 = \lg\frac{8.8H}{D_{95}}\sqrt{\frac{2(\gamma_s-\gamma)gD}{3.5\gamma}} \tag{3-20}$$

相当于泥沙将动未动的情况，适用于无黏性模型沙的起动流速。

根据式(3-20)，取模型水深 H=0.1m 时，V_0=0.132m/s；取模型水深 H=0.13m 时，V_0=0.136m/s。

由于要同时满足式(3-14)～式(3-16)，所以要求的起动流速比尺为

$$\lambda_{V_0} = \lambda_V = \sqrt{60} = 7.746 \tag{3-21}$$

假定采用 γ_s=2560kg/m^3 的石英砂作为模型沙，并假定采用

$$\lambda_D = \frac{D_p}{D_m} = 1.0 \tag{3-22}$$

图 3-4 为 2003～2010 年长江中游河段(宜昌—城陵矶河段)冲刷情况。由图可知，粒径小于 0.125mm 和粒径为 0.125～0.250mm 的泥沙冲刷幅度较大，而粒径为 0.250～0.500mm 的泥沙冲刷幅度较小。荆江河段河床上粒径小于 0.125mm 的沙量很少，而粒径为 0.125～0.250mm 的沙大量存在，因此荆江河段冲刷主要取决于该粒径组的冲刷情况，为此试验中也主要模拟该粒径下的丁坝水毁情况。

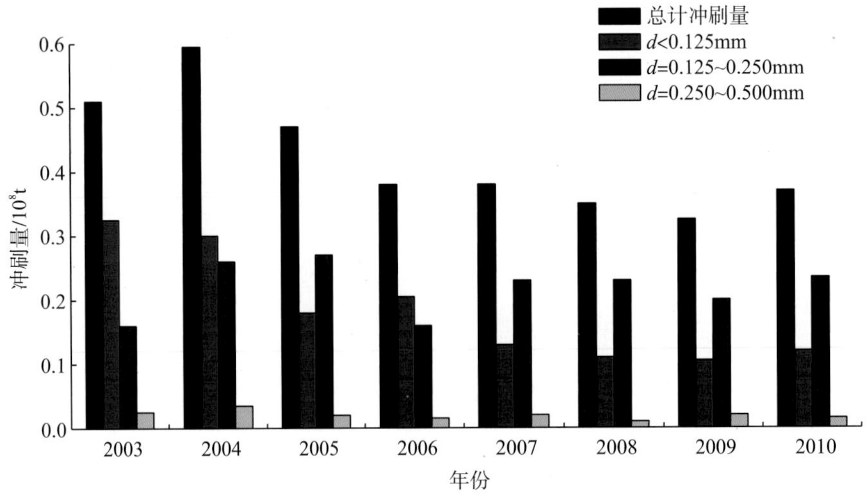

图 3-4　2003～2010 年宜昌—城陵矶河段冲刷量的变化

通过实测资料分析，可将荆江河段悬沙中床沙质部分及沙质推移质泥沙（d=0.1～1.0mm）的粒径分为如下三种。

(1) $d_5 = 0.100\text{mm}, d_{50} = 0.18\text{mm}, d_{95} = 0.5\text{mm}$。

(2) $d_5 = 0.125\text{mm}, d_{50} = 0.25\text{mm}, d_{95} = 0.5\text{mm}$。

(3) $d_5 = 0.125\text{mm}, d_{50} = 0.50\text{mm}, d_{95} = 1.0\text{mm}$。

综合以上结果，试验模型的主要比尺见表3-6。

表3-6　试验模型的主要比尺

比尺类型	比尺名称	数值	取值依据
几何比尺	平面比尺 λ_L	60	根据实验要求及场地条件
	垂直比尺 λ_H	60	在满足表面张力要求下尽量使用正态模型
水流运动相似	流速比尺 λ_V	7.746	重力相似条件
	河床糙率比尺 λ_n	1.98	阻力相似条件
	流量比尺 λ_Q	27885.6	$\lambda_Q=\lambda_L\lambda_H\lambda_V$
泥沙运动相似	起动流速比尺 λ_{V_c}	7.746	$\lambda_{V_c}=\lambda_V$，试验产生的偏差在允许范围内
	泥沙粒径比尺 λ_d	1.0	模型沙同时满足阻力相似和起动相似

3.2　丁坝附近水流结构

3.2.1　试验方案

试验采用清水定床试验，流量 Q 分别为25.8L/s、38.7L/s、51L/s和68L/s四级流量。水深分别采用8cm、10cm和12cm对应丁坝处于非淹没、刚好淹没和完全淹没三种情况下的水深。丁坝模型为有机玻璃坝，坝体横断面为梯形断面，迎水坡坡度为1∶1.5，背水坡坡度为1∶2，向河坡为1∶5，坝头采用圆弧形，坝顶顶宽5cm，坝高10cm，坝体结构如图3-5所示。

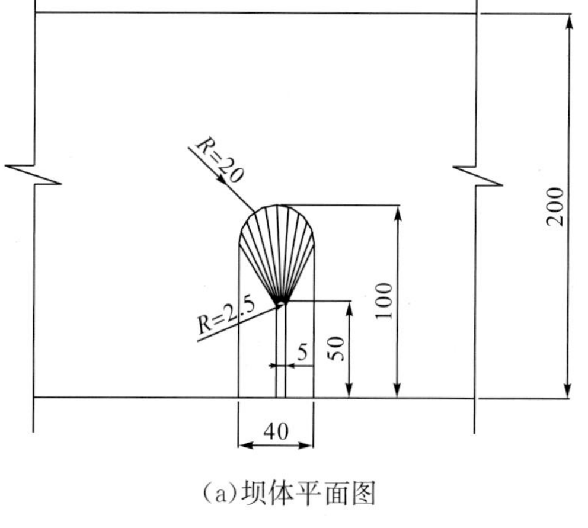

(a)坝体平面图

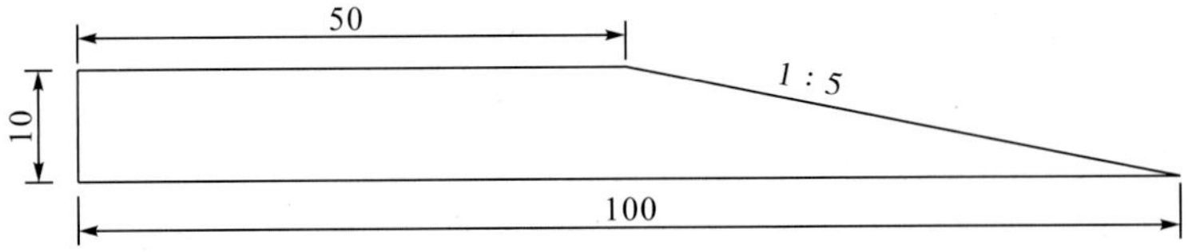

(b)坝体侧面图

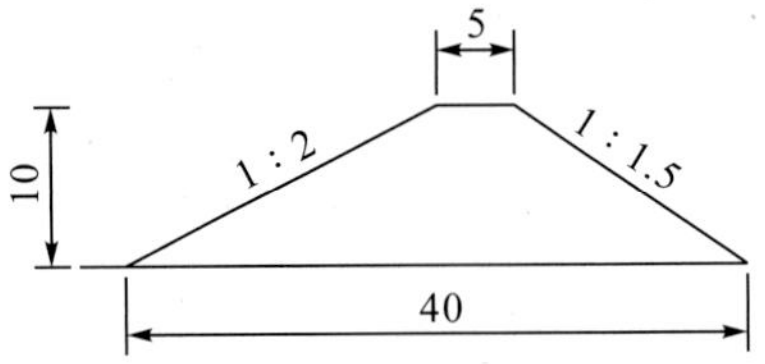

(c)坝体断面图

图 3-5　坝体结构(单位：cm)

3.2.2　观测内容

(1)观测每组工况的流速分布，流速测点布置如图 3-6 所示，共 18 个断面，每个断面上选取 9 个点，采用三点法(0.2*h*、0.6*h* 和 0.8*h*)测定各点的平均流速。

(2)观测每组工况的水面线，水位测点布置依然如图 3-6 所示。

(3)观测每组工况坝前壅水的情况。

(4)观测每组工况回流区的情况。

(5)观测每组工况坝后漩涡运动情况。

(6)观测每组工况水流紊动情况。

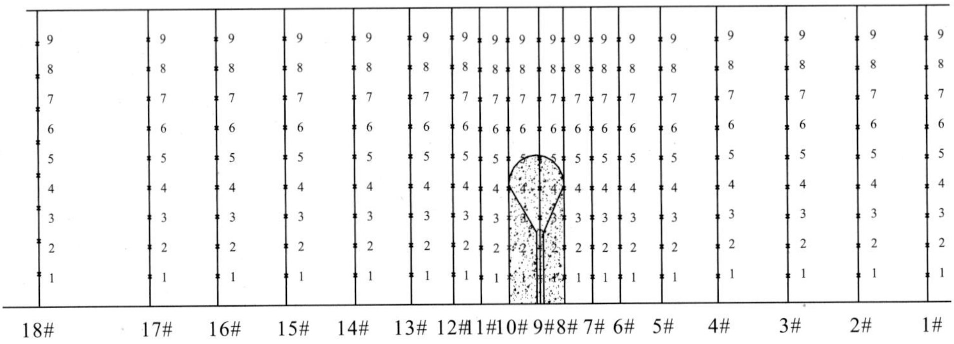

图 3-6　观测断面及观测点布置图

在进行试验前，首先检测水槽两侧水面线和上、中(坝轴线)、下三个断面的流速分布场，检测结果表明，水槽两侧水面线是基本重合的，水槽试验段表面和垂线平均流速基本上是均匀的，仅在距侧壁 2～3cm 范围内受侧壁影响，流速略有减小。将实测流速计算所得流量值与电磁流量系统测定的流量值比较，误差在 3%以内，水槽侧壁和槽底根据测定水力要素计算其糙率为 0.011～0.012。表 3-7 为定床试验工况组合。

表 3-7　定床试验工况表

工况编号	坝长/cm	流量/(L/s)	水深/cm	备注
1	50	25.8	8	
2	50	25.8	10	
3	50	25.8	12	
4	50	38.7	8	
5	50	38.7	10	
6	50	38.7	12	
7	50	51	8	※
8	50	51	10	
9	50	51	12	
10	50	68	8	※
11	50	68	10	※
12	50	68	12	
13	30	25.8	8	
14	30	25.8	10	
15	30	25.8	12	
16	30	38.7	8	
17	30	38.7	10	
18	30	38.7	12	
19	30	51	8	※
20	30	51	10	
21	30	51	12	
22	30	68	8	※
23	30	68	10	
24	30	68	12	
25	20	25.8	8	
26	20	25.8	10	
27	20	25.8	12	
28	20	38.7	8	
29	20	38.7	10	
30	20	38.7	12	
31	20	51	8	
32	20	51	10	
33	20	51	12	
34	20	68	8	※
35	20	68	10	
36	20	68	12	

注：“※”表示在流量一定的情况下，水深无法满足要求，即该工况无法实现

3.2.3 水面线分布

1. 纵向水面线

丁坝所在一侧，上游产生局部壅水。水流绕过丁坝头部时水位急剧下降，坝下至回流末端水面呈逆坡，回流末端稍下游一段水位略高于对岸。丁坝对岸一侧，上游有较小的逆坡，下游有一段较陡的顺坡，其后水面比降较缓并有可能出现逆坡。非淹没丁坝纵向水面线变化见图 3-7(工况 1)，淹没丁坝纵向水面线变化见图 3-8(工况 18)。从两图可见，非淹没和淹没两种情况纵向水面线变化基本相同。

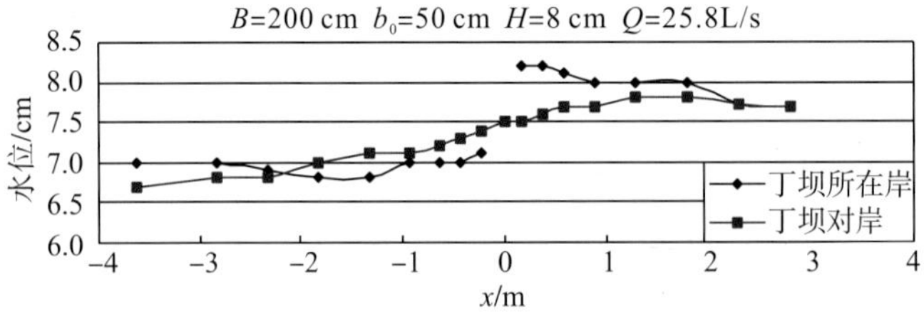

图 3-7 工况 1 纵向水面线变化

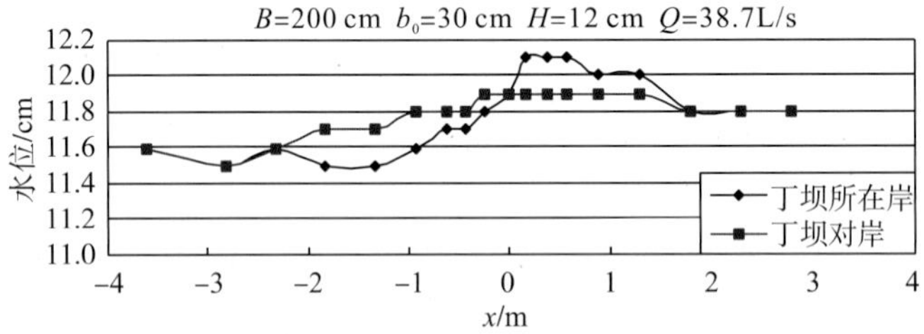

图 3-8 工况 18 纵向水面线变化

在控制水位相同时，在丁坝所在一侧壅水高度随坝长和流量的加大而增大。这是由于坝长越长或流量越大时阻水作用越强，所以壅水高度越大，坝后回流区水面线却越低。坝体所在岸水面线随坝长的变化规律，以流量为 25.8L/s、控制水深为 8cm 为例，见图 3-9。坝体所在岸水面线随流量的变化规律，以坝长为 30cm、控制水深为 10cm 为例，见图 3-10。

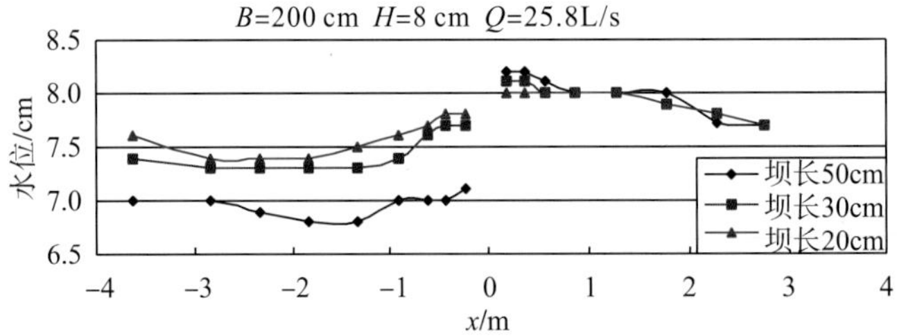

图 3-9 丁坝所在岸水面线随坝长的变化

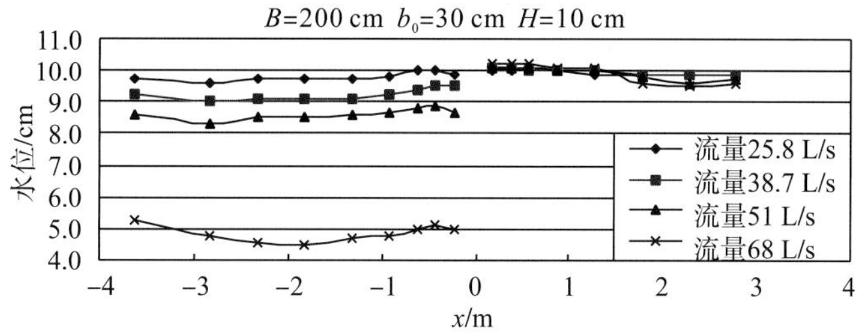

图 3-10　丁坝所在岸水面线随流量的变化

2. 横向水面线

横向水面线的一般形态为：上游水面自丁坝一侧向对岸倾斜，至丁坝处水面发生反向倾斜，坝头附近的水面横比降最大，最大水面横比降为 2.5%。坝下存在回流的一段，水位最低值在回流区内，主流区水位高于回流区，故主流会发生横向扩张。非淹没丁坝的横向水面线变化见图 3-11(工况 1)。

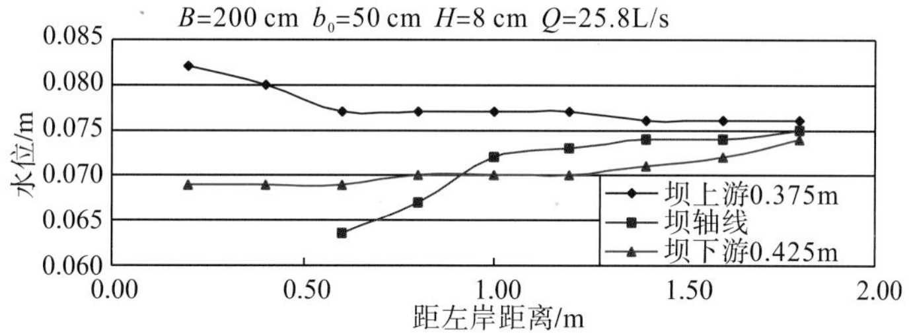

图 3-11　非淹没丁坝的横向水面线变化图

横比降随坝长的变化规律，以流量为 25.8L/s、控制水深为 8cm 为例进行分析，如图 3-12 所示。从图可见，横比降随坝长的增大而增大，坝长为 50cm 时，最大水面横比降为 1.8%，这是因为坝长越长，丁坝的阻水作用越明显，对水面的影响越大。

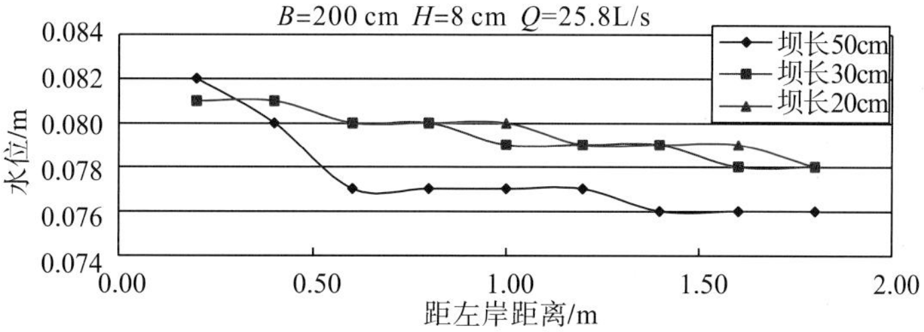

图 3-12　不同坝长的横比降的变化

横比降随流量的变化，以坝长 30cm、控制水深 10cm 为例进行分析，如图 3-13 所示。从图可见，横比降随流量的增大而增大，流量为 68L/s 时，最大水面横比降为 2.4%，这是因为当控制水深和坝长一定时，流量越大，流速越大，丁坝的挡水作用越强，对水面的影响越大。

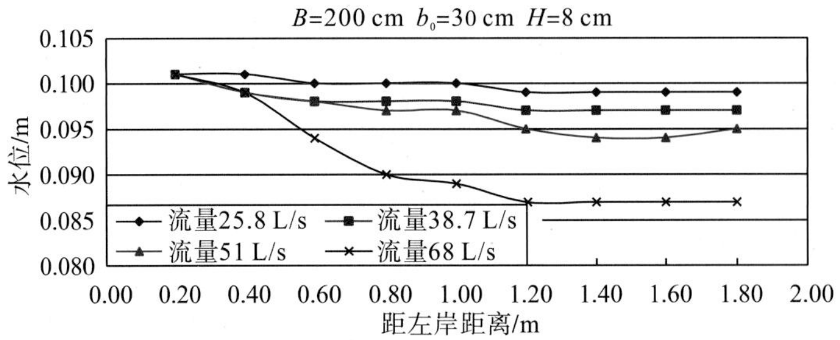

图 3-13 不同流量的横比降变化

3.2.4 水面线的二维分布

在丁坝附近水面线呈马鞍形，丁坝一侧水面较高，然后逐渐下降，降至最低点后，水位又逐渐上升，向水槽对岸平缓过渡。在丁坝下游，纵向水面线呈下凹形曲线。以坝长 50cm、流量 51L/s、控制水深 8cm 工况为例，其水面线等值线图如图 3-14 所示。

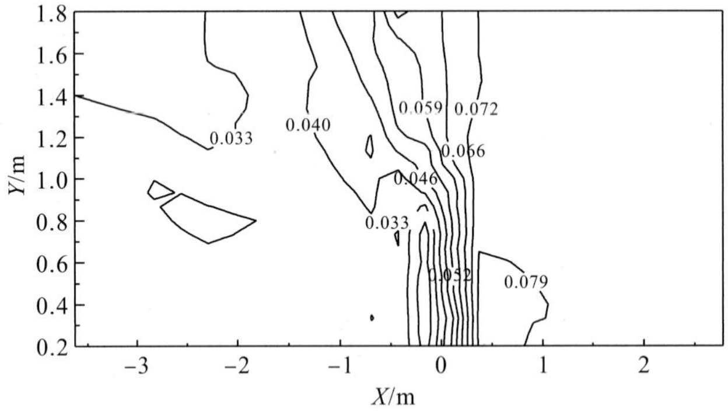

图 3-14 水面线等值线图(单位：m)

3.2.5 水头损失

1. 丁坝局部水头损失机理

河道中修建丁坝后，坝体对原流场产生一定程度的干扰作用，绕坝水流在坝体附近发生分离，并产生漩涡不断向下游扩散，造成一定的能量损失，也就是丁坝的局部水头损失。对于非淹没丁坝，坝头是使水流分离产生漩涡的根源。漩涡产生后，在其运动初期，不断从主流中获得能量，尺度也不断增大，但随着漩涡向下游发展，周围水流对其阻滞作用也随之增大，涡体发生破碎，大涡变成小涡，最后消失。在分离漩涡从主流中摄取能量维持自身运动的同时，还因为它不断穿插于主流区和回流区之间，主流区的能量也不断被带到回流区。这些漩涡在产生后不断分裂和合并，在产生、运动、分裂和合并的过程中，必然造成水流的能量损失，这种不属于沿程损失的能量的耗散部分即为非淹没丁坝的局部水头损失。对于淹没丁坝，水流分别在坝头和坝顶附近发生分离，形成漩涡，随主流向下游传播。随着丁坝淹没程度的不同，在坝下游产生紊动漩涡的尺度也不同。受水流分离和坝体阻水影响，丁坝上游也会产生一定的能量损失，但这部分损失远小于丁坝下游的能量损失，一般可忽略不计。

2. 丁坝局部水头损失的理论研究

由非淹没丁坝坝轴线断面的流速分布规律可知，坝轴线断面上的最大平均流速位于坝头附近某点 P 处。设该点距坝头的距离为 r_0，丁坝的几何长度为 b_0，则当 $y=b_0+r_0$ 时，有 $u=u_{\max}$。其中 $u_{\max}$ 为坝轴线断面上流速矢量 $\boldsymbol{u}$ 的最大值。由于在 $b_0<y<b_0+r_0$ 时，水流将脱离坝体形成漩涡，引起局部能量损失，所以坝轴线断面上单位时间内形成漩涡的水流动能可以表达为

$$e=\frac{\rho}{2}\int_{\omega_0} u\cos\theta\cdot u^2\mathrm{d}\omega \tag{3-23}$$

式中，ω_0 为 $y=b_0$ 到 $y=b_0+r_0$ 范围内的过水面积；θ 为水流方向与河岸的夹角；u 为坝轴线断面上的流速矢量的值。

设 H_1 为 $b_0<y<b_0+r_0$ 区间内的平均水深，则 $\mathrm{d}\omega=H_1\mathrm{d}y$，$\omega_0=H_1r_0$。在 $b_0<y<b_0+r_0$ 区间内设流速沿 y 方向作直线变化，即

$$u=\frac{y-b_0}{r_0}u_{\max} \tag{3-24}$$

将式(3-24)代入式(3-23)，则

$$e=\frac{\rho}{2}\int_{b_0}^{r_0+b_0} u_{\max}^3\cos\theta\cdot H_1\left(\frac{y-b_0}{r_0}\right)^3\mathrm{d}y \tag{3-25}$$

若存在 a_1，使式(3-26)成立

$$\int_{b_0}^{r_0+b_0} u_{\max}^3\cos\theta\cdot H_1\left(\frac{y-b_0}{r_0}\right)^3\mathrm{d}y=a_1\int_{b_0}^{r_0+b_0} u_{\max}^3\cdot H_1\left(\frac{y-b_0}{r_0}\right)^3\mathrm{d}y \tag{3-26}$$

于是式(3-25)可表示为

$$e=\frac{\rho}{2}a_1H_1\frac{r_0}{4}u_{\max}^3 \tag{3-27}$$

而局部水头损失 h_j 为单位重量水体损失的能量，它应与单位时间内形成漩涡的动能成正比，即

$$h_j=K_1\frac{e}{\gamma Q} \tag{3-28}$$

式中，Q 为总能量，且有

$$Q=BH_0U_0 \tag{3-29}$$

式中，U_0，H_0 分别为丁坝断面处无坝体时的平均流速与水深。设坝头处无丁坝时的垂线平均流速为 u_0，则

$$u_0=\delta U_0 \tag{3-30}$$

将式(3-27)、式(3-29)、式(3-30)代入式(3-28)，整理后可得

$$h_j=\frac{K_1a_1}{4}\frac{r_0}{B/\delta}\frac{H_1}{H_0}\left(\frac{u_{\max}}{u_0}\right)^3\frac{u_0^{\,2}}{2g} \tag{3-31}$$

则局部水头损失系数可表示为

$$\xi_j = \frac{K_1 a_1}{4} \frac{r_0}{B/\delta} \frac{H_1}{H_0} \left(\frac{u_{\max}}{u_0}\right)^3 \tag{3-32}$$

根据水槽试验数据资料求得$\frac{K_1 a_1}{4}=2.67$。

以上各式中 B/δ 和 H_1/H_0 与丁坝长度 b_0 和水槽宽度 B 有关。现令丁坝阻挡流量为 Q_b(无坝时丁坝部分断面的流量)，将比值 Q_b/Q 称为水流压缩系数，则$\frac{r_0}{B/\delta}$和$\frac{u_{\max}}{u_0}$在断面形态和流速分布一定的情况下，均为水流压缩系数 Q_b/Q 的函数，局部水头损失系数可表示为

$$\xi_j = 2.67 f(Q_b/Q) \tag{3-33}$$

假设纵向流速沿边壁和床面法线方向的分布均可用对数规律来描述，则宽深比较大的矩形明渠流动的空间流速分布规律为

$$\frac{u_{\max} - u(y,z)}{U_*} = \frac{1}{k}\ln\frac{H_0}{z} + \frac{1}{k_1}\ln\frac{B}{2y} \tag{3-34}$$

式中，$u_{\max}$为断面最大流速；$u(y, z)$为坐标为(y, z)处的流速；$U_* = \sqrt{gRJ}$，J 为能坡，R 为水力半径；根据矩形明渠实测的资料求得 $k \approx 0.40$，$k_1 \approx 0.75$。

如图 3-15 所示，丁坝坝长为 b_0，坝高为 D，水深为 H_0，河宽为 B，y 为距丁坝所在岸的距离，断面总流量为 Q。根据式(3-34)，断面最大流速为

$$u_{\max} = \left(\frac{1}{k_1} + \frac{1}{k}\right)U_* + \frac{Q}{BH_0} \tag{3-35}$$

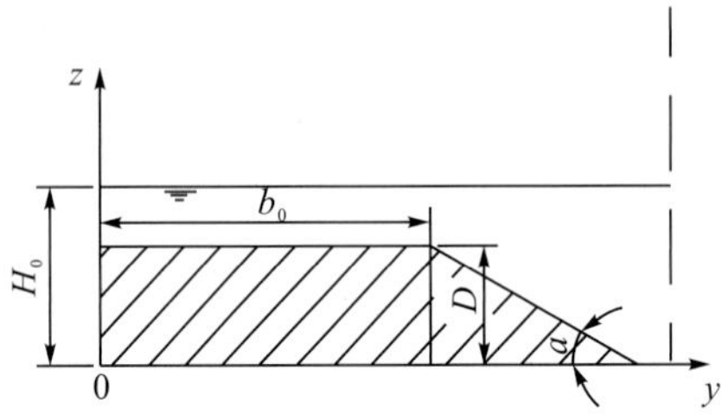

图 3-15 挡水流量计算

图 3-15 中的阴影部分把丁坝截面分两部分来处理，先对矩形部分对式(3-34)进行积分，可得矩形部分的挡水流量为

$$Q_{b矩} = \int_0^D \int_0^{b_0} u \mathrm{d}x \mathrm{d}z = Db_0\left[u_{\max} - \frac{U_*}{k_1}\left(1 - \ln\frac{2b_0}{B}\right) - \frac{U_*}{k}\left(1 - \ln\frac{D}{H_0}\right)\right] \tag{3-36}$$

把式(3-35)代入式(3-36)，可得

$$Q_{b矩} = \frac{Db_0 Q}{H_0 B} + Db_0 U_* \left(\frac{1}{k_1}\ln\frac{2b_0}{B} + \frac{1}{k}\ln\frac{D}{H_0}\right) \tag{3-37}$$

从式(3-36)可以看出，当 $D=0$，$b_0=0$ 时，$Q_{b矩}=0$；当 $D=H_0$，$b_0=B/2$ 时，$Q_{b矩}=Q/2$，正与实际情况符合。

现求三角形部分的挡水流量，设三角形上边界的方程为

$$z = k'y + c \tag{3-38}$$

其中，$k' = -\tan\alpha, c = D - k'b_0$。

对式(3-34)进行积分，则

$$Q_{b三角} = \int_{b_0}^{-\frac{D}{k'}} \int_0^{k'y+c} u\,\mathrm{d}y\mathrm{d}z = \int_{b_0}^{-\frac{D}{k'}} \int_0^{k'y+c} \left[u_{\max} + U_*\left(\frac{1}{k}\ln\frac{z}{H_0} + \frac{1}{k_1}\ln\frac{2x}{B}\right)\right]\mathrm{d}y\mathrm{d}z \tag{3-39}$$

对式(3-39)整理后得

$$\begin{aligned} Q_{b三角} = &\left[\left(\frac{1}{k_1}+\frac{1}{k}\right)U_* + \frac{Q}{BH_0}\right]\left[\frac{k'}{2}\left(\frac{D^2}{k'^2} - b_0{}^2\right) + (D - k'b_0)\left(-\frac{D}{k'} - b_0\right)\right] \\ &+ \frac{U_*}{2k'k_1}\left[k'^2b_0^2\left(\frac{2}{B}\ln\frac{-2k'b_0}{B} - \frac{1}{B} - 1\right) - D^2\left(\frac{2}{B}\ln\frac{2D}{B} - \frac{1}{B} - 1\right)\right] \\ &+ \frac{U_*}{2k'k}\left[k'^2b_0^2\left(\frac{1}{H_0}\ln\frac{-k'b_0}{H_0} - \frac{1}{2H_0} - 1\right) - D^2\left(\frac{1}{H_0}\ln\frac{D}{H_0} - \frac{1}{2H_0} - 1\right)\right] \end{aligned} \tag{3-40}$$

则总挡水流量为

$$Q_b = Q_{b矩} + Q_{b三角} \tag{3-41}$$

对淹没丁坝和非淹没丁坝，根据流体力学空间绕流的理论决定其局部水头损失系数的最终因素都可归结为相应的水流压缩系数 Q_b/Q。

非淹没丁坝的局部水头损失，根据实测资料，绘出局部水头损失系数和水流压缩系数的关系曲线(图 3-16)，并得到以下关系式

$$\xi_j = 2.67\left(\frac{Q_b}{Q}\right)^{1.40} \tag{3-42}$$

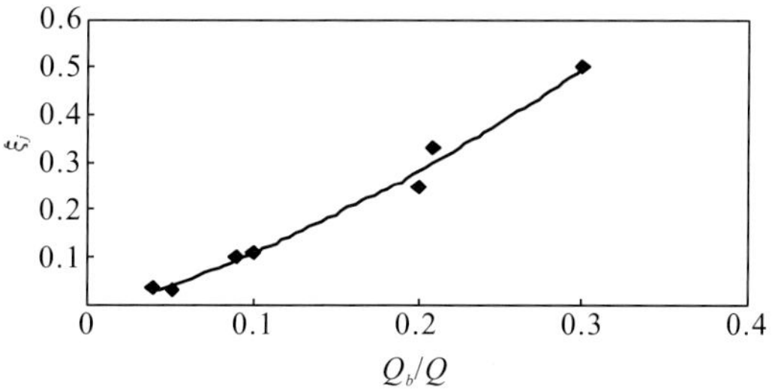

图 3-16　非淹没丁坝 ξ_j 和 Q_b/Q 关系图

3. 丁坝局部水头损失分析

采用断面比能来分析丁坝的水头损失，在计算断面比能时，采用全断面平均流速和平均水深，即

$$E_s = h + \frac{\alpha v^2}{2g} \tag{3-43}$$

式中，α 为动能修正系数，在此取 $\alpha=1$。

当坝长和水深一定时(选取 $L=30$cm、$H=10$cm 的情况下)，绘制不同流量的断面比能变化曲线，如图 3-17 所示；当坝长和流量一定时(选取 $L=30$cm、$Q=38.7$L/s 的工况)，绘制不同水深的断面比能变化曲线，如图 3-18 所示；当流量和水深一定时(选取

Q=38.7L/s，H=8cm 的工况)，绘制不同坝长的断面比能变化曲线，如图 3-19 所示。从图中可知，流量越大、水深越小、坝长越长，流速也越大，水流绕过丁坝后断面比能跌落得越厉害。因为流速越大，丁坝的阻水作用越明显，水流紊动越强，较大一部分能量转移到漩涡中，从而使断面比能减少越厉害。此外，在断面比能计算时，没有考虑回流区中的回流能量，这也是断面比能减少的一个重要原因。

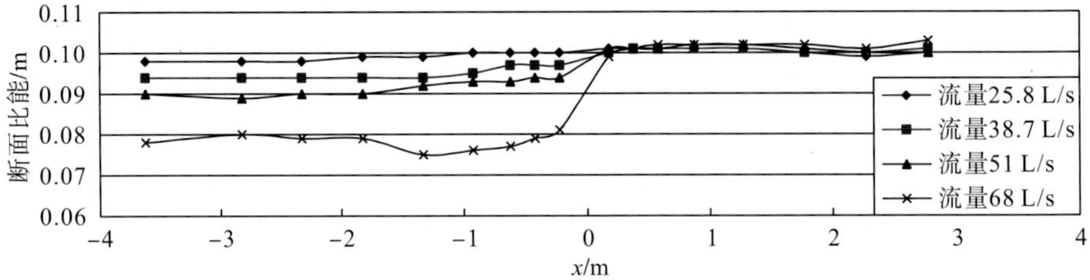

图 3-17　不同流量时断面比能变化曲线

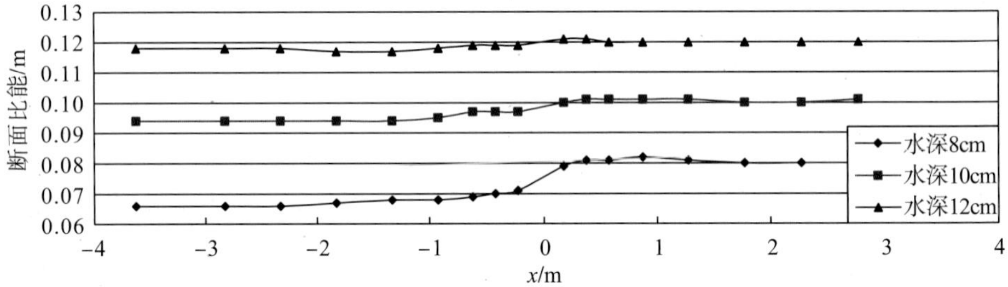

图 3-18　不同水深时断面比能变化曲线

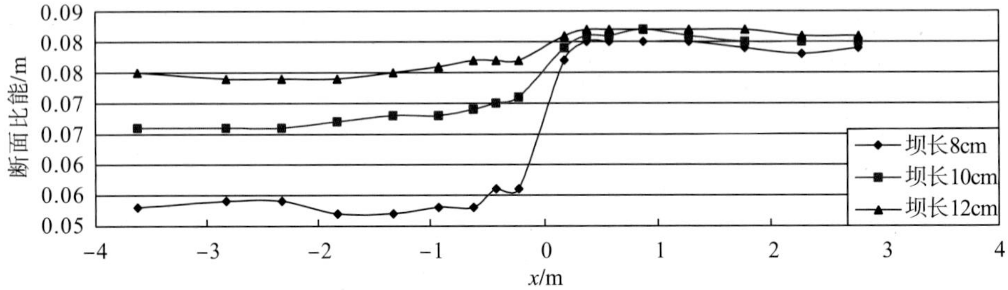

图 3-19　不同坝长时断面比能变化曲线

3.2.6　不流速分布

分别选取丁坝附近 8＃、9＃和 10＃断面，分析各种因素对丁坝周围流速的影响。

1. 流量对流速的影响

选取坝长为 30cm，控制水深为 10cm，流量 Q 分别为 25.8L/s、38.7L/s、51L/s 和 68L/s 四组工况，对比丁坝附近 8＃、9＃和 10＃断面的流速分布，如图 3-20 所示。

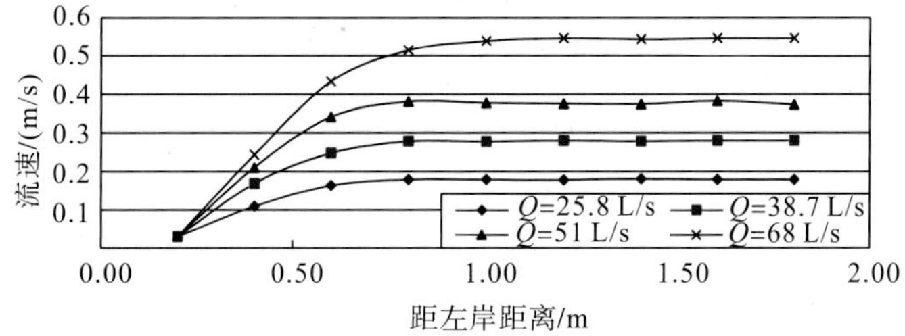

(a)8＃断面

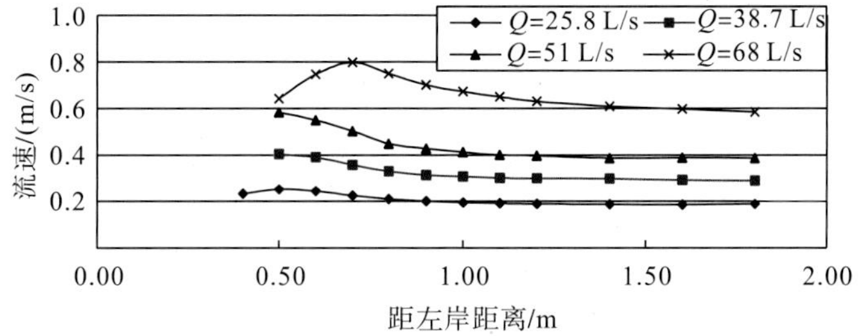

(b)9＃断面

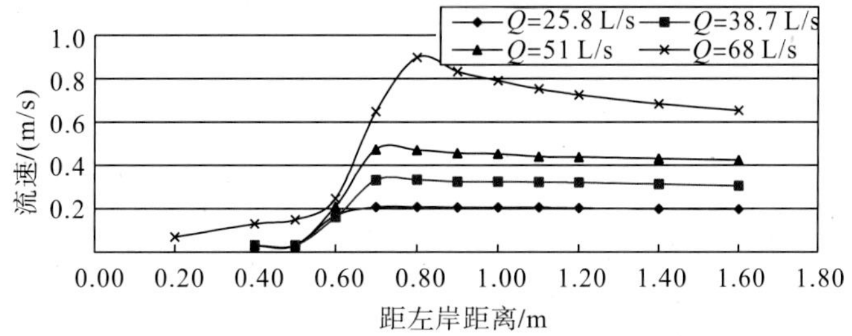

(c)10＃断面

图 3-20　不同流量下丁坝周围流速分布

由图 3-20 可以看出，断面上各个点的流速都有随流量增大而增大的趋势。从流速沿断面的横向分布来看，从左岸(丁坝布置在左岸)开始流速逐渐增大，流速在水槽中部左右达到最大，随后略有减小，但变化不大，流速分布趋于均匀化。出现这种流速分布主要是由于丁坝布置在左岸，丁坝阻水、挑流所至。

2. 坝长对流速的影响

选取流量为 38.7L/s，控制水深为 8cm，坝长 L 分别为 20cm、30cm 和 50cm 的三组工况，对比丁坝附近 8＃、9＃和 10＃断面的流速分布，如图 3-21 所示。

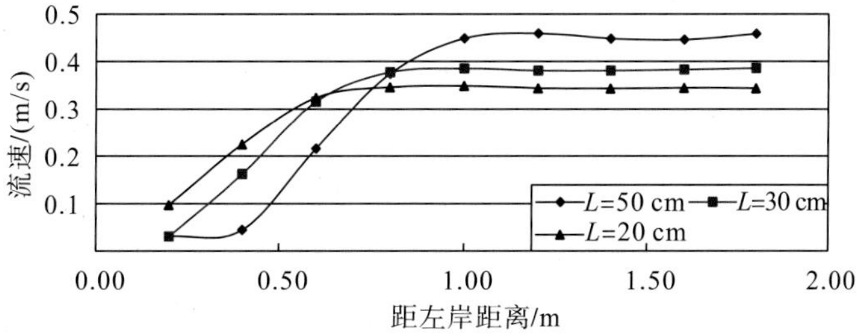

(a)8＃断面

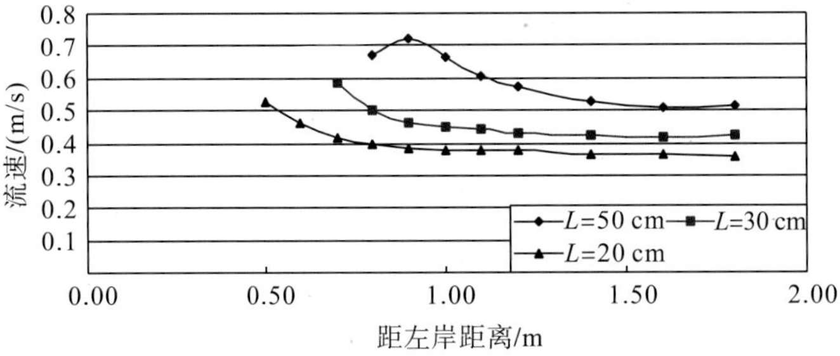

(b)9＃断面

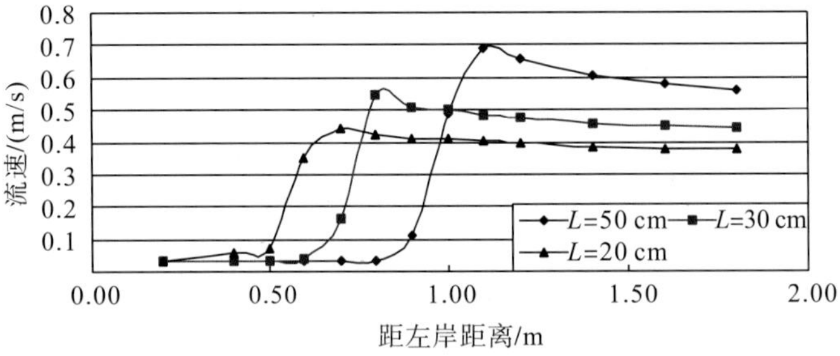

(c)10＃断面

图 3-21 不同坝长下流速对比图

由图 3-21 可以看出，流速沿断面的横向分布从左岸开始流速逐渐增大，到水槽中部达到最大，随后略有减小，直至趋于平稳。通过对比可以发现，流速增大的幅度与坝长有关，坝长越大，流速增加得越快，靠近右岸部分的各个测点的流速越大，靠近左岸部分的各个测点的流速反而越小。这主要是由于坝长越长，在丁坝下游，回流影响的范围也越大，靠近左岸的流速就越小；同样，坝长越长，丁坝的挑流作用影响越大，靠近右岸的流速就越大。

3. 水深对流速的影响

选取流量为 38.7L/s，坝长为 30cm，水深 H 分别为 8cm、10cm 和 12cm 的三组工况，对比丁坝附近 8＃、9＃和 10＃断面的流速分布，如图 3-22 所示。

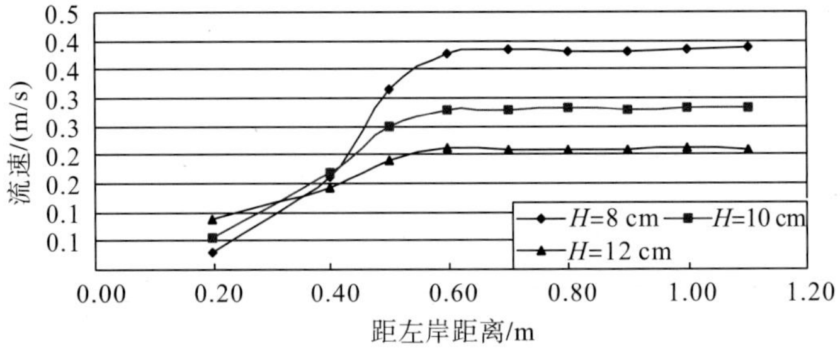

(a)8＃断面

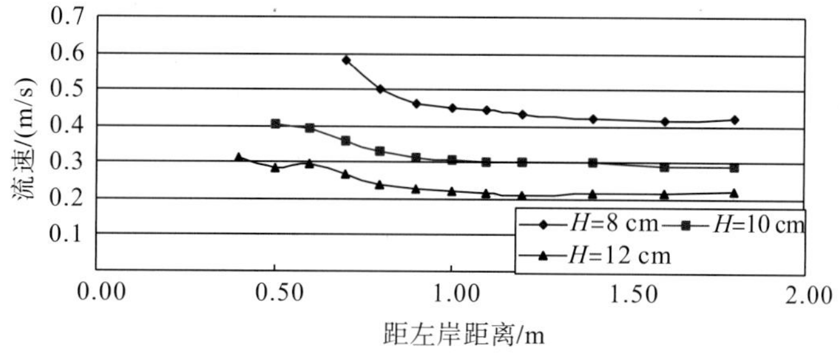

(b)9#断面

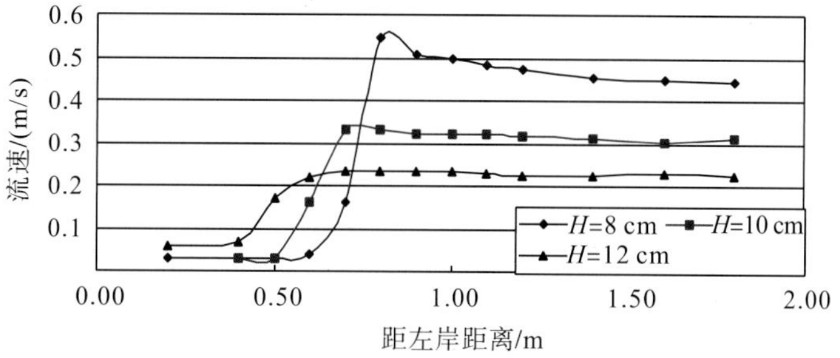

(c)10#断面

图 3-22　不同水深下流速对比图

由图 3-22 可以看出，流速沿断面的横向分布从左岸开始在坝前和坝后两个断面迅速增大，在水槽中部达到最大，随后略有减小，而后逐渐趋于平稳。通过对比可以发现，流速增大的幅度与水深有关，水深越小，流速增加得越快，靠近右岸各测点的流速越大，靠近左岸各测点的流速反而越小。这主要是由于水深越小，坝下游回流影响的范围也越大，靠近左岸的流速就越小，而丁坝的挑流作用相对来说越明显，靠近右岸的流速就越大。

3.2.7　丁坝附近的水流流态

1. 非淹没丁坝附近的水流流态

丁坝的存在会增加河道对水流的阻力作用，如图 3-23 所示。水流流向丁坝时，受坝体壅阻，沿程比降逐渐减小，流速降低；流至坝前，在丁坝上游形成壅水，水面被抬高而出现反比降；同时在丁坝应流面靠近河岸侧产生一个角涡，角涡以外的水流由上游向丁坝断面的运动过程中逐渐归槽，流速增大的同时局部水面降低，在坝前产生下潜水流；当水流接近坝轴线(Ⅰ-Ⅰ断面)时，坝头附近的垂线流速分布趋于均匀，水面和槽底的流速差减少，受丁坝的压缩作用，沿坝轴线方向流速发生了重新分配；水流绕过丁坝后，虽然突然失去丁坝的制约，但由于自身惯性的作用，将发生流线分离和进一步收缩的现象，在距丁坝 l_c 处，为最大收缩断面(Ⅱ-Ⅱ断面)，此时流线彼此平行，动能最大，流速也最大；在最大收缩断面下游，水流逐渐扩散，动能减小而势能增大，至 A 点时，水流的压缩程度与坝轴线处相等；自此以下水流开始迅速扩散，逐渐恢复到天然状态下的水流状态，故称 A 点处的断面为扩散断面(Ⅲ-Ⅲ断面)。

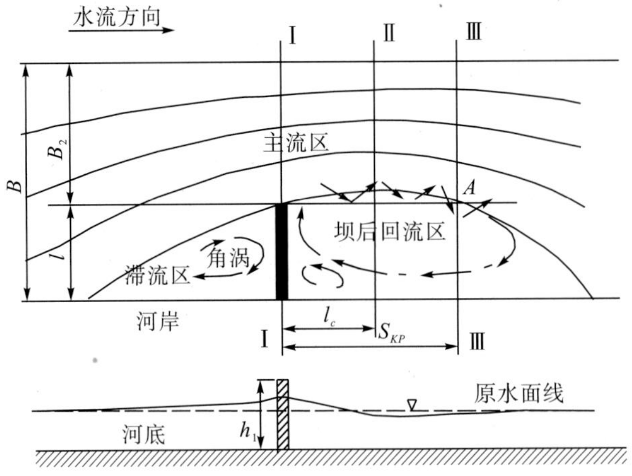

图 3-23 绕过丁坝的水流现象图

下面将着重分析回流区的形成原因。河道中设置丁坝后，压缩了河道的有效过水断面，被压缩的水流绕过坝头后，产生水流边界层分离现象和漩涡，水流紊动性大大增强，流动呈高度的三维特性。

在丁坝上游，行进水流由于边壁的突然收缩，使得水流和边壁分离，在主流和边壁间形成漩涡。漩涡区的范围为主流和边壁的脱离点与坝头和坝根三点间形成的三角区，由于主流与三角区内水流流向不同，这样在丁坝上游附近就形成了一个闭合的回流区，一般称为上回流区(也称滞流区)。

受丁坝阻挡的水流，无论下沉、上翻还是在平面上转向后都将绕过坝头而下泄，下泄水流与坝后静止水流之间存在流速梯度，产生切应力。坝后静水在此切应力作用下流动开始形成副流，同时此副流的一部分在主流的携带下随主流一起流向水槽下游。按照流体的连续性，靠近槽壁的静水必然向前补充，这样水流在丁坝后部就形成了一个闭和的回流区，一般称为坝后回流区。回流区中不平衡的压力和流速分布，导致丁坝下游形成向槽壁运动的近底螺旋流。

水流绕过坝头时，其流线曲率、速度旋度的垂直分量及压力梯度都很大。因此，水流绕坝头一定角度(30°～80°)后，坝头水流边界层即发生分离，分离点以下，出现旋转角速度较大的垂直轴漩涡。丁坝头部是涡源所在，粗略地说，漩涡每隔一段时间产生一个并向下游移动，所以，固定点处的速度、流向和压力发生周期性脉动。漩涡的产生具有一定的能量，而运动的路径以及消灭过程都是随机的，丁坝下游在一个较大范围内水流速度、流向及水位脉动强度均较大，回流长度和宽度也存在一定幅度的摆动。

受丁坝的影响，水流两岸纵向水面线是不一样的，丁坝所在的一侧，上游因坝体阻挡产生局部壅水，水面线有较短距离的逆坡，水流绕过坝头后，水位急剧降落，再向下游水位上升呈倒坡，并延伸到回流区以下，为坝后回流区的形成提供了动力，这是近壁处产生逆向流动的根本原因。

受丁坝压缩水流的影响，流速在坝轴线断面上发生剧烈变化。在坝头处，流速接近于零；从坝头向外，流速迅速增加，达到最大值后，逐渐减小。受丁坝阻流作用，有一部分水流流至丁坝附近时下降折向河底，绕过坝头，坝头附近的垂线上，流速自水面向槽底流速逐渐增大，达到最大值后，又逐渐减少，槽底流速为零(图 3-24 为工况 8 时，10#断面上三条垂线上的流速分布)，流向偏角也同样是自水面向底部增大。坝头附近单宽流量集中和底部流速较大的特征，是形成坝头局部冲刷坑的重要原因。图 3-25 是工况 8 不同水深时的流场图和垂线平均流速分布图。从图中可以观察到不同位置的流速分布情况、坝后回流区及坝前角涡。

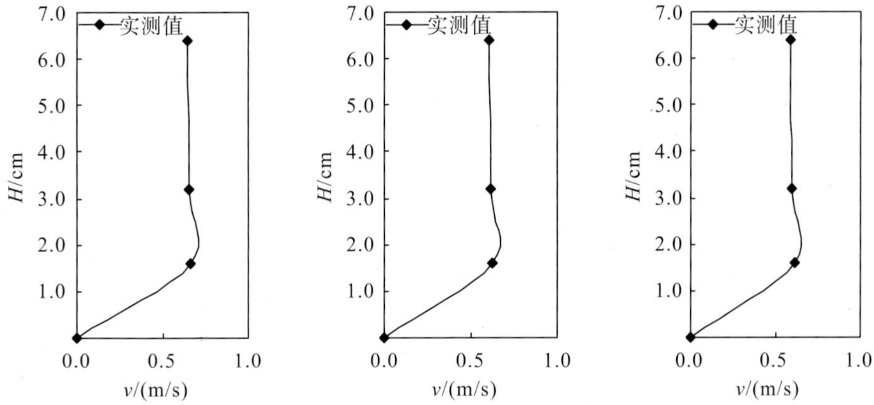

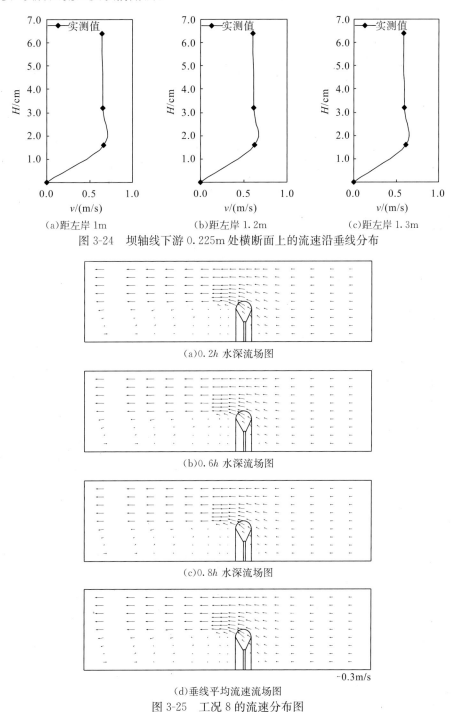

(a)距左岸 1m　　(b)距左岸 1.2m　　(c)距左岸 1.3m

图 3-24　坝轴线下游 0.225m 处横断面上的流速沿垂线分布

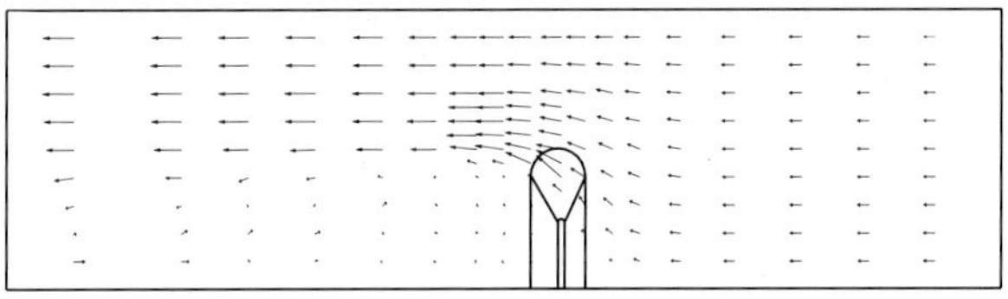

(a)0.2h 水深流场图

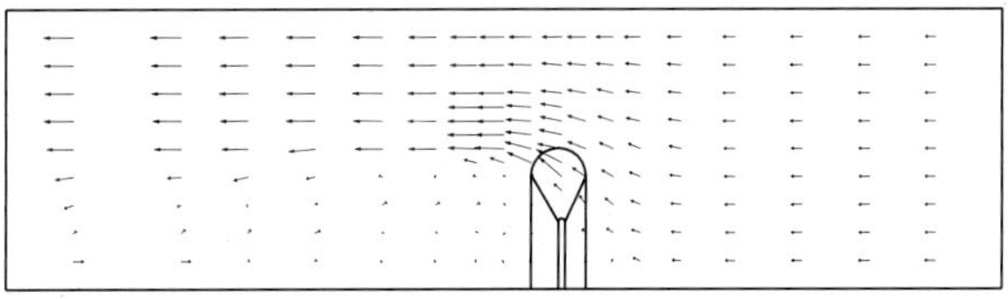

(b)0.6h 水深流场图

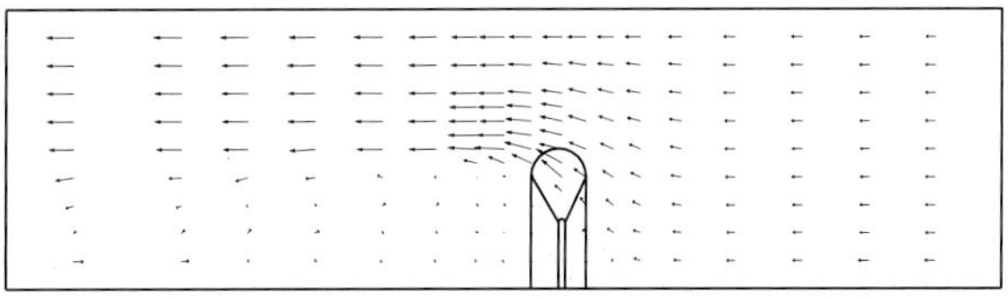

(c)0.8h 水深流场图

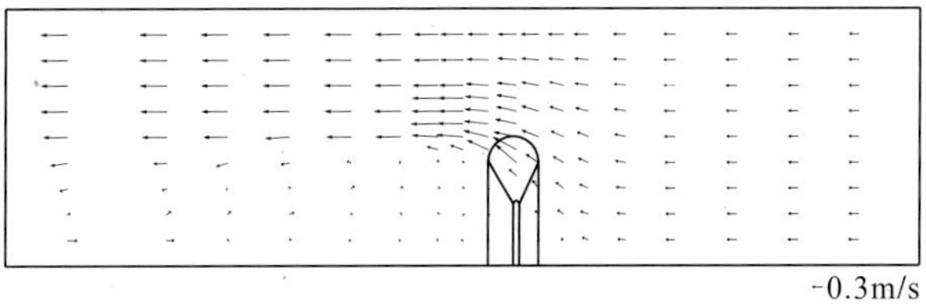

(d)垂线平均流速流场图

图 3-25　工况 8 的流速分布图

2. 淹没丁坝附近的水流流态

根据试验观察发现，丁坝被水淹没后，坝体的束水作用大大降低，坝下回流区随水深不断升高而消失，水流被坝体分成面流和底流两部分。坝顶以上的面流基本上保持原水流方向不变，在丁坝附近面流受坝体影响流速有所减小，流向也稍许向坝头方向偏转；坝顶以下的底流，从上游绕过坝顶，在坝下形成一个很强的水平轴回流区。这个平轴漩涡体系可以将坝下游回流区底沙卷向上游，使丁坝背水面边坡淤积；同时，底流还因坝头平面绕流，像非淹没丁坝一样存在一个竖轴绕流漩涡，形成底流的下游竖轴回流区，因为面流的牵制作用，淹没丁坝较非淹没丁坝的下游回流大为削弱。根据试验观测，淹没丁坝的水流结构如图 3-26 所示。

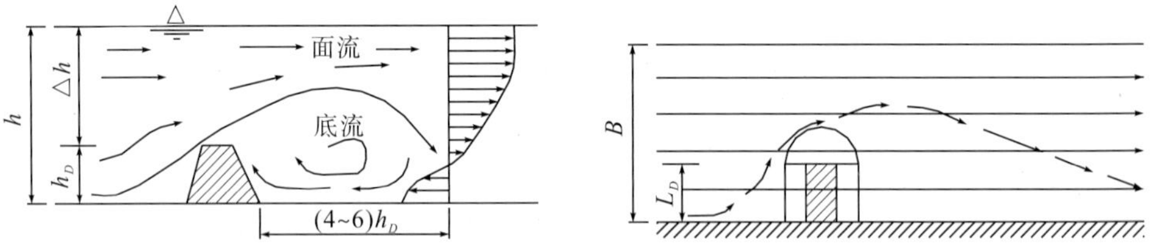

(a)纵断面 (b)横断面

图 3-26 淹没丁坝坝体附近水流结构图

3.2.8 水流紊动分析

丁坝对水流有明显的扰动影响，局部水流发生分离，产生漩涡和回流。因此，丁坝附近水流流态非常复杂，呈现出强烈的三维紊流特性，所以，研究丁坝附近的水流紊动是非常重要的。图 3-27 是某一工况下丁坝周围水流流动情况，图 3-28 是试验中测到的流速脉动情况，从图中可以看出，丁坝附近的水流稳定非常强烈。

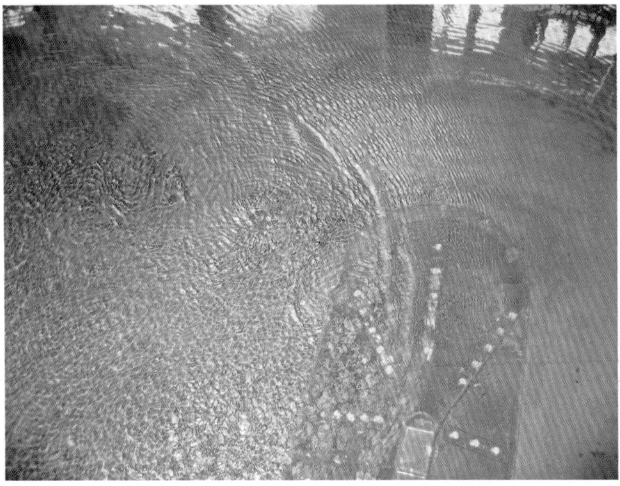

图 3-27 丁坝周围水流运动

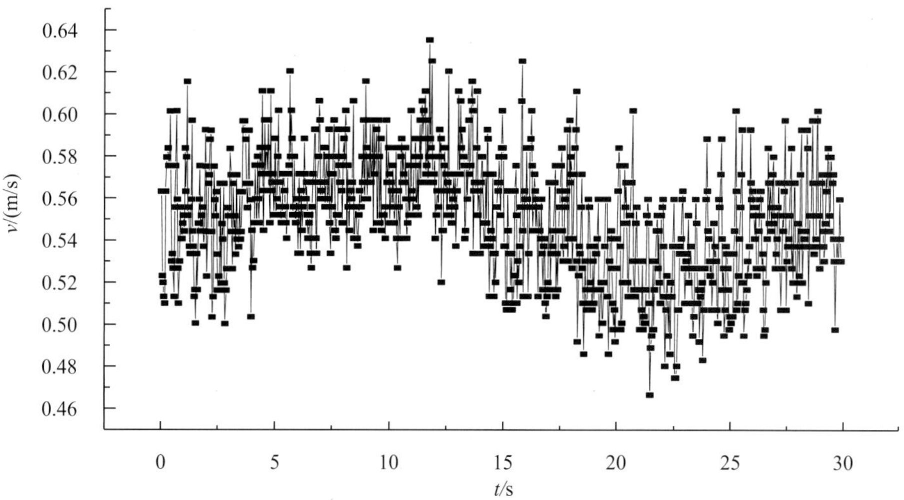

图 3-28　丁坝周围流速脉动图

3.2.9　丁坝周围水流脉动能分布

用 u 表示水流的瞬时流速，$\bar{u}$ 表示瞬时流速 u 的时均值，σ_u 表示瞬时流速的均方差，u'表示脉动流速。脉动流速的均方根为水流紊动强度，即 $\sigma_{u_i}=\sqrt{\frac{1}{n}\sum_{i=1}^{n}u'^2_i}$ 。水流的脉动动能用 η 来表示，则某点的脉动动能可表示为 $\eta_i=\frac{1}{2}(2\sigma_{u_i})^2$，即 $\eta_i=2\sigma^2_{u_i}$。水流的脉动动能对泥沙的起动和河底的冲刷起重要作用，不同频率的脉动对泥沙运动的贡献也不同，脉动动能越大，贡献也越大。为了进一步研究筑坝后坝体周围的泥沙运动情况及坝后冲刷问题，研究丁坝附近水流的脉动动能是非常必要的。本节重点研究脉动动能在整个测区的分布情况，为后面章节研究冲刷问题奠定基础。

1. 水流脉动能在整个测区的分布

以工况 17(L=30cm，Q=38.7L/s，H=10cm)为例，分析 0.2h、0.6h 和 0.8h 处的脉动动能沿各断面的分布情况。图 3-29 分别为 1＃、8＃、9＃和 10＃断面水流脉动能按断面分布情况。

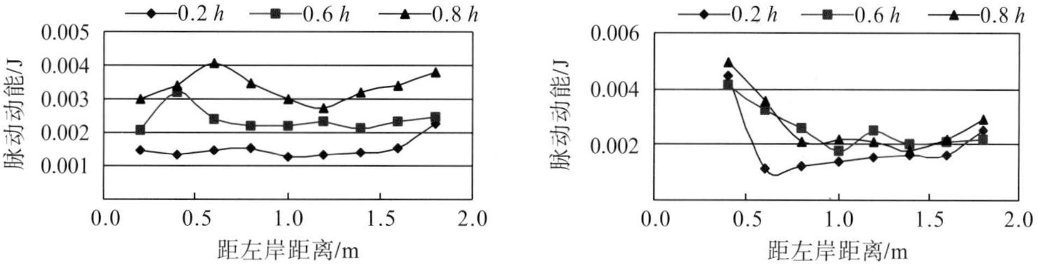

(a)1＃断面　　(b)8＃断面

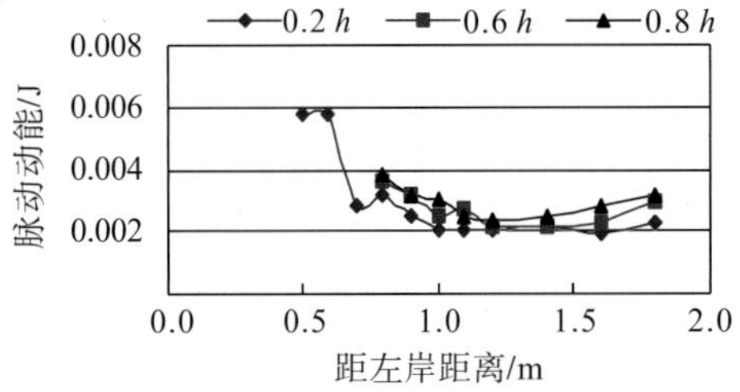

(c)9#断面

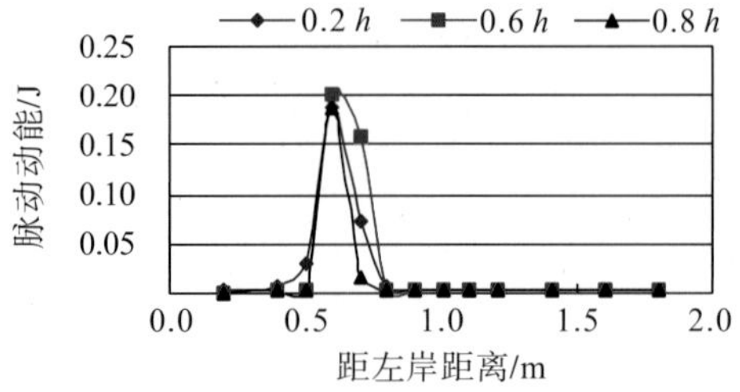

(d)10#断面

图 3-29 不同测点处脉动能量沿断面的分布

从图 3-29 可知，在上游进口 1#断面处，0.2h 处的脉动动能较小，0.6h 处的脉动动能较大，0.8h 处的脉动动能最大，它们的大小分布比较明显，但其数值整体都较小；在丁坝上游靠近丁坝的 8#断面处，脉动动能沿水深的分布趋于平均化，不同水深处的脉动动能之差进一步减小，靠近丁坝处的脉动动能增长较快，0.6h 和 0.8h 处的动能曲线有交叉，说明在槽底脉动动能的分布趋同，但与 0.2h 处的脉动动能相比，它们的值还是较大；在坝轴线 9#断面处，由于坝头附近水深较浅无法测量，所以只测到部分点的脉动流速数据，脉动动能也是在靠近丁坝处较大，整体趋势和 8#断面差不多，脉动动能沿水深的分布进一步趋同；在丁坝下游靠近丁坝的 10#断面处，坝头附近的脉动动能骤然增加，这主要是丁坝阻水，水流绕过坝头发生分离，由于是圆弧形坝头，所以产生卡门涡，在其后形成涡街，脉动动能骤然增加，而两边的脉动动能较小。

图 3-30 为脉动能在整个测量区域的分布图，图中共分成四个区域，即 A 区(上游区)、B 区(对岸区)、C 区(坝后区)和 D 区(强紊动区)。从图中可以看到，在丁坝上游 A 区等值线分布在不同水深都较稀，这说明丁坝上游水流的脉动动能基本相同，且其值较小，基本不受丁坝的影响；在丁坝的对岸区，脉动动能也比较小，与 A 区连成一片，因此，可知丁坝对岸水流脉动受丁坝的影响较小；在丁坝后面的回流区，因为水流流速较小，所以其脉动值也较小；在丁坝坝头后面的强紊动区，等值线非常稠密，尤其是在坝头稍下游，等值线的分布和水流紊动带的分布相吻合，且数值较大，说明 D 区脉动能较大。

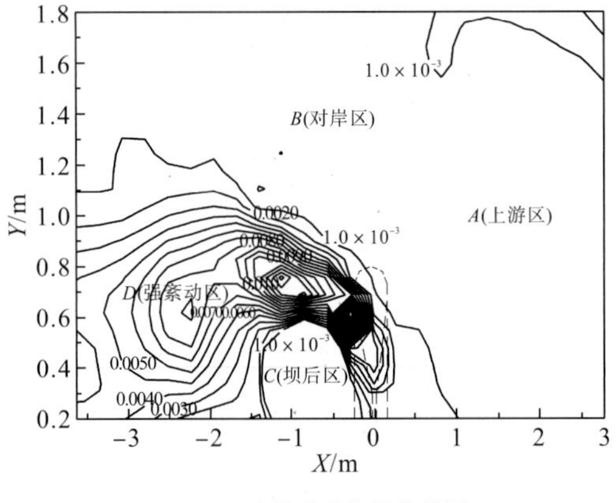

(a)0.2h 处脉动动能等值线图

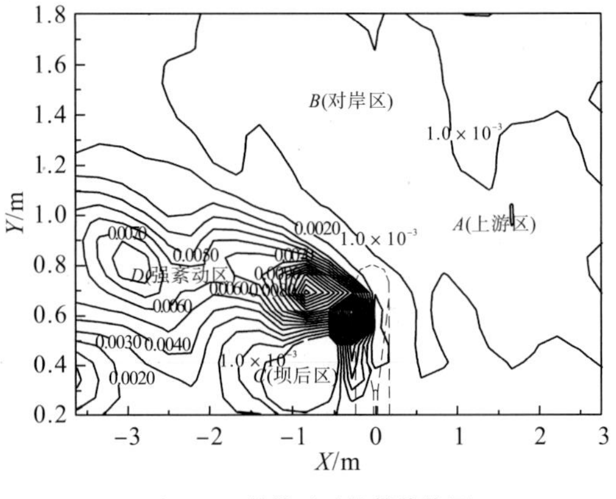

(b)0.6h 处脉动动能等值线图

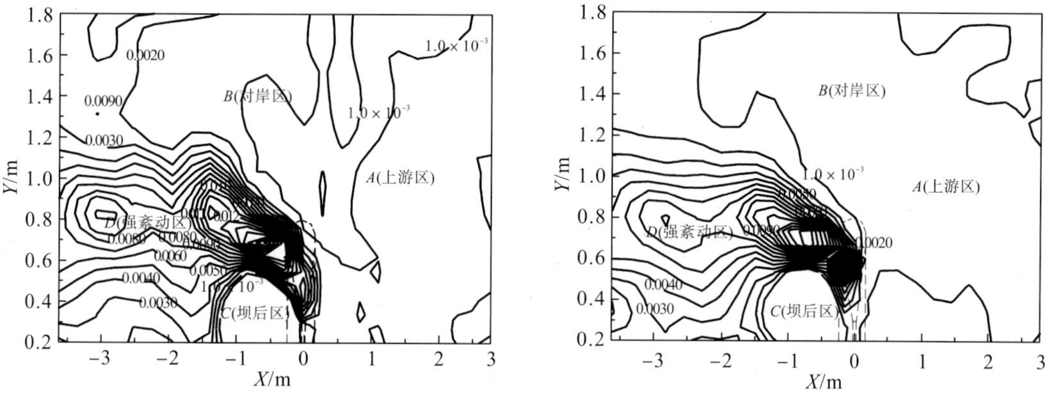

(c)0.8h 处脉动动能等值线图　　(d)垂线平均脉动动能等值线图

图 3-30　脉动能在整个测量区域的分布图(单位：J)

从图 3-30 来看，在 D 区(强紊动区)靠近坝头处，等值线较密，且数值较大，分布区域较窄，说明在靠近坝头处水流脉动能比较集中，脉动强度较大；而离丁坝较远处，等值线分布范围变宽，密度变稀，且其值减小，这主要是由于在坝头产生的漩涡在向下游推进时，角速度减小，漩涡扩散，范围变大，大漩涡分散成很多小漩涡，使脉动强度减弱。

2. 水流脉动能随坝长的变化

选取坝长分别为 50cm、30cm 和 20cm，流量 Q=38.7L/s，H=10cm 的三组工况研究水流脉动能与坝长之间的关系，对脉动能垂线平均值的分布情况进行分析，如图 3-31 所示。

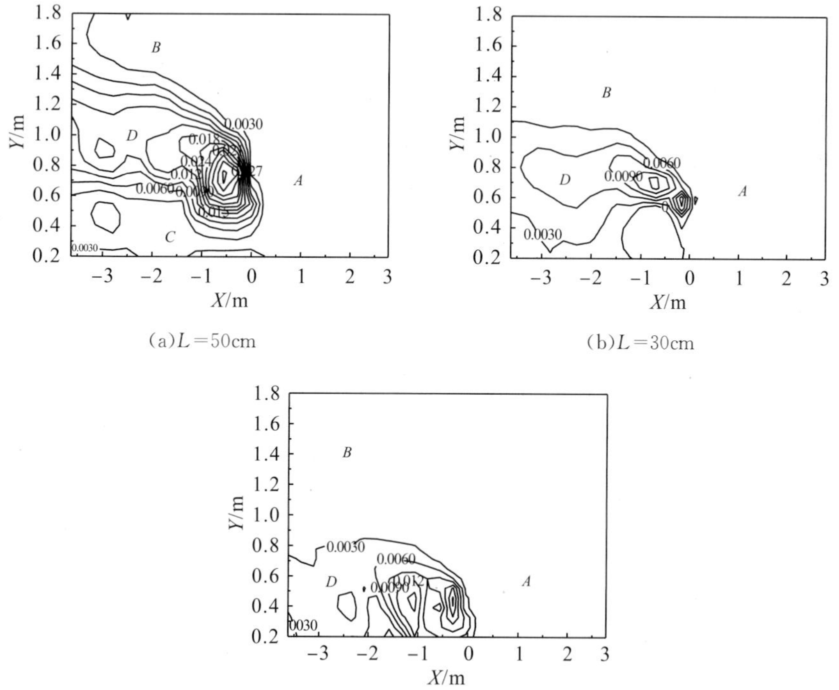

(a)L=50cm　　(b)L=30cm

(c)L=20cm

图 3-31　不同坝长水流脉动能垂线平均值等值线图(单位：J)

从图 3-31 可知，坝长为 50cm 时，水流脉动能垂线平均值等值线较密，且数值较大；坝长为 30cm 和 20cm 时，等值线较稀，数值较小。这主要因为丁坝越长，坝体对水流的阻水作用越强，水流绕过丁坝后脉动越强烈，所以脉动能越大。三种坝长脉动能最大值都分布在坝头附近稍下游处，也就是在水流刚绕过坝头后的位置。随着坝长的增加，脉动能较大的强紊动区（*D* 区）离丁坝所在岸越远，而丁坝上游区（*A* 区）的脉动强度分布受坝长的影响非常小。

3. 水流脉动能随流量的变化

选取流量 *Q* 分别为 25.8L/s、38.7L/s、51L/s 和 68L/s，$L=30$cm，$H=10$cm 的四组工况研究水流脉动能与流量间的关系，对脉动能垂线平均值的分布情况进行分析，如图 3-32 所示。

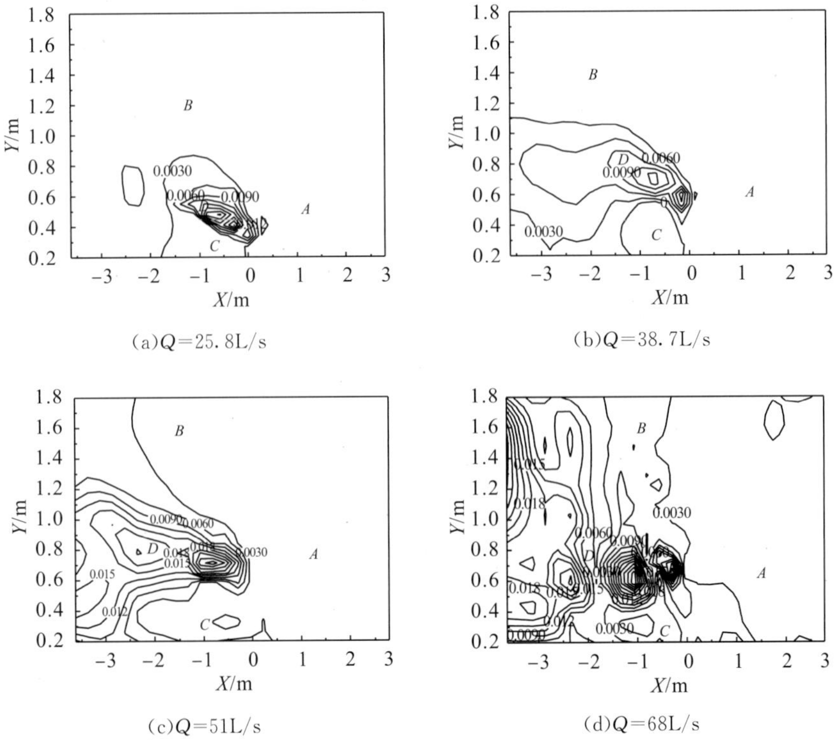

图 3-32 不同流量水流脉动能垂线平均值等值线图（单位：J）

从图 3-32 可知，$Q=25.8$L/s 时，脉动能垂线平均值等值线较稀且其值较小，脉动能最强的地方较靠近坝头，强紊动区（*D* 区）分布范围较小；随着流量的增加，脉动能垂线平均值等值线越来越密，且强紊动区（*D* 区）分布范围越来越大，其值越来越大，脉动能最强的区域也越来越偏离坝头，因为流量越大，同样长度的丁坝，在控制水深一定的情况下，对水流的挡水作用也越大，对水流的影响越大，水流绕过坝头后脉动越剧烈，且水流紊动带的分布范围也越来越大，但是，脉动最弱的坝后区（*C* 区）受强紊动区（*D* 区）的压缩越来越小。丁坝的上游区（*A* 区）的脉动强度的分布受流量的影响非常小，从而可以得出丁坝上游的脉动能量基本不受下游设置丁坝的影响。

4. 水流脉动能随水深的变化

选取水深 H 分别为 8cm、10cm 和 12cm，Q=38.7L/s，L=30cm 的三组工况研究水流脉动能与水深间的关系，并对脉动能垂线平均值的分布情况进行分析，如图 3-33 所示。

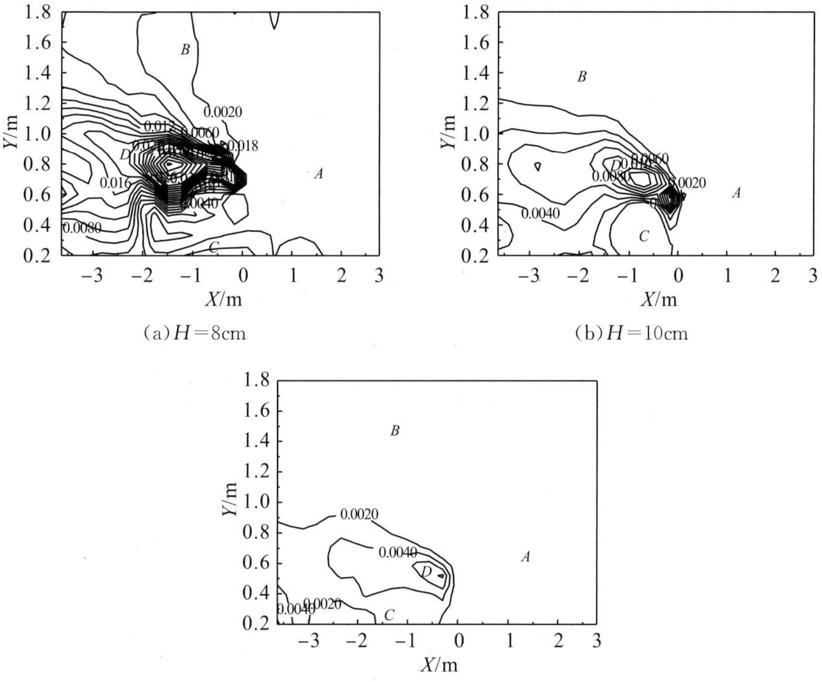

(a) H=8cm　(b) H=10cm　(c) H=12cm

图 3-33　不同水深水流脉动能垂线平均值等值线图(单位：J)

由图 3-33 可知，处在丁坝上游的 A 区，水深不同时，等值线都非常稀，紊动能都很小。在丁坝的对岸的 B 区，当 H=8cm 时，其紊动能较上游略有增加，随着水深的进一步增大，丁坝对岸水流变缓，水流紊动减弱，B 区紊动能非常弱，从图 3-33 可以看到，当控制水深增加到 10cm 和 12cm 时，B 区和丁坝上游的 A 区连成一片。在水流紊动较强的 D 区，控制水深 H=8cm 时，等值线非常稠密且其值较大，在试验中可以观察到此时坝头周期性地脱落卡门涡，在坝后形成卡门涡街，卡门涡逐渐扩张，并随水流向下游运动，其运动轨迹呈抛物线形，卡门涡的产生、发展和消失都处在 D 区，所以，D 区紊动较强；随着水深的增加，等值线变得越来越稀，其值也变得越来越小，当 H=12cm 时，D 区等值线非常稀且其值很小，说明此时水流较缓且紊动很弱。在处于坝后的 C 区，当 H=8cm 和 H=10cm 时，C 区处在坝后回流区内，水流紊动非常弱，等值线很稀且其值很小；当 H=12cm 时，水流漫过丁坝，故坝后水流紊动稍有加强。

3.3 丁坝坝体及周围床面的压力分析

压强脉动是紊流中任一点的压强值围绕其平均值随机变化的现象。在某一空间点观测时，紊流运动要素(流速、压强)呈现随时间急剧波动的现象称为水流脉动。表示压强脉动值的常用符号为 p'，p'可为正也可为负，$p'=p-\bar{p}$，式中 p 为流区内某一点的瞬时压强，$\bar{p}$ 为该点处在足够长的时间段内$(0\sim T)$的平均压强，即 $\bar{p}=\int_0^T p\mathrm{d}t/T$。此外，脉动强度和特性还表现在脉动频率的高低。紊动压强的脉动增大了建筑物的瞬时荷载。当压强脉动的主频率和建筑物的自振频率接近时，还可能引起建筑物发生共振。压强随时间的变化过程主要依靠实验测得，并可以对实测脉动进行频谱分析。

在紊动中，对任一作用面上各点脉动压强值的总和称为脉动压力。丁坝坝体周围的脉动压力则主要受漩涡和水面的波动影响。脉动压力可大大加强瞬时水压力而导致坝头冲刷和坝体破坏。紊动水流的脉动流速遇到边界及其他障碍时，动能转变为压能，这是水流产生压力脉动的根本原因。当脉动流速随时间作紊乱的变化时，水流的脉动压力以及频率也随时间而变化。此外，脉动水流还可以沿泥沙和坝体的缝隙传播，使坝头区的泥沙在瞬时更易起动。所以，水流的脉动压力是形成坝头冲刷坑和坝体破坏的一个重要原因。因此，弄清坝体受力的空间分布情况及其影响因素，对于优化丁坝的设计，防止丁坝水毁的发生十分重要。

3.3.1 试验方案

试验同样采用清水定床试验，模型丁坝长度取 20cm、30cm 和 50cm 的三种坝体，坝体材料为有机玻璃，坝体横断面为梯形断面，迎水坡坡度为 1∶1.5，背水坡坡度为1∶2，向河坡为 1∶5，坝头采用圆弧形，坝顶顶宽 5cm，坝高 10cm。坝体模型如图 3-34 所示。

图 3-34 试验丁坝模型

为了研究坝体及周围床面不同部位的水压力(包括静水压力、动水压力和脉动压力)的大小及其随时间的变化规律，在丁坝坝体及其周围床面共布置 200 个压力采样点，测压采样点的布置位置如图 3-35 所示。压力采样传感器采用陕西宝鸡秦岭传感器厂研制的压力传感器(型号：CYG1145T；测量范围为：6kPa；精度为 0.5 级)，试验压力采集系统采用日产 3066 型高精度笔式记录仪器，自动跟踪记录，其误差能保证在 5%以内。试验中系统的采样速度设定为 4000 次/s，频率响应速度为 100Hz。

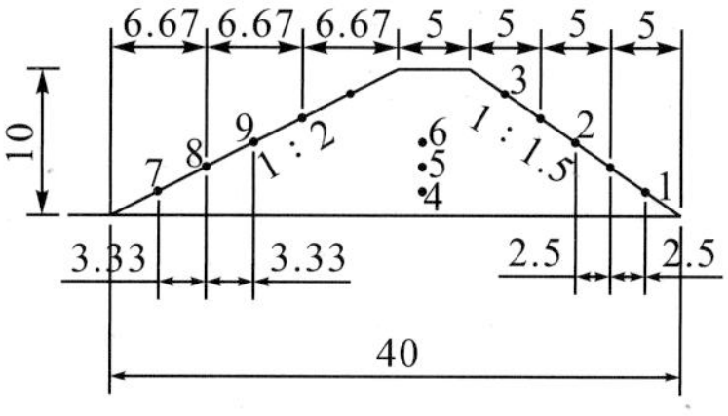

(a)丁坝坝体压力采样点的立面布置图(单位：cm)

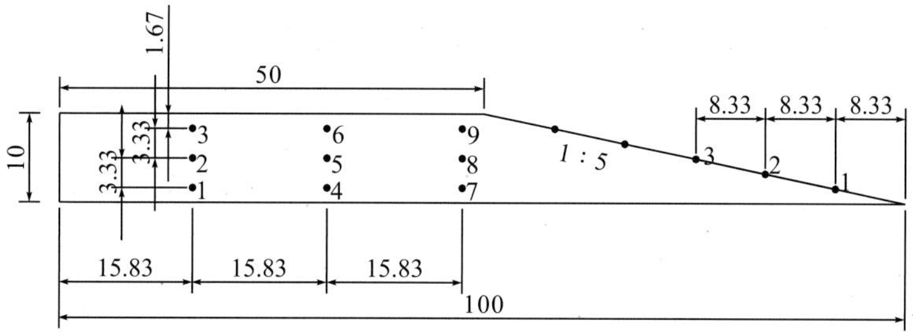

(b)丁坝坝体压力采样点的侧面布置图(单位：cm)

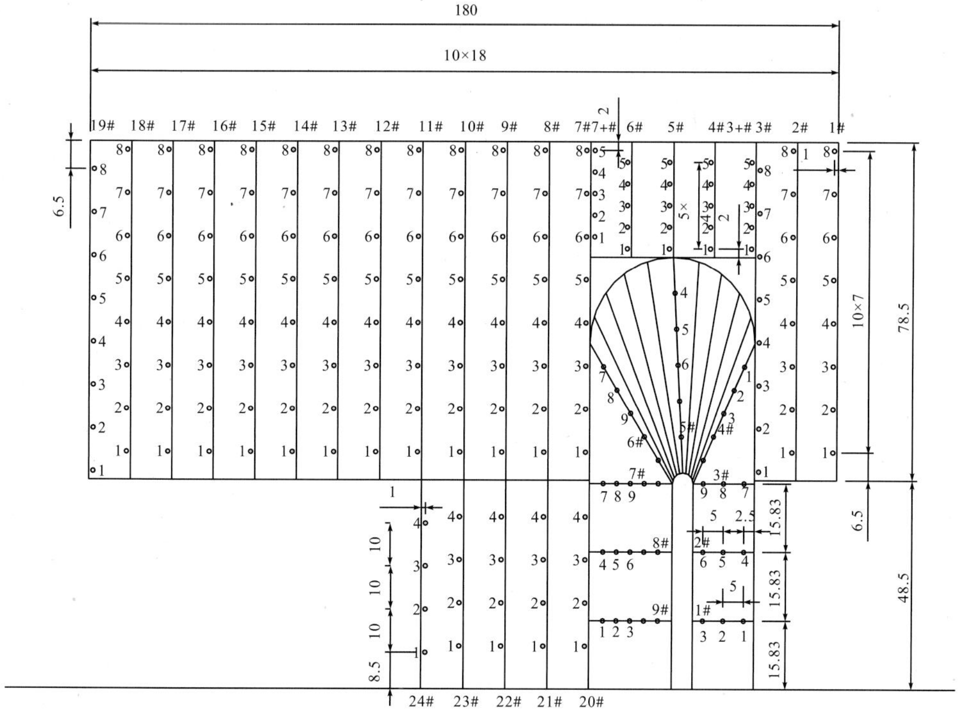

(c)丁坝坝体及周围床面压力采样点的平面布置图(单位：cm)

图 3-35　测压采样点的布置位置

3.3.2　压力数据信号的分析

对试验中采集到的数据进行滤波分析。采用三种方法进行对比分析，从中选取一种较好的方法。

方法一：采用计算瞬时压力数据标准差的方法。令采得的瞬时压力数据为 p_i，对应的采样时间为 t_i，其中 $i=0$，1，2，…，n(本书中 $n=3000$)，压力的平均值为 $\bar{p}$，压力脉动的平均振幅取 2 倍的标准差，计算式为

$$A_1 = 2\sigma = 2\sqrt{\frac{(p_1-\bar{p})^2+(p_2-\bar{p})^2+\cdots+(p_n-\bar{p})^2}{n}} \tag{3-44}$$

方法二：计算每一个压力脉动值，然后取其平均值，即为压力脉动的平均振幅。压力脉动的平均振幅可表示为

$$A_2 = \frac{(p_1-p_0)+(p_2-p_1)+\cdots+(p_{i+1}-p_i)+\cdots+(p_n-p_{n-1})}{n} \tag{3-45}$$

方法三：采用雨点法滤波和平均值滤波的思想，对方法二所得的脉动值进行第二次滤波，把低于压力平均值的压力脉动和脉动幅度较小的脉动值滤掉。令压力脉动的激波顶点为 p_j'，其中 $j=1$，2，…，k，$k\leqslant n$。压力脉动的平均振幅可表示为

$$A_3 = \frac{(p_2'-p_1')+\cdots+(p_{i+1}'-p_i')+\cdots+(p_n'-p_{n-1}')}{n} \tag{3-46}$$

随机选取 8 组瞬时压力采样数据，分别采用以上三种方法对压力数据进行处理，处理结果见表 3-8。

表 3-8 瞬时压力数据处理结果对比

测压工况数	采样点编号	压力脉动幅度/kPa			压力平均值/kPa
		方法一	方法二	方法三	
1	迎水面 1	0.0252	0.0043	0.0333	0.4593
8	背水面 5	0.0490	0.0078	0.0580	0.3339
13	迎水面 4	0.0194	0.0037	0.0297	0.7960
15	坝头面 8	0.0097	0.0026	0.0175	0.8332
20	背水面 6	0.0248	0.0032	0.0308	0.4718
24	迎水面 9	0.0227	0.0033	0.0315	1.1294
27	背水面 7	0.0138	0.0032	0.0201	0.9388
36	坝头面 2	0.0311	0.0042	0.0426	0.5809

如表 3-8 所示，就三种方法相比而言，用方法二计算得到的值普遍偏小，方法三计算值普遍较大，而方法一采用的是 2 倍标准差的方法，是工程常用的计算方法，其值介于方法二和方法三之间。方法二在计算压力脉动幅度时，直接用后一个瞬时压力值减去前一个瞬时压力值，记入了每一个压力脉动，其中包含大量较小的脉动值，故而平均脉动幅度的计算值偏小很多；方法三在计算过程中对方法二进行了优化，采用后一个激波顶点减去前一个激波顶点的方法，舍去了大量较小的压力脉动，所以平均脉动幅度的计算值较大。对于同一荷载作用效果(如泥沙的起动、地形的冲刷)，方法二是较小的荷载作用产生了较大的荷载效应，故其值偏于安全，过于保守；方法三是较大的荷载作用产生了较小的荷载效应，故其值偏于危险；方法一介于方法二和方法三之间，能较准确地

反映荷载与荷载效应的关系，故选用方法一对瞬时压力数据进行处理。

3.3.3　丁坝受力理论分析

天然河道中的坝体块石除了受有效重力 W'、拖拽力 F_D、动水冲击力 F'_D、上举力 F_L 和渗透力 F_S 的作用，在运动过程中还受到粒间离散力的作用。在这些力的共同作用下，块石表现为失稳起动、运移、沉积。

1. 拖拽力和上举力

拖拽力和上举力为液相水流对固相颗粒的作用力。水流和块石表面接触时将产生摩擦力 P_1，当坝体表面上的水流雷诺数稍大时，颗粒顶部流线将发生分离，并在块体背水面产生涡辊，从而在块体前后产生压力差，形成形状阻力 P_2，P_1 和 P_2 的合力为拖拽力 F_D。

在水流流动时，床面颗粒顶部与底部的流速不同，前者为水流的运动速度，后者则为颗粒间渗水的流动速度，比水流的速度要小得多。根据伯努利方程，顶部的流速高、压力小，底部流速低、压力大。这样所造成的压力差产生了一个方向向上的上举力 F_L。

拖拽力和上举力的一般表达形式为

$$F_D = C_D a_1 d^2 \frac{\rho u_0^2}{2} \tag{3-47}$$

$$F_L = C_L a_2 d^2 \frac{\rho u_0^2}{2} \tag{3-48}$$

式中，ρ 为水的密度，取 1000kg/m^3；u_0 为水流底速，m/s；d 为块体粒径，mm；C_D 为阻力系数；C_L 为上举力系数；a_1，a_2 为面积系数，对于球体，$a_1=a_2=\frac{\pi}{4}$。

2. 动水冲击力

动水冲击力与水流拖曳力不同，水流拖曳力是水流对块体的摩擦和使其背后产生负压而产生的力，动水冲击力是运动水流正向撞击块体而形成的动量交换；且二者矢量方向有区别，水流拖曳力方向与水流相同，动水冲击力的方向与石块的几何形状关系密切，与水流撞击石块表面的法线方向平行，见图 3-36。这是主要针对较大石块而言的，因为大的石块暴露出来的部位较大，水流速度值由近底向上呈对数增长，这样暴露的部位越大，受水流的冲击力也就越大，见图 3-37。坝体护石一般颗粒比较大，石块相互间隙较大，水流在流过石块与石块间都会产生漩涡，紊动的水流产生脉动压力，当脉动压力的峰值与动水冲击压力为同方向时，就加大了水流对石块暴露部位的冲击力度。各石块的暴露度不同，对水流的阻力也不同，暴露越大的石块对水流的阻力越大，受水流的冲击力也就越大。

动水冲击力的表达式与水流拖曳力和上举力的形式相同，即

$$F'_D = C'_D a_3 d^2 \frac{\rho u_0^2}{2} \tag{3-49}$$

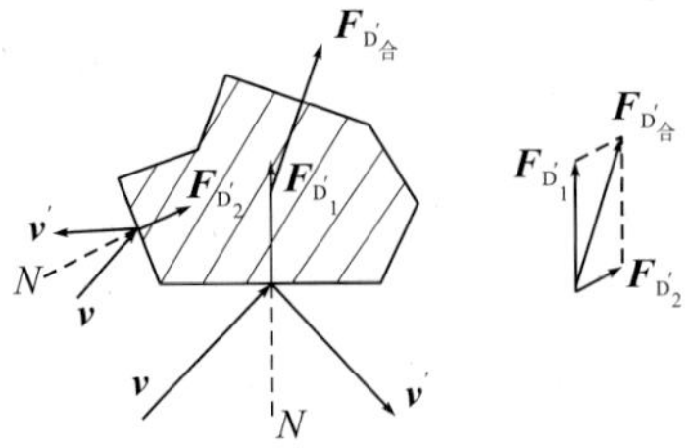

图 3-36 块石所受水流冲击力矢量示意图

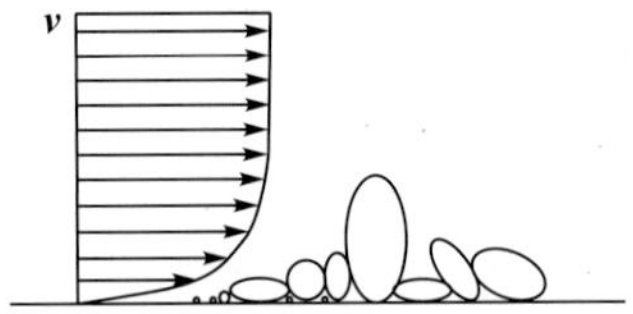

图 3-37 石块暴露位置与水流流速大小对应图

图 3-36 和图 3-37 中，$\boldsymbol{v}$ 为水流冲击石块流速，$\boldsymbol{v}'$为反射水流流速，N 为法线，$\boldsymbol{F}_{D'i}$ 为块石 i 面上所受的水流冲击力，$\boldsymbol{F}_{D'_{合}}$ 为块石所受水流冲击力的合力。

3. 块体的水下重力

$$W' = (\rho_s - \rho)V \tag{3-50}$$

式中，ρ_s 为块体密度；ρ 为水的密度；V 为块体的体积。

4. 波浪作用力

在河口段，波浪的冲击高度以及波浪滚退时的动力作用，常是丁坝破坏的重要因素。当波浪冲击丁坝并沿坝身向上卷爬时，作用于坝体表面的波浪压力不是立即传到护坡底层上，而是稍迟才传到护坡底层，由此而产生的坝体表面与其底层的瞬时压力差，使表面块石紧压在坝面上。当波浪自坝顶向下滚退时，坝体表面的压力与其底层的压力相比减退较快，即形成一种上举力(或称退波浮托力)，如果坝体表面块石稳定性不够，则会被浮托上来并被水流冲走，造成坝体局部出现缺口。此单位上举力可按下列经验公式计算，即

$$P_b = 1.59 K_m \gamma_0 \frac{A}{m+2} h_B \tag{3-51}$$

式中，P_b 为波浪滚退时的上举力，kPa；γ_0 为水体容重，9.81kN/m^3；h_B 为设计考虑的波浪高度，m；K_m 为与边坡率 m 有关的系数；A 为试验系数，对于砌石或混凝土护面，A=0.64，对于抛石(或堆石)护面，A=0.80。

3.3.4　不同因素对丁坝受力的影响

1. 非淹没状态下坝体不同部位受力分析

以坝长 $L=50\text{cm}$、流量 $Q=38.7\text{L/s}$、控制水深 $H=10\text{cm}$ 工况为例，取坝体相同高度的采样点，迎水面上取 2、5 和 8 三个采样点，坝头面上取 3、6 和 9 三个采样点，背水面上取 3、6 和 9 三个采样点。表 3-9 为非淹没丁坝坝体上同一高度的脉动压力和总压力对比表，图 3-38 为非淹没丁坝坝体上同一高度的脉动压力和总压力对比图。

表 3-9　非淹没丁坝坝体上同一高度的压力对比表

迎水面			坝头面			背水面		
采样点编号	脉动压力	水流总压力	采样点编号	脉动压力	水流总压力	采样点编号	脉动压力	水流总压力
2	0.0298	0.4317	3	0.0182	0.3519	3	0.0232	0.3257
5	0.0285	0.5995	6	0.0294	0.3752	6	0.0224	0.3410
8	0.0219	0.6562	9	0.0230	0.3268	9	0.0213	0.3423

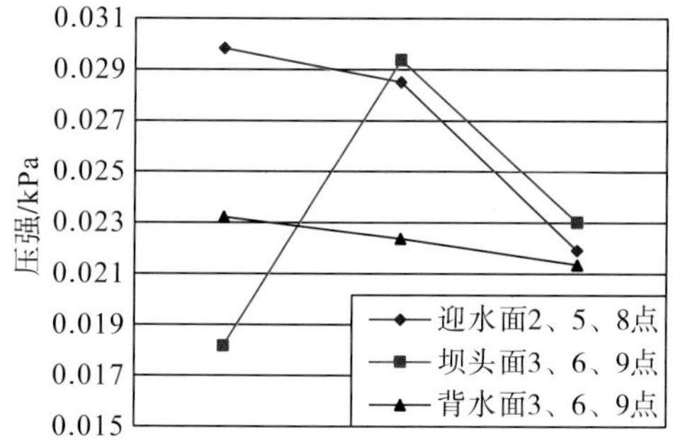

(a)脉动压力对比

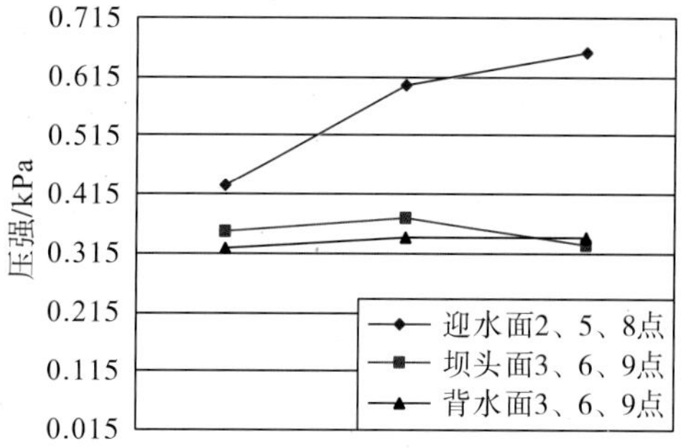

(b)总压力对比

图 3-38　非淹没丁坝坝体同一高度的脉动压力和总压力对比图

注：横坐标依次为各观测点

从表 3-9 和图 3-38 可知，坝体处于非淹没状态时，在丁坝迎流面和背流面上，丁坝根处脉动压力稍大，坝头处较小，这是由于丁坝根部坝前和坝后都有回流区，水流流速非常小，水流紊动也较弱，此时压力脉动的信号很弱，噪声信号相对较强，测出的脉动压力不准；在丁坝坝头面上中间脉动压力较大，两边较小。丁坝迎水面上总压力较大，且由坝根向坝头总压力增大，这主要因为坝头部流速较大，流速在丁坝迎水面的法线方向的分量较大，水流动压力较大，所以总压力较大；坝头面上上游处总压力稍大，下游处稍小，这主要因为丁坝上游产生壅水现象，上游水深稍大，静压力稍大；背水面上总压力较小且基本相同，因为水流在坝后形成回流区，回流区内水流流速非常小，故动水压力很小，总压力接近静水压力。三个面上总压力相比较，迎水面较大，坝头面和背水面较小，因为坝前形成壅水，水深较大，静水压力较大，所以总压力较大。

2. 淹没状态下坝体不同部位压力分析

以坝长 $L=50$cm、流量 $Q=25.8$L/s、控制水深 $H=12$cm 的工况为例，取坝体上相同高度的采样点，迎水面上取 2、5 和 8 三个采样点，坝头面上取 3、6 和 9 三个采样点，背水面上取 3、6 和 9 三个采样点。表 3-10 为淹没丁坝坝体上同一高度的脉动压力和总压力对比表，图 3-39 为淹没丁坝坝体上同一高度的脉动压力和总压力对比图。

表 3-10 淹没丁坝坝体上同一高度的压力对比表

迎水面			坝头面			背水面		
采样点编号	脉动压力	水流总压力	采样点编号	脉动压力	水流总压力	采样点编号	脉动压力	水流总压力
2	0.0319	0.2971	3	0.0150	0.1022	3	0.0212	0.1524
5	0.0303	0.3939	6	0.0260	0.2313	6	0.0275	0.1923
8	0.0311	0.3889	9	0.0180	0.1834	9	0.0267	0.1940

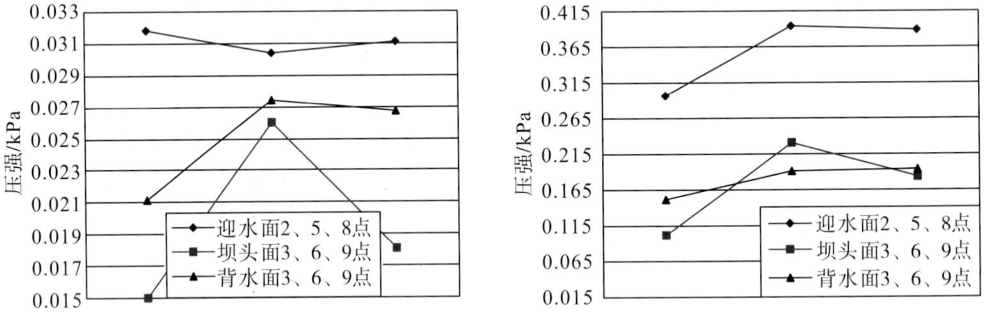

(a)脉动压力对比 (b)总压力对比

图 3-39 淹没丁坝坝体上同一高度的脉动压力和总压力对比图

注：横坐标依次为各观测点

从图 3-39 可知，丁坝处于淹没状态时，坝体迎流面上脉动压力和非淹没时差不多，但同一高度时压力变化较小；坝头面还是中间脉动压力较大，两边较小；背水面上坝根部的脉动压力较小，靠近坝头部脉动压力较大，这主要因为有漫坝水流，坝后回流区范围减小，靠近丁坝头部水流紊动加强。丁坝三个面上的总压力分布情况和非淹没丁坝时基本相同。

3. 坝体受力与流量的关系

取坝长 $L=30$cm，水深 $H=10$cm，流量分别为 $Q=25.8$L/s、$Q=38.7$L/s、$Q=51$L/s、$Q=68$L/s 四组工况，选取坝面上距槽底 1.67cm 的 7 个采样点进行分析。总压力与流量的关系如表 3-11 和图 3-40 所示；脉动压力与流量的关系如表 3-12 和图 3-41 所示。

表 3-11　总压力与流量的关系

流量/(L/s)	采样点编号						
	迎水面		坝头面			背水面	
	2#4	3#7	4#1	5#4	6#7	7#7	8#4
25.8	0.9961	1.0017	0.6750	0.7591	0.7459	0.8547	0.9302
38.7	0.9878	0.9973	0.6443	0.7356	0.7196	0.8090	0.8824
51.0	0.9787	0.9923	0.5796	0.6815	0.6658	0.7642	0.8267
68.0	0.9872	1.0047	0.5291	0.4699	0.3788	0.4328	0.4419

表 3-12　脉动压力与流量的关系

流量/(L/s)	采样点编号						
	迎水面		坝头面			背水面	
	2#4	3#7	4#1	5#4	6#7	7#7	8#4
25.8	0.0158	0.0132	0.0142	0.0139	0.0190	0.0125	0.0129
38.7	0.0236	0.0199	0.0165	0.0160	0.0276	0.0176	0.0202
51.0	0.0249	0.0214	0.0205	0.0210	0.0313	0.0225	0.0215
68.0	0.0320	0.0284	0.0251	0.0227	0.0405	0.0255	0.0243

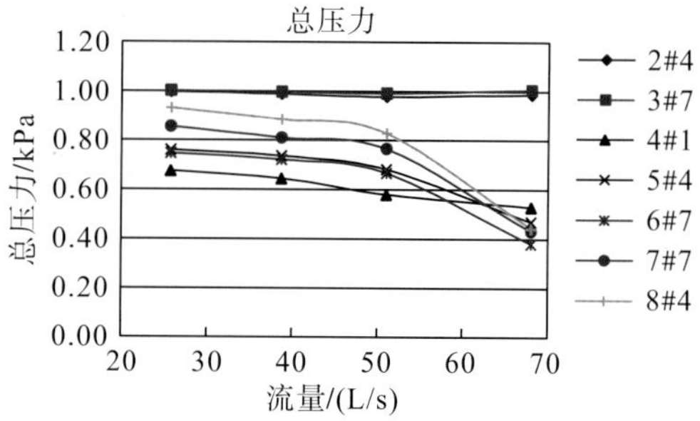

图 3-40　总压力与流量的关系

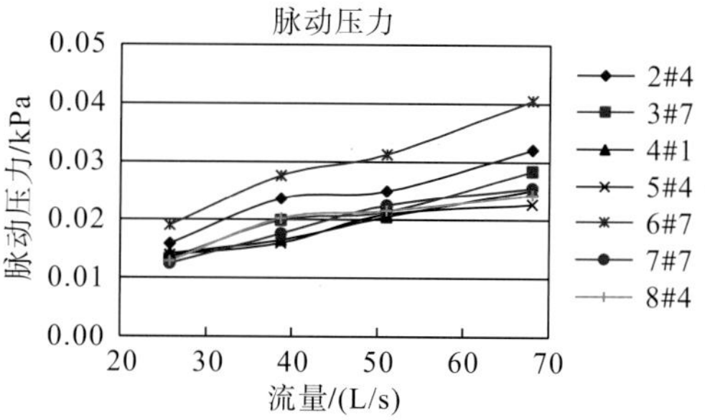

图 3-41　脉动压力与流量的关系

从表 3-11 和图 3-40 可知，丁坝迎水面上的总压力基本不受流量的影响，丁坝坝头面和背水面上的总压力随着流量的增加而减小。因为试验中控制水位在坝前，在控制水深一定时，坝前水位一定，水流的总压力主要为静水压力，所以水流总压力在迎水面基本不受流量的影响。随着流量的增加，丁坝的挡水作用越强，丁坝附近的水面比降越大，坝前和坝后的水面落差越大，坝前水位一定，坝后水位随流量的增加而降低，故静水压力随流量的增加而降低，进而总压力也随流量的增加而降低。

从表 3-12 和图 3-41 可知，无论在丁坝的哪个面上，脉动压力都随流量的增加而增加，因为在控制水深一定时，流量越大，丁坝附近的水流紊动越强，所以水流的脉动压力越大。

4. 坝体受力与坝长的关系

取流量 $Q=38.7\text{L/s}$，水深 $H=10\text{cm}$，坝长 L 分别为 50cm、30cm 和 20cm 三组工况，选取坝面上距槽底 1.67cm 的 7 个采样点进行分析。总压力与坝长的关系如表 3-13 和图 3-42 所示，脉动压力与坝长的关系如表 3-14 和图 3-43 所示。

表 3-13　总压力与坝长的关系

坝长/cm	采样点编号						
	迎水面		坝头面			背水面	
	2#4	3#7	4#1	5#4	6#7	7#7	8#4
20	0.7619	0.7565	0.6834	0.7098	0.7059	0.7020	0.7081
30	0.9878	0.9973	0.6943	0.7356	0.7196	0.8090	0.8824
50	0.9344	0.8269	0.5415	0.6432	0.5670	0.5904	0.6005

表 3-14　脉动压力与坝长的关系

坝长/cm	采样点编号						
	迎水面		坝头面			背水面	
	2#4	3#7	4#1	5#4	6#7	7#7	8#4
20	0.0255	0.0216	0.0188	0.0168	0.0294	0.0150	0.0202
30	0.0236	0.0199	0.0165	0.0160	0.0276	0.0176	0.0202
50	0.0235	0.0192	0.0138	0.0180	0.0253	0.0158	0.0163

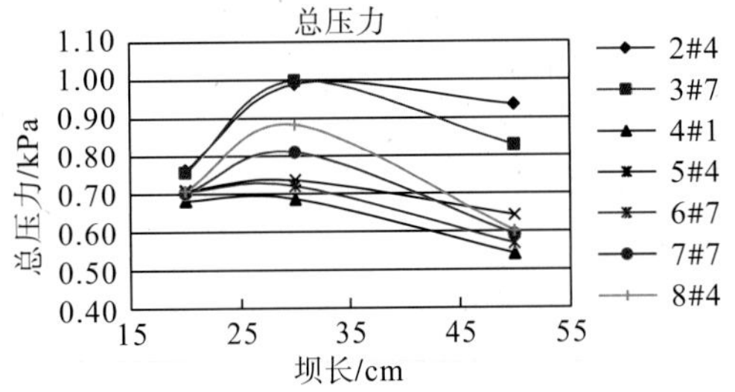

图 3-42　总压力与坝长的关系

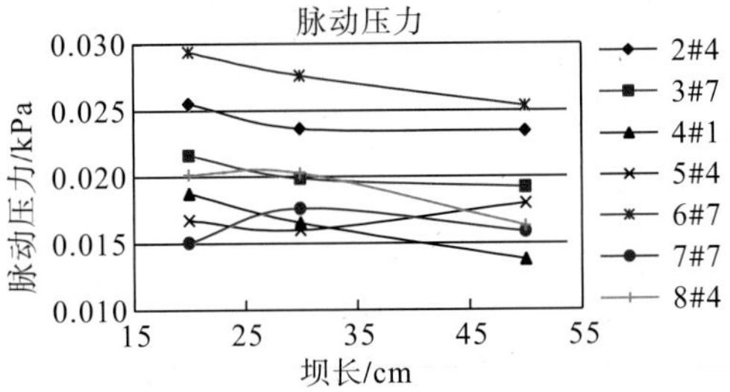

图 3-43　脉动压力与坝长的关系

从表 3-13、表 3-14、图 3-42 和图 3-43 可以看到，迎水面上各点的总压力较大，背水面次之，坝头面上最小。各点总压力呈现出：当坝长 $L=20\text{cm}$ 时，较小，随着坝长的增加，当坝长 $L=30\text{cm}$ 时，达到最大；此后，坝长继续增加，其值呈下降的趋势，当坝长

L=50cm 时，其值较小。脉动压力随坝长变化较小，因为对某一固定采样点来说，它到坝头处的距离不随坝长而变化。

5. 坝体受力与水深的关系

取流量 Q=38.7L/s，坝长 L=30cm，水深 H 分别为 8cm、10cm 和 12cm 的三组工况，选取坝面上距槽底 1.67cm 的 7 个采样点进行分析。总压力与控制水深的关系如表 3-15和图 3-44 所示，脉动压力与控制水深的关系如表 3-16 和图 3-45 所示。

表 3-15　总压力与控制水深的关系

控制水深/cm	采样点编号						
	迎水面		坝头面			背水面	
	2#4	3#7	4#1	5#4	6#7	7#7	8#4
8	0.7790	0.7902	0.4191	0.4481	0.4476	0.5350	0.6095
10	0.9878	0.9973	0.6443	0.7356	0.7196	0.8090	0.8824
12	1.1863	1.1906	0.8572	0.9571	0.9504	1.0484	1.1235

表 3-16　脉动压力与控制水深的关系

控制水深/cm	采样点编号						
	迎水面		坝头面			背水面	
	2#4	3#7	4#1	5#4	6#7	7#7	8#4
8	0.0232	0.0207	0.0174	0.0335	0.0296	0.0295	0.0267
10	0.0236	0.0199	0.0165	0.0160	0.0254	0.0176	0.0202
12	0.0182	0.0148	0.0142	0.0125	0.0126	0.0134	0.0148

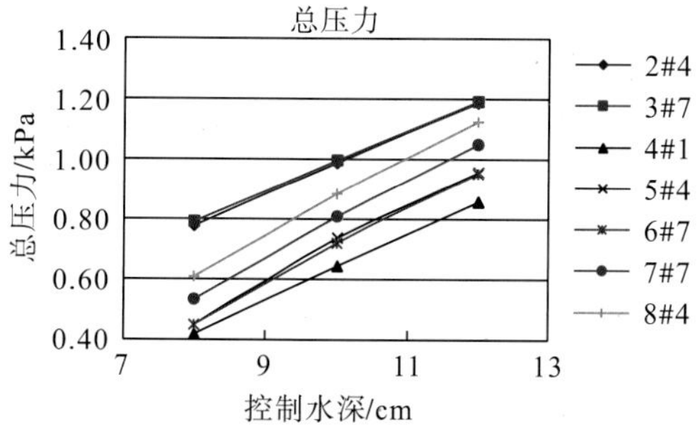

图 3-44　总压力与控制水深的关系

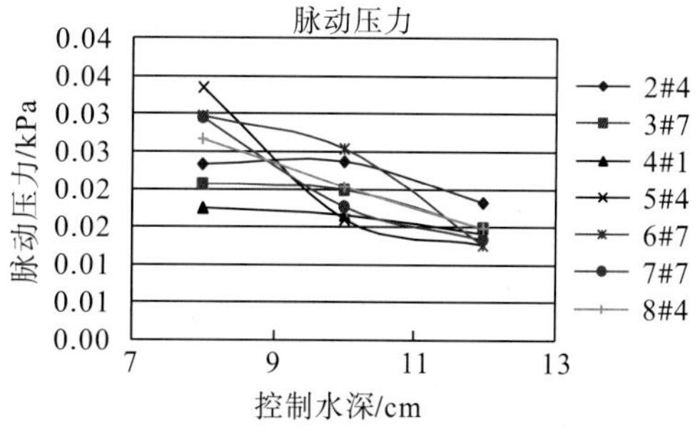

图 3-45　脉动压力与控制水深的关系

从表 3-15 和图 3-44 可知，总压力随水深的增加基本上呈线性增加，因为总压力的主要组成部分为静水压力，静水压力和水深存在线性关系，所以总压力和控制水深存在较为明显的近似线性的关系。

从表 3-16 和图 3-45 可知，脉动压力随水深的增加而减小，因为这些采样点的位置离槽底较近，对于相同流量，水深增加，丁坝轴线断面处过水面积增加，丁坝的挡水作用减小，水流紊动强度也减弱，所以脉动压力也随之降低。

3.3.5 丁坝周围床面受力分析

为了更方便地研究丁坝周围总压力和脉动压力的分布情况，把丁坝附近的压力测区分为四个区，如图 3-46 所示。

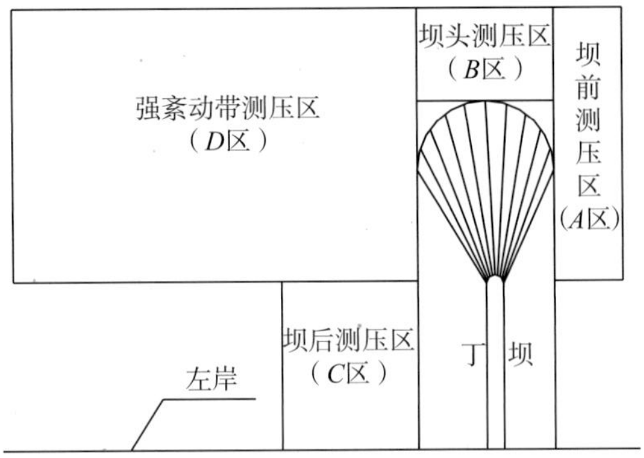

图 3-46 压力测区图

选取流量 $Q=38.7\text{L/s}$，坝长 $L=50\text{cm}$，控制水深 $H=8\text{cm}$ 的工况进行分析。

1. 坝前测压区（*A* 区）

坝前测压区布置了 3 个测压断面，三个测压断面的总压力和脉动压力情况如图 3-47 所示。3#断面较靠近坝轴线，由于坝前的壅水作用，3#断面靠近左岸几个测点的总压力较大；在丁坝的对岸（右岸），3#断面的水深和 1#和 2#相比较小，故总压力小于 2#断面，2#又小于 1#断面。由于靠近坝轴线处水流紊动加强，3#断面的脉动压力大于 1#和 2#断面。

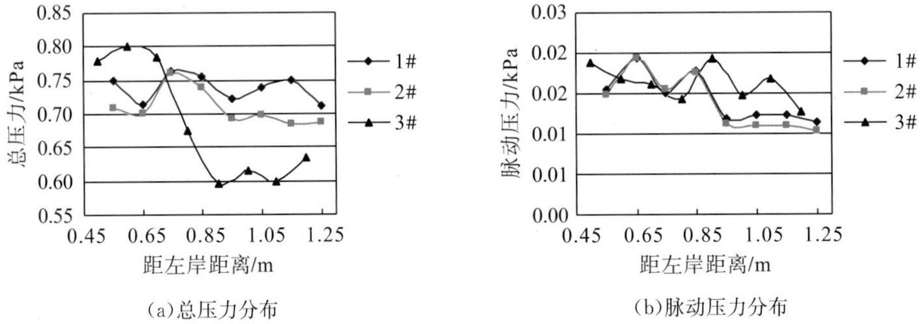

图 3-47 坝前测压区（*A* 区）的总压力和脉动压力分布

2. 坝头测压区（*B* 区）

坝头测压区布置了 3+#和 4#～6#共 4 个测压断面，四个测压断面的总压力和脉动压力情况如图 3-48 所示。由于坝头附近水面比降较大，水面线由处在上游的 3+#测压断面向处在下游的 6#测压断面跌落，所以总压力也由 3+#断面向 6#逐渐减小；几个断面的总压力都是靠近坝头的几个测压点较大，然后跌落，在距坝头较远的三个测压点总压力变化不大，压力分布较为均匀。几个断面的脉动压力都是靠近坝头处的测压点较大，接着上升达到最大值，然后跌落，距坝头较远的三个测压点，脉动压力变化不大，趋于均匀分布。

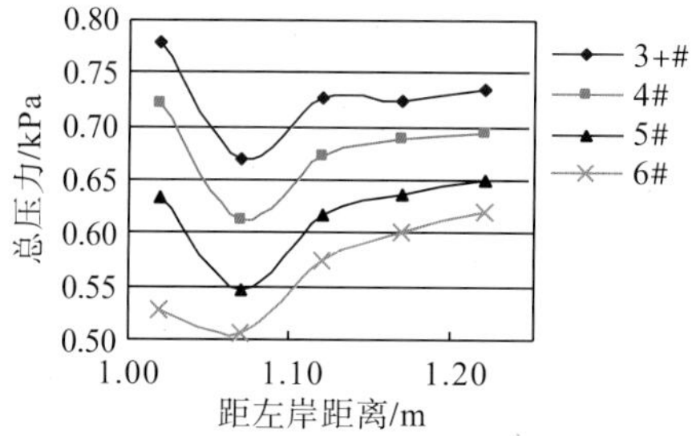

(a)总压力分布

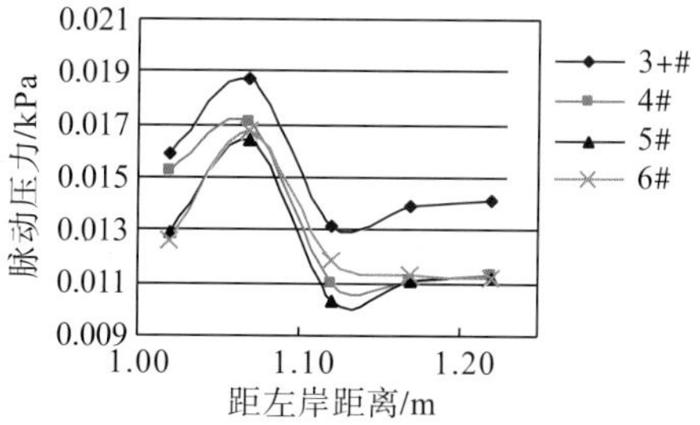

(b)脉动压力分布

图 3-48　坝头测压区(*B* 区)的总压力和脉动压力分布

3. 坝后测压区(*C* 区)

坝后测压区取 21＃～23＃共 4 个测压断面进行研究，由于坝后测压区处在流速很小的回流区，这时压力脉动信号较弱，所以仅研究总压力的分布，总压力的分布情况如图 3-49所示。由前述水面线的分析可知，在坝后回流区靠近丁坝处，水深由左岸向右岸减小，故在图 3-49 中总压力由左岸向右岸逐渐减小。

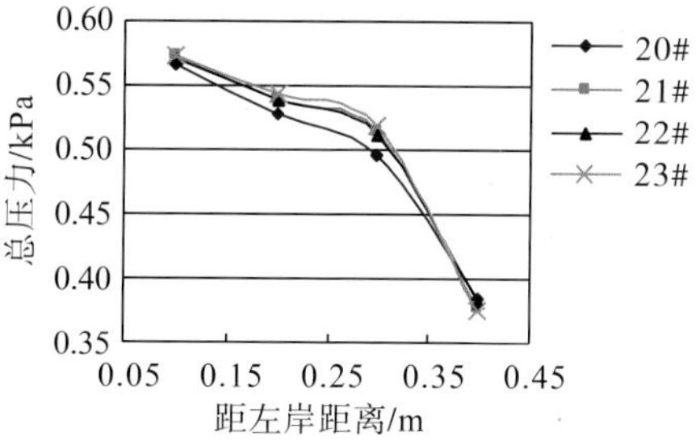

图 3-49　坝后测压区(*C* 区)的总压力分布

4. 强紊动带测压区(*D* 区)

坝后测压区布置了 7＃～19＃共 13 个测压断面，由于测区范围较大，布置断面较多，采用等值线图的方法来研究总压力和脉动压力的分布情况。总压力和脉动压力的等值线分布见图 3-50 和图 3-51。

在图 3-50 中，右上角总压力较大，此区域为坝头水面线跌落区，上游壅水，水位较高，故压力较大；右下角总压力也较大，此区域处于坝后回流区的边缘，坝后回流区水位比主流区高，故总压力也较大；其他区域总压力基本相同。可以看到总压力的分布和水面线的分布基本相同。

在图 3-51 中，从脉动压力的等值线可见，中间脉动压力较强，两边较小。在距左岸 0.7～1.0m 处，形成一条较强的压力脉动带，此区域刚好处在坝头后面。丁坝头部是涡源所在，由于丁坝坝头为圆弧形，所以将产生卡门涡，并在其后形成单列卡门涡街，试验中发现涡中心基本上在一条抛物线上，漩涡每隔一段时间发生一个并向下游移动。因此，固定点处的流速、流向及压力也相应形成周期性的脉动，在一系列向下游运动的漩涡之间，相互碰撞而破碎或合并的现象频繁发生，形成水流紊动较强的紊动带，在紊动带内水流的流速脉动强度和压力脉动强度都很大。在此区域流速和压力的强脉动，使泥沙较容易起动，造成床底冲刷和坝后冲刷坑的形成。

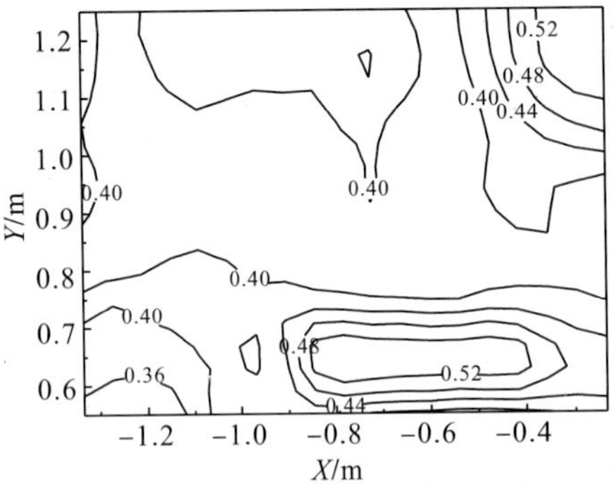

图 3-50　强紊动带测压区总压力分布图（单位：kPa）

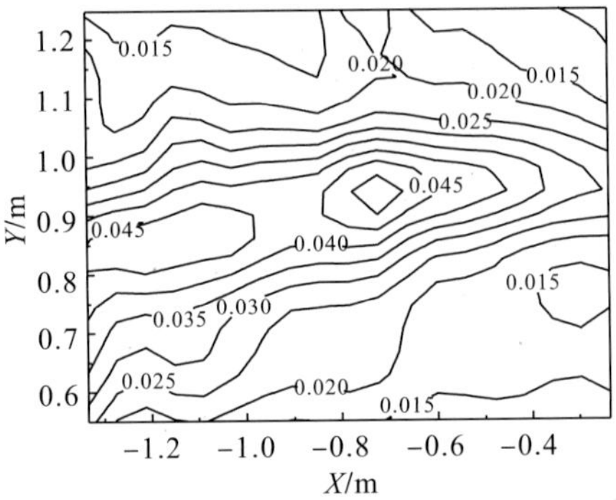

图 3-51　强紊动带测压区脉动压力分布图（单位：kPa）

3.4　丁坝局部冲刷和护底防冲措施研究

丁坝的水毁形态各异，但其中最为重要的一个原因就是其坝头的基础和泥沙常年受到水流的冲刷和侵蚀作用，使其基础淘空，这样丁坝就会在重力作用下失去支撑，使丁坝的局部和整体崩陷塌落。因此研究丁坝的坝头冲刷和丁坝防冲措施是十分重要的。

3.4.1　清水冲刷试验方案

清水动床模型布置如图 3-2 所示。丁坝坝体的长度、断面形式等与定床试验完全一致。试验方案(包括流量、水深、坝长和试验组合)取控制水深为 10cm 的定床试验时的工况，共 24 种，工况组合情况见表 3-17。为了方便研究，试验模型沙选用石英砂，经粉碎、筛分制成，其比重 $\gamma_S=2.65\mathrm{t/m^3}$，$d_{50}=0.18\mathrm{mm}$，级配曲线如图 3-3 所示。清水冲刷试验的主要内容如下。

(1)观测不同工况下丁坝坝轴线处的坝头流速(坝头跟踪流速)，随动床冲刷实验时间的变化。

(2)在坝后冲刷坑内取几个定点，观测这几个定点的冲刷深度随试验时间的变化。

(3)观测坝下游冲刷坑的形成、发展和平衡状况，冲刷坑的深度和范围。

(4)观测各种情况下整个铺沙段的冲刷地形。

表 3-17 清水冲刷试验工况组合表

有机玻璃坝				散抛石坝			
试验工况	坝长/cm	流量/(L/s)	水深/cm	试验工况	坝长/cm	流量/(L/s)	水深/cm
1	50	25.8	10	13	50	25.8	10
2	50	38.7	10	14	50	38.7	10
3	50	51	10	15	50	51	10
4	50	68	10	16	50	68	10
5	30	25.8	10	17	30	25.8	10
6	30	38.7	10	18	30	38.7	10
7	30	51	10	19	30	51	10
8	30	68	10	20	30	68	10
9	20	25.8	10	21	20	25.8	10
10	20	38.7	10	22	20	38.7	10
11	20	51	10	23	20	51	10
12	20	68	10	24	20	68	10

3.4.2 丁坝局部冲刷机理

根据前面分析可知，丁坝的存在使坝体附近水流流速场和压力场都随之发生改变。当行近水流遇丁坝受阻后，水流在重力作用下动能转变为势能，一部分水流被迫向坝头绕流而下，另一部分水流则指向床面后流向下游，坝前水位壅高，在丁坝迎水面河道断面上出现水面横比降，同时坝前水流还受离心力作用产生加速度，在一个垂直面上的所有水质点都受到横向压力梯度作用。坝前一单元水柱两侧的动水压力分布如图 3-52(a)所示；纵向行进水流在铅垂线上的流速分布是自水面向河底逐渐减小，如图 3-52(b)所示；由横向水面坡度引起的压强差 γJ_r 沿垂线分布是不变的，与离心力叠加合成后的分布如图 3-52(c)所示；当离心力与压强差 γJ_r 平衡时，该点的合力为 0，该点以上各质点，离心力大于压强差，合力指向河心，成为流向河心的横向水流。同理，在该点以下各质点，离心力小于压强差，合力指向丁坝所在岸，成为流向坝根的横向水流，沿垂线的横向水流分布如图 3-52(d)所示。

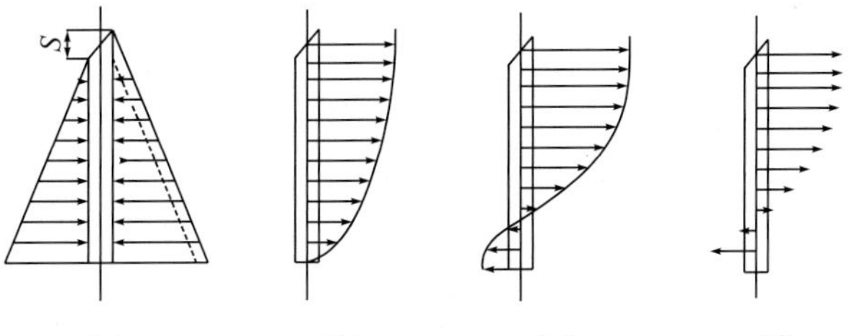

图 3-52 横向环流形成原理

丁坝限制了河流断面，并且很明显地影响其附近的水流运动结构(图 3-53)，引起平均流速和单宽流量增大。坝头平均流速的增加导致了流速梯度的增大和更为激烈的大尺度紊动，底部流速的增大和可动床沙上大漩涡的扰动是造成丁坝附近冲刷的主要原因。试验发现，丁坝坝身前部水平轴向常有一股较大的半马蹄涡形漩涡产生，使坝前水位壅高，底部水流以逆时针方向旋转，由坝头流向主流。沿丁坝头部下游的水流分离线，存在竖轴环流(卡门涡)，这个环流是由主流与尾流中的固定回流之间的切力层旋转产生的。这种漩涡有一点像龙卷风，将泥沙吸入其低压中心，这种作用被认为是丁坝下游冲刷的主要原因之一。

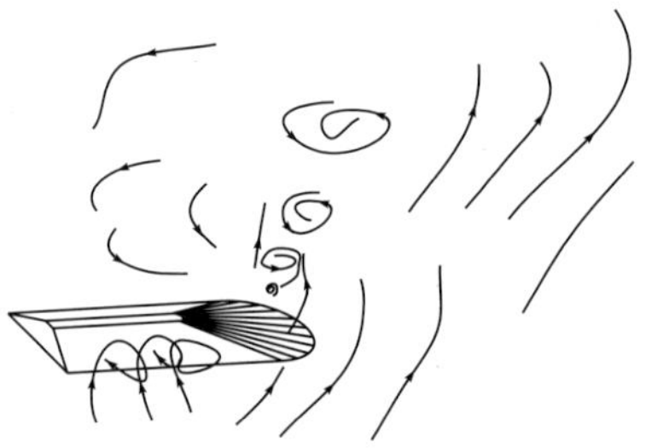

图 3-53 丁坝附近水流结构图

冲刷坑形成的过程中，丁坝周围的水流结构也发生变化，当流量较大，水流较急时，冲刷坑发展较快，在冲刷坑处形成泡漩现象，卡门涡变得不太明显；大约 1h 后，冲刷坑基本形成，泡漩现象消失，卡门涡又变得明显了。

目前有关丁坝的冲刷机理——产生坝头局部冲刷的主要原因，尚存在许多认识上的差异，有些学者认为是坝头附近的漩涡系造成的；也有学者认为是坝头附近的下潜水流引起的；还有一些学者认为是坝头附近的单宽流量增大所致。根据作者对试验过程中的水流结构所进行的观测和分析，上述三种观点均说明了坝头附近河床局部冲刷成因的某个方面，实际上它们应是互相联系和共同作用的，即坝头附近局部冲刷的成因应是下潜水流和绕过坝头的水流及它们的相互作用所生产的漩涡系综合作用的结果。但坝头附近的卡门涡是形成丁坝冲刷坑的主要原因。在局部冲刷初期，水流冲刷坝头附近的床面，并往下游挟运泥沙形成淤积。随着坝头冲刷量逐渐增加，坝下游的淤积体也逐渐下延变宽，由于泥沙淤积，淤积体表面水深变小，流速增大，绕过丁坝的水流，漫过淤积体表面迅速向下游发散出去。一方面，由于发散水流的方向是折向坝后的岸边，导致原坝后的回流区趋近岸边，并使回流尺度减小，形成一个狭长的回流带；另一方面，发散水流在离开淤积体后，水深的突然增大导致流速骤然减弱，形成一片滞流区，而这正是淤积体朝侧向展宽的有利条件。伴随着冲刷的增加与淤积体的增大，局部冲刷坑也逐渐形成。由于卡门涡的作用，泥沙从冲刷坑内输运到坑外时是螺旋上升的，其中一部分被带向主流区，参与沿程冲刷，另一部分被输运到淤积体表面。随着淤积体的逐渐增大与表面高程的进一步增加，淤积体表面的水深也逐渐减小，这时，冲刷坑深度的逐渐增加，使得坑内泥沙难以输运到坑外，而仅用于冲刷坑内部形态的自身调整。相应地，淤积体的形态变化也逐渐缓慢。至此，丁坝的局部冲刷已趋于平衡，冲刷坑也基本定型，冲刷坑内的水流仅输送上游进入的泥沙。

以 Q=38.7L/s、L=50cm、H=10cm(工况 2)为例，来说明水流脉动动能、脉动压力和坝后冲刷坑的关系。水流脉动动能分布见图 3-54，脉动压力分布见图 3-55，最终冲刷地形见图 3-56。从图 3-54～图 3-56 以及前面章节的分析可知，在丁坝的上游，水流脉动流速较小，脉动动能和脉动压力都较小，水流紊动强度较弱，故丁坝的上游基本无冲刷。在丁坝的对岸，虽然由于单宽流量的增加，流速增加，但是水流的脉动动能和脉动压力并没有增加多少，水流的紊动强度依然很弱，故冲刷也很小。在丁坝坝头后面，存在一个脉动动能和脉动压力都很大的水流强紊动带，在此区域泥沙较易起动并被行进水流带走，故在此区域存在着普遍的冲刷，脉动动能和脉动压力也在此区域达到最大，形成水流紊动中心和压力脉动中心(图 3-54 和图 3-55)。从图中可知，水流紊动中心出现在$-0.2\text{m}<X<-1.0\text{m}$，$0.6\text{m}<Y<1.2\text{m}$ 的区域内；压力脉动中心出现在$-0.2\text{m}<X<-1.0\text{m}$，$0.8\text{m}<Y<1.1\text{m}$ 的区域内；冲刷坑出现在$-0.2\text{m}<X<-0.8\text{m}$，$0.8\text{m}<Y<1.2\text{m}$ 的区域内。三个区域基本重合，因此，可以得出脉动动能和脉动压力最大的区域基本上就是冲刷最为严重的区域。

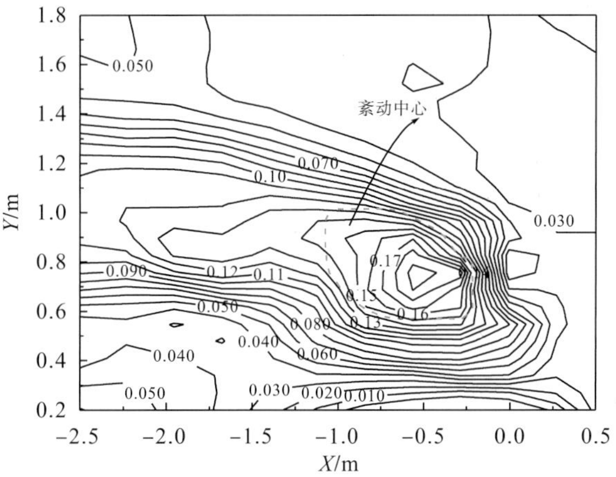

图 3-54　水流脉动动能分布(单位：J)

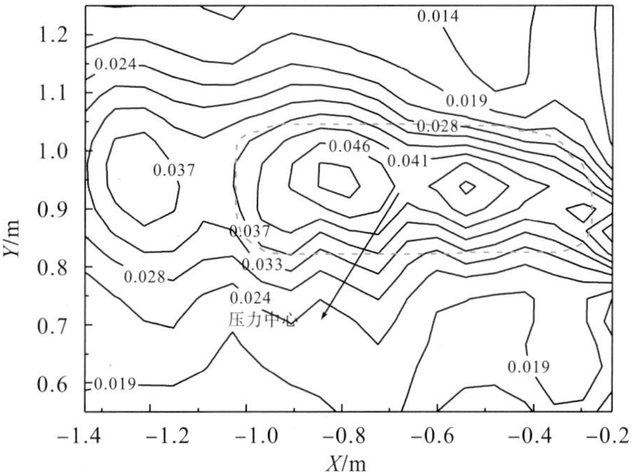

图 3-55　脉动压力的分布(单位：kPa)

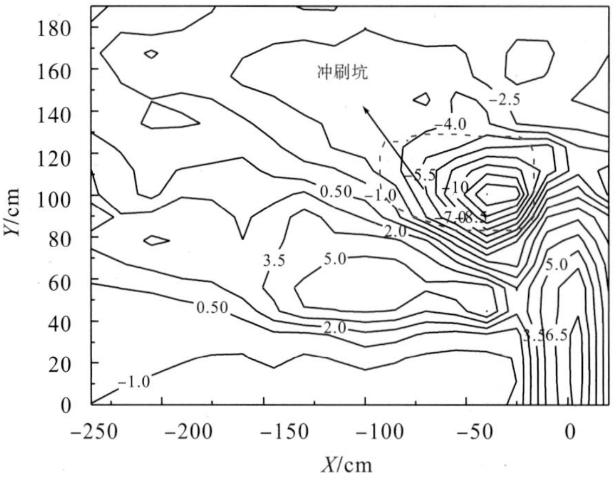

图 3-56 最终冲刷地形(单位：cm)

3.4.3 冲刷坑的形成过程及影响因素

1. 冲刷坑的形成过程

通过前面分析可知，坝头上游水流行进丁坝时，在坝前分成两部分：一部分直接绕过坝头；另一部分在坝前受阻变为螺旋水流冲刷床面，并直接绕过坝脚向下游扩散。在试验中可以观察到，在试验初期，漩涡的尺度和规模较小，但对坝头床面的冲刷作用却很强，随着冲刷坑迅速扩大，漩涡的尺度也急剧扩张。这一阶段冲刷迅速，冲刷量大，床面泥沙直接被带走，形成一个范围很大的冲刷坑。这一过程的历时随着流量和坝长的不同而不同，大约发生在冲刷开始 1h 以内。在这之后，随着冲刷发展，冲刷坑内的泥沙大体上可以分为两个区域，即滑落区和推移区(图 3-57)，二者交界面的最远点(距丁坝)即为冲刷坑的最深点。在这一阶段推移区带走一定量的泥沙，周围的滑落区总按一定量补充，一般保持滑落区的边坡坡度不变。事实上，这个坡度主要取决于水流状况和床沙颗粒的内摩擦角。这一阶段，冲深增加逐渐变慢，且不同的冲刷坑形状类似。下一阶段，发生在冲刷开始后的 2～4h，冲刷逐渐稳定，冲深达到动态平衡。在这之后，河床的冲刷主要是水流的脉动所致，冲刷发展比较缓慢。图 3-58 为有机玻璃坝体时某一工况的最后冲刷地形照片，图 3-59 为散抛石坝体时某一工况的最后冲刷地形照片，图 3-60 和图 3-61 分别为某一工况(Q=51L/s、L=50cm、H=10cm)时冲刷地形的三维图和二维等高线图。

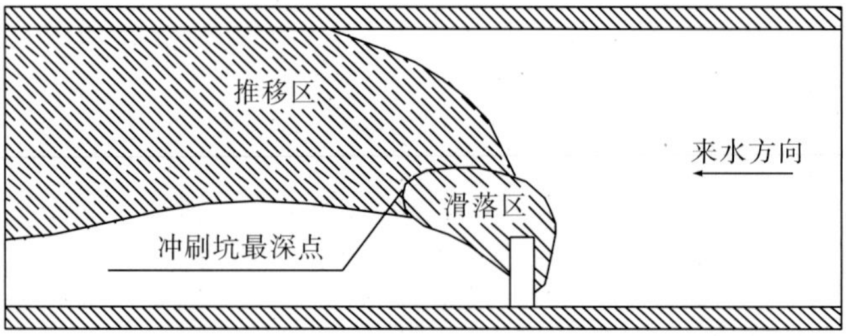

图 3-57 推移区和滑落区示意图

图 3-58　坝体为有机玻璃时某一工况下的最后冲刷地形

图 3-59　坝体为散抛石时某一工况下的最后冲刷地形

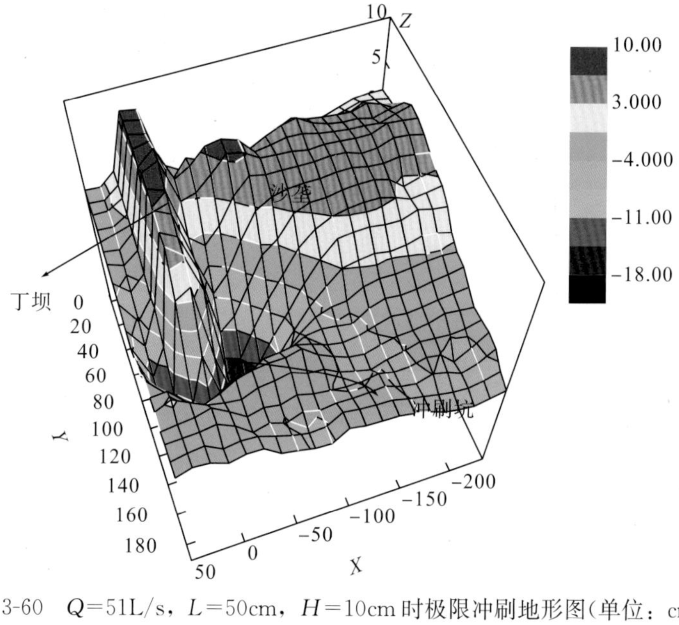

图 3-60　Q=51L/s，L=50cm，H=10cm 时极限冲刷地形图(单位：cm)

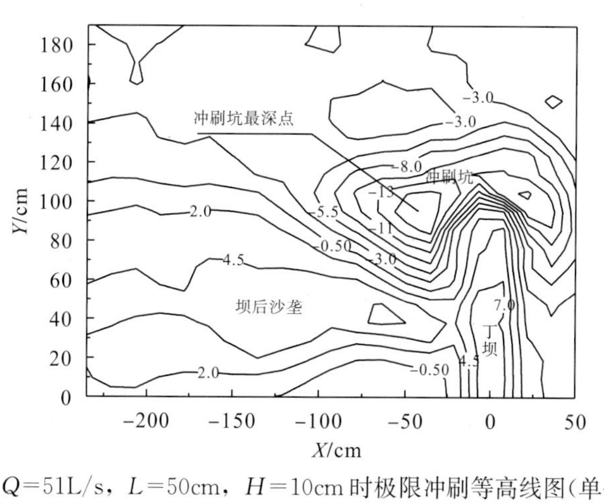

图 3-61　Q=51L/s，L=50cm，H=10cm 时极限冲刷等高线图(单位：cm)

2. 冲刷坑形成的影响因素

影响冲刷坑形成的主要因素有三个方面：一是天然河槽的水力因素；二是丁坝的阻水程度因素；三是床面的泥沙因素。选取坝长 $L=30$cm，控制水深 $H=10$cm，流量 Q 分别为 25.8L/s、38.7L/s、51L/s 和 68L/s 的工况进行分析。在丁坝下游距坝轴线 42.5cm 的横断面上，选取距左岸 70cm 的定点，绘出该点冲刷深度随冲刷时间的变化曲线，如图 3-62所示。由图 3-62 可以得出，流量较大时，冲刷坑发展较快，$Q=51$L/s 和 $Q=68$L/s 时，冲刷坑大约 0.5h 就可以达到初步平衡，在这以后冲刷深度缓慢增长，并上下波动达到动态平衡；$Q=38.7$L/s 时，冲刷坑大约 1.5h 才可以达到初步平衡。流量越大，冲刷坑达到平衡后，冲刷深度越大。

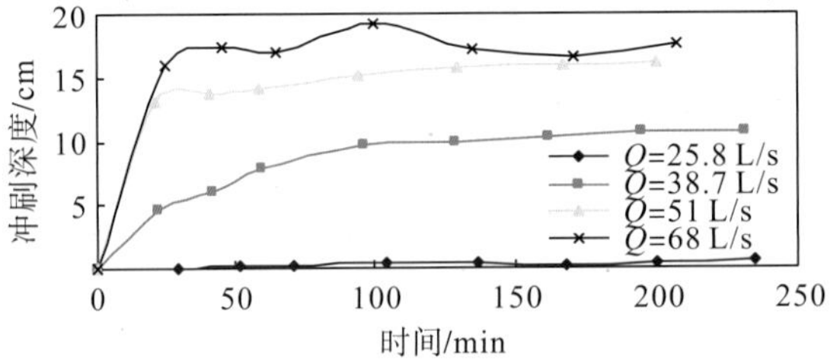

图 3-62 $L=30$cm，$H=10$cm，不同流量时的冲刷深度过程线

选取流量 $Q=38.7$L/s，控制水深 $H=10$cm，坝长 L 分别为 50cm、30cm 和 20cm 的工况进行分析。在丁坝下游距坝轴线 42.5cm 的横断面上，选取距左岸 70cm 的定点，绘出该点冲刷深度随冲刷时间的变化曲线，如图 3-63 所示。从图中可见，坝长越长，冲刷坑达到平衡的时间越短，且冲刷深度越大。

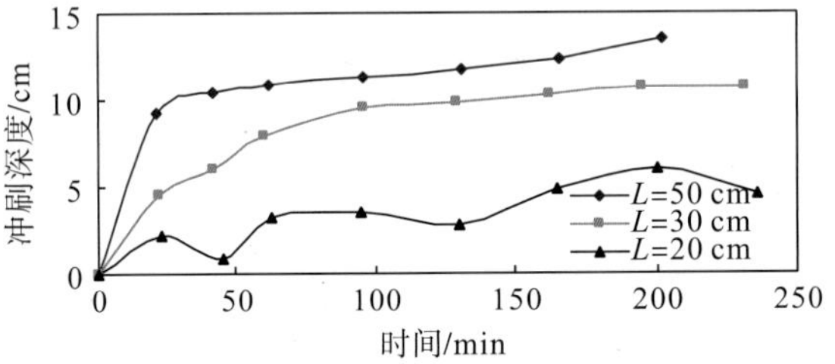

图 3-63 $Q=38.7$L/s，$H=10$cm，不同坝长时的冲刷深度过程线

流速的大小是泥沙起动与否的决定条件，也是决定冲刷深度的主要条件。在坝长和水深一定的情况下，流量的大小直接决定了流速的大小，影响泥沙的起动，进而影响冲刷深度。

坝长与冲深具有良好的关系，这是因为坝长的增减直接反映了丁坝对河道的束窄程度，影响坝头附近的水流条件，进而影响冲刷深度。

控制水深 $H=10$cm，坝长 L 分别为 50cm、30cm 和 20cm 时，冲刷深度随流量的变化如图 3-64 所示。从图 3-64 可知，同一坝长时，流量越大，冲深越大，说明冲深和丁坝的阻水长度有关；同一流量时，坝长越长，冲深越大，说明冲深和坝长有关。

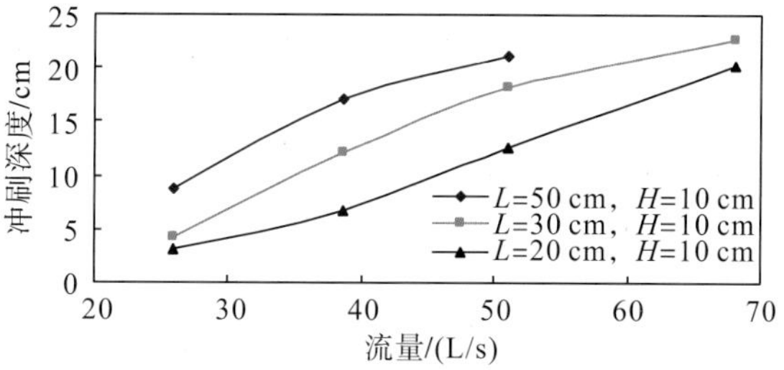

图 3-64　冲刷深度与流量及坝长的关系

3. 冲刷坑的范围及确定方法

根据试验中的观察和对坝后冲刷坑数据的分析，冲刷坑的范围大致可以用椭圆来表示，以冲刷坑的最深点为椭圆圆心，以平行于河岸方向为椭圆的长轴，以垂直于河岸方向为椭圆的短轴，使椭圆大致和冲刷深度为零的等高线重合，如图 3-65 所示。此图为某一工况的最终冲刷地形图，从图中观察可知，用椭圆基本上可以表示冲刷坑的范围。

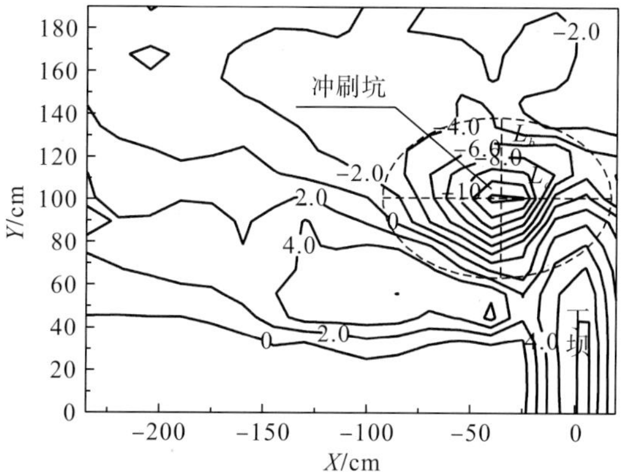

图 3-65　冲刷坑的范围的确定(单位：cm)

冲刷坑的范围可以用椭圆面积来表示，即

$$S_{坑} = \pi L_a L_b \tag{3-52}$$

冲刷坑的体积可以近似用椭圆锥的体积来表示，即

$$V_{坑} = \frac{1}{3}\pi L_a L_b h_{深} \tag{3-53}$$

式中，L_a 为冲刷坑的长轴长度；L_b 为冲刷坑的短轴长度；$h_{深}$ 为冲刷坑的极限冲深(冲刷坑的竖轴)。

根据式(3-52)和式(3-53)，选几种冲刷坑较大的工况，计算冲刷坑的范围和体积。如表 3-18 所示。

表 3-18　冲刷坑的范围和体积的计算表

工况	L_a/cm	L_b/cm	$h_{深}$/cm	$S_{坑}$/m^2	$V_{坑}$/m^3
2	55	38	17.1	0.6566	0.0374
3	62	47	21.1	0.9155	0.0643
8	81	58	22.8	1.4759	0.1121

冲刷坑范围的确定为丁坝护底范围的确定奠定了基础，冲刷坑体积的确定为估算建坝后泥沙的输移量提供了依据。

4. 丁坝头部冲刷坑的基本公式

采用量纲分析方法来研究丁坝头部冲深、冲刷坑的长度及宽度的基本公式，根据前面对冲刷坑影响因素的分析，列出影响丁坝坝头冲刷坑的因素。

描述水流的变量：平均流速 U_0；平均水深 H_0；最大冲深 h_s；冲刷坑长轴 L_a；冲刷坑短轴 L_b。

描述流体的变量：重力加速度 g；水的容重 γ；水的动力黏度 μ。

描述丁坝及河床几何形态的变量：河宽 B；丁坝长度 b_0；丁坝挑角 α。

描述泥沙的变量：平均粒径 d；标准偏差 σ；水中容重差 $\Delta\gamma_s$。

从而丁坝坝头冲刷坑的三轴可以表示为

$$\begin{cases} h_s = f_1(B, b_0, \alpha, U_0, H_0, \gamma, g, \mu, d, \Delta\gamma_s, \sigma) \\ L_a = f_2(B, b_0, \alpha, U_0, H_0, \gamma, g, \mu, d, \Delta\gamma_s, \sigma) \\ L_b = f_3(B, b_0, \alpha, U_0, H_0, \gamma, g, \mu, d, \Delta\gamma_s, \sigma) \end{cases} \tag{3-54}$$

泥沙变量对冲刷坑的影响主要由泥沙起动流速 u_c 来反映，当坝头最大流速 u_{max} 小于坝头处泥沙起动流速 u_c 时，坝头泥沙处于静止状态；当 $u_{max}>u_c$ 且 $U_0<u_c$ 时，坝头冲刷坑开始形成；当流速进一步增大，$U_0>u_c$，且床面泥沙呈大量运动状态时，冲刷坑可能受输沙率或床面整体下降的影响。在此将行进流速用坝头断面垂线平均流速代替，并忽略描述流体动力黏性的变量，故式(3-54)可改写为

$$\begin{cases} h_s = f_1(B, b_0, H_0, u_c, u_{max}, g, \alpha) \\ L_a = f_2(B, b_0, H_0, u_c, u_{max}, g, \alpha) \\ L_b = f_3(B, b_0, H_0, u_c, u_{max}, g, \alpha) \end{cases} \tag{3-55}$$

将式(3-55)两边进行无量纲化，可得

$$\begin{cases} \dfrac{h_s}{H_0} = f_1\left(\dfrac{b_0}{B}, \dfrac{b_0}{H_0}, \dfrac{u_{max}}{\sqrt{gH_0}}, \dfrac{u_c}{\sqrt{gH_0}}, \alpha\right) \\ \dfrac{L_a}{B} = f_2\left(\dfrac{b_0}{B}, \dfrac{b_0}{H_0}, \dfrac{u_{max}}{\sqrt{gH_0}}, \dfrac{u_c}{\sqrt{gH_0}}, \alpha\right) \\ \dfrac{L_b}{B} = f_3\left(\dfrac{b_0}{B}, \dfrac{b_0}{H_0}, \dfrac{u_{max}}{\sqrt{gH_0}}, \dfrac{u_c}{\sqrt{gH_0}}, \alpha\right) \end{cases} \tag{3-56}$$

式中，b_0/B 表示丁坝压缩水流的影响；b_0/H_0 表示丁坝对水深的影响；$u_{max}/\sqrt{gH_0}$ 表示坝头水流弗汝德数的影响；$u_c/\sqrt{gH_0}$ 表示泥沙起动弗汝德数的影响；α 表示挑角的影响。u_{max} 与 u_c 是水流与泥沙相互间作用的一对流速，不妨将两者合并在一起表示为 $(u_{max}-u_c)/\sqrt{gH_0}$，同时认为 b_0/B 项对水流的影响已经在 u_{max} 中得到了反映，在丁坝正交时挑角的影响系数可视为 1，非正交时对其进行修正。丁坝正交时，式(3-56)可表示为

$$\begin{cases} \dfrac{h_s}{H_0} = f_1\left(\dfrac{b_0}{H_0}, \dfrac{u_{\max} - u_c}{\sqrt{gH_0}}\right) \\ \dfrac{L_a}{B} = f_2\left(\dfrac{b_0}{H_0}, \dfrac{u_{\max} - u_c}{\sqrt{gH_0}}\right) \\ \dfrac{L_b}{B} = f_3\left(\dfrac{b_0}{H_0}, \dfrac{u_{\max} - u_c}{\sqrt{gH_0}}\right) \end{cases} \tag{3-57}$$

将式(3-57)写成指数形式为

$$\begin{cases} \dfrac{h_s}{H_0} = A_1\left(\dfrac{u_{\max} - u_c}{\sqrt{gH_0}}\right)^{A_2} \cdot \left(\dfrac{b_0}{H_0}\right)^{A_3} \\ \dfrac{L_a}{B} = A_4\left(\dfrac{u_{\max} - u_c}{\sqrt{gH_0}}\right)^{A_5} \cdot \left(\dfrac{b_0}{H_0}\right)^{A_6} \\ \dfrac{L_b}{B} = A_7\left(\dfrac{u_{\max} - u_c}{\sqrt{gH_0}}\right)^{A_8} \cdot \left(\dfrac{b_0}{H_0}\right)^{A_9} \end{cases} \tag{3-58}$$

式中，A_1、A_4 和 A_7 为常数；A_2、A_3、A_5、A_6、A_8 和 A_9 为指数。

丁坝流速是影响冲刷坑深度和大小的主要因素，而坝头流速的大小又受制于丁坝的几何形态和行近水流条件。丁坝断面流速的分布有三种经验方法：流量面积法、三角形叠加法和椭圆形叠加法。采用三角形叠加法及流量面积法来计算流速，计算结果在坝头偏大一些，而采用椭圆形叠加法则相反，在靠近岸边单元宽度内偏大。前面已经给出了挡水流量 Q_b 的求法，在丁坝断面宽度为 $B-b_0$ 的范围内按三角形进行分配，在坝头处流量最大，可表示为

$$q_i = \frac{2Q_b}{B - b_0} \tag{3-59}$$

即这一垂线上的单宽流量为

$$q_{\max} = q_0 + q_i = q_0 + \frac{2Q_b}{B - b_0} \tag{3-60}$$

进行无量纲化，式(3-60)可表示为

$$\frac{q_{\max}}{q_0} = 1 + \frac{2Q_b}{(B - b_0)q_0} = 1 + \frac{2Q_b}{Q - Q_b} = 1 + g_1\left(\frac{Q_b}{Q}\right) \tag{3-61}$$

式中，q_0 为未建坝时的单宽流量；Q 为总流量。

孔祥柏在宽 400cm 的水槽中对动床和定床条件下丁坝断面的流速分布进行了测量，得出在坝外侧很小距离内流速即可达到最大值，相对的最大流速(或相对最大单宽流量)是丁坝挡水流量和总流量之比的函数，即

$$\frac{q_{\max}}{q_0} = g_2\left(\frac{Q_b}{Q}\right) \tag{3-62}$$

或

$$\frac{u_{\max}}{U_0} = g_2\left(\frac{Q_b}{Q}\right) \tag{3-63}$$

将式(3-63)展开，并采用线性化表示，则

$$\frac{u_{\max}}{U_0} = 1 + k\frac{Q_b}{Q} \tag{3-64}$$

当过水断面为矩形水槽，且流速分布比较均匀时，按三角形叠加法来计算丁坝断面流速分布，则式(3-64)可表示为

$$\frac{u_{\max}}{U_0}=1+\frac{2b_0}{B-b_0} \tag{3-65}$$

由于用三角形叠加法来计算丁坝断面的流速分布存在着误差，根据水槽资料对其进行修正，则式(3-65)可表示为

$$\frac{u_{\max}}{U_0}=1+4.8\frac{b_0}{B} \tag{3-66}$$

根据式(3-66)坝轴线上计算出的最大流速和实测最大流速进行对比如图 3-66 所示，可见按式(3-66)能较好地计算出最大流速。

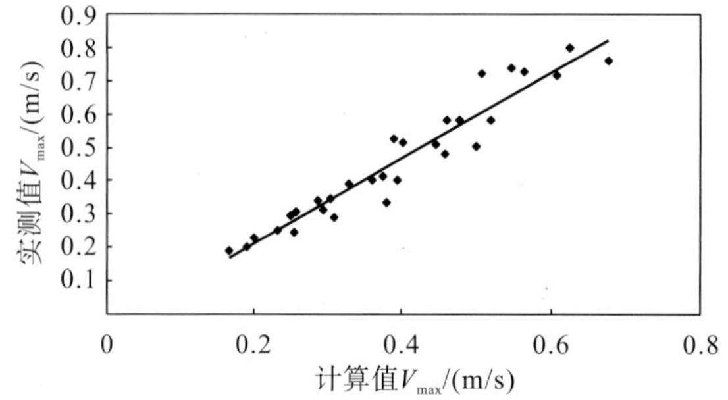

图 3-66 最大流速的计算值和实测值对比

泥沙起动公式采用沙莫夫公式、窦国仁公式、岗恰洛夫公式和列维公式，最后取四家公式的平均值作为上述丁坝三轴公式中的起动流速，采用有机玻璃坝和散抛石坝时，式(3-58)中的各项数据见表 3-19。

表 3-19 冲刷坑三轴各参数值表

拟合公式	参数值	有机玻璃坝	散体坝
冲刷坑竖轴 H_s	A_1	2.244	1.928
	A_2	0.367	0.481
	A_3	0.204	0.156
冲刷坑长轴 L_a	A_4	0.722	0.421
	A_5	0.811	0.512
	A_6	0.085	0.085
冲刷坑短轴 L_b	A_7	0.581	0.309
	A_8	0.907	0.413
	A_9	0.095	0.065

根据表 3-19 中的数据，采用最小二乘法对式(3-58)的系数进行回归分析。当丁坝为有机玻璃坝和散抛石丁坝两种情况时，得出各参数值见表 3-20。

表 3-20　冲深公式中各项数据表

工况	行进水深 H_0/m	坝长 b_0/m	最大 u_{max} 计算值/(m/s)	起动流速 u_c/(m/s)					实测冲深/cm	a/cm	b/cm	H_s/H_0	$(u_{max}-u_c)/(gH_0)^{0.5}$	b_0/H_0
				沙莫夫	窦国仁	岗恰洛夫	列维	四家公式平均值						
1	0.097	0.5	0.310	0.176	0.187	0.132	0.198	0.173	8.7	23	15	0.899	0.102	5.165
2	0.098	0.5	0.460	0.176	0.187	0.132	0.198	0.173	17.1	55	38	1.753	0.256	5.125
3	0.096	0.5	0.609	0.176	0.187	0.131	0.198	0.173	21.1	62	47	2.197	0.412	5.205
5	0.099	0.3	0.233	0.177	0.188	0.132	0.199	0.174	4.3	13	8	0.434	0.023	3.029
6	0.098	0.3	0.361	0.177	0.188	0.132	0.198	0.173	12.1	25	18	1.229	0.153	3.048
7	0.097	0.3	0.478	0.176	0.187	0.132	0.198	0.173	18.2	47	25	1.877	0.275	3.095
8	0.096	0.3	0.626	0.176	0.187	0.131	0.198	0.173	22.8	81	58	2.385	0.431	3.138
9	0.099	0.2	0.250	0.177	0.188	0.132	0.199	0.174	3.2	8	5	0.324	0.07	2.024
10	0.099	0.2	0.305	0.177	0.188	0.132	0.199	0.174	6.7	35	20	0.675	0.095	2.014
11	0.099	0.2	0.403	0.177	0.188	0.132	0.199	0.174	12.7	45	32	1.286	0.195	2.026
12	0.096	0.2	0.546	0.176	0.187	0.131	0.198	0.173	20.2	70	55	2.097	0.347	2.077
14	0.098	0.5	0.460	0.176	0.187	0.132	0.198	0.173	9.5	45	34	1.753	0.256	5.125
15	0.096	0.5	0.609	0.176	0.187	0.131	0.198	0.173	16.9	56	45	2.197	0.412	5.205
22	0.099	0.2	0.305	0.177	0.188	0.132	0.199	0.174	4.4	30	25	0.675	0.095	2.014
23	0.099	0.2	0.403	0.177	0.188	0.132	0.199	0.174	8.3	40	31	1.286	0.195	2.026
24	0.096	0.2	0.546	0.176	0.187	0.131	0.198	0.173	13.9	55	43	2.097	0.347	2.077

根据上面拟合回归分析得出的系数，计算出对应试验中各工况时，丁坝下游最大冲刷深度及范围和试验中的实测值进行比较。当丁坝为有机玻璃坝时，试验值和计算值的对比见图 3-67～图 3-69；当丁坝为散抛石坝时，试验值和计算值的对比见图 3-70～图 3-72。从图可见，各点均匀分布在两侧，试验值和计算值吻合较好。

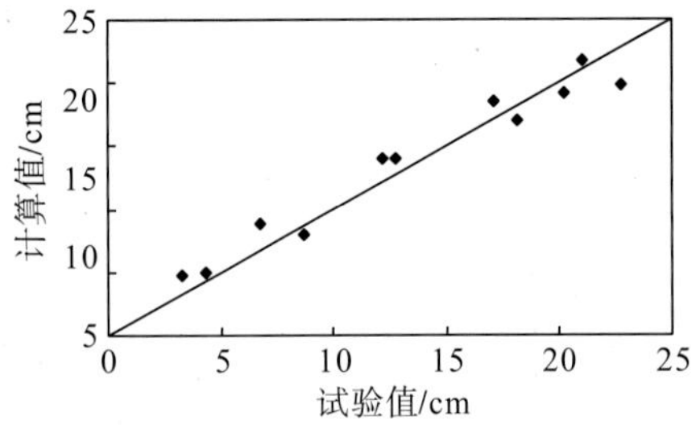

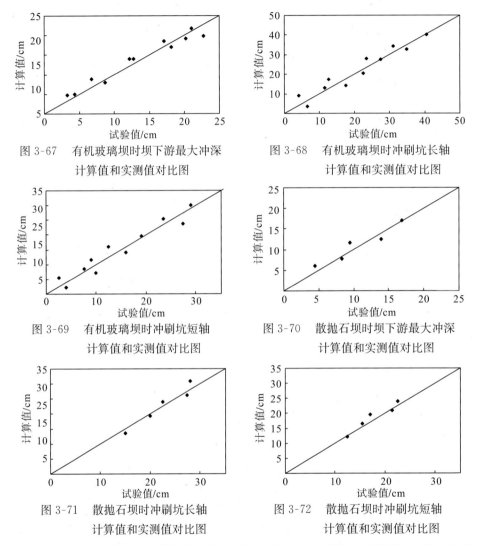

图 3-67　有机玻璃坝时坝下游最大冲深计算值和实测值对比图

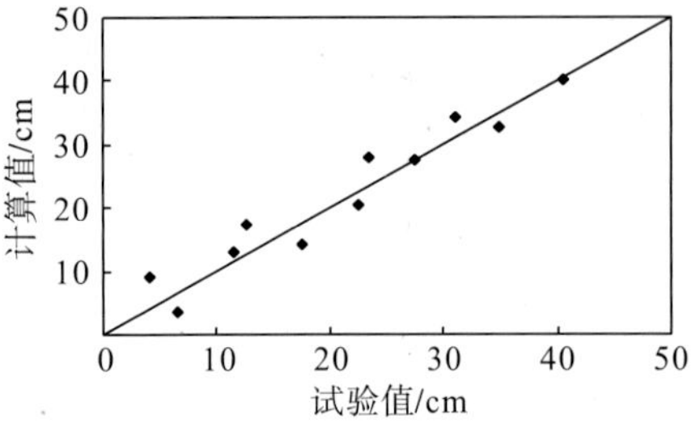

图 3-68　有机玻璃坝时冲刷坑长轴计算值和实测值对比图

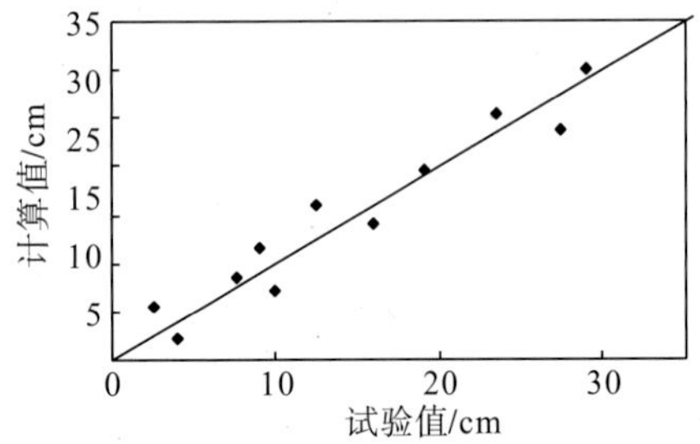

图 3-69　有机玻璃坝时冲刷坑短轴计算值和实测值对比图

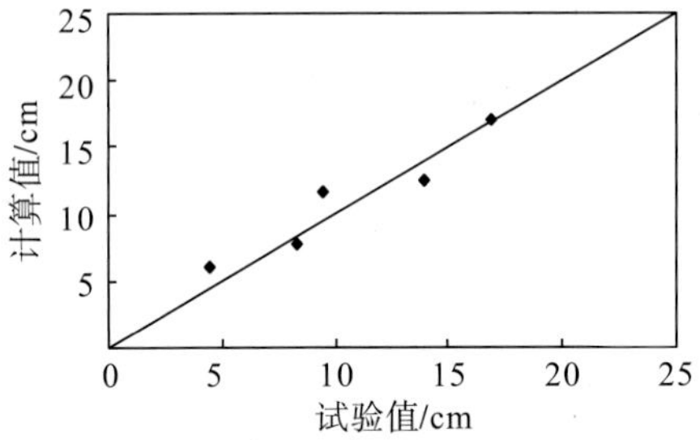

图 3-70　散抛石坝时坝下游最大冲深计算值和实测值对比图

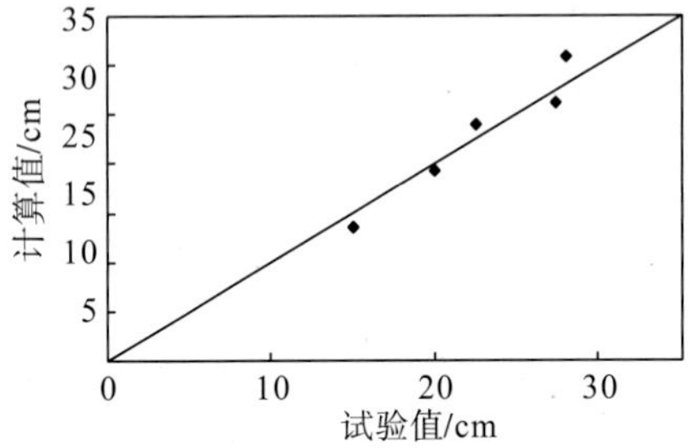

图 3-71　散抛石坝时冲刷坑长轴计算值和实测值对比图

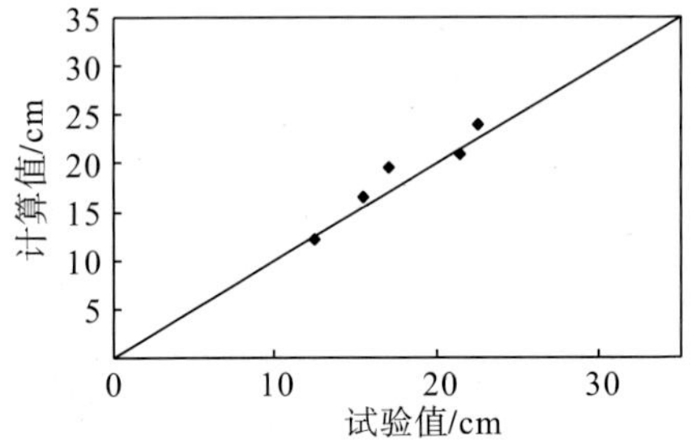

图 3-72　散抛石坝时冲刷坑短轴计算值和实测值对比图

现重点研究不同坝体时冲刷坑深度的关系。当流量和行进水深相等(水流条件相同)，坝体材料分别采用有机玻璃坝和散抛石坝时，绘出丁坝下游极限冲刷深度的对比图，如图 3-73 所示。可见，采用有机玻璃坝比采用散抛石坝的冲刷深度普遍较大。分析其原因主要有以下几点。

(1)有机玻璃坝为整体坝，坝体不会发生破坏；散抛石坝随着冲刷坑深度和范围的加大，有部分坝体颗粒滑落到冲刷坑中，而坝体颗粒相对于床沙粒径来说要大得多，也更难以起动，起到粗化保护河床的作用，这样坑内的坝体颗粒就在一定程度上阻止了冲刷坑的进一步发展。

(2)散抛石坝部分坝体颗粒的滑落，加大了坝轴线断面的过水面积，减弱了丁坝的束窄作用，使丁坝下游冲刷坑附近的流速减小，进而使冲刷坑的极限冲刷深度减小。

(3)散体坝坝面的糙率较大，加大了坝头附近水流的紊动，但在一定程度上减缓了坝头附近的水流流速，从而使坝后极限冲刷深度减小。

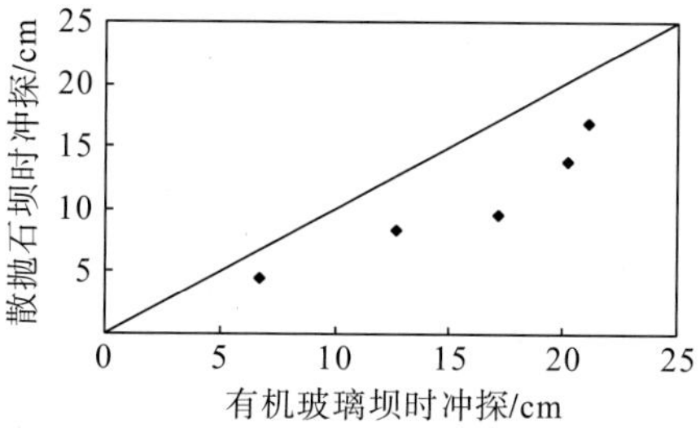

图 3-73 不同坝体材料时丁坝下游极限冲刷深度对比图

3.4.4 丁坝护底防冲试验及防冲措施的研究

丁坝坝头的护底结构是防止坝头底部被水流冲刷淘空，防止过大的冲刷坑出现，造成坝头跌落坍塌的结构措施，起着保护坝体的作用。因此，丁坝必须进行护底设计，以防止丁坝坝头附近因水动力场改变引起冲刷而危及建筑物自身稳定和造成河势的不良变化。护底结构的安全有效与否，往往是丁坝设计能否发挥预期效果的关键。本章和第四章已分别给出了丁坝水流结构与冲刷坑深度及范围的确定方法，在计算冲刷坑深度和位置时，按照普遍认为的稳定坡比 1∶5，便可初步确定软体排的护底范围，据此可确定科学、合理的护底结构型式和范围。

1. 丁坝护底防冲试验方案

丁坝护底防冲试验与清水冲刷试验中坝体采用散抛石坝体时的工况相对应，共 12 种工况。根据 3.3.1 节模型设计方案，在丁坝周围采用铁片来模拟原型现场的 X 型砼块护底，用棉质纱布来模拟原型现场的土工编织布，护底范围和具体布置依据原型工程设计和前述清水冲刷试验观测的冲刷坑范围确定，详见图 3-74。

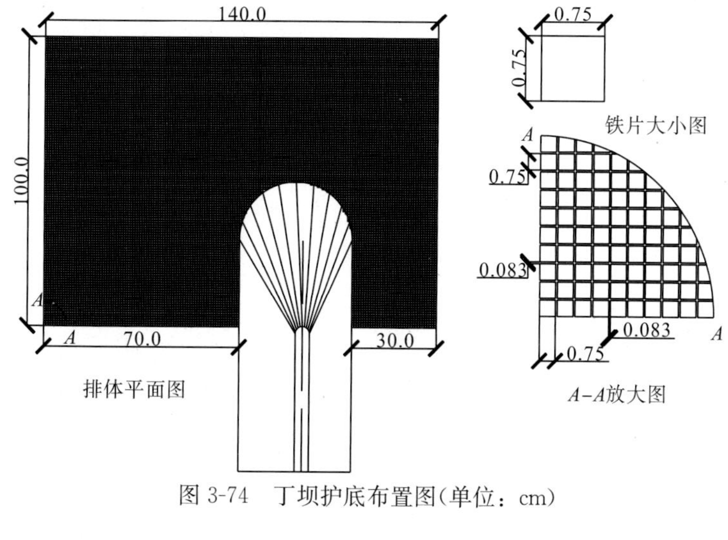

图 3-74 丁坝护底布置图(单位：cm)

丁坝护底防冲试验观察内容如下。

(1)观测各种情况下丁坝坝轴线处的坝头流速(坝头跟踪流速)，随动床防冲实验时间的变化。

(2)观测各种情况下整个护底范围内地形的变化。

2. 丁坝护底防冲措施的研究

图 3-75 为某一工况下的护底照片。图 3-76 和图 3-77 分别为同一工况(工况 3)下无护底和有护底时的最终冲刷地形图。

图 3-75　某一工况下的护底照片

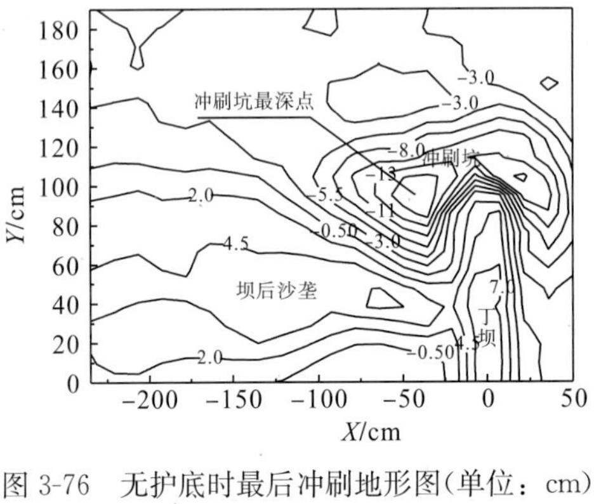

图 3-76　无护底时最后冲刷地形图(单位：cm)

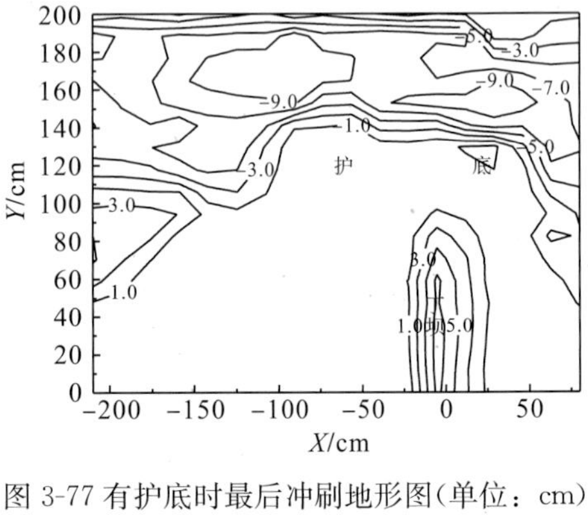

图 3-77 有护底时最后冲刷地形图(单位：cm)

从图 3-76 和图 3-77 可知，丁坝采用护底措施后，丁坝附近的床面基本没有冲刷，坝体较稳定，只有极少量石子走失，根据试验观察，试验工况不同时，石子的走失量也不同，一般为十几颗到几十颗不等。水流流态和定床时基本一样。丁坝护底的上游床面冲刷形态和没有采用护底时基本相同；在丁坝护底的对岸，泥沙的冲刷程度较无护底时大，无护底时最大冲深约为 3cm，有护底时约为 9cm，因为丁坝附近流速较大。护底的存在使冲刷坑外移，由于排底下部河床不能冲刷，首先使排体外沿的床沙被冲蚀、形成一定冲刷坑后，排体防冲反滤布前端在上部排体压载的作用下，紧贴床面并随河床变形下蛰内收，冲刷坑靠近坝体的一侧得到保护，限制了冲刷向坝基发展，把坝前冲刷坑外移到不影响或少影响坝体安全的外围区域，从而解决了丁坝因河床变形基础下蛰出险的问题，使得丁坝附近基本无冲刷，加强了丁坝的稳定性，故丁坝对岸冲刷较大，从而使丁坝的调流作用加强。在丁坝护底的下游，由于丁坝周围采用护底冲刷极小，所以丁坝附近的紊动动能向下游转移，从而造成丁坝护底下游冲刷范围加大，丁坝的调流效果较好。无护底时，紧接着丁坝背水面形成体积较大的沙垄，沙垄的高度和范围都较大；有护底时，紧接着下游护底的边缘形成沙垄，沙垄的体积和高度都较小。丁坝的调流作用明显，河道束窄，冲刷航槽，加大了航深，并且丁坝稳定性较好，也充分证明了护底结构型式和范围的合理性。

在试验过程中，随着流量的加大，坝前流速增大，在流量 $Q=68\text{L/s}$、坝长 $L=20\text{cm}$、控制水深 $H=10\text{cm}$ 时，坝前流速达到 0.4m/s 以上，丁坝坝前的护底被水流揭起，从而造成护底的破坏。针对此情况，试验中进行方案的改进，把坝前护底前缘埋入槽底 3cm，当流量达到 0.6m/s 以上时，丁坝护底仍较稳定。所以在工程实际中，应注意加强护底的抗冲能力和稳定性，可以采取以下两种方式。

1)埋深

在工程实际中，可以把上游护底的前缘埋入河床一定的深度。根据试验分析，埋置深度为 2m 即可。

2)加载

在工程实际中，可以把上游护底的前缘荷载加重。例如，可把护底前缘的混凝土块加厚，起到加载的效果。根据分析，可在护底前缘 2m 宽的范围内加厚混凝土护块。加载不宜采用抛石，因为抛石会加剧水流的紊动，使护底前缘附近的流态更加恶化，进而造成护底前缘的破坏。

3. 卡门涡与坝后冲刷的关系

自然界出现的流体运动绝大多数都是有旋运动。这些有旋运动有时以明显可见的涡漩形式表现出来，如桥墩后的涡漩区，大气中的龙卷风等。从现实意义来讲，涡漩的产生和变化对于流体运动有着重要的影响，有时有利于生产实际，有时不利于生产实际。当飞机与船只在流体中运动时，尾部产生的涡漩消耗动能并形成阻力，显然是不利的；在大型水坝建筑物中，为了保护坝基不被急泻而下的水流冲坏，通常采用消能设备，人为制造涡漩运动以消耗水流的动能，此时则为有利的。由此可见，研究涡漩运动具有重要的实际意义。

当一个流体质点流近一个非流线型圆柱体的前缘时，流体质点的压力就从自由流动压力升高到停滞压力，靠近前缘的流体高压促使正在形成中的贴面层向圆柱体的两侧逐渐发展。不过在高 Re(雷诺数)的情况下，压力产生的力不足以把贴面层推到包围非流线型圆柱的背面。在圆柱体最宽截面附近，贴面层圆柱体表面的两侧脱开，并形成两个在流动中向尾部拖曳的剪切层。这两个自由的剪切层形成了尾流的边界。因为自由剪切层的最内层比那些与自由流相接触的最外层移动慢得多，所以这些剪切层倾向于卷成不连续旋转的漩涡。在尾流中就形成了一个规则的漩涡流型，随着 Re 的连续提高，一直到漩涡之一脱离圆柱体，于是一个周期性的尾流和交错的涡道就形成了，这就是所谓的卡门涡街。此漩涡的生成和发展是有规律的，伴随它的发出，在物体的周围和下游处发生流体的振动，振动频率与流速成正比。这种现象可以在风吹动的旗杆和旗子上看到。

通过试验观察和现象的分析可知，Re 在一定范围内，而当水流绕过圆弧形坝头时，相当于流体中圆柱体的一侧，形成单列涡的卡门涡街。在垂直的圆柱体后面产生的卡门涡成漏斗形，而坝头弧面是呈 1∶5 的斜坡，故坝头弧面产生三维卡门涡(复合涡)，也呈漏斗形，但涡轴线也是倾斜的且为非完整的圆。

从物体上交替发出正负不同的旋转方向的涡，使得物体周围的循环发生变化，因而在物体上作用着与流动方向垂直的周期力。日常生活中，刮风时，树枝和电线的鸣声就是其中的例子。当振动次数与物体的共振频率一致时，会产生大的响声，引起破坏作用。

根据斯特罗哈的研究，提出了无量纲的斯特罗哈数 fd/v，其中 f 为涡发出的频率，d 为圆柱体的直径，v 为流速。当 Re 在 $3\times10^2\sim2\times10^5$ 范围内时，斯特罗哈几乎不变，为恒定值，约为 0.2，可表示为

$$f = St\frac{v}{d} \approx 0.2\frac{v}{d} \tag{3-67}$$

式中，St 为斯特罗哈数。

圆柱体后面涡的旋转方向如图 3-78 所示，一侧为顺时针，一侧为逆时针。设涡街间的距离为 h，涡间的间隔为 l，卡尔曼从理论上得出并证明过 $\sin(\pi h/l)=1$，即 $h/l=0.281$。

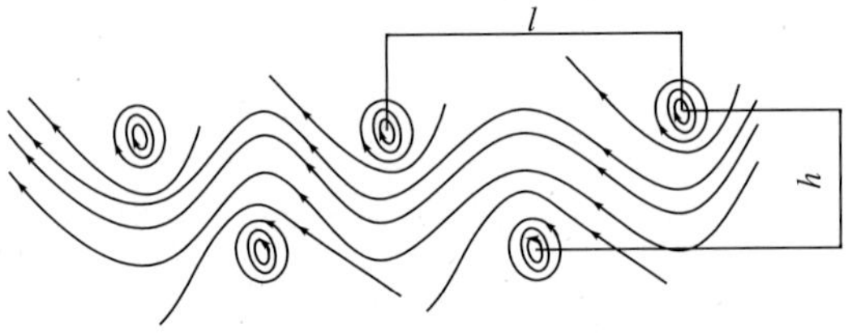

图 3-78　圆柱体后面交替排列的非对称涡街

图 3-78 所示的平行的两列涡，具有同一环量 Γ 和 −Γ，环量 Γ 表示涡的强度，它可以看成在流体中的一条闭合曲线 C 上其切线方向的流体速度 v_s 平均值与曲线长度的乘积。可表示为

$$\Gamma = \oint_C v_s \mathrm{d}s = \iint(\mathrm{rot}\boldsymbol{v})_n \mathrm{d}s = 2\pi R v_s \tag{3-68}$$

式中，$\boldsymbol{v}$ 为速度失量，rot$\boldsymbol{v}$ 为旋度，R 为漩涡运动半径；v_s 为漩涡边缘的切向速度。

前人根据试验得出圆柱体直径 d 和 h 之间，Γ 和 v 之间存在如下关系，即

$$h = 1.3d \tag{3-69}$$

$$v = \frac{\Gamma}{0.28\sqrt{2}l} \tag{3-70}$$

漩涡边缘的线速度 v_s 和来流速度的合成速度大于泥沙的起动流速时，床底泥沙就起动，造成床底的冲刷，可表示为

$$v \pm v_s > u_c \tag{3-71}$$

$$u_c = \lg \frac{8.8H}{D_{95}}\sqrt{\frac{(\gamma_s-\gamma)gD_{50}}{3.5\gamma}} \tag{3-72}$$

式中，u_c 为泥沙的起动流速，采用岗恰洛夫起动公式计算。

现在以工况 2($L=50$cm、$H=10$cm、$Q=38.7$L/s)为例研究卡门涡与泥沙起动及坝后冲刷的关系。

在工况 2 中，来流流速 $v=0.216$m/s，圆弧形坝头的直径 $d=0.4$m，漩涡的运动半径 R，根据试验观察大致为 0.15～0.25m，现取为 0.2m。

由式(3-69)得

$$h=1.3d=1.3\times0.4=0.52\text{m}$$

而 $h/l=0.281$，则

$$l=h/0.281=0.52/0.281=1.851\text{m}$$

由式(3-70)得

$$\Gamma=0.28\sqrt{2}\,lv=0.28\sqrt{2}\times1.851\times0.216=0.158\text{m}^2/\text{s}$$

由式(3-68)得

$$v_s=\frac{\Gamma}{2\pi R}=\frac{0.158}{2\times3.14\times0.2}=0.126\text{m}$$

由式(3-72)得

$$u_c=\lg \frac{8.8H}{D_{95}}\sqrt{\frac{(\gamma_s-\gamma)gD_{50}}{3.5\gamma}}=0.219\text{m/s}$$

在圆弧形坝头后面产生的卡门涡的方向为逆时针，如图 3-78 所示，靠近主流区的涡边缘合成速度为

$$v+v_s=0.216+0.126=0.342\text{m/s}>u_c=0.219\text{m/s}$$

靠近坝后回流区的涡边缘合成速度为

$$v-v_s=0.216-0.126=0.09\text{m/s}<u_c=0.219\text{m/s}$$

因而靠近主流区的卡门涡边缘，合成速度比较大，大于泥沙的起动流速，泥沙起动，造成坝后冲刷坑的形成；靠近坝后回流区的卡门涡边缘，合成速度小于泥沙的起动流速，在此区域泥沙不能起动，并且随着漩涡的运动，部分泥沙被带到此区域，在此区域沉积下来，形成沙垄，如图 3-79 所示。

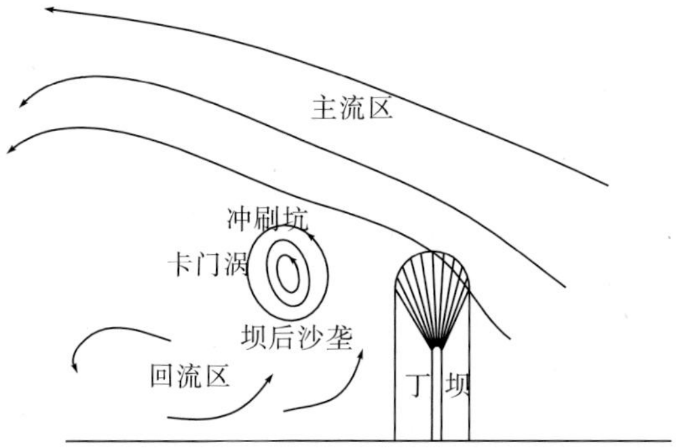

图 3-79　圆弧型坝头后面产生的卡门涡

3.5 抛投块石的稳定性及丁坝绕流流场理论分析

航道整治工程中的抛石丁坝，有抛石入水方向大体与水流方向垂直(称立抛端进法)和抛石方向大体与水流方向平行(称平抛)两种情况，都要求块石在水中能稳定。

对稳定的理解，一种看法认为抛投块石沉入河底后，经过移动某一允许的距离后稳定下来，不再起动，则认为这个块石是稳定的，属于止动的概念；另一种看法是原来稳定于河底的抛投块石，不再随着水力条件的变化而发生位移，则认为这个块石是稳定的，属于起动的概念。实际上抛投块石的稳定过程是既有起动，又有止动，对每一块抛投块石，首先是抛入水中，发生由运动到止动，或者再起动，或者不再起动。因此，研究抛投块石的稳定问题，首先是止动问题。但目前国内外大多数以起动概念进行研究，这是因为起动概念是从静力平衡考虑问题，相对来说要容易一些，并且有大量有关泥沙起动问题的研究成果可以参考。对止动问题，要研究块石从减速运动到稳定，属于动力平衡问题，比较复杂，研究成果目前尚少。

3.5.1 动水中抛投块石体的起动

(1)根据有关资料介绍，早在1932年，苏联教授伊兹巴斯从起动流速出发，分析了抛石堤顶部和斜坡上石块的起动，并分别按抗滑和抗倾条件推导了形式相同的计算公式，这就是著名的伊兹巴斯公式，即

$$V=k\sqrt{2g\frac{\gamma_m-\gamma_w}{\gamma_w}d} \text{ 或 } d=\frac{V^2}{k^2}\frac{\gamma_w}{2g(\gamma_m-\gamma_w)} \tag{3-73}$$

式中，V为作用于块石的流速，m/s；k为综合稳定系数，抗滑时取0.86，抗倾时取1.2；d为块石折算为球体直径，m；g为重力加速度，m/s^2；γ_m为块石容重，t/m^3；γ_w为水的容重，t/m^3。

到了20世纪60年代，伊兹巴斯和其助手又将抗滑稳定系数0.86修正为0.9，并将公式从平抛应用于立抛。由于公式简单，应用方便，且有一定精度，偏于安全，所以目前不少国家在抛石建筑物规划和设计中，仍沿用上述公式。

上述公式是按起动流速，平抛条件推导的，用于止动流速，立抛条件时需要修正。对稳定系数k值的确定，是采用较圆的卵砾石，平均化引球径为1.38cm，平均体积为$2.77cm^3$，平均容重为$2.64g/cm^3$，堆石体空隙率为0.37，不论平底还是堆石体顶部或边坡上，都无突出的起伏状况，通过试验确定了有自由滑移等条件下的石块稳定系数。

(2)1979年司特芬逊(Stephenson)推导了和上述公式基本相同的式子，只是综合稳定系数k不是简单的数值，而是下列公式，即

立抛块体时，有

$$k=\sqrt{2\cos\theta\sqrt{\tan^2\varphi-\tan^2\theta}} \tag{3-74}$$

平抛缺体时，有

$$k=\sqrt{2\cos\theta\sqrt{\tan\varphi-\tan\theta}} \tag{3-75}$$

式中，φ，θ 分别为抛投块石料的天然休止角和边坡坡度角。

可见，司特芬逊公式将影响抛石稳定的因素，主要归结为块石料的天然休止角 φ 和抛石体边坡坡度角 θ，但对 φ、θ 的选择主要依据试验条件和试验资料的准确性。由于司特芬逊公式较伊兹巴斯公式复杂，所以司特芬逊公式未获得推广。

(3)我国武汉大学肖焕雄教授对动水中边长为 a 的混凝土立方体，考虑流速对立方体两个侧面及顶面切力、迎面动水推力、水下混凝土立方体有效重和上举力等因素，推导出混凝土立方体起动抗滑稳定计算式为

$$V = k' \sqrt{2g \frac{\gamma_m - \gamma_w}{\gamma_w} a} \tag{3-76}$$

可见，式(3-76)和式(3-73)的形式相同，但计算此式的综合稳定系数 k' 的公式非常复杂。

以上公式中均没有涉及水深，这里再列举两个含有水深参数的公式。

1)德国 Hartung(哈登)及 Schuerlein(司却林)的研究工作

假定块石的失稳方式是滑动，在高速水流和紊动边界层理论的基础上，通过水力试验，得到如下的块石起动粒径计算公式，即

$$D_s = 0.694\sigma\gamma V^2/2g\cos\alpha(\gamma_b - \gamma) \tag{3-77}$$

式中，D_s 为块石的起动粒径；α 为底面与水平面的夹角；σ 为掺气系数，由试验得 $\sigma=1-1.3\sin\alpha+0.08h/d_s$，$h$ 为抛石处平均水深；V 为断面的平均流速；γ_b 为块石容重；γ 为水容重；其余符号同上。

该公式的主要优点是考虑了高速水流掺气系数，但是考虑掺气系数时，由于缺乏对一般情况的系统研究，掺气系数的确定是建立在假定抛石的凸高为抛石粒径的 1/3 倍基础上的，这在实际情况中不一定能得到满足。另外，没有一个确定的量化指标来指出流速究竟多大才进入高速掺气区，这些是该公式的不足之处。

2)荷兰 Gerritsen 方法

该方法计算了一定粒径的抛石起动时所需要的水流条件，采用起动流速来表示，即

$$V_c = K\sqrt{2g(\gamma_s - \gamma)D}\lg(5.5h)/D \tag{3-78}$$

该公式是荷兰三角洲堵口设计模型试验成果。式中，V_c 为块石起动时断面的平均流速；K 为常数；D 为块石粒径；h 为抛石处断面的平均水深。

3.5.2　动水中抛投块石体的止动

抛投块石体的过程，是被抛块石在河床上由运动到静止的过程。由于块体是由运动到静止，它本身在向前作减速运动，而水流又对它产生动水推力，因此块体对水流运动为相对运动。

肖焕雄教授考虑了水流对混凝土立方体的迎面推力、总切力、立方块体沿河底作减速运动而产生的惯性力和河底运动的摩阻力等，建立和求解了动力平衡微分方程，并由系统的模型试验确定综合稳定系数后，得到下列实用计算公式，即

$$V = k_E \sqrt{2g \frac{\gamma_m - \gamma_w}{\gamma_w} d} \tag{3-79}$$

式中，k_E 是从止动概念出发推导的块体稳定止动系数。

可见，不论是从起动概念还是由止动过程建立动力平衡方程，两者的最终计算公式在形式上完全相同，但稳定的含义完全不同，所以关键问题在于由试验准确测定稳定系数。

武汉大学对立抛块体止动稳定系数的研究成果表明，对止动稳定系数影响最大的是河床综合糙率。其试验成果如下。

一般块石立抛：

$$V = 0.9\sqrt{2g\frac{\gamma_m - \gamma_w}{\gamma_w}d} \tag{3-80}$$

巨型抛石立抛：

$$V = k_E\sqrt{2g\frac{\gamma_m - \gamma_w}{\gamma_w}d} \tag{3-81}$$

式中，k_E 为块体止动稳定系数，形状规则的混凝土块体止动稳定系数和河床糙率或抛石护底的糙率有关，见表 3-21。

表 3-21 混凝土块体止动稳定系数 k_E 值

综合糙率 n	0.03	0.035~0.045
混凝土立方体	0.57~0.59	0.76~0.80
混凝土四面体	0.51~0.53	0.68~0.72

当河床糙率较大，或者抛石护底后，其综合糙率 n 值往往超过 0.05，所以 k_E 值可能有所增大。比较式(3-80)和式(3-81)中的稳定系数可知，一般不规则带棱角的块石稳定系数要比规则的混凝土预制块体稳定系数大。总之，各具体条件下的 k_E 值选用，仍应通过试验来确定为宜。

3.5.3 丁坝坝头漩涡的诱导流速

图 3-80 是根据试验观测和理论分析，绘制的坝头水流边界层分离产生竖轴涡漩和它引起的丁坝过水断面主流区诱导流速分布图。图中，V 为河槽天然断面平均流速；L_D 为丁坝长度(以垂直流向计)；B 为河槽宽度；θ_1 为边界层分离处最大绕流角(°)，$\theta_1 = 90° - \alpha$。

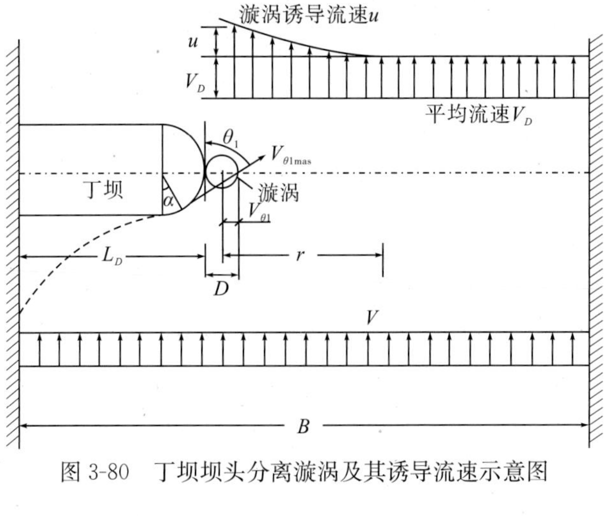

图 3-80 丁坝坝头分离漩涡及其诱导流速示意图

根据流体力学斯托克斯(Stokes)定律，得到距离漩涡中心为 r 处丁坝过水断面上漩涡的诱导流速为

$$u = \frac{D}{2r} V_{\theta 1\max} \tag{3-82}$$

丁坝过水断面($B - L_0$)宽度上各点流速 $V_{\theta 1}$ 为

$$V_{\theta 1} = V_D + U \tag{3-83}$$

式中，U 为漩涡诱导流速；$V_{\theta 1\max}$为坝头最大绕流流速；D 为坝头中心线分离区宽度；r 为漩涡中心到丁坝过水断面某点距离；V_D 为丁坝过水断面平均流速；$V_{\theta 1}$ 为丁坝过水断面到涡心距离 r 处的流速。

3.5.4　坝头漩涡的尺度和强度

根据试验资料分析得出以下结论。

坝头中心线分离区宽 D 为

$$D = 0.14 e^{-3\left(\frac{L_D}{B}\right)} \cdot L_D \tag{3-84}$$

坝头绕流最大流速 $V_{\theta 1\max}$

$$V_{\theta 1\max} = 1.05 e^{1.97\left(\frac{L_D}{B}\right)} \cdot V \tag{3-85}$$

式(3-84)和式(3-85)确定了坝头竖轴漩涡的尺度(直径 D)和强度(速度环量 Γ)。

坝头漩涡速度环量 Γ 为

$$\Gamma = \pi D V_{\theta 1\max} \tag{3-86}$$

根据平面恒定流动的欧拉方程

$$u_x \frac{\partial u_x}{\partial x} + u_y \frac{\partial u_y}{\partial y} = \frac{1}{\rho} \frac{\partial p}{\partial x} \tag{3-87}$$

$$u_x \frac{\partial u_y}{\partial x} + u_y \frac{\partial u_y}{\partial y} = \frac{1}{\rho} \frac{\partial p}{\partial y} \tag{3-88}$$

考虑到漩涡角速度 ω，整理得压强全微分为

$$\mathrm{d}p = \rho\omega^2 (x\mathrm{d}x + y\mathrm{d}y) = \frac{1}{2}\rho\omega^2 \mathrm{d}(r^2) \tag{3-89}$$

积分，代入边界条件，得漩涡内任意点压强为

$$p = p_\infty - \rho V_{\theta 1\max}^2 + \frac{1}{2}\rho\omega^2 r^2 \tag{3-90}$$

漩涡中心($r=0$)，压强最小，即

$$p_c = p_\infty - \rho V_{\theta 1\max}^2 \tag{3-91}$$

式中，p_c 为漩涡中心压强；p_∞ 为漩涡影响范围外的天然水流压强，$p_\infty = \gamma h = \rho g h$，$\rho$ 为水的密度，g 为重力加速度。

因坝头最大绕流流速很大，式中 p_c 为负压，对床面泥沙有向上的吸力，与龙卷风中心作用类似。

3.5.5 丁坝头部附近床面泥沙的受力和起动、扬动条件

丁坝附近水流分离区床面泥沙颗粒受到四种外力的作用，即水中重量 W（重力和浮力）、漩涡中心负压强 F_{cx}，绕流流速上举力 F_z 和推移力 F_x。漩涡中心压强小于静水压强。当 $V^2_{\theta 1\max}$值较大时，F_{cx}为负值，即方向向上，见图 3-81。

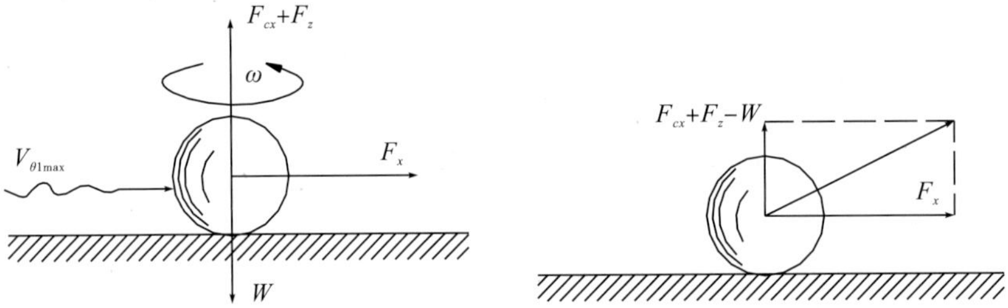

图 3-81 丁坝坝头床面泥沙受力分析

$$W = (\rho_s - \rho)g\frac{\pi}{6}d^3 \qquad \text{方向向下} \tag{3-92}$$

$$F_{cx} = (\rho_\infty - \rho V^2_{\theta 1\max})\frac{\pi}{4}d^2 \qquad \text{方向向上} \tag{3-93}$$

$$F_z = C_z\rho\frac{V^2_{\theta 1\max}}{2}\frac{\pi}{4}d^2 \qquad \text{方向向上} \tag{3-94}$$

$$F_x = C_x\rho\frac{V^2_{\theta 1\max}}{2}\frac{\pi}{4}d^2 \qquad \text{方向水平} \tag{3-95}$$

式中，ρ_s 为泥沙密度；ρ 为水的密度；d 为泥沙的平均粒径；C_z 为竖向流体阻力系数；C_x 为水平流体阻力系数。

漩涡负压 F_{cx}、绕流上举力 F_z 和绕流推移力 F_x 都与绕流流速 $V^2_{\theta 1\max}$成正比，当 $V^2_{\theta 1\max}$增大时，F_{cx}、F_z 和 F_x 都急剧增大，驱使床面泥沙起动。

坝头床面泥沙的起动条件为

$$F_x \geqslant f(W - F_{cx} - F_z) \tag{3-96}$$

式中，f 为床面摩阻系数。

坝头床面泥沙的扬动条件为

$$F_{cx} + F_z \geqslant W \tag{3-97}$$

式中，F_{cx}向下为正；F_z 向上为正。

3.6 抛石丁坝安全性判别分析及坝体结构优化试验研究

3.6.1 抛石丁坝临界失效水毁体积

丁坝作为最常见的一种河道治理工程，在建成投入使用一段时间后，坝体会出现不同程度的水毁，但根据以往的经验并不是只要丁坝发生损坏就一定会失去其整治功能，

有时坝体虽部分水毁但仍可以满足整治要求。究竟坝体水毁程度达到多少时，可认为其失去整治作用即丁坝失效，对此航道部门一直没有给出明确的规定。通过在清水冲刷试验中对坝头断面平均流速与坝体水毁体积的跟踪测量，提出以丁坝水毁体积 $V_{毁}$ 与坝头总体积 $V_{总}$ 的比值 $V_{毁}/V_{总}$ 为表征丁坝水毁程度的指标，由此建立以水毁体积比 $V_{毁}/V_{总}$ 为基准的丁坝安全性判别公式，并认为当丁坝水毁体积达到坝头总体积的 30%时，丁坝失效，即当 $V_{毁}=0.3V_{总}$ 时的水毁体积为临界失效水毁体积。

选择 30%作为丁坝失效的临界值，其原因是在清水冲刷试验中，对某一工况下丁坝坝轴线断面上远离坝头 10cm 处的断面平均流速进行跟踪，从水流调稳时开始跟踪，到坝体水毁体积大约在坝头总体积的 30%左右时结束，从图 3-82 中可以看到，此时坝头最大平均流速 v 约减小 50%。而在整治工程中丁坝的主要作用为束水攻沙、稳定航槽，随着坝头处流速的减小，丁坝逐渐达不到整治要求，因此认为当丁坝水毁体积达到坝头总体积的 30%时，丁坝失效。

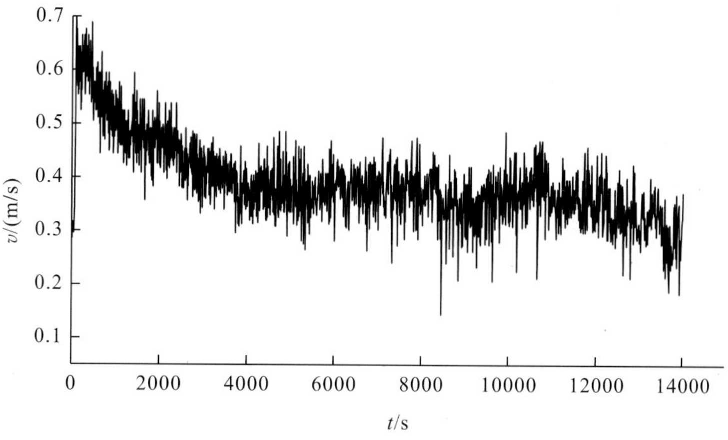

图 3-82 某一工况时的流速跟踪流速图

3.6.2 坝体水毁体积计算分析

抛石丁坝的坝头、坝根等处的基础和泥沙常年受到水流的冲刷和侵蚀作用，使其基础淘空，这样丁坝就会在其自身重力作用下失去支撑，使坝体的局部或整体崩陷塌落，这是丁坝水毁的主要原因之一。通过前人的研究与总结，确定抛石丁坝水毁主要与以下因素有关。

(1)抛石丁坝及河床几何变量：河宽 B、丁坝长度 L_D、挑角 θ、抛石粒径 D。

(2)水流变量：断面平均流速 V、上游行近水深 H、最大冲深 h_s。

(3)流体的变量：重力加速度 g、水的容重 γ、水的动力黏度 μ。

(4)泥沙变量：中值粒径 d_{50}、不均匀系数 σ、泥沙起动流速 V_c、泥沙容重 γ_s。

从而抛石丁坝水毁体积的一般表达式为

$$V_{毁}=f(h_s,\theta,\gamma,L_D,B,\gamma_s,H,g,V,D,d_{50},V_c,\mu,\sigma) \tag{3-98}$$

坝头坍塌主要与泥沙冲刷及冲刷坑深度有关，泥沙变量对冲深的影响主要由泥沙起

动流速 V_c 来反映。当坝头最大流速 V_m 小于坝头处泥沙起动速 V_c 时，坝头泥沙处于静止状态；当 $V_m>V_c$ 且在断面平均流速小于泥沙起动流速时($V<V_c$)，坝头冲刷坑开始形成；当流速进一步增大($V>V_c$)，床面泥沙呈大量运动状态时，冲刷深度可能受输沙率或床面整体下降的影响。在此不妨将行近流速用坝头断面垂线平均行进流速来代替，并忽略描述流体动力黏性的变量，同时将 γ 视为常量。考虑到所用泥沙可近似看作均匀沙，将不均匀系数 σ、泥沙容重 γ_s 视为常量，故式(3-98)又可写为

$$V_{毁}=f(h_s,\theta,L_D,B,H,g,V_m,V_c,D,d_{50}) \tag{3-99}$$

从试验结果来看，挑角为 90°时坝体水毁最为严重。理论上讲，当挑角为 0°或 180°时，水毁体积为 0，故可以用 $\left(\frac{180°-\theta}{90°}\right)^{\beta}$ 来表达挑角对抛石丁坝水毁程度的影响，图3-83可以反映 $\frac{180°-\theta}{90°}$ 与 $V_{毁}$ 之间的关系，这里将 $\theta=90°$ 时的挑角影响因子视为 1。从图3-83中可以看出，当挑角从 90°逐渐增大时，刚开始挑角影响因子减小很快，然后逐渐恢复平稳，这说明如果将挑角为 90°的正挑丁坝稍微向下游倾斜一个角度，则水毁程度将大大减小。本项试验主要是以梯形断面直线型丁坝为主要研究对象，对于不同的坝头形状对坝体水毁的影响，从初步试验结果来看，如果将直线型丁坝的坝头形状影响因子视为 1，则勾头坝、扩大头坝的坝头形状影响因子分别为 0.64 和 0.34，可以看出改变坝头形状也可以减小抛石丁坝的水毁程度。

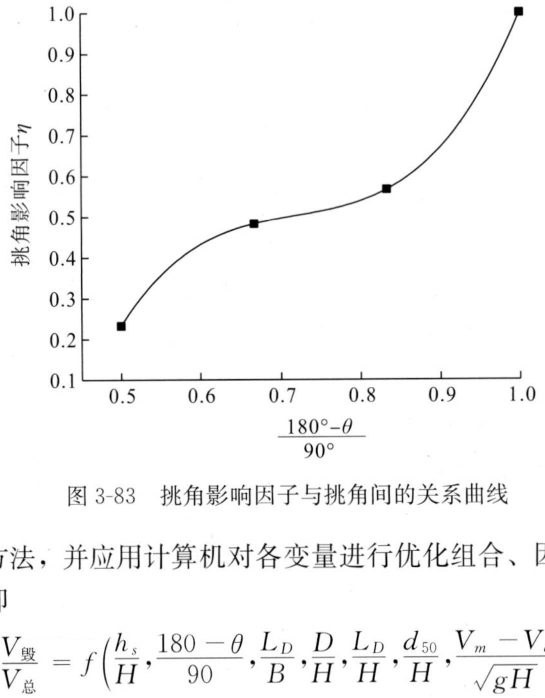

图 3-83 挑角影响因子与挑角间的关系曲线

利用量纲分析方法，并应用计算机对各变量进行优化组合、因子筛选，可得出如下的无因次表达式，即

$$\frac{V_{毁}}{V_{总}}=f\left(\frac{h_s}{H},\frac{180-\theta}{90},\frac{L_D}{B},\frac{D}{H},\frac{L_D}{H},\frac{d_{50}}{H},\frac{V_m-V_c}{\sqrt{gH}}\right) \tag{3-100}$$

式中，$V_{毁}$ 为丁坝水毁体积；$V_{总}$ 为坝头总体积；$\frac{L_D}{B}$为丁坝几何压缩比，表示丁坝压缩水流的影响；$\frac{V_m-V_c}{\sqrt{gH}}$为坝头弗劳德数 F_r 的影响。

根据式（3-66）计算坝轴线上的最大流速和实测最大流速进行对比如图 3-84 所示，可见按式（3-66）可较好地计算出最大流速。

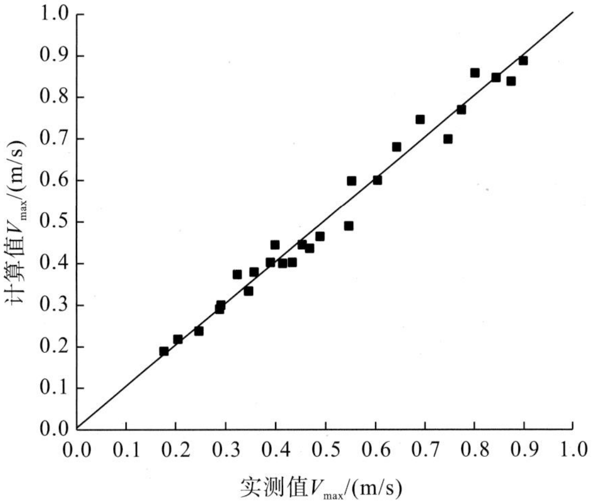

图 3-84　最大流速的计算值和实测值对比

对于非淹没情况下的丁坝，由式(3-66)可知，L_D/B 项对水流的影响已从 V_m 中得到了反映，故式(3-100)可写为

$$\frac{V_{毁}}{V_{总}}=f\left(\frac{h_s}{H},\frac{180^\circ-\theta}{90^\circ},\frac{D}{H},\frac{L_D}{H},\frac{d_{50}}{H},\frac{V_m-V_c}{\sqrt{gH}}\right) \tag{3-101}$$

由于 θ、L_D、d_{50}、$\frac{V_m-V_c}{\sqrt{gH}}$ 等本身也是影响冲深 h_s 的因素，所以 $\frac{h_s}{H}$ 对水毁体积的影响可以从这些因素中得到反映，从而把式(3-101)简化为

$$\frac{V_{毁}}{V_{总}}=f\left(\frac{180-\theta}{90},\frac{D}{H},\frac{L_D}{H},\frac{d_{50}}{H},\frac{V_m-V_c}{\sqrt{gH}}\right) \tag{3-102}$$

现将式(3-102)写成指数形式，即

$$\frac{V_{毁}}{V_{总}}=k_1\times\left(\frac{V_m-V_c}{\sqrt{gH}}\right)^{k_2}\times\left(\frac{L_D}{H}\right)^{k_3}\times\left(\frac{d_{50}}{H}\right)^{k_4}\times\left(\frac{D}{H}\right)^{k_5}\times\left(\frac{180^\circ-\theta}{90^\circ}\right)^{\beta} \tag{3-103}$$

式中，k_1 为常数；k_2，k_3，…，β 为指数；V_c 为泥沙起动流速公式，本书中选用窦国仁公式，即

$$V_c=0.32\left[\ln\left(11\frac{h}{K_s}\right)\right]\left(\frac{\gamma_s-\gamma}{\gamma}gd+0.19\frac{gh\delta+\varepsilon_k}{d}\right)^{\frac{1}{2}} \tag{3-104}$$

式中，$\delta=0.213\times10^{-4}$cm；$\varepsilon_k=2.56\text{cm}^3/\text{s}^2$；$K_s$ 为河床粗糙度(当量糙率)，对于平整床面，当 $d\leqslant0.5$mm 时，$K_s=0.5$mm，当 $d>0.5$mm，取 $K_s=d_{50}$。

通过清水动床冲刷试验数据，采用最小二乘法，在置信水平 $\alpha=0.01$ 的条件下，对式(3-103)中的参数进行回归分析，得

$$k_1=0.0007, k_2=1.1535, k_3=-0.262, k_4=-0.686, k_5=-0.902, \beta=0.1156$$

需要说明的是，作者还选用了窦国仁、沙莫夫、岗恰洛夫、张瑞瑾以及四者平均的泥沙起动公式。采用不同的起动流速公式，式中的 k_i 值和 β 值不同，具体见表 3-22。

表 3-22　不同泥沙起动公式对应的 k_i 值和 β 值

k_i/β	窦国仁	沙莫夫	张瑞瑾	岗恰洛夫	四者平均
k_1	0.00007	0.0001	0.00007	0.000046	0.000069
k_2	1.1535	1.1482	1.0225	1.0458	1.1
k_3	−0.262	−0.2872	−0.2258	−0.235	−0.25
k_4	−0.686	−0.631	−0.683	−0.754	−0.7
k_5	−0.902	−0.905	−0.889	−0.889	−0.9
β	0.1156	0.0956	0.1129	0.1009	0.11

3.6.3 水毁体积比公式的应用与抛石丁坝安全性判别模型

1. 水毁体积比公式在长江中游河段的应用

前面通过各家泥沙起动公式得到了不同的抛石丁坝水毁体积比计算公式，究竟哪一个更适用于长江中游河道丁坝水毁体积的计算，通过对收集到的六组长江中游河段坝体水毁资料的分析，由四者平均公式计算的结果与实际水毁情况很接近，因此把由四者平均公式得到的计算结果作为抛石丁坝水毁体积比计算公式，即

$$\frac{V_{毁}}{V_{总}}=0.000069\times\left(\frac{V_m-V_c}{\sqrt{gH}}\right)^{1.1}\times\left(\frac{L_D}{H}\right)^{-0.25}\times\left(\frac{d_{50}}{H}\right)^{-0.7}\times\left(\frac{D}{H}\right)^{-0.9}\times\left(\frac{180^\circ-\theta}{90^\circ}\right)^{0.11} \tag{3-105}$$

该式相关系数 $R=0.95$，图 3-85 为 $\frac{V_{毁}}{V_{总}}$ 计算值与试验值的对比。

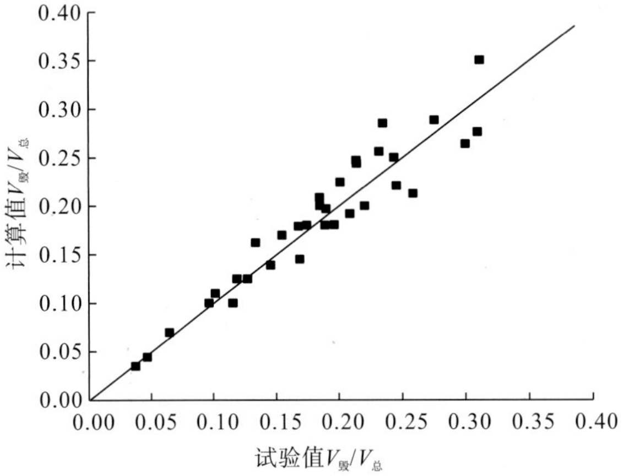

图 3-85　计算值与试验值对比

将长江中游荆江河段实际勘测到的 4 组抛石丁坝水毁体积比与用式(3-105)计算得到的体积比进行对比分析，结果见表 3-23，可以发现用式(3-105)计算得到的抛石丁坝水毁体积比与实际水毁体积比的相对误差不超过 20%，因此，用式(3-105)来估算抛石丁坝的水毁程度有较高的准确率，而且从计算结果来看，用式(3-105)计算得到的结果普遍要大

于实际水毁情况，这是因为天然河道中水流、泥沙运动情况十分复杂，坝体破坏并非像水槽试验中的连续性破坏而是在洪水期突发的间断性破坏，这使得以试验数据得到的水毁体积比公式的计算结果偏大。此外，用式(3-105)对潜丁坝和锁坝进行计算可以看出，用丁坝水毁体积比公式来计算潜丁坝和锁坝的水毁体积则出现了较大的误差，说明潜丁坝和锁坝的水毁机理与抛石丁坝有所不同，应分别进行研究。

表 3-23　判别结果分析

丁坝名称	由式(3-105)计算的$\frac{V_{毁}}{V_{总}}$/%	实测$\frac{V_{毁}}{V_{总}}$/%	相对误差/%
碾子湾水道 2#丁坝	23.2	21.48	8
碾子湾水道 3#丁坝	19.23	16.2	18.7
碾子湾水道 4#丁坝	11	9.33	17.9
碾子湾水道 10#丁坝	12.4	10.86	14.2
周天河段 Z6 潜丁坝	17.05	12.5	36
枝江～江口河段水陆洲锁坝	15.83	29.14	45.7

2. 抛石丁坝安全性判别模型

将抛石丁坝水毁体积比计算公式，进一步通过转化使其成为可以定量分析抛石丁坝安全稳定的判别公式，即

$$K=1-\frac{V_{毁}}{V_{总}}=1-0.000069\times\left(\frac{V_m-V_c}{\sqrt{gH}}\right)^{1.1}\times\left(\frac{L_D}{H}\right)^{-0.25}\times\left(\frac{d_{50}}{H}\right)^{-0.7}\times\left(\frac{D}{H}\right)^{-0.9}\times\left(\frac{180^\circ-\theta}{90^\circ}\right)^{0.11} \tag{3-106}$$

式中，K 为抛石丁坝安全系数，由之前规定的以 $V_{毁}=0.3V_{总}$ 时的水毁体积为临界失效水毁体积来作为衡量抛石丁坝安全性的判别标准，则当 $K>0.7$ 时，认为坝体可靠，且 K 值越大，坝体越安全；当 $K=1$ 时，认为坝体没有发生破坏；当 $K<0.7$ 时，认为坝体失效，这时可以考虑对其进行修复；当 $K=0.7$ 时，坝体处于极限状态，即此时的 K 为最小安全系数。

第 4 章　长江中游边滩守护建筑物稳定性研究

4.1　长江中下游滩型介绍

4.1.1　长江中下游主要滩型及基本特征

根据滩体与河岸的相互关系，可将长江中下游的滩体归纳为三种类型：边滩、心滩（潜洲）、洲头低滩。各滩型的基本特征如下。

1. 边滩

边滩为依附一岸，与水流基本同向或交角不大的滩体，如图 4-1 所示。边滩的基本特征为：滩体通常位于缓流区，分布在顺直放宽河道内。滩体与河岸连接有的紧密，有的半分离（留有串沟），如长江中游太平口水道的腊林边滩、马家咀水道的白渭洲边滩、周公堤水道的蛟子渊边滩、界牌水道的长旺洲边滩等。

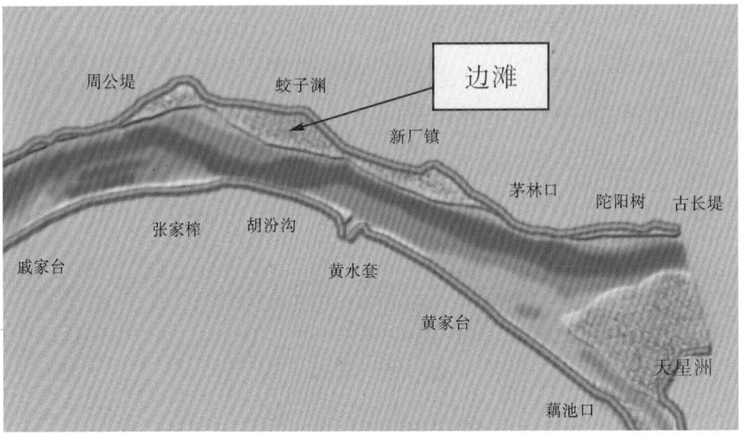

图 4-1　周公堤水道的蛟子渊边滩

2. 心滩（潜洲）

心滩（潜洲）为相对独立的水下淤积体，如图 4-2 所示。心滩（潜洲）的基本特征为：一般位于放宽河道内，有的比较稳定，有的不稳定。稳定心滩一般位于非主流区，低矮平缓，较完整，如长江东流水道的老虎滩；不稳定心滩一般位于洪枯水变化较大的主流线变动区，如长江太平口水道的三八滩等。

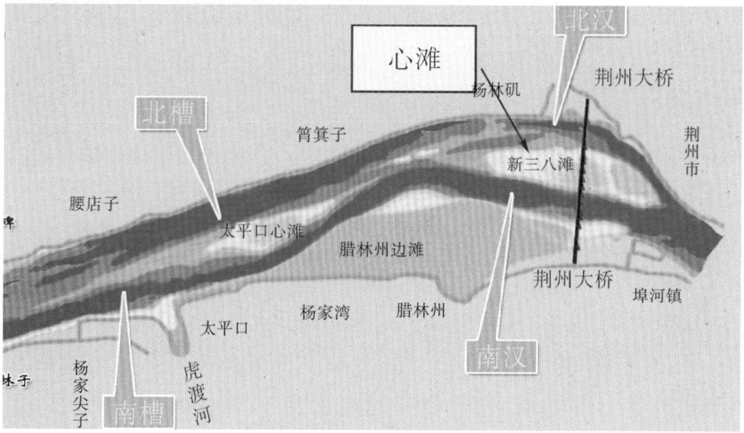

图 4-2　长江太平口水道的三八滩

3. 洲头低滩

洲头低滩为江心洲洲头的水下延伸部分，如图 4-3 所示。洲头低滩的基本特征为：位于分流扩散区，头部坡度较缓，尾部较陡，呈前低后高状。滩体与洲体连接部位有的紧密，有的半分离(串沟)，如长江窑监水道的乌龟洲洲头低滩、天心洲水道的洲头低滩、罗湖州水道的东槽洲洲头低滩、马家咀水道的南星洲洲头低滩等。洲头低滩形态与两汊的演变相关，一般来讲，洲头低滩头部偏向哪一汊，哪一汊就趋于衰退。

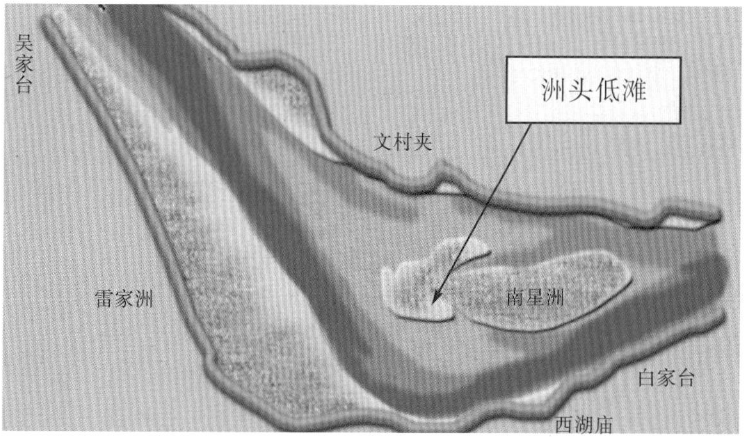

图 4-3　马家咀水道南星洲洲头低滩

4.1.2　边滩的类型及形成机理

边滩不仅是弯曲河段凸岸环境的产物，而且广泛分布于顺直河段和弯曲分汊河段内，在一定条件下，还可发育于弯曲河段的凹岸和分流河口等地方。不同环境下形成的边滩有不同的几何形态和演变规律。根据边滩的位置、成因可分为以下四类。

1. 凸岸边滩

位于弯曲河段的凸岸，受弯道横向环流作用而形成，是曲流不同演变阶段的产物。根据河流曲率和边滩几何形态，可分为三个亚类：①发育于低弯曲河段凸岸的雏形边滩；②发育于中弯曲河段凸岸的半成熟边滩；③发育于高弯曲河段凸岸的成熟边滩。

2. 凹岸边滩

位于弯曲河段及弯曲分汊河段的凹岸，水流动力轴线迁离凹岸是其主要的形成机制。主要分布于中、低弯曲流段及中、低弯分汊河段，其分布不如凸岸边滩广泛。

凹岸边滩形成的本质因子是水流动力轴线的迁移。当水流动力轴线偏离凹岸时，其离心力方向与河弯方向相反，则在凹岸形成弱水区或回流区，泥沙在此大量堆积，形成凹岸边滩。

3. 顺直边滩

位于顺直河段内，受旋转方向交替改变的次生环流作用形成。按河段性质可分为三个亚类：①两岸抗冲型；②分汊河段型；③曲流过渡带型。顺直边滩沿顺直河道两侧交错分布，其形态和规模变化不大，在长江中下游河道中较为常见。

4. 三角滩

位于分流河口及江心洲洲头和洲尾区，受双向水流作用而形成。主要分布于分流河口靠主流下游一侧，也可分布于江心洲的洲头和洲尾区。平面上呈三角形，剖面上呈透镜状。

在上述边滩类型中，宜昌至枝城段以顺直边滩为主；上荆江以半成熟边滩为主，其次为三角滩和凹岸边滩；下荆江以发育成熟的边滩为主。

以河段曲率 K 为指标，可将长江中游的弯曲河段分为三类：①低弯曲河段($K=1.1\sim1.5$)，多发育雏形边滩；②中弯曲河段($K=1.5\sim2.0$)，多发育半成熟边滩；③高弯曲河段($K=2.0\sim8.5$)，多发育成熟边滩。

用 P_o 表示顺流方向的边滩长度，P_e 表示垂直流向的边滩长度，则值 P_o/P_e 可体现边滩的几何特点与演变规律。凸岸边滩从雏形边滩、半成熟边滩至成熟边滩，P_o/P_e 值随曲率增大而减小；凹岸边滩的 P_o/P_e 值与半成熟凸岸边滩接近；顺直边滩的几何形态呈窄长形，P_o/P_e 值为 5.4～30，平均值为 14.7，与雏形边滩相近，具体情况见表 4-1。

表 4-1　边滩几何特征表

边滩类型		边滩位置	P_o/P_e
凸岸边滩	雏形边滩	低弯曲河段凸岸	5.3～25(13.5)
	半成熟边滩	中弯曲河段凸岸	3.1～8.1(5.5)
	成熟边滩	高弯曲河段凸岸	0.1～0.7(0.24)
凹岸边滩		曲流凹岸	2.4～8.8(5.3)

续表

边滩类型	边滩位置	P_o/P_e
顺直边滩	顺直河岸段	5.4～30(14.7)
三角滩	分流河口	0.8～1.2(1.0)

注：括号中数据为平均值

4.2　护滩带的布置形式、破坏形式及破坏机理

4.2.1　护滩带的平面布置形式

目前，在长江中下游航道整治工程中护滩带的平面布置形式主要有三种。

1. 条状间断守护型

考虑到工程实施后护滩带周边可能会发生冲刷下沉，而守护的范围内仍维持原有的高程，原来较为平坦的滩面就会发生局部凸起，从而起到类似坝体的作用，因此，护滩带的布置参照丁坝间距，布置成条状间断守护型，主要适用于控制主流横向摆动，且滩体变形以侧蚀为主的边滩守护河段。例如，长江中游界牌河段治理工程右岸丁坝高滩部分的护滩建筑物、长江中游碾子湾水道航道整治工程左右岸护滩带等采用此种布置形式，如图 4-4 所示。

图 4-4　长江中游碾子湾水道护滩实景图

2. 集中守护与间断守护结合型

心滩头部一般情况下会受到水流的集中冲刷，且冲刷力度较其他地方要大，因此应采取集中守护的方式；心滩的中下部一般情况下是以滩体的侧蚀为主，故可采取间断守护的方式。因此，对于心滩的守护，可以考虑头部集中守护与心滩中下部间断守护相结合的方式进行，如长江下游东流水道航道整治工程，如图 4-5 所示。

图 4-5 长江下游东流水道集中守护型护滩实景图

3. 整体守护型

较大的滩体处于强烈的漫滩水流和纵向水流的共同作用下的强冲刷状态时，单纯采用条状间断守护型，或者是间断守护与集中守护结合型都不足以起到保护滩体免遭破坏的作用，因此，需要采用整体守护的方式加大守护范围和守护力度，如长江中游三八滩应急守护工程二期对三八滩进行守护，即是采取整体守护的方式进行的，如图 4-6 所示。

图 4-6 长江沙市三八滩集中守护型守护实景图

从总体来看，护滩带这种新型结构型式应用于长江中下游航道整治工程的时间虽然不长，但总体效果还是明显的，基本达到了设计预期目的，是一种值得推广应用的新型航道整治建筑物结构型式。但是根据实地勘查及资料分析，有些护滩带也出现了不同程度的破坏，且不同平面布置形式的护滩带，其破坏的部位也不尽相同，破坏部位主要在护滩带的头部和边缘等冲刷变形剧烈的地方。

4.2.2　护滩带的破坏形式

不同结构型式的护滩带，破坏形式也不尽相同。块石护面型的破坏主要表现在抛石部分的坍塌和沉陷，发生的部位主要在坝头的下游侧，一般情况下坝体部分主要是坍塌，而在坝体的下游侧由于翻坝水的作用形成一条沿坝轴线方向在坝体坡脚以外的冲刷坑。软体排型护滩带的破坏部位一般位于排体上边缘、头部以及下游一侧，这些部位出现程度不一的冲刷坍陷，排布撕裂、排布暴露在外等现象，较为严重的情况是守护的滩体出现深达 10m 左右的冲刷坑，排布悬空挂起来。软体排护滩带的破坏形式又可归纳为以下五大类。

1. 边缘塌陷

边缘塌陷主要是由于水流冲刷护滩带边缘外的未护滩面，使 X 型排边缘塌陷造成的，这种破坏非常普遍，如图 4-7 所示。造成的问题为：①砼排体和系结条外露，进而老化；②系结条松开，砼块移动或滑落。

图 4-7　武汉天兴洲边缘塌陷实景图

2. 排中部塌陷或鼓包

排中部塌陷或鼓包主要是由于接缝处理不牢，造成接缝处泥沙冲失或泥沙从接缝处挤入排底造成的，如图 4-8 和图 4-9 所示。造成的问题为：系结条松开，排体外露、老化，所护滩体被破坏。

3. 边缘形成陡坡，边缘排体变形较大甚至悬挂

边缘形成陡坡，边缘排体变形较大甚至悬挂与平面布置及河床组成有一定关系，周天清淤工程中存在这种变形，如图 4-10 所示。造成的问题有：①砼排体和系结条外露，进而老化；②系结条松开，砼块移动或滑落；③排体撕裂。

图 4-8 武汉天兴洲鼓包实景图

图 4-9 周天河段塌陷实景图

图 4-10 武汉天兴洲边缘形成陡坡、悬挂实景图

4. 边缘排体下部河床局部淘刷，形成空洞

缘边排体下部河床局部淘刷，形成空洞主要是特殊水流条件作用的结果，具体原因尚未完全确定，天兴洲头部守护工程中存在这种变形，如图 4-11 所示。造成的问题为：排体撕裂(一般从接缝处)，进一步向排内淘刷，最后形成垛状。

图 4-11　东流水道护滩带破坏实景图

5. 排体基础整体冲刷坍塌。

排体基础整体冲刷坍塌主要与滩体地质条件、护滩带的平面布置、护滩带宽度等有关，三八滩守护中存在这种变形，如图 4-12 所示。造成的问题为：排整体塌陷并破坏，所护滩体破坏。

图 4-12　沙市三八滩护滩带破坏实景图

4.2.3 X 型系砼块软体排

滩体守护是航道整治工程的关键技术之一，目前已实施的航道整治工程及研究情况表明，X 型系砼块软体排(以下简称 X 型排)是目前长江中下游应用最广泛的一种护滩结构型式。

X 型排是 20 世纪末长江航道规划设计研究院研制并首先应用于长江航道整治工程之中的，最早由界牌航道整治工程中的系沙袋排到清淤应急工程中的 XF 型系砼块排逐步演化而来。根据对已实施工程的调研，X 型排结构总体稳定，是目前护滩建筑中效果较好的结构型式之一，该排体良好的护滩效果已得到有关专家的肯定，具有广阔的应用前景。

1. X 型排的构造

X 型排由排垫及排上的砼块压载体组成，砼块压载体通过系结条系于排垫之上，该排适用于枯季出露水面的滩地守护，X 型排的结构如图 4-13 和图 4-14 所示。

图 4-13 原型 X 型排的整体结构图

图 4-14 原型 X 型排的局部结构图

X 型排排垫由 200g/m^2(或 160g/m^2)的聚丙烯编织布缝制而成，沿排体宽度方向每 50cm 缝一根宽 5cm(或 3cm)的聚丙烯加筋条，在加筋条之下每间隔一定距离缝合一根宽 3cm、长 80cm 的聚丙烯系结条(部分工程中采用的是长丝机织系结条)。

X 型排砼块压载体采用 C20 砼预制而成的块体，砼块尺寸为 45cm×40cm×10cm(长×宽×厚)，重量为 43.20kg(或者 45cm×40cm×8cm，重量为 34.56kg)，在砼块内预埋两根宽 3cm、长 105cm 的聚丙烯系结条。

2. X 型排连接方式

将一定数量的 X 型排排体连接形成 X 型排护滩带。在排体连接处需搭接、缝合，有横向搭接和纵向搭接两种方式。横向搭接的搭接宽度为 0.5m，要求用 ϕ1.5mm 尼龙线缝合，两块排的系接条重叠捆绑；纵向搭接的搭接宽度为 0.05m，两块排的加筋条重叠捆绑，并采用 ϕ15mm 尼龙绳系接，用 ϕ1.5mm 尼龙线缝合排垫。X 型排的技术指标见表 4-2。

表 4-2 原型 X 型排的技术指标

<table>
<tr><th rowspan="2">原型护滩材料</th><th rowspan="2">类型</th><th rowspan="2">材料</th><th rowspan="2">规格</th><th rowspan="2">质量</th><th rowspan="2">密度</th><th colspan="2">抗拉强度</th><th rowspan="2">等效孔径/mm</th></tr>
<tr><th>纵向≥</th><th>横向≥</th></tr>
<tr><td rowspan="8">X 型排</td><td rowspan="2">编织布</td><td>200g 聚丙烯编织布</td><td>50m×15m(长×宽)</td><td>200/(g/m^2)</td><td></td><td>40(kN/m)</td><td>32(kN/m)</td><td>≤0.12</td></tr>
<tr><td>160g 聚丙烯编织布</td><td>50m×15m(长×宽)</td><td>160/(g/m^2)</td><td></td><td>30.4(kN/m)</td><td>25.6(kN/m)</td><td>≤0.10</td></tr>
<tr><td rowspan="2">加筋条</td><td>3cm 聚丙烯加筋条</td><td>宽 3cm</td><td>13/(g/m)</td><td></td><td colspan="2">0.6(kN/根)</td><td></td></tr>
<tr><td>5cm 聚丙烯加筋条</td><td>宽 5cm</td><td>50/(g/m)</td><td></td><td colspan="2">5(kN/根)</td><td></td></tr>
<tr><td rowspan="2">系结条</td><td>18g 聚丙烯系结条</td><td>80cm×3cm(长×宽)</td><td>18/(g/m)</td><td></td><td colspan="2">0.8(kN/根)</td><td></td></tr>
<tr><td>丙纶长丝机织带系袋条</td><td>宽 1.2cm</td><td>6/(g/m)</td><td></td><td colspan="2">1.3(kN/根)</td><td></td></tr>
<tr><td rowspan="2">压载体</td><td rowspan="2">C20 砼块体</td><td>45cm×40cm×8cm(长×宽×厚)</td><td>34.56/kg</td><td>2400/(kg/m^3)</td><td colspan="3">注：在砼块内预埋两根宽 3cm、长 105cm 的聚丙烯系结条</td></tr>
<tr><td>45cm×40cm×10cm(长×宽×厚)</td><td>43.20/kg</td><td>2400/(kg/m^3)</td><td colspan="3">注：在砼块内预埋两根宽 3cm、长 105cm 的聚丙烯系结条</td></tr>
</table>

长江中下游航道整治工程的实际应用表明，X 型排整体性好，具有较好的保沙性能，但排垫的系接缝合存在一定问题，对于排垫的系接缝合，《水运工程土工织物应用技术规程》及《航道整治工程质量检验评定标准》中均无明确的强度指标，设计文件中一般要求为：横向系接缝合强度≥原排垫强度的 80%，纵向系接缝合强度≥原排垫强度的 85%。但根据实际施工现场的情况来看，该强度要求难以实现。

4.3 模型试验设计及模拟技术

4.3.1 清水定床试验

试验在长 25m、宽 3m、高 0.6m 的矩形水槽中进行，模型比尺 1∶60，如图 4-15 所示。进口流量由矩形薄壁堰控制，尾门由翻板门结合小水阀控制，水位由水位测针测读，流速采用瞬时流速(谱)采集系统来采样测量。在定床试验中，试验段共布置 18 个断面，每个断面布置 14 个测点，主要测流速和流向。

图 4-15 试验水槽

清水定床试验主要观测不同流量、水深等因素组合下，滩体周围的水位、流速、流向、水面线、紊动强度、壅水以及回流区的水流结构。通过试验分析，了解滩体周围的受力分布情况，明确滩面的冲刷、水毁过程，弄清护滩建筑物的水毁机理。

4.3.2 清水冲刷试验

清水冲刷试验与前述的定床水槽试验一致，在长 25m、宽 3m、高 0.6m 的矩形水槽中进行。根据模型比尺，在水槽底部平铺试验沙长 25m、厚 20cm 的动床段，在原来边滩所在的位置用模型沙塑造边滩形态，模型沙级配由所在河段河床实测级配确定。

清水冲刷试验的试验方案(包括流量和水深)在清水定床试验方案的基础上选用代表性的方案。

清水冲刷试验主要观测：①各种方案下整个铺沙段的泥沙运动和冲刷地形；②滩体及护滩建筑物周围冲刷坑的形成、发展和平衡状况及冲刷坑的深度和范围；③滩体的破坏程度和范围；④记录和拍摄冲刷坑发展变化过程；⑤冲刷坑深度、范围与水流流速和河床组成之间的关系等。

4.3.3　护滩建筑物受力试验

为了更深入细致地研究护块之间的受力情况，受力试验是在参考了比尺为 1∶60 清水冲刷试验的基础上，把冲刷最严重的区域进行局部放大设计而成的。为了研究护块与护块之间力的大小及其随时间的变化规律，分别在护滩带的迎水坡和向河坡布置了 16 个压力传感器。

受力试验主要观测：①各种方案下各个测点的力大小及其分布情况；②各种方案下护滩建筑物周围流速的变化；③护块与护块之间的脉动力随时间的变化；④护滩建筑物受力与流速之间的关系；⑤护滩建筑物受力与水深之间的关系；⑥各种方案下冲刷后的地形。

4.3.4　模型概化的设计依据

为了能将研究成果推广运用到天然河流上，必须考虑水槽概化模型试验的比尺问题。由于长江中游天然河段及边滩尺度较大，水槽概化模型不可能模拟某个具体的河段和工程，只能模拟部分工程长度，并使水槽试验用沙、水深、流速与天然河流有某种粗略的比尺关系。为此，水槽概化模型设计时把下面几点作为主要的考虑依据。

1. 长江中游江口以下河段河床组成

表 4-3 为长江江口至武汉河段床沙平均级配统计，从表中可知，河床质主要由粒径为 0.05～0.5mm 的泥沙组成，中值粒径 d_{50} 为 0.16～0.2mm，其中粒径为 0.1～0.5mm 的泥沙在河床质中所占比例为 70%～90%，这部分泥沙在河床冲淤变形中起着重要作用。在长江三峡水库蓄水运行后，较清水流下泄，此段河床还会因冲刷进一步粗化，粒径为 0.1～0.5mm 的泥沙在河床质中所占比例还将进一步增加，因此，模型中主要模拟这部分泥沙的运动，取一般情况，中值粒径 d_{50}=0.18mm。

表 4-3　长江江口至武汉河段床沙平均级配统计

河段	小于某粒径沙重百分数/%								$d_{0.1}$～$d_{0.5}$ /mm	d_{50} /mm
	0.05	0.075	0.1	0.15	0.2	0.25	0.5	1.0		
江口至陈家湾	2.38	4.3	7.5	22.7	49.8	74.1	97.4	99.5	89.9	0.2
陈家湾至藕池口	4.0	6.5	10.2	23.9	49.2	76.3	98.6	100	88.4	0.2
藕池口至荆江门	5.5	8.9	13.8	32.6	65.3	90.6	100		86.2	0.18
荆江门至城陵矶	9.4	13.0	18.2	44.9	78.5	94.6	99.4	99.9	81.2	0.16
城陵矶至武汉	8.8		22.2			92.3	96.3	97.5	74.1	0.16

2. 水流条件

在洪水流量下，一般边滩或心滩顶部水深可达 5～10m，流速可达 2～3m/s，概化水槽模型将以此作为设计依据。

3. 长江中下游重要水道的滩体基本特征

边滩为依附一岸，与水流基本同向或交角不大的滩体，是一种最常见的河床地貌类型。处于不同河段的边滩，演变规律也不同。长江中下游重点水道的滩体基本特征值如表 4-4 所示 。

表 4-4　长江中下游重点水道滩体基本特征值

序号	水道名称	水道长/km	水道宽/km	滩体名称	形态	滩体长/km	滩体宽/km	滩体高(当地基面)/m	滩体长宽比(平均值)
1	宜都水道	8	1.1～1.8	沙坎湾边滩	顺直边滩	2.1～3.0	0.20～0.50	0～6.0	7.3
2	芦家河水道	12	1.0～2.2	羊家老边滩	微弯凸岸边滩	0.6～0.8	0.27～0.66	0～5.9	1.5
3	马家咀水道	15	1.0～4.0	白渭洲边滩	顺直边滩	2.1～3.0	0.20～0.40	0～6.0	8.5
4	周公堤水道	12	0.8～1.8	蛟子渊边滩	微弯凹岸边滩	4.0～6.2	0.30～0.50	0～6.0	12.8
5	界牌过渡段	38	1.6～1.8	螺山边滩	顺直边滩	3.6～4.5	0.40～1.12	0～3.1	5.3
6	嘉鱼水道	16	1.3～4.2	汪家洲边滩	顺直边滩	3.1～4.5	0.15～0.70	0～5.2	8.9
7	武桥水道	5	1.1～2.0	汉阳边滩	顺直边滩	1.6～3.5	0.36～0.82	0～5.0	4.3
8	湖广水道	10	0.9～1.4	魏家坦边滩	顺直边滩	1.5～2.6	0.51～0.67	0～4.0	3.5
9	牯牛沙水道	17	1.1～1.4	牯牛洲边滩	顺直边滩	2.1～2.3	0.58～0.64	0～13.6	3.6
10	窑集脑水道	9	1.0～1.3	洋沟子边滩	顺直边滩	3.0～6.0	0.30～0.60	0～5.9	10
11	天兴洲河段	20	2.5～4.0	天兴洲洲头低滩		1.0～2.0	0.30～0.40	0～6.9	4.3

4. 长江中下游典型的带有边滩的河道平面形态

以下是长江中下游两个典型的带有边滩的横断面布置图，横断面从起点开始依次为边滩、边滩和深槽过渡段、深槽，是进行边滩概化的依据，具体如图 4-16 和图 4-17 所示。

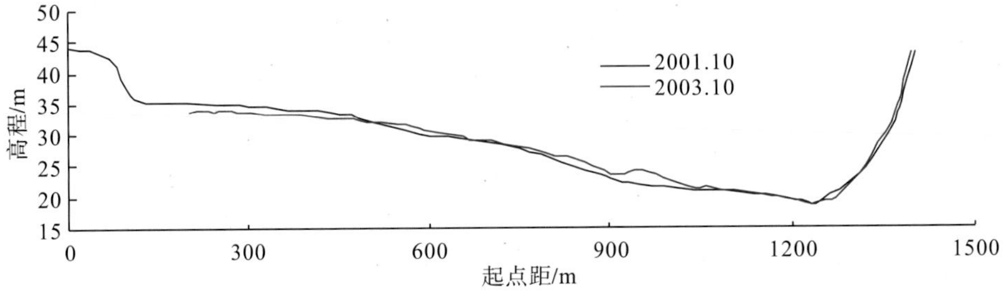

图 4-16　荆 3 横断面变化图

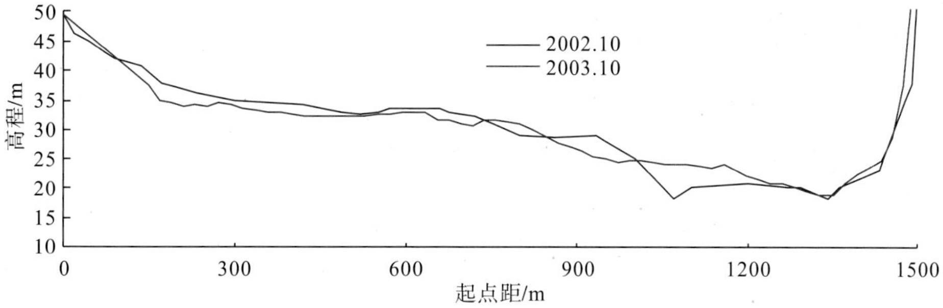

图 4-17　荆 7 横断面变化图

4.3.5　模型比尺

1. 几何相似

长江中游河段边滩尺度一般均较大，从滩头到滩尾的距离(航行基面)变幅较大，少则数千米，多则十几千米，滩顶宽度和左右两侧的坡度变幅也较大。由于试验需模拟的原型河道尺度较大，水槽概化模型难以按比尺相似模拟。鉴于本试验主要研究边滩上护滩建筑物的模拟技术，所以对边滩的形态只能作概化模拟。本试验主要考虑平面形态相似。

河段较宽，但试验水槽的宽度只有 3m，为了考虑边滩宽对束窄河床的影响，模型边滩宽按水面收缩比 μ 与原型相等进行概化，即模型边滩宽应满足

$$\left(\frac{L}{B}\right)_P = \left(\frac{L}{B}\right)_M = \mu \tag{4-1}$$

式中，L，B 分别表示边滩宽和河宽；P，M 分别表示模型和原型。

长江中游带有边滩的河宽为 800～4000m，边滩的滩体宽度一般为 150～1200m。取原型边滩的宽度为 800m，河宽为 2400m，则边滩引起的收缩比为

$$\mu = \frac{L}{B} = \frac{800}{2400} = 0.33 \tag{4-2}$$

根据河段平面尺寸以及边滩的结构尺寸，考虑概化水槽模型的试验场地和供水系统的实际情况，水槽概化模型仅考虑部分工程长度。模型的河宽取 3m，故模型边滩的宽取 1m，采用平面比尺 $\lambda_L=60$，概化模型设计为正态，故水平比尺和垂直比尺为

$$\lambda_L = \lambda_H = 60 \tag{4-3}$$

2. 水流比尺相似

为了保证水流运动的相似，应同时满足以下两个条件，即

$$\lambda_V = \sqrt{\lambda_H} \tag{4-4}$$

$$\lambda_V = \frac{1}{\lambda_n}\lambda_H^{1/6}\frac{\lambda_H}{\sqrt{\lambda_L}} \tag{4-5}$$

联解式(4-4)及式(4-5)，得到要求的糙率比尺以及要求的模型糙率为

$$\lambda_n = \lambda_H^{1/6}\sqrt{\frac{\lambda_H}{\lambda_L}} = 60^{1/6}\sqrt{\frac{60}{60}} = 1.98 \tag{4-6}$$

$$n_m = \frac{n_p}{\lambda_n} = \frac{0.025}{1.98} = 0.0126 \tag{4-7}$$

故为保证模型水流运动的相似，应采用

$$\lambda_V = \sqrt{60} = 7.746 \tag{4-8}$$

$$\lambda_Q = \lambda_H \lambda_L \lambda_V = 60 \times 60 \times 7.746 = 27885.6 \tag{4-9}$$

3. 泥沙起动相似

在动床模型试验中，模型沙的选择非常关键，它关系到水流运动相似中床面糙率相似，又关系到泥沙运动相似的悬移相似和起动相似。床面糙率相似可通过合理有效的边界加糙来满足，而同时要考虑悬移相似和起动相似两因素选择模型沙，是一个比较困难的问题。

悬沙中床沙质部分及沙质推移质泥沙（d=0.1～1.0mm）比尺的确定根据实测资料，本河段的沙质推移质的粒径为

$$d_5 = 0.10mm, d_{50} = 0.18mm, d_{95} = 0.5mm$$

由于这种推移质细沙有时处于悬移质状态，形成悬移质泥沙的床沙质部分，有时则处于推移状态，所以这部分泥沙既要满足推移质运动相似，又要满足悬移质运动的悬浮相似。模型沙按照第 3 章 3.1.2 中的方法来设计选择。

$$\lambda_V = \sqrt{\lambda_H} \tag{4-10}$$

$$\lambda_V = \frac{1}{\lambda_n}\lambda_H^{1/6}\frac{\lambda_H}{\sqrt{\lambda_L}} \tag{4-11}$$

$$\lambda_V = \lambda_{V_0} \tag{4-12}$$

$$\lambda_\omega = \frac{\lambda_V \lambda_H}{\lambda_L} \tag{4-13}$$

$$\lambda_\omega = \lambda_{u^*} = \sqrt{\frac{\lambda_V \lambda_H}{\lambda_L}} \tag{4-14}$$

由于本试验为清水冲刷概化模型试验，模型最重要的是应该满足起动流速相似条件。对于原型河道起动流速的确定，目前还存在一定困难，因为现有大多数起动流速公式只能估算模型沙，对于天然河流粗细沙的起动流速均有待进一步验证。窦国仁院士根据长江宜昌站现场实测推移质输沙率与流速的关系曲线分析，认为沙玉清泥沙起动流速公式

$$U_0 = H^{0.2}\sqrt{1.1\frac{(0.7-\varepsilon)^4}{D} + 0.43D^{3/4}} \tag{4-15}$$

适合于计算原型河道泥沙起动流速。式中，H 为水深，m；ε 为淤沙孔隙率，一般取值为 0.4；D 为粒径，mm。按照该式计算的不同水深时原型沙起动流速如表 4-5 所示。

表 4-5　推移质起动流速及其比尺

原型		模型		比尺
$r_s=2.65\mathrm{t/m^3}$	$D_{50}=1.8\mathrm{mm}$	$r_s=2.65\mathrm{t/m^3}$	$D_{50}=1.5\mathrm{mm}$	$\lambda_d=1.2\mathrm{mm}$
H_p/m	$V_{op}/(\mathrm{m/s})$	H_m/m	$V_{om}/(\mathrm{m/s})$	αV_o
7.8	0.619	0.13	0.104	5.925
9.0	0.637	0.15	0.106	5.989
10.8	0.660	0.18	0.109	6.074

沙玉清起动流速公式(4-15)适合于计算原型的起动流速，而岗恰洛夫(1954)不动流速公式

$$V_0=\lg\frac{8.8H}{D_{95}}\sqrt{\frac{2(\gamma_s-\gamma)gD}{3.5\gamma}} \tag{4-16}$$

相当于泥沙将动未动的情况，适用于无黏性模型沙的起动流速。根据式(4-15)和式(4-16)计算成果如表 4-5 所示。

由于要同时满足式(4-10)～式(4-12)，所以要求起动流速比尺为

$$\lambda_{V_0}=\lambda_V=\sqrt{60}=7.746 \tag{4-17}$$

假定采用 $\gamma_s=2650\mathrm{kg/m^3}$ 的原型沙作为模型沙，并假定采用

$$\lambda_D=\frac{D_p}{D_m}=1.2 \tag{4-18}$$

根据 λ_D 值选配模型沙，以模型沙级配曲线与原型沙级配曲线达到基本重合为准，选配结果得到下列模型沙(其级配曲线见图 4-18)

$$(D_{50})_m=\frac{D_p}{\lambda_D}=\frac{0.18}{1.2}=0.15\mathrm{mm} \tag{4-19}$$

$$(D_{95})_m=\frac{D_p}{\lambda_D}=\frac{0.5}{1.2}=0.42\mathrm{mm} \tag{4-20}$$

$$(D_5)_m=\frac{D_p}{\lambda_D}=\frac{0.1}{1.2}=0.083\mathrm{mm} \tag{4-21}$$

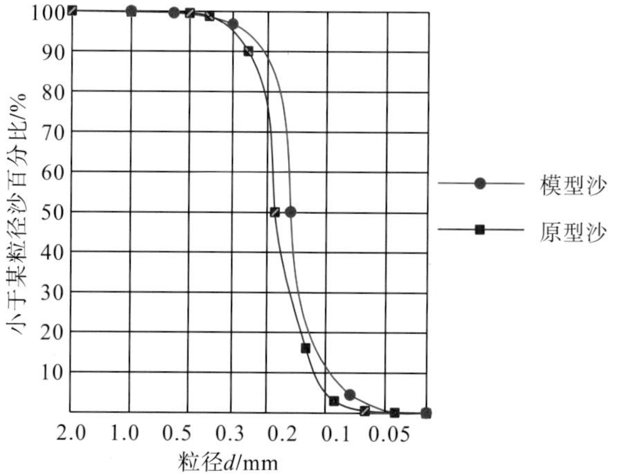

图 4-18　模型沙粒径级配图

由表 4-5 可知，起动流速的比尺的范围为 5.9～6.1，比水流流速比尺偏小约 23%，根据以往三峡坝区泥沙模型试验设计及其他工程研究的结果可知，此偏差在允许的范围内，符合模型试验要求。根据模型沙的中值粒径及设计模型沙级配曲线选择合适的天然沙作为模型沙，如图 4-18 所示。

综合以上结果，模型主要比尺如表 4-6 所示。

表 4-6 模型主要比尺

比尺类型	比尺名称	符号	比尺
几何相似	平面比尺	λ_L	60
	垂直比尺	λ_H	60
水流运动相似	流速比尺	λ_V	7.746
	河床糙率比尺	λ_n	1.98
	流量比尺	λ_Q	27885.6
泥沙运动相似	起动流速比尺	λ_{V_0}	6.0
	泥沙粒径比尺	λ_d	1.2

4.3.6 护滩建筑物模型设计

护滩建筑物原型选择 X 型排，具体情况见表 4-7。

表 4-7 模型设计时所选原型 X 型排的技术指标

原型护滩材料	类型	材料	规格	质量	密度	抗拉强度		等效孔径/mm
						纵向≥	横向≥	
X型排	编织布	200g 聚丙烯编织布	50m×15m（长×宽）	200/(g/m²)		40/(kN/m)	32/(kN/m)	≤0.12
	加筋条	3cm 聚丙烯加筋条	宽 3cm	13/(g/m)		0.6/(kN/根)		
	系结条	18g 聚丙烯系结条	80cm×3cm（长×宽）	18/(g/m)		0.8/(kN/根)		
	压载体	C20 砼块体	45cm×40cm×10cm（长×宽×厚）	43.20/kg	2400/(kg/m³)	注：在砼块内预埋两根宽 3cm、长 105cm 的聚丙烯系结条		

1. 比尺为 1∶60 的模型护滩建筑物设计及制作

1)比尺为 1∶60 的模型护滩材料的基本特性

压载体在比尺为 1∶60 时的模型尺寸为 7.5mm×6.7mm×1.7mm(长×宽×厚)，质量为 0.2g，密度为 2400kg/m³。原型与模型几何尺寸对比如图 4-19 所示。

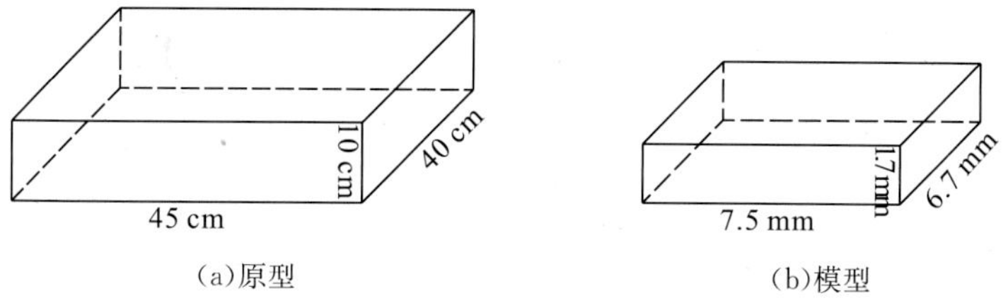

图 4-19　X 型排原型与模型几何尺寸对比图

2)模型护滩材料的选择

水槽概化模型中所选压载体应尽可能做到与原型压载体平面形态和质量都相似，且能够随河床冲刷自由变形，因此我们把重力作为模型材料选择时的重要控制因素，在选择模型材料时主要考虑满足质量相似。

(1)若模型选用混凝土块，由于模型尺寸过小，加工非常困难，或者说符合要求的模型几乎是无法加工的，则模型选择混凝土块依据目前的技术水平是无法实现的。

(2)环氧树脂的密度具有随机可变性，在加工过程中不好控制，还因为环氧树脂的加工精度、费用、难度都比较大，因此不是理想的模型选择材料。

(3)马赛克分为玻璃和陶瓷两种，密度较大，无法满足要求。

(4)经过分析，压载体在比尺为 1∶60 时模型材料宜选用铝片。由于铝的密度($2700kg/m^3$)比原型混凝土的密度($2400kg/m^3$)稍大，因此在保证质量相似的前提下，减小模型的厚度。经过计算分析，最后选择模型铝片的尺寸为 7.5mm×6.5mm×1.5mm(长×宽×厚)，质量为 0.197g，密度为 $2700kg/m^3$，所选模型材料质量和标准模型材料质量的相对误差为 1.5%，符合要求(图 4-20)。

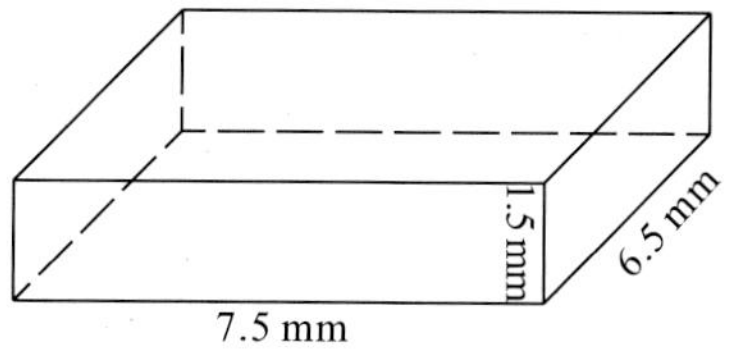

图 4-20　所选模型铝片的几何尺寸

3)模型护滩材料的制作

编织布选用棉布，在比尺为 1∶60 时，按比尺计算的模型加筋条和系结条的尺寸都较小，因此无法严格按照原型 X 型排的构造进行模型加工，由于技术的原因，我们加工经历了两次试验阶段。

第一阶段：把铝片用 502 胶水粘贴在沙网上(沙网间接起加筋条和系结条的作用)，然后缝合在棉布上。具体过程如图 4-21 所示。

存在的问题：502 胶水干了之后太硬，致使模型护滩建筑物冲刷时的变形不相似，因此进行了第二阶段的改进试验。

第二阶段：用环氧树脂把铝片粘贴在面线上，然后缝合在棉布上。解决了上一阶段变形不相似的问题。具体如图 4-22 所示。

图 4-21 护块加工时的照片

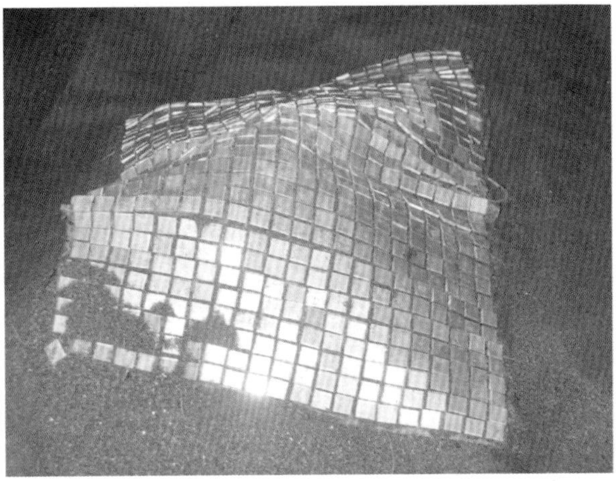

图 4-22 护块冲刷时的变形情况

考虑到模型护滩材料压载体质量的微小差距和糙率的原因，对模型护块进行了加糙处理。处理过程如图 4-23 所示。

(a)护块加糙之前的照片 (b)护块加糙之后的照片

图 4-23 护块加糙前后的对比图

4）模型护滩带的布置

（1）护滩带的形状和位置：护滩带为长方形，具体护滩位置如图4-24所示。

（2）护滩带的平面形态：长为1.7m、宽为1.2m、面积为2.04m²。

（3）护滩带选择的依据：①通过大量的原型资料收集发现，原型护滩带大部分为长方形，因此我们的模型护滩带也设计成长方形，尽量使模型滩面冲刷和原型滩面冲刷保持相似；②通过对定床和动床资料的分析，发现滩面在非完全淹没和完全淹没时，滩面冲刷首先从7#断面开始，而且出现一条横向延伸的线。在纵向方向上，把起始位置定为7#，结束位置定为8#和9#断面的中部，宽为1.2m；在横向方向上，深槽和滩面交界处也是破坏较为严重的地方，因此护滩带不仅要护滩，而且要护滩槽的交界面，经过分析，守护滩面长为1m，守护滩槽交界长为0.7m，总长为1.7m。

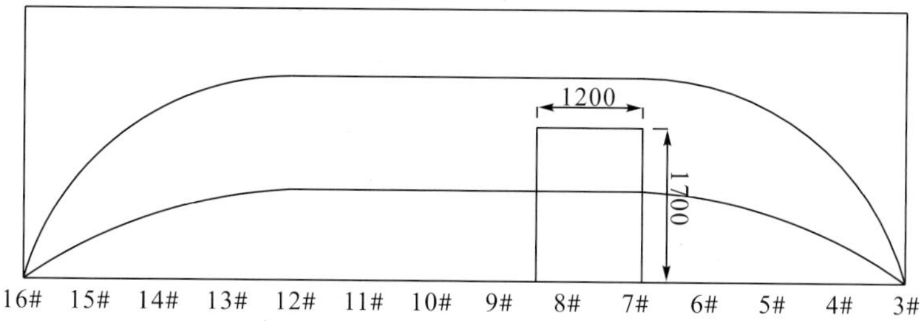

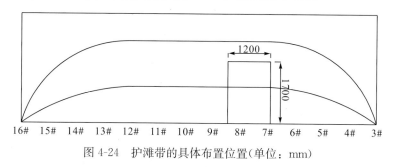

图4-24　护滩带的具体布置位置(单位：mm)

2. 比尺为1∶10时模型护滩建筑物设计与制作

1）比尺为1∶10的模型护滩材料的基本特性

系结条和加筋条按比例缩小之后，宽为0.3cm，编织布还是选用棉布；压载体在比尺为1∶10时的模型尺寸为4.5cm×4.0cm×1.0cm(长×宽×厚)，质量为43.20g，密度为2400kg/m³。原型与模型几何尺寸对比如图4-25所示。

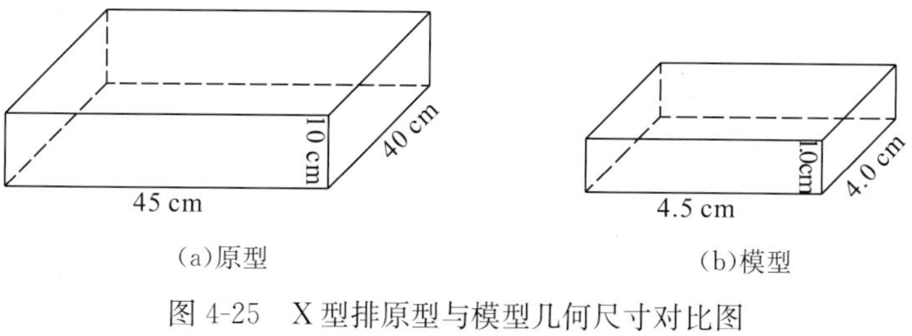

图4-25　X型排原型与模型几何尺寸对比图

2）模型护滩材料的选择

压载体在比尺为1∶10时的模型尺寸相对较大，因此加工起来相对比较容易，所以比尺为1∶10的模型压载体选用缩小之后的原型混凝土块，加工之后进行随机抽样称得质量为41.53g，所选模型材料质量和标准模型材料质量的相对误差为4.0%，符合要求。

3）模型护滩材料的制作

在比尺为1∶10时，模型护块用按比例缩小之后的混凝土块，系结条和加筋条按比例缩小之后的尺寸为0.3cm，为了最大限度地模拟原型护滩建筑物，护块和系结条、编织布的连接方式进行了三个阶段的实验。

第一阶段：把系结条直接绑在护块上，如图 4-26 所示。

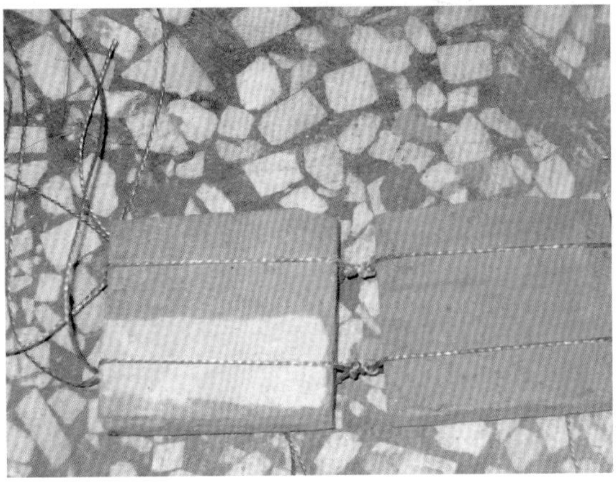

图 4-26 护块加工时的照片

存在的问题如下。

(1)护块与护块之间的间距不容易控制，极易产生很大的误差。

(2)由于人为用力不均，护块和系结条容易松动，甚至分离。

(3)与原型系结条预埋在在护块里面的结构不相似，表面糙率过大。

第二阶段：把系结条用环氧树脂粘贴在护块里面，如图 4-27 所示。

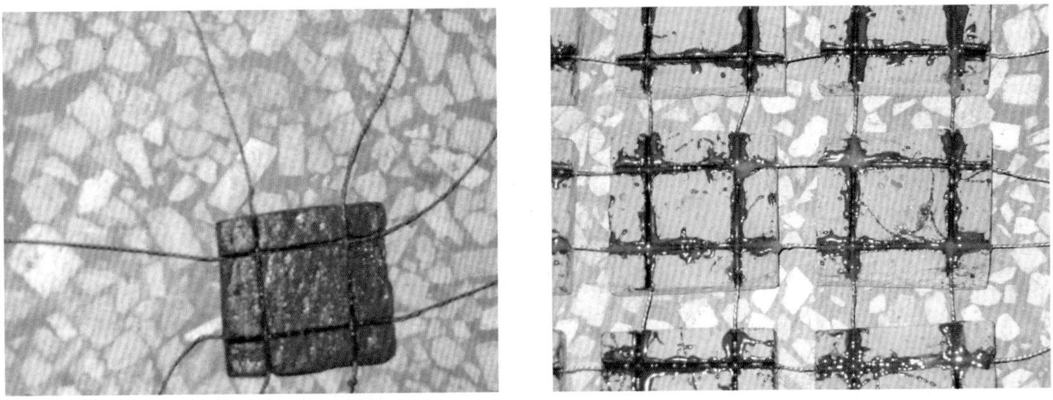

图 4-27 护块加工时的照片

存在的问题如下。

(1)操作不方便，历时太长。

(2)环氧树脂填充护块致使质量偏差较大，不太满足质量相似。

第三阶段：把系结条用 502 胶水粘贴在护块里面，然后用混凝土填充护块，基本解决了上述存在的问题，如图 4-28 所示。

4)模型护滩带的布置

(1)护滩带的形状和位置：护滩带为长方形，具体护滩位置如图 4-29 所示。

(2)护滩带的平面形态：长为 2.0m、宽为 1.2m、面积为 2.4m^2。

(3)护滩带选择的依据：①比尺为 1∶10 的模型是比尺为 1∶60 模型的局部放大，因此把 1∶10 的模型护滩带也设计为长方形，使模型滩面冲刷和原型滩面冲刷尽量保持相似；②依据比尺为 1∶60 模型的定床和动床资料，确定滩面最大冲深位置在 7# 号断面，然后进行局部放大，得到比尺为 1∶10 时模型护滩的具体范围和位置。

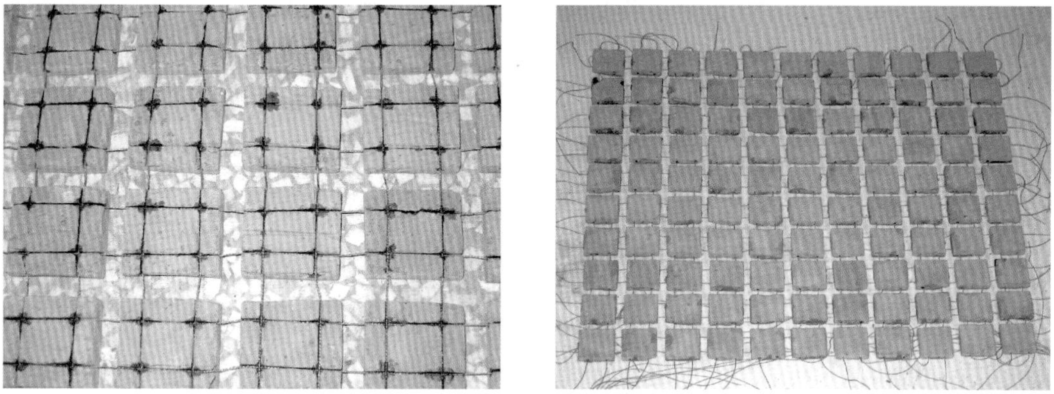

图 4-28　护块加工时的照片

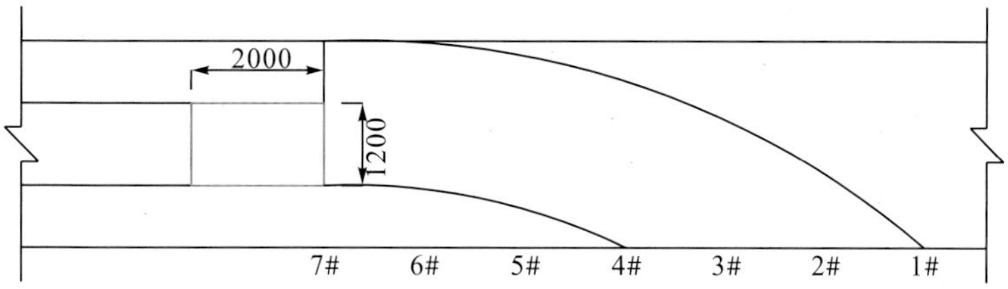

图 4-29　护滩带的具体布置位置(单位：mm)

4.4　边滩滩体周围的水流结构

边滩的水毁与边滩附近的水流结构密切相关，要弄清边滩类滩体护滩建筑物的水毁机理，确定可以应用于长江中下游航道整治工程中的护滩结构型式以及防护措施，必须先弄清边滩滩体附近的水流结构。

4.4.1　试验布置

根据前面收集的长江中下游重点水道滩体基本特征参数进行模型边滩概化，最后确定了边滩在水槽中的基本布置形式。模型边滩长为 10m、宽为 1m，长∶宽为 10∶1，边滩和深槽之间的过渡段宽 1.25 m，深槽宽 0.75m；边滩的横向坡度为 1.5%，纵向坡度为 3.8%，过渡段的横向坡度为 8%，具体的布置结构如图 4-30 所示。

1. 试验方案

(1)流量。流量由重庆西南水运工程科学研究所研制的电磁流量系统来控制，为了研究不同流量情况下边滩附近的水流流态，流量 Q 分别采用 58.5L/s、78.0L/s、99.0L/s

和 144.0L/s 四级流量。

(2)水深。为了研究不同水深情况下边滩附近的水流流态，水深分别采用部分淹没、刚好淹没、完全淹没和深度淹没情况下的 H 为 10cm、13cm、15cm 和 18cm 四种水深。

(3)定床试验组合。根据前面两种因素的变化，进行试验设计，列出定床试验组合情况如表 4-8 所示。

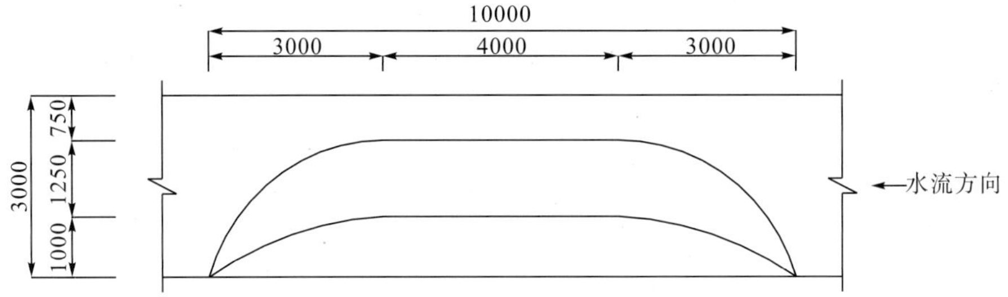

(a)边滩布置平面图

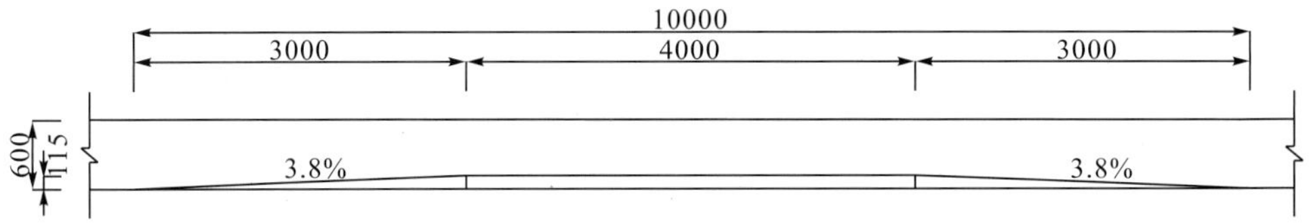

(b)边滩布置侧面图

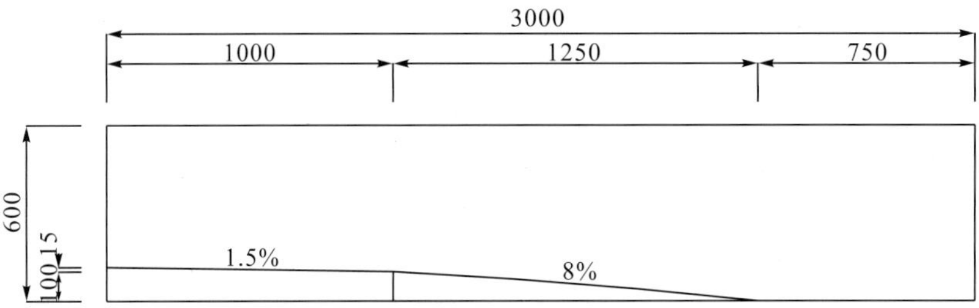

(c)边滩断面布置图

图 4-30　边滩布置结构(单位：mm)

表 4-8　比尺为 1∶60 时的定床试验方案

方案	放水流量/(L/s)	模型深槽水深/cm	模型边滩最宽处水深/cm	模型直段流速/(m/s)	原型深槽水深/m	原型边滩最宽处水深/m	原型直段流速/(m/s)
1	58.5	10	0	0.19	6	0	1.5
2	58.5	13	3	0.15	7.8	1.8	1.2
3	58.5	15	5	0.13	9	3	1.0
4	78.0	10	0	0.26	6	0	2.0
5	78.0	13	3	0.20	7.8	1.8	1.5
6	78.0	15	5	0.17	9	3	1.3

续表

方案	放水流量/(L/s)	模型深槽水深/cm	模型边滩最宽处水深/cm	模型直段流速/(m/s)	原型深槽水深/m	原型边滩最宽处水深/m	原型直段流速/(m/s)
7	78.0	18	8	0.14	10.8	4.8	1.1
8	99.0	10	0	0.33	6	0	2.5
9	99.0	13	3	0.25	7.8	1.8	1.9
10	99.0	15	5	0.22	9	3	1.7
11	99.0	18	8	0.18	10.8	4.8	1.4
12	144.0	13	3	0.37	7.8	1.8	2.9
13	144.0	15	5	0.32	9	3	2.5
14	144.0	18	8	0.27	10.8	4.8	2.1

2. 观测内容

(1)观察各种情况下的流速分布情况，测定水质点运动速度的大小及方向，选取如图 4-31 所示的 18 个断面，每个断面上选取 14 个点，采用三点法(0.2h、0.6h 和 0.8h)测定各点的平均流速。

(2)观测各种情况下的水面线，研究河段的横比降和纵比降，选取如图 4-31 所示的 18 个断面，用水位测针来量测沿程水位，读取精度可达到 0.1mm。

(3)观测各种情况下的边滩前的壅水情况。

(4)观测各种情况下的边滩后回流区的情况。

(5)观测各种情况下的水流紊动情况。

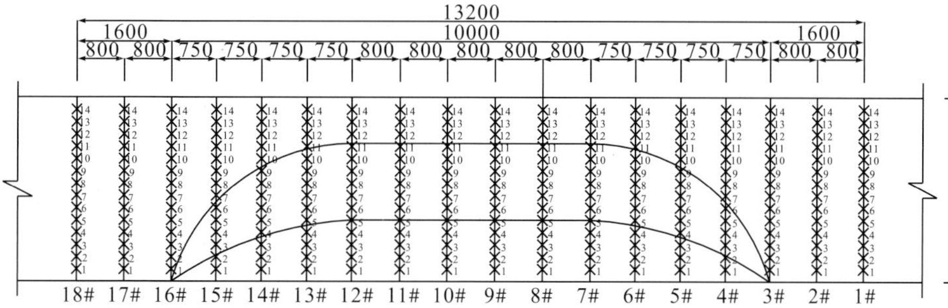

图 4-31　观测断面及观测点布置图(单位：mm)

在进行试验前，首先检测水槽两侧水面线和滩体上游、滩面上、滩体下游三个断面的流速分布场，检测结果表明，水槽两侧水面线是基本重合的，水槽试验段表面和垂线平均流速基本上是均匀的，仅在距侧壁 2～3cm 范围内受侧壁影响，流速略有减小。根据实测流速计算所得流量值与电磁流量系统测定的流量值比较，其误差在 5%以内，水槽侧壁和槽底根据测定水力要素计算其糙率为 0.011～0.012。

4.4.2 水面线分布

1. 纵向水面线

(1)受边滩影响的纵向水面线将发生明显变化。由于边滩的存在，边滩上游发生明显的壅水，水流绕过边滩时水位急剧下降，水位在15#断面(也就是10.85m处)达到最低，之后水位慢慢上升并逐渐恢复，边滩所在岸和边滩对岸变化趋势基本相似，只是在末端处边滩所在岸略高于边滩对岸。非淹没边滩的纵向水面线变化如图4-32(方案1和方案4)所示，淹没边滩的纵向水面线变化如图4-33(方案5和方案9)所示。从两图可见，非淹没和淹没两种情况下的纵向水面线变化基本相似，只是淹没时的纵向水面线变化相对平缓些。

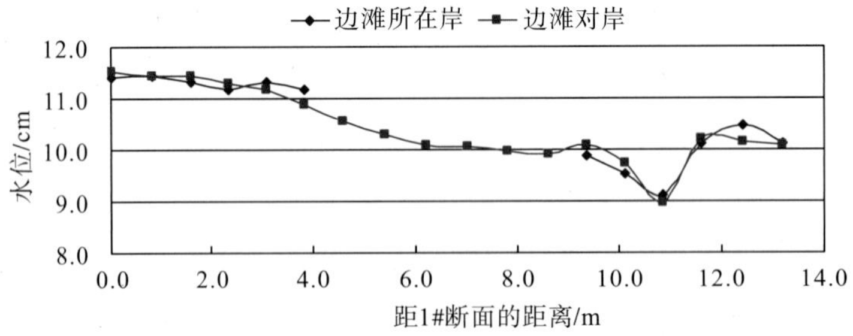

(a)Q=58.5L/s，H=10cm

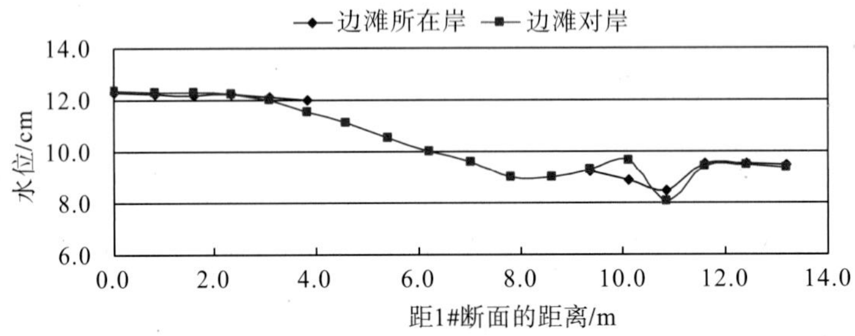

(b)Q=78.0L/s，H=10cm

图4-32 部分淹没时纵向水面线的变化

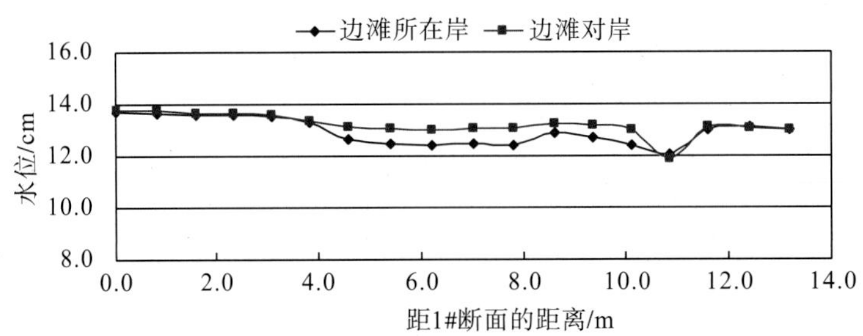

(a)Q=78.0L/s，H=13cm

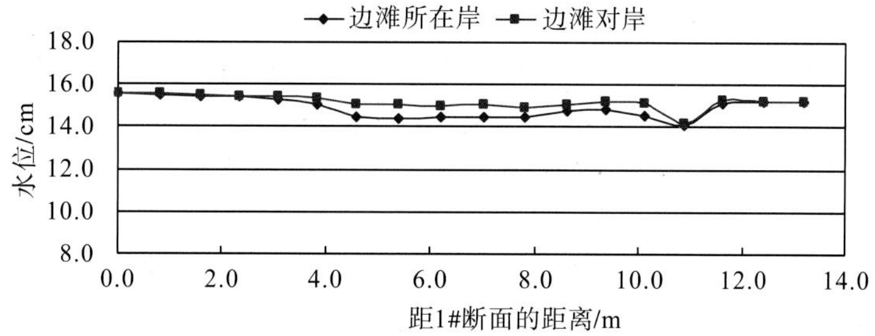

(b)$Q=99.0$L/s，$H=15$cm

图 4-33　全部淹没时纵向水面线的变化

(2)在控制水位相同时，边滩前端的壅水高度、水流绕过边滩时水位的下降速度随流量的加大而增大，这是由于流量越大，阻水作用越强，所以滩前的壅水高度越高，滩后回流区水位下降速度越快。各条纵向水面线的变化规律为：滩上游的壅水高度逐渐降低，之后出现小幅度的回升又急剧下降，水流上滩以后在滩面上保持平稳，水位在滩尾回流区处(也就是 10.85m 处)降到最低，末端又出现小的逆坡。边滩所在岸的水面线和边滩对岸的水面线变化趋势基本类似，以全部淹没时的控制水深 15cm 为例进行分析，具体情况如图 4-34 和图 4-35 所示。

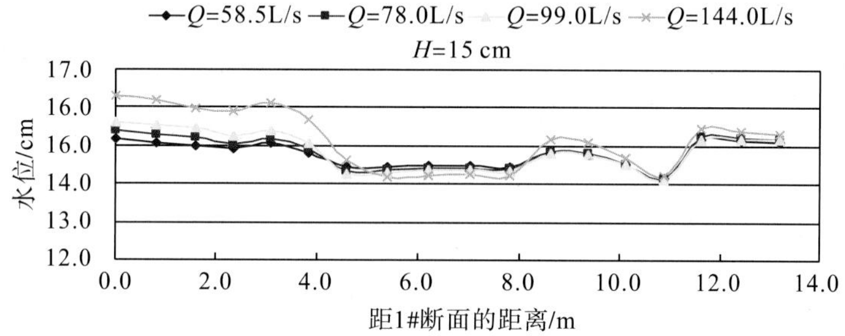

图 4-34　边滩所在岸水面线随流量的变化

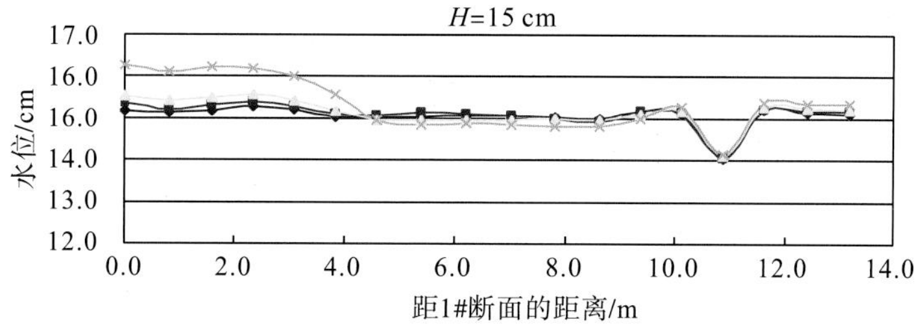

图 4-35　边滩对岸水面线随流量的变化

(3)在控制流量相同时，边滩前端的壅水程度、水流绕过边滩时，水位的下降速度随水深的加大而减小，这是由于水深越深，边滩的阻水作用越弱，纵向水面线越平滑。边滩所在岸的水面线和边滩对岸的水面线变化趋势基本类似，以控制流量 78.0L/s 为例进行分析，具体情况如图 4-36 和图 4-37 所示。

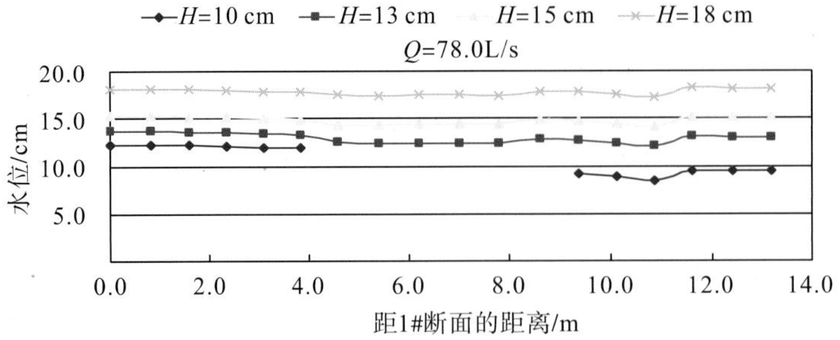

图 4-36　边滩所在岸水面线随水深的变化

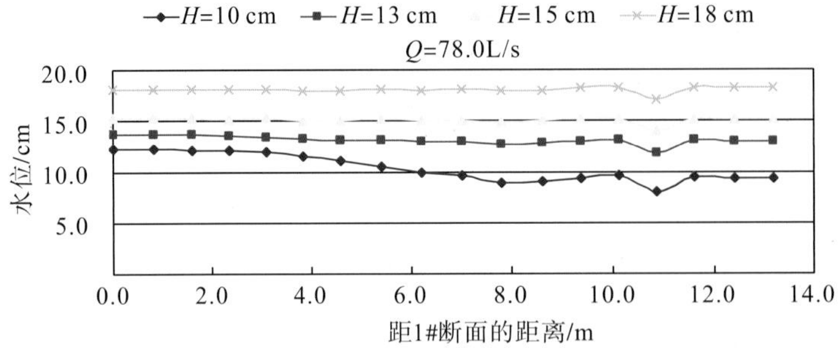

图 4-37　边滩对岸水面线随水深的变化

2. 横向水面线

(1)横向水面线的一般变化趋势为：非淹没时由于边滩的存在，边滩上游的水位被壅高，水面线自左岸向右岸缓慢降低，水面横比降变化不大，至右岸已趋于平稳；滩面上的水位自左岸向右岸先是逐渐上升的，在滩槽交界的地方(也就是距左岸 1.8m 处)，水位达到最高，这段水面横比降变化很大，最大水面横比降为 0.25%，之后逐渐回落；边滩下游的水面线自左岸向右岸先是逐渐降低的，水位在距左岸 1.8 m 处降至最低，之后水位又慢慢回升并逐渐趋于稳定。淹没时边滩的横向水面线和非淹没时边滩的横向水面线变化基本类似，具体变化情况如图 4-38(方案 1)和图 4-39(方案 10)所示。

(2)横向水面线随流量的变化，以控制水深 13cm 和 15cm 时不同流量为例进行分析。从图 4-40 和图 4-41 可以看出，水深相同时，以边滩上游的 2＃断面为例，壅水程度随流量的增大而加大，这是因为当控制水深一定时，流量越大，流速越大，边滩的挡水作用越强，对水面的影响越大。

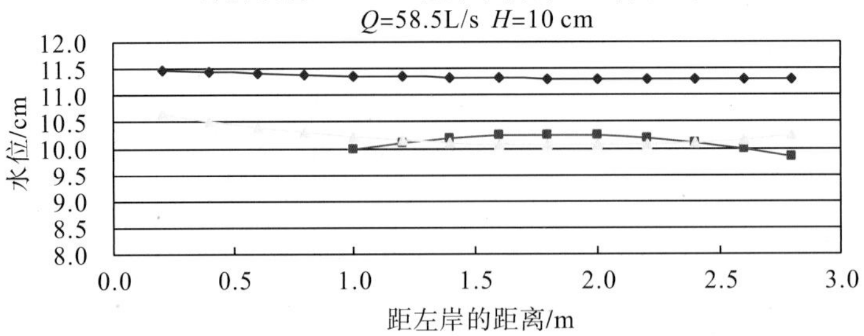

图 4-38　非淹没边滩的横向水面线变化图

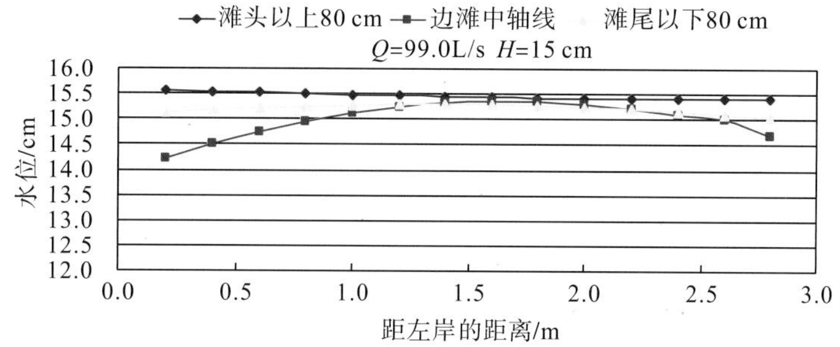

图 4-39　淹没边滩的横向水面线变化图

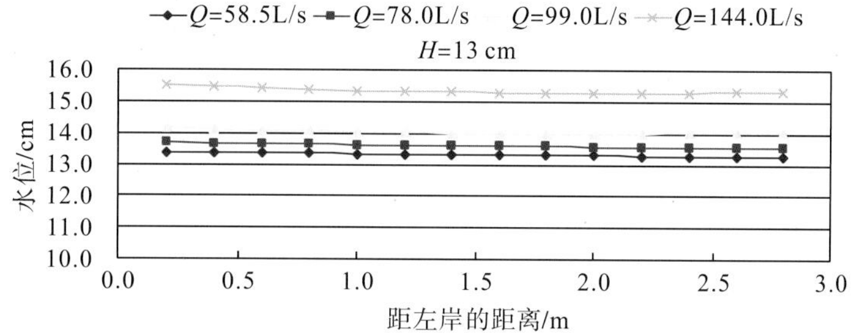

图 4-40　水深 H 为 13cm 时不同流量的横比降变化

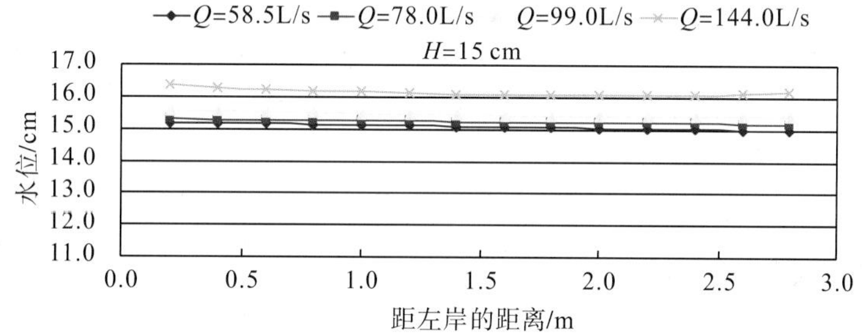

图 4-41　水深 H 为 15cm 时不同流量的横比降变化

(3)横向水面线随水深的变化，以控制流量 $Q=78.0\mathrm{L/s}$ 和 $Q=99.0\mathrm{L/s}$ 时不同水深为例进行分析。实测水位减去理论水位与理论水位的比值，然后乘以百分之百即为水位壅高百分比，此值一定程度上可以反映边滩的阻水程度。从图 4-42 和图 4-43 可以看出，流量相同时，以边滩上游的 2＃断面为例，壅水程度随水深的增大而减小，这是因为当控制流量一定时，水深越大，流速越小，边滩的挡水作用越弱，对水面的影响越小，具体变化情况如图 4-42 和图 4-43 所示。

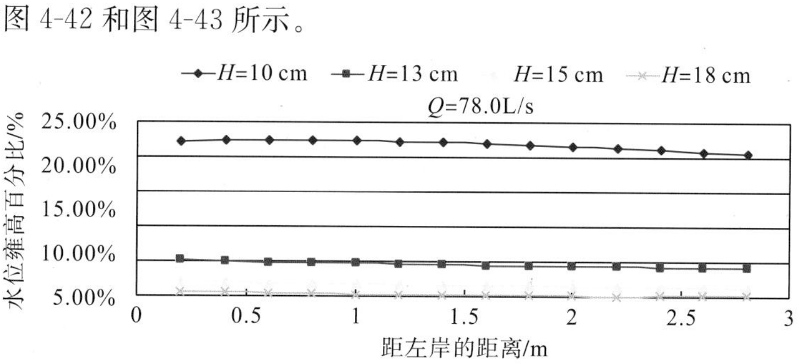

图 4-42　流量 Q 为 78L/s 时不同水深的横比降变化

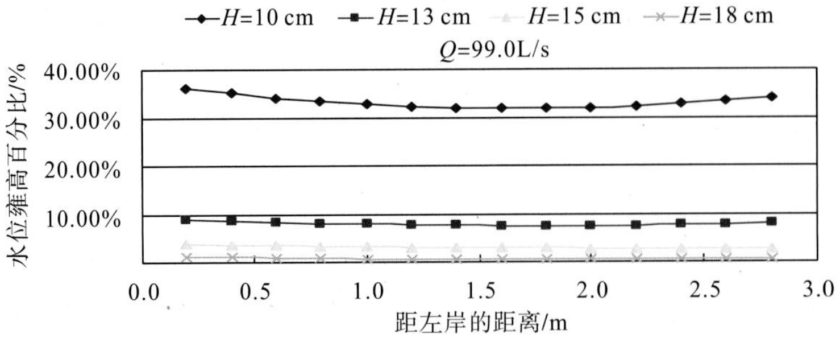

图 4-43 流量 Q 为 99.0L/s 时不同水深的横比降变化

3. 水面线的二维分布

在边滩上游，水位被壅高，而且靠近边滩的一侧水位比边滩对岸的水位高，在边滩尾部，纵向水面线呈马鞍形。以流量 99L/s、控制水位 15cm 为例，画出水面线等值线图，如图 4-44 所示。

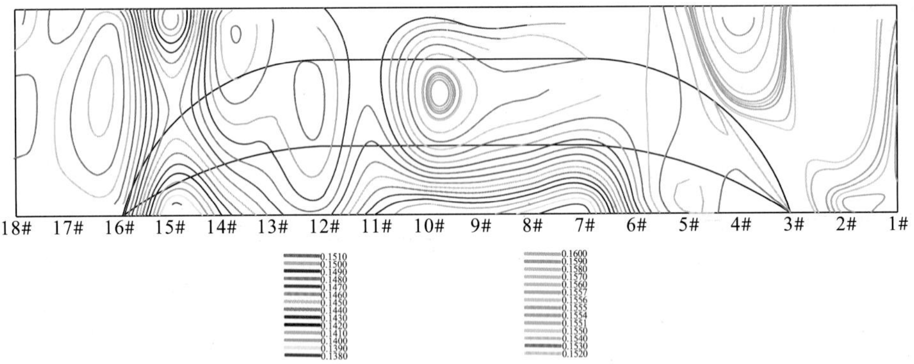

图 4-44 水面线等值线图

4.4.3 流速分布

分别选取边滩上游、滩面上及边滩下游的 2＃、9＃和 17＃断面，分析不同因素对各个断面垂线平均流速的影响。

1. 相同水深不同流量对断面平均流速的影响

当控制水深为 15cm 时，四级流量下（Q 为 58.5L/s、78.0L/s、99.0L/s 和144.0L/s）2＃、9＃和 17＃断面的平均流速对比关系，如图 4-45 所示。

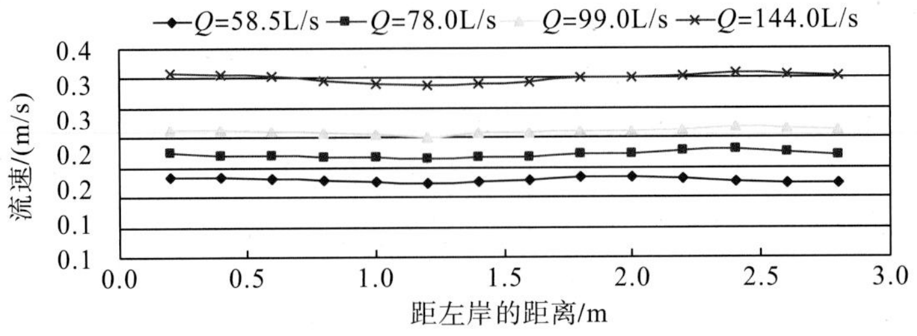

(a)2＃断面

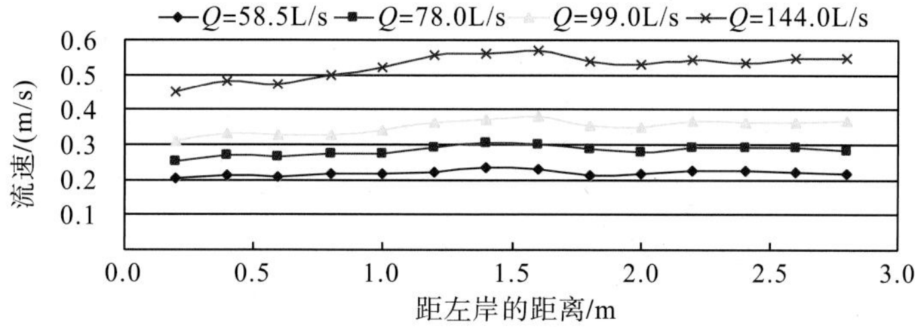

(b)9＃断面

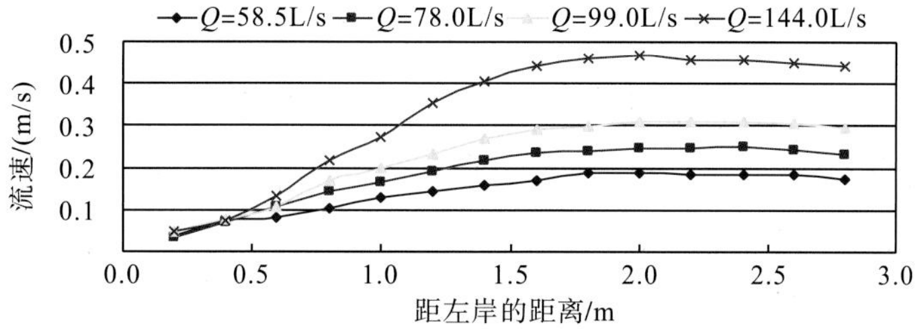

(c)17＃断面

图 4-45　不同流量断面平均流速对比图

由图 4-45 可以看出，断面上各个点的流速都有随流量加大而增大的趋势。从流速沿断面的横向分布来看，边滩上游(2＃断面)，流速从左岸开始逐渐减小，在距左岸 1.2m 处流速降到最小，进入主流区后开始慢慢回升，在距右岸 0.6m 处流速达到最大，随后略有减小；滩面上(9＃断面)，从左岸开始流速逐渐增大，流速在距左岸 1.6m 处达到最大，随后略有减小，而后流速变化不大，流速分布趋于均匀化；边滩下游(17＃断面)，流速的变化趋势从左向右是逐渐加大的，而且流量越大，流速变化幅度越大。

2. 相同流量不同水深对断面平均流速的影响

当控制流量为 78.0L/s 时，四个水深情况下(H 为 10cm、13cm、15cm 和 18cm) 2＃、9＃和 17＃断面的平均流速对比关系，如图 4-46 所示。

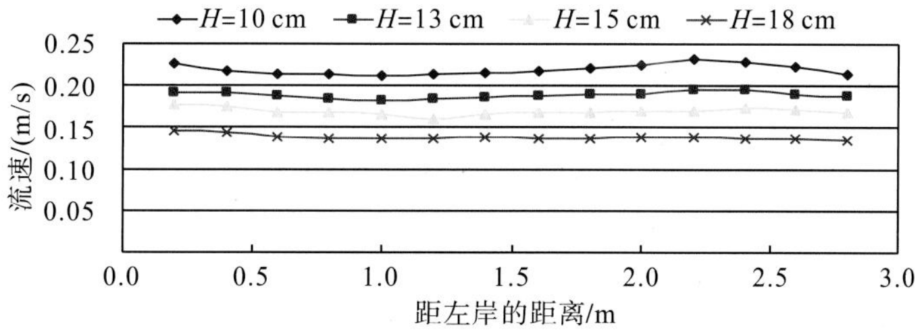

(a)2＃断面

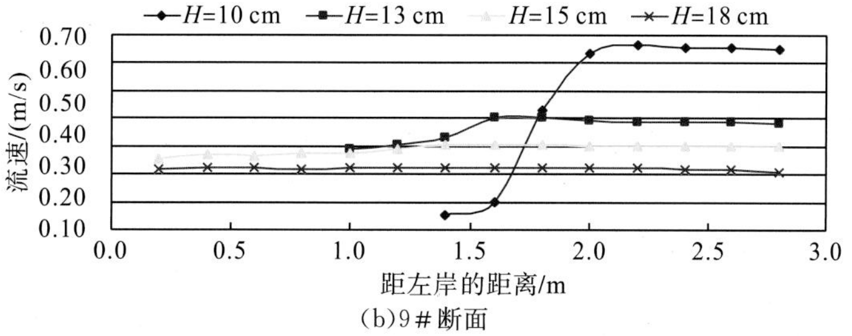

(b)9＃断面

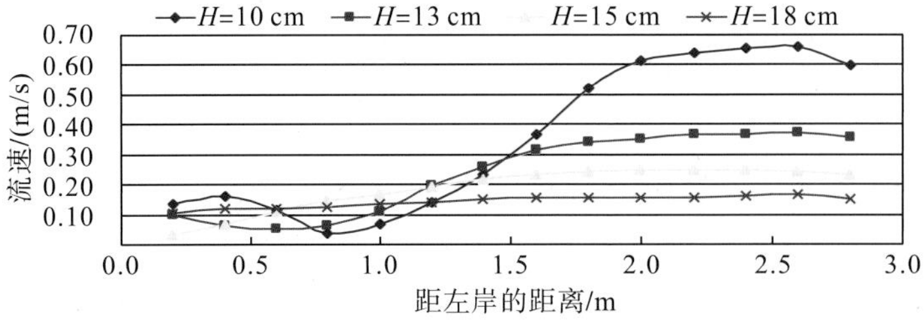

(c)17#断面

图 4-46　不同水深断面平均流速对比图

由图 4-46 可以看出，断面平均流速的大小、变化幅度与控制水深有很大的关系。从流速沿断面的横向分布来看，边滩上游(2#断面)，流速沿断面的横向分布同样有从左岸开始逐渐减小，进入主流区后流速慢慢回升，随后略有减小的特点，通过对比可以发现，水深越小，流速的变化幅度越大；滩面上(9#断面)，滩体部分淹没和刚好淹没时，由于水流归槽致使滩槽交界处的流速变化幅度很大，滩体深度淹没时，流速变化幅度减小，水深越深，流速变化幅度越小；边滩下游(17#断面)，由于距左岸 1.0m 的区域位于滩后的回流区内，所以流速非常小，出了回流区之后流速迅速增加，流速增加的幅度和水深有很大的关系，水深 H 越小，回流区的影响范围越大，靠近右岸的流速就越大。

4.4.4　边滩附近的水流流态

1. 非淹没边滩附近的水流流态

如图 4-47 所示，边滩的存在增加了水流的阻力，水流流向边滩时受边滩的壅阻，比降逐渐减小，流速降低，因此在边滩的上游断面出现壅水的现象，同时产生一个角涡，角涡以外的水流由上游向滩体运动的过程中逐渐归槽，流速加大并逐渐趋于均匀，水面和槽底的流速差减小，当被压缩的水流绕过边滩后，由于水流惯性力的作用，将产生水流边界层的离解现象和漩涡，水流的流速场和压力场都会发生明显变化，流动呈高度的三维特性，在滩尾形成回流区。

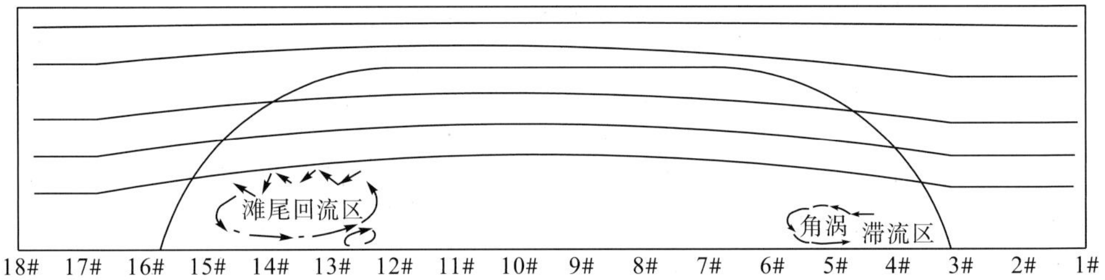

图 4-47　边滩周围的水流现象图

图 4-48 给出了方案 1 时，0.2h、0.6h、0.8h 及垂线平均流速的流场图，从图中可以看出，边滩部分被淹没时，边滩的束水作用很大，滩头有明显的滞流区，滩尾有明显的回流区。边滩上游的 1#、2#断面由于受边滩的壅水的影响，流速很小，所以 0.2h、

0.6h、0.8h 水深处流速较小，流向变化不大，几乎没有偏角；滩头的 3#～7# 断面，由于水流归槽，0.2h、0.6h、0.8h 水深处水流变化很大，而且偏角很大，为主要冲刷位置；8#～12# 断面，0.2h、0.6h、0.8h 水深处流速的值虽然很大，但几乎没有偏角，水流比较平稳；滩尾的 13#～18#，在左岸出现明显的回流区，右岸的水流保持原水流方向不变。

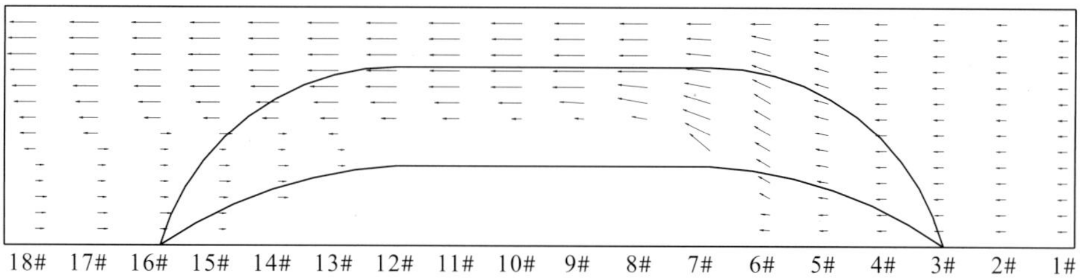

(a)0.2h 水深处流场图

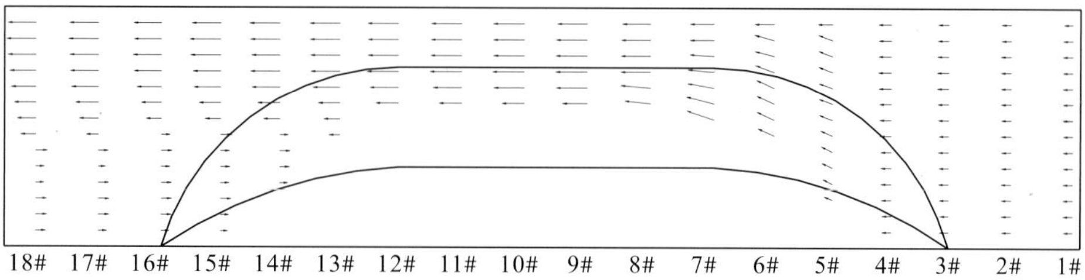

(b)0.6h 水深处流场图

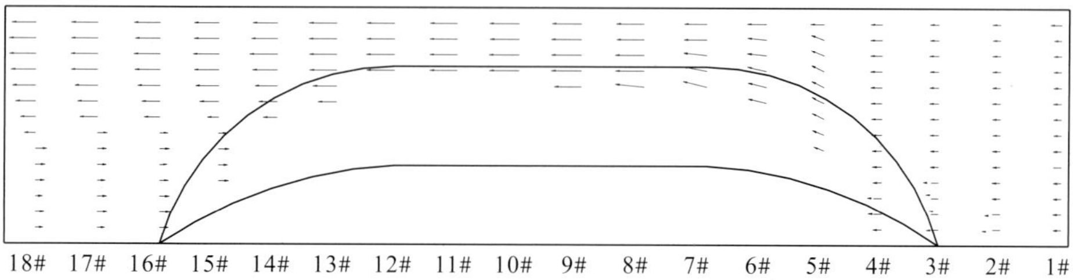

(c)0.8h 水深处流场图

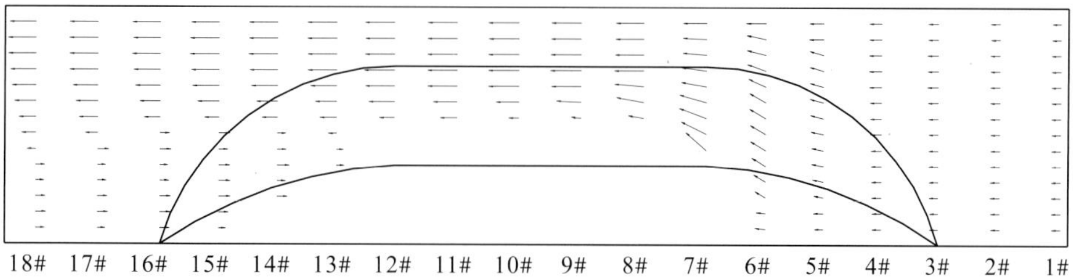

(d)垂直平均流速流场图

图 4-48　Q=58.5L/s，H=10cm 时的流速分布图

2. 淹没边滩的水流流态

根据试验观察发现，边滩被淹没后，边滩的束水作用大大降低，滩头前面的角涡和

滩尾的回流区随水位不断升高而逐渐消失。图 4-49 是流量 $Q=99.0\text{L/s}$ 和控制水深 $H=15\text{cm}$(方案 10)时，试验实测的垂线平均流速分布图。淹没边滩的水流，明显呈现分层的现象。0.2h 水深处的水流由于受边滩的影响较小，流向基本上保持原水流方向不变，只是水流在滩头和滩尾附近受滩体稍许影响，流向有所偏转；0.6h 水深处的水流受边滩的影响较大，滩头附近流向的偏角很大，滩尾附近产生回流区；0.8h 水深处的水流受边滩的影响减弱，具体情况如图 4-49 所示。

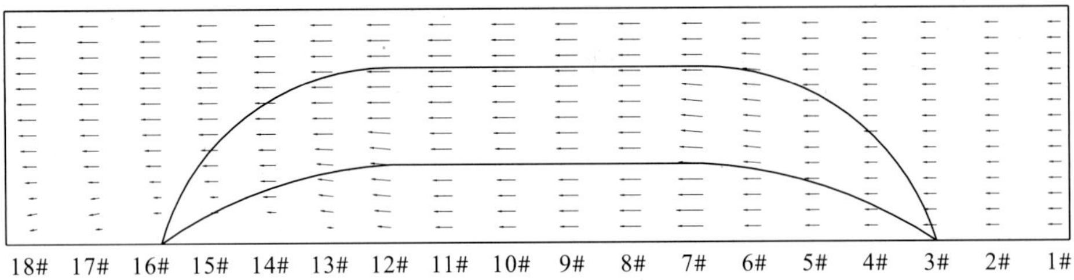

(a)0.2h 水深处流场图

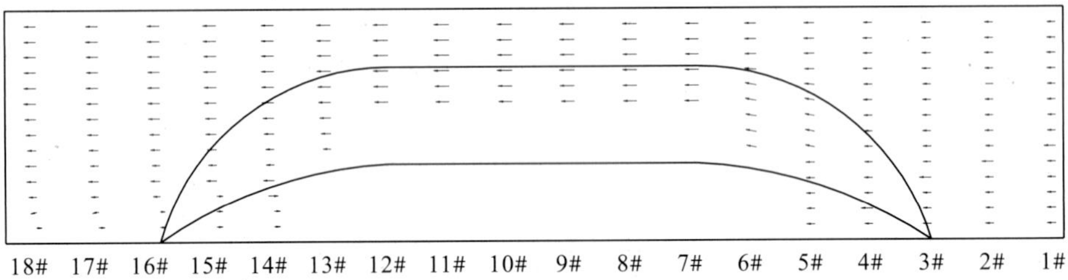

(b)0.6h 水深处流场图

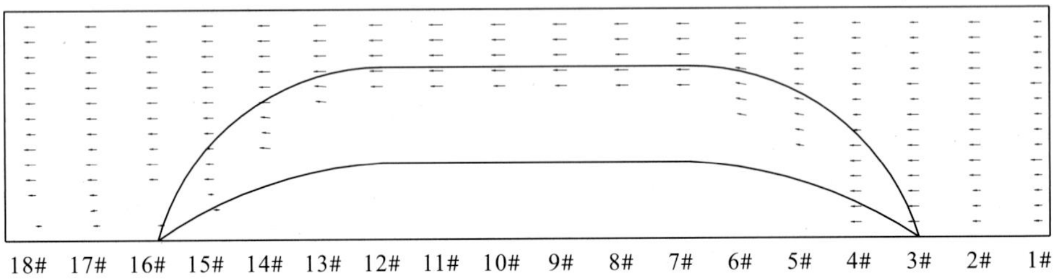

(c)0.8h 水深处流场图

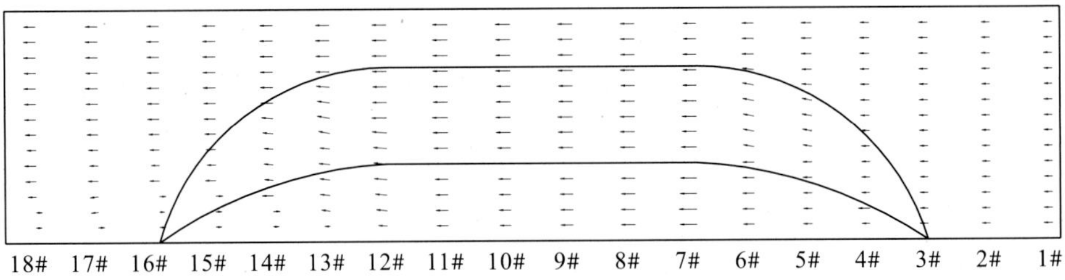

(d)垂直平均流速流场图

图 4-49 $Q=99.0\text{L/s}$，$H=15\text{cm}$ 时的流速分布图

4.4.5　水流紊动分析

边滩的存在对水流有明显的扰动，致使局部水流产生漩涡和分离，滩头和滩尾区域的水流都将出现分离和旋转。因此，边滩周围的局部流态非常复杂，呈现出强烈的三维紊流特性，其中还包含了许多复杂的水流现象，如分离流、旋转流、曲线剪切层、高紊动强度以及自由表面变化等。所以，研究边滩附近水流的紊动是非常重要的。图 4-50 是某一工况下的水流照片，图 4-51 为试验中测到的流速脉动图，从两图中可以明显地看到滩头和滩尾附近水流比较复杂，流速脉动强烈。

图 4-50　某一工况下的水流照片

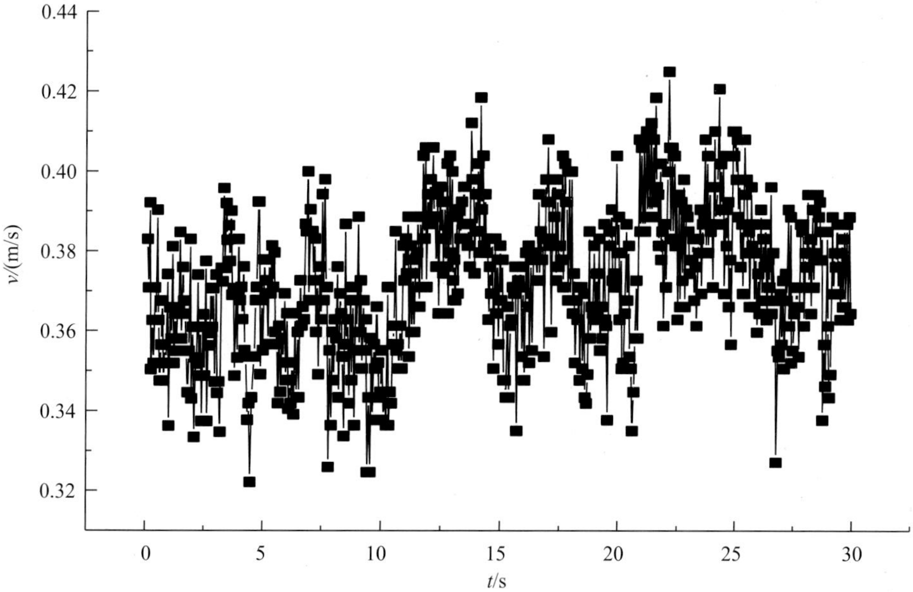

图 4-51　试验中测到的流速脉动图

1. 水流能频分布

随机选取试验中两个测点的数据进行分析，利用快速傅里叶变换将瞬时流速的时域分布转换为频域分布，将时域与频域联系起来，结合时域与频域的优势，在水流脉动信号中提取更好的信息。图 4-52 为选取的两组数据经快速傅里叶变换后的能量－频率图和幅角－频率图，从图中可以看出，能量主要集中分布在频率比较小的范围内，小于 3Hz 的能量累计达到总能量的 99.9％左右。因此，可以得出流速脉动的能量主要集中在低频范围内。所以低频时，脉动强度大，能量大，脉动振幅大，水流速度变幅大，对泥沙的起动和河底的冲刷作用也比较大。

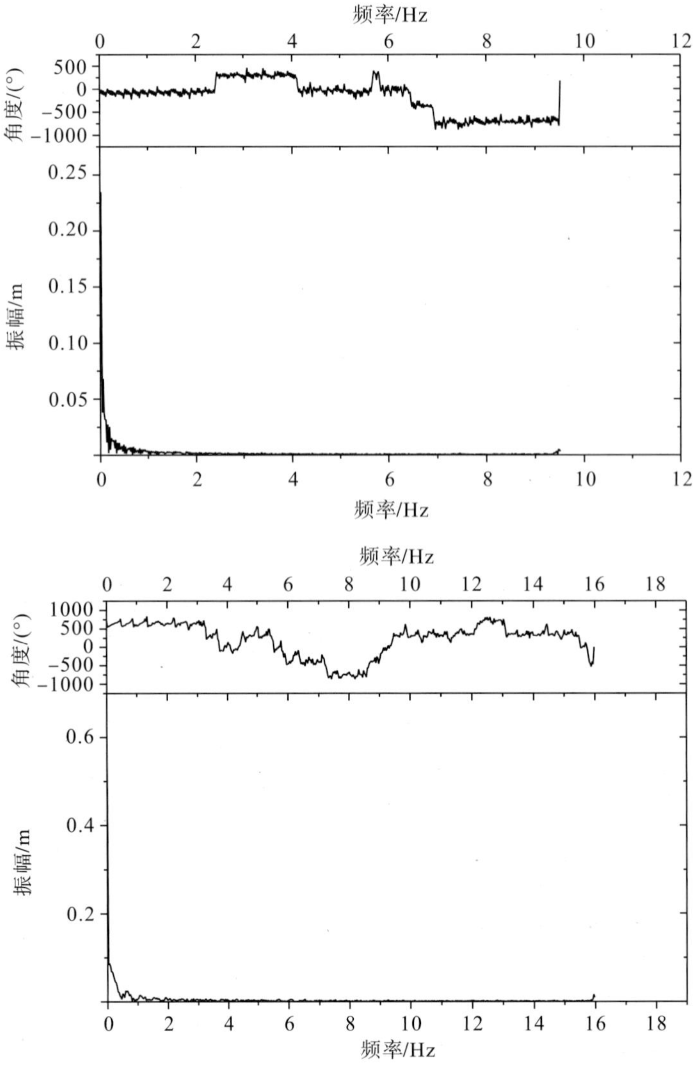

图 4-52　快速傅里叶变换后的频率谱图

2. 水流脉动动能分布

水流的瞬时流速用 u 来表示，即 $u=\bar{u}+u'$，其中，$\bar{u}$ 为瞬时流速 u 的时均值，u'为脉动流速。水流的紊动强度用脉动流速的均方根 σ_μ 来表示，即 $\sigma_{u_i}=\sqrt{\frac{1}{n}\sum_{j=1}^{n}u'^2_j}$ 。水流的脉动动能用 η 来表示，则某点的脉动动能可表示为 $\eta_i=\frac{1}{2}(2\sigma_{u_i})^2$，即 $\eta_i=2\sigma^2_{u_i}$。水流的脉动动能对泥沙的起动和河底的冲刷起重要作用，不同频率的脉动对泥沙运动的贡献也不同，脉动动能越大，贡献也越大。为了进一步研究护滩建筑物周围的泥沙运动情况及护滩带冲刷破坏问题，研究边滩附近水流的脉动动能是非常必要的。

1)水流脉动动能沿断面的分布

以 Q=78.0L/s，H=13cm 为例，分析 0.2h、0.6h 和 0.8h 处的脉动动能沿断面的分布情况。选取 2#、9# 和 17# 断面来分析，如图 4-53 所示。

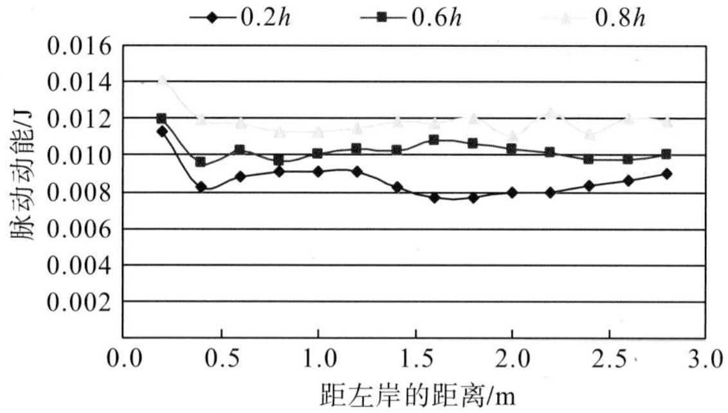

(a)2#断面

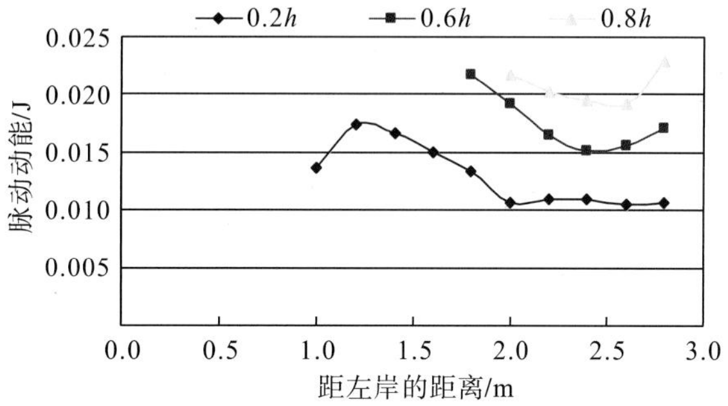

(b)9#断面

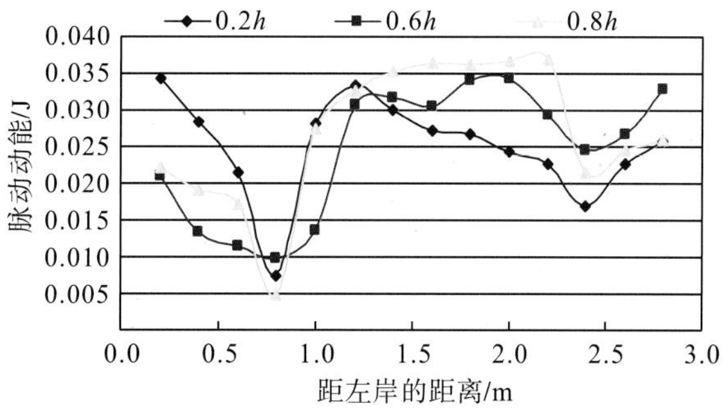

(c)17#断面

图 4-53　不同测点处脉动动能沿断面的分布

从脉动动能的断面分布图 4-53 可知，在滩体上游进口 2＃断面处，0.2h 处的脉动动能较小，0.6h 处的脉动动能较大，0.8h 处的脉动动能最大，它们的大小分布比较明显，但其数值整体都较小；在滩面 9＃断面处，由于滩面上的水深较浅无法测量，所以只测到部分点的脉动流速数据，脉动动能的变化趋势为：靠近左岸的滩面处脉动动能较小，滩槽交界处的脉动动能变化很大，深槽处脉动动能较小变化也比较平稳；在滩体的下游 17＃断面处，脉动动能变化非常剧烈，先是逐渐降低，然后慢慢上升(此处为回流区水流紊动强烈，水流发生分离，脉动动能变化剧烈)。

2)水流脉动动能随流量的变化

为了研究脉动动能和流量的关系，选取 H=13cm，流量 Q 分别为 78.0L/s、99.0L/s、144.0L/s 三种方案时，对脉动动能垂线平均值的分布情况进行分析，如图 4-54 所示。

从图 4-54 可知，Q=78.0L/s 时，脉动动能垂线平均值等值线较稀且其值较小，脉动动能较强的地方位于滩头和滩尾处，且滩尾处的脉动动能强于滩头处；随着流量的增加，脉动动能垂线平均值等值线越来越密，且滩尾紊动区的分布范围越来越广泛，其值也越来越大，脉动动能最强的区域也逐渐偏离左岸而靠近右岸，因为在控制水深一定的情况下，流量越大，边滩对水流的挡水作用也越大，对水流的影响越大，水流绕过边滩之后的脉动越剧烈，水流紊动带的分布范围也越来越大。从图中可以看出，边滩上游区的脉动强度的分布受流量的影响非常小，从而可以得出边滩上游的脉动能量基本不受下游边滩的影响。

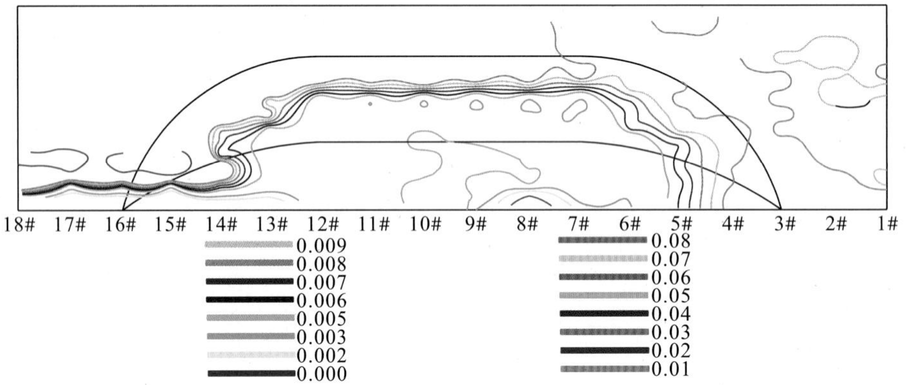

(a)Q=78.0L/s

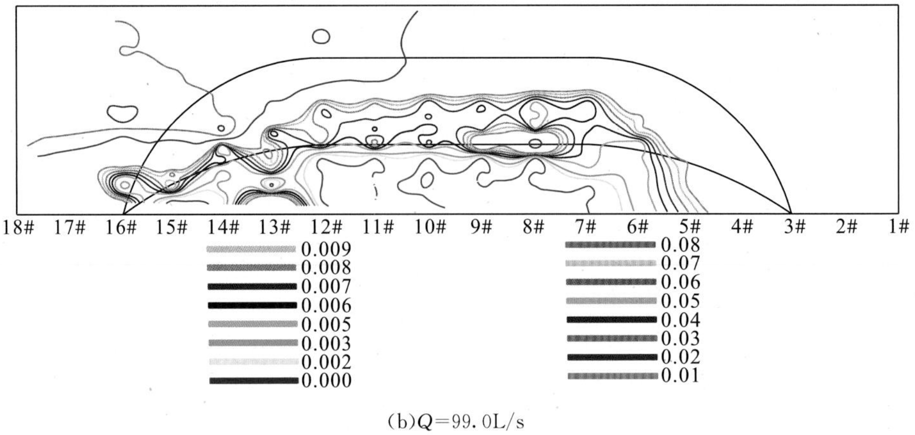

(b)Q=99.0L/s

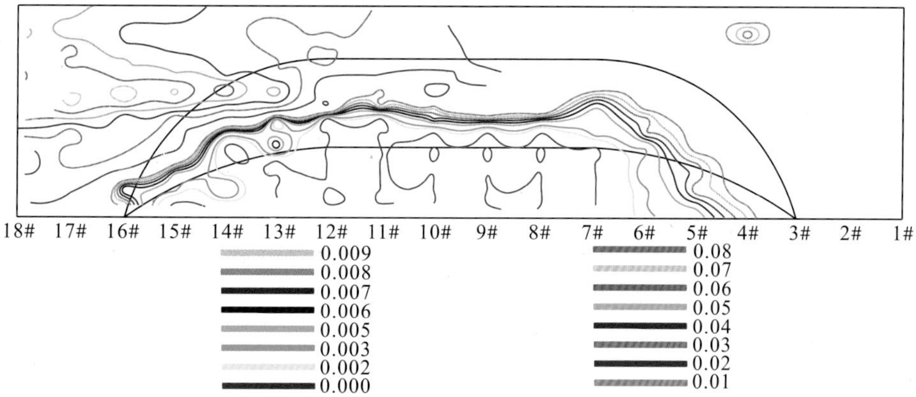

(c)$Q=144.0$L/s

图 4-54　不同流量的脉动动能垂线平均值等值线图(单位：J)

3)水流脉动动能随控制水深的变化

为了研究脉动动能和控制水深的关系，选取 $Q=78.0$L/s，控制水深分别为 10cm、13cm、15cm 和 18cm 四种方案时，对脉动动能垂线平均值的分布情况进行分析，如图 4-55 所示。

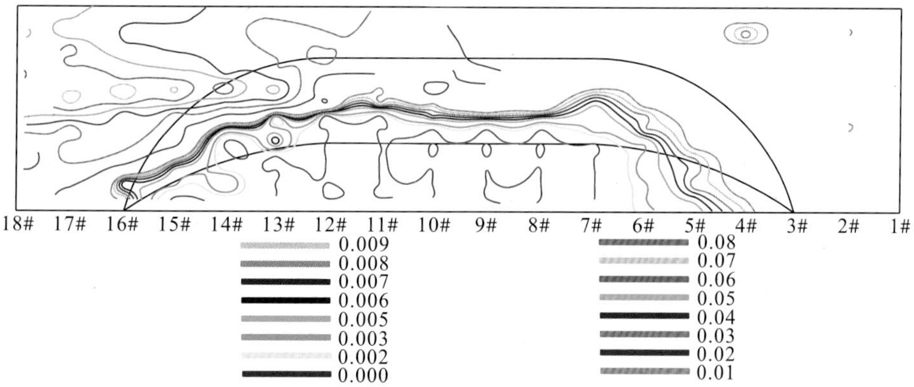

(a)$H=10$cm

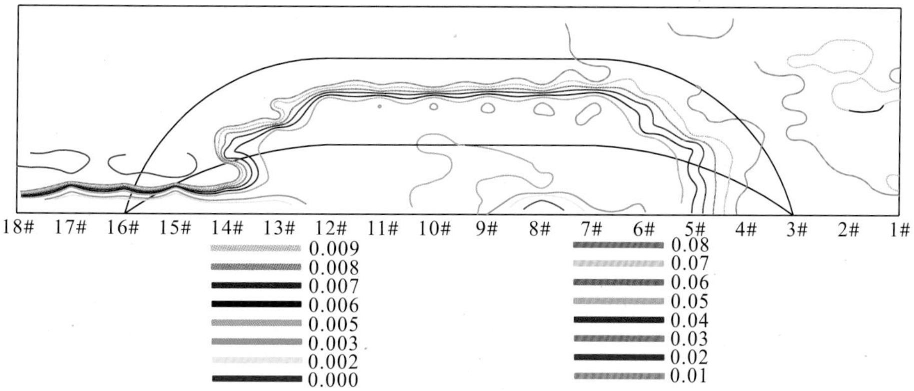

(b)$H=13$cm

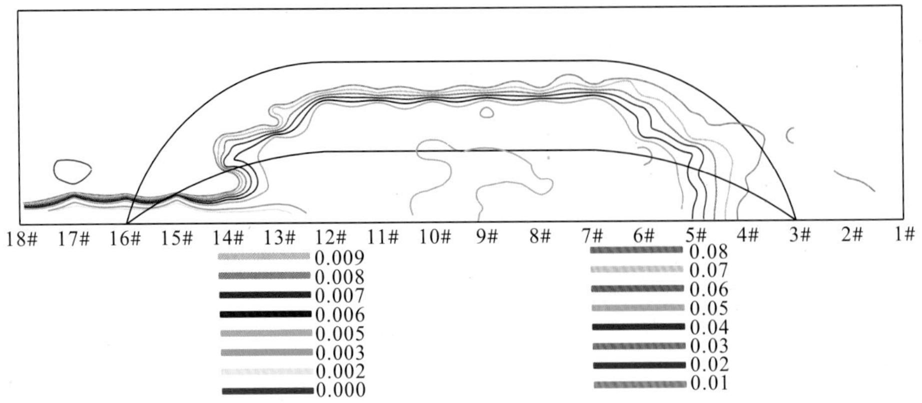

(c) $H=15$cm

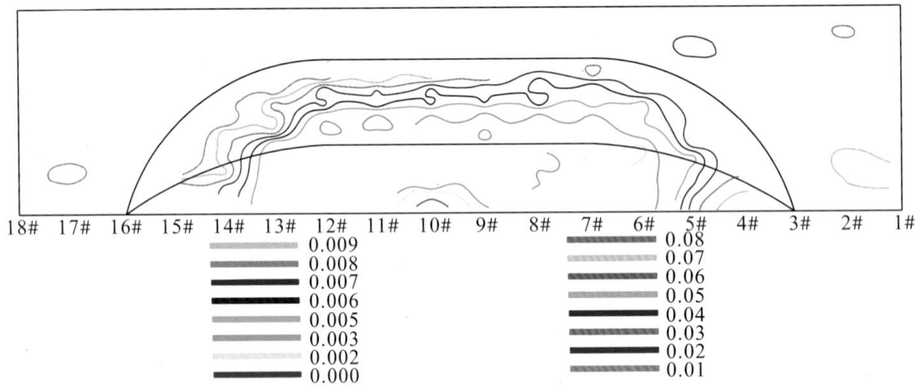

(d) $H=18$cm

图 4-55 不同控制水深的脉动动能垂线平均值等值线图(单位：J)

从图 4-55 可知，在整个测区内，等值线分布规律大致相同，只是由于控制水深不同，局部区域等值线密集程度和脉动动能值大小不同。边滩上游区域，水深变化时，等值线都非常稀，紊动动能普遍都很小；在边滩的头部，当 $H=10$cm 时，等值线密集，脉动动能大，能量集中，随着水深的增大，边滩头部的水流变缓，水流紊动减弱，因此紊动动能也逐渐变小；在水流紊动较强的滩尾处，控制水深 $H=10$cm 时，等值线非常稠密且其值较大，脉动动能比较大，紊动比较强烈，随着水深的增加，等值线变得越来越稀，其值也变得越来越小，并逐渐消失，当 $H=18$cm 时，等值线变得非常稀且其值很小，说明此时水流较缓且紊动很弱。

4.5 滩体及护滩建筑物冲刷破坏研究

护滩带的水毁形态各异，破坏机理也非常复杂，但其中最主要的一个原因就是护滩带头部常年受到水流的冲刷和侵蚀作用，使其基础淘空，这样护滩带在自身重力作用下就会产生局部变形或整体崩陷塌落，因此研究护滩带头部冲刷和破坏是十分必要的。

4.5.1　影响滩体冲刷破坏的主要因素

根据原型调查和模型试验研究，影响滩体冲刷破坏的因素主要为以下几个方面。

(1)河段特性。根据河段的特性，一般将河段分为五类，平原稳定性河段、平原次稳定性河段、平原游荡性河段、山区稳定性河段及半山区山前区变迁性河段，不同河段有不同的冲刷破坏特性。

(2)水流特性。主要包括水深、流速和水流冲击角等，本次试验主要考虑水深和流速两个主要水力因素。

流速大小是泥沙起动与否的决定条件，也是决定滩体破坏的主要因素。在水深一定的情况下，流量的大小直接决定了流速的大小，影响泥沙的起动，进而影响滩体破坏程度。

(3)泥沙特性。水流的流速和挟沙能力与河床地质情况、粗糙程度、河床纵坡度等因素有关，并影响泥沙运动和冲刷发展情况。若天然河槽在洪水时有推移质泥沙运动，则在压缩断面上发生冲刷，当泥沙补给量等于断面上被冲走的泥沙量时，泥沙运动处于进出平衡状态，冲刷便会停止。此时该断面上的垂线平均流速称为冲止流速。只有明确了泥沙的冲止流速，才能正确地建立冲刷深度计算公式。

(4)冲刷时间的影响。冲刷具有以下特点：①随着冲刷坑的增大，冲刷率减小；②冲刷具有某种极限；③冲刷达到冲刷极限是渐进的。

水流条件达到泥沙起动条件的泥沙颗粒向下游移动，而未达到起动条件的较大颗粒则保持静止不动。从冲刷过程来看，在初始阶段，冲刷发展最快，通过实际观察，在前两小时，冲刷深度可达最大冲深的 70%左右，然后冲刷深度逐渐趋于平稳，变化缓慢，当冲刷深度达到其最大冲深时，冲刷深度将不再显著变化，呈稳定趋势。

(5)有无护滩建筑物。从已实施的护滩工程来看，有护滩建筑物守护的河段基本上达到了控制和稳定中水河槽，保滩固堤的目的。

4.5.2　无护滩建筑物守护的滩体冲刷破坏情况

无护滩建筑物守护的水槽试验共作 8 个方案，见表 4-9，部分方案的冲刷前和冲刷后地形对比情况如图 4-56 所示。

表 4-9　清水冲刷试验组合表

方案	放水流量/(L/s)	模型深槽水深/cm	模型边滩最宽处水深/cm	模型直段流速/(m/s)	原型深槽水深/m	原型边滩最宽处水深/m	原型直段流速/(m/s)
1	58.5	13	3	0.15	7.8	1.8	1.2
2	78.0	10	0	0.26	6	0	2.0
3	78.0	13	3	0.20	7.8	1.8	1.5
4	78.0	15	5	0.17	9	3	1.3
5	99.0	13	3	0.25	7.8	1.8	1.9
6	99.0	15	5	0.22	9	3	1.7

续表

方案	放水流量/(L/s)	模型深槽水深/cm	模型边滩最宽处水深/cm	模型直段流速/(m/s)	原型深槽水深/m	原型边滩最宽处水深/m	原型直段流速/(m/s)
7	144.0	13	3	0.37	7.8	1.8	2.9
8	144.0	15	5	0.32	9	3	2.5

(a)无护滩建筑物守护的放水前照片

(b)无护滩建筑物守护的放水过程中滩体形态照片

(c)Q=58.5L/s，H=10cm 非淹没滩体冲刷后照片

(d)Q=99.0L/s，H=13cm 淹没滩体冲刷后照片

图 4-56　护滩建筑物守护的滩体冲刷前后的对比照片

1. 不同流量下滩体的冲刷过程

流速的大小是泥沙起动与否的决定条件，也是决定滩体冲刷程度的主要条件。在水深一定的情况下，流量的大小直接决定了流速的大小，影响泥沙的起动，进而影响滩体冲刷。

当控制水深 H=13cm，流量分别为 Q=58.5L/s、Q=78.0L/s、Q=99.0L/s 时，选取具有代表性的 2＃、9＃、17＃断面进行分析。横断面随流量的冲淤变化情况如图 4-57 所示。从图中可以看出，受滩体壅水的影响，滩体上游 2＃断面冲淤变化不大，基本上处于不动状态；9＃断面处于冲刷状态，无护滩建筑的冲刷主要表现为滩面冲刷，而且滩面冲刷幅度有随流量增大而加大的趋势；17＃断面总体上处于淤积状态，淤积幅度随流量的增大而加大，而且流量越大，淤积的位置越靠近左岸。

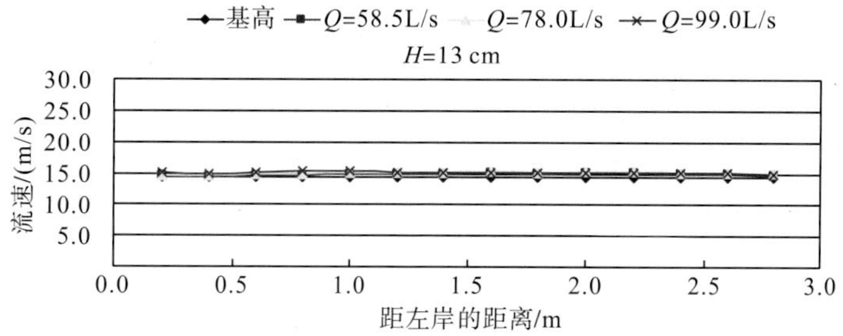

(a)2#断面

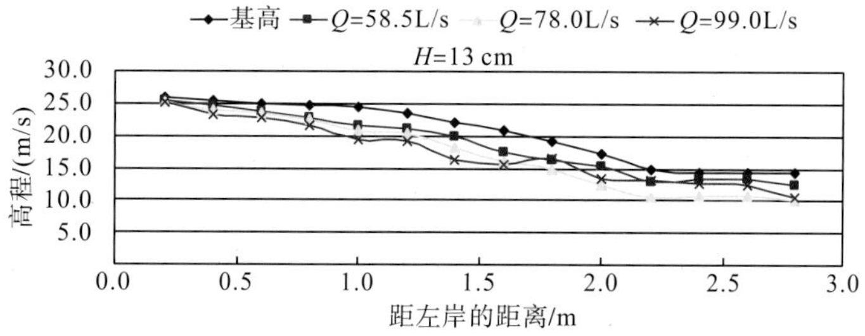

(b)9#断面

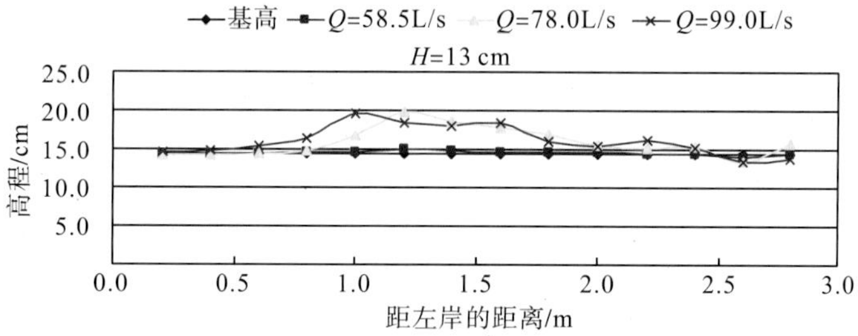

(c)17#断面

图 4-57　水深一定横断面随流量的冲淤变化图

2. 不同水深下滩体的冲刷过程

当控制流量 $Q=78.0$L/s，水深 H 分别为 10cm、13cm、15cm 时，选取具有代表性的 2#、9#、17#断面进行分析，横断面随水深的冲淤变化情况如图 4-58 所示。从图中可从看出，2#断面同样冲淤变化幅度不大；9#断面处于冲刷状态，边滩部分淹没或者刚好淹没时，主要冲刷位置位于滩槽过渡段，而且水深越小，冲刷程度越大，冲刷坑越深，这是因为边滩束窄过水断面，水流归槽的原因，当边滩深度淹没时，滩面分流致使滩面冲刷；17#断面处于淤积状态，淤积幅度随水深的增大而减弱，而且水深越浅，淤积的位置越靠近左岸。

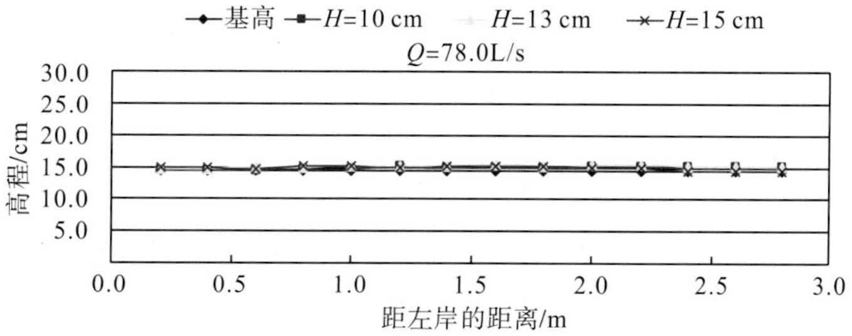

(a)2#断面

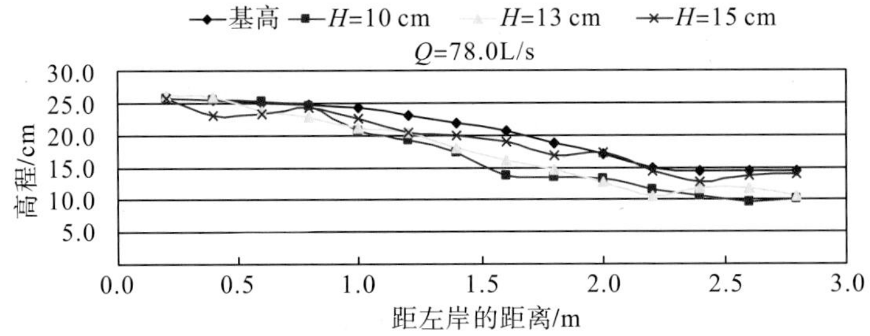

(b)9#断面

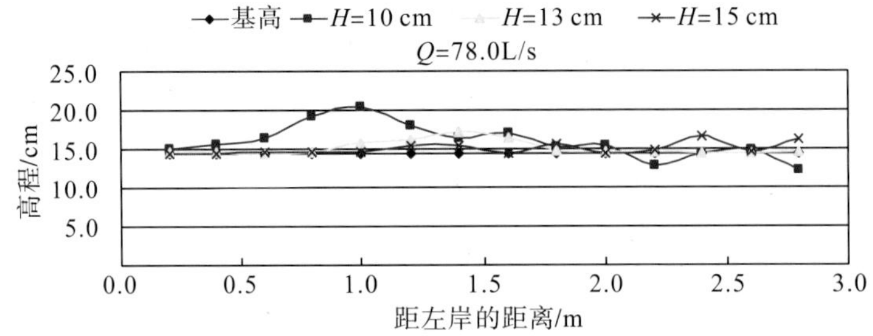

(c)17#断面

图 4-58 无护滩建筑物守护的横断面随水深冲淤变化图

3. 冲刷后地形等值线变化

选取几个具有代表性的方案进行分析，所选方案下冲刷地形等值线如图 4-59～图 4-61所示。

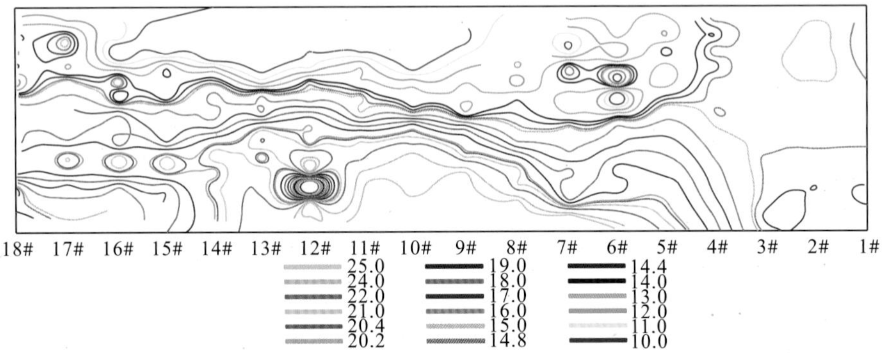

图 4-59 Q=78.0L/s，H=10cm 冲刷后地形等值线图(单位：cm)

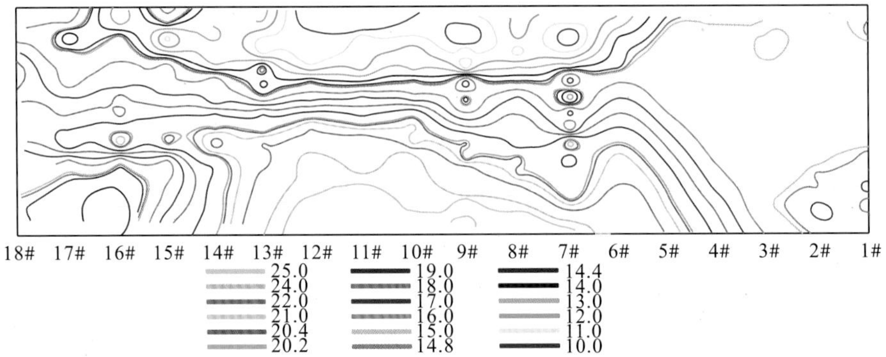

图 4-60 Q=78.0L/s，H=13cm 冲刷后地形等值线图(单位：cm)

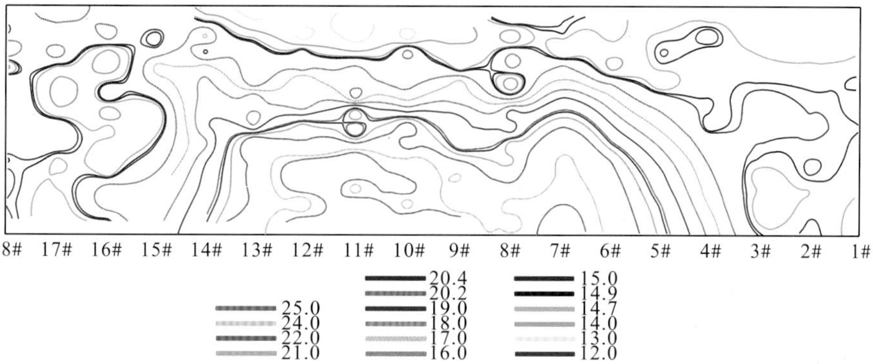

图 4-61　Q=78.0L/s，H=15cm 冲刷后地形等值线图(单位：cm)

从以上图中，可以清楚、直观地看到河床的演变及冲淤的变化。边滩非淹没时，冲刷的主要位置在滩头处，深槽也有很大程度的冲刷，而且在滩尾出现明显的回流淤积区；边滩淹没时，滩槽都有不同程度的冲刷，但是冲刷力度和冲刷深度都有所减小。

4.5.3　有护滩建筑物守护的滩体冲刷破坏情况

有护滩建筑物守护的水槽试验共作 8 个方案，部分方案下的冲刷前和冲刷后地形对比情况如图 4-62 所示。

(a)有护滩建筑物守护的放水前照片　(b)有护滩建筑物守护的放水过程中滩体形态照片

(c)Q=58.5L/s，H=10cm 非淹没滩体冲刷后照片　(d)Q=99.0L/s，H=13cm 淹没滩体冲刷后照片

图 4-62　有护滩建筑物守护的滩体冲刷前后对比照片

1. 不同流量下滩体的冲刷过程

当控制水深 H=13cm，流量 Q 分别为 58.5L/s、78.0L/s、99.0L/s 时，选取具有代表性的 2#、9#、17# 断面进行分析。横断面随流量的冲淤变化情况如图 4-63 所示。从图中可以看出，2# 断面冲淤变化不大，呈现少量的淤积现象，而且淤积程度随流量的变化幅度不大；9# 断面处于冲刷状态，有护滩建筑物守护的左岸滩面基本不动，无护滩建筑物守护的滩槽交界处受到严重冲刷，而且冲刷力度和冲刷坑的深度随流量的增大而加大，右岸的深槽也处于冲刷状态，但冲刷幅度较滩槽交界处变化小；17# 断面处于淤积状态，淤积幅度随流量增大而加大，而且流量越大，淤积的位置越靠近左岸。

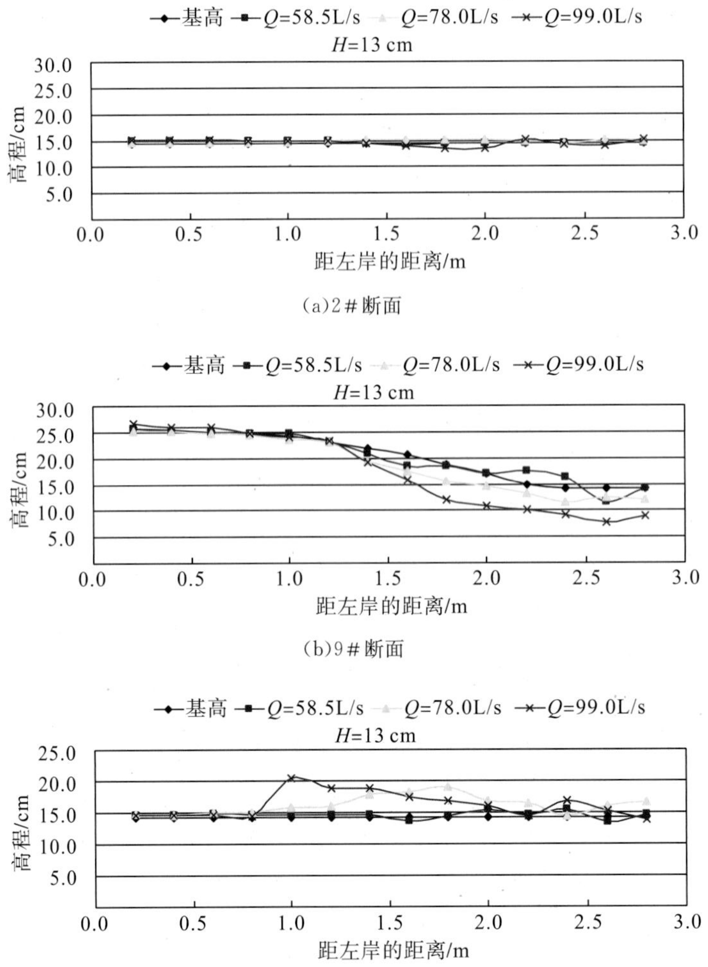

(a) 2# 断面

(b) 9# 断面

(c) 17# 断面

图 4-63 水深一定横断面随流量的冲淤变化图

2. 不同水深下滩体的冲刷过程

当控制流量 Q=78.0L/s，水深 H 分别为 10cm、13cm、15cm 时，选取具有代表性的 2#、9#、17# 断面进行分析，横断面随水深的冲淤变化如图 4-64 所示。从图中可看出，2＃断面同样冲淤变化不大；9＃断面处于冲刷状态，滩面基本上不再被冲刷，主要冲刷位置位于滩槽交界的地方，而且冲刷力度和冲刷坑的深度随着水深的增大而减弱；17＃断面处于淤积状态，淤积幅度随水深的增大而减弱，而且水深越浅，淤积的位置越靠近左岸。

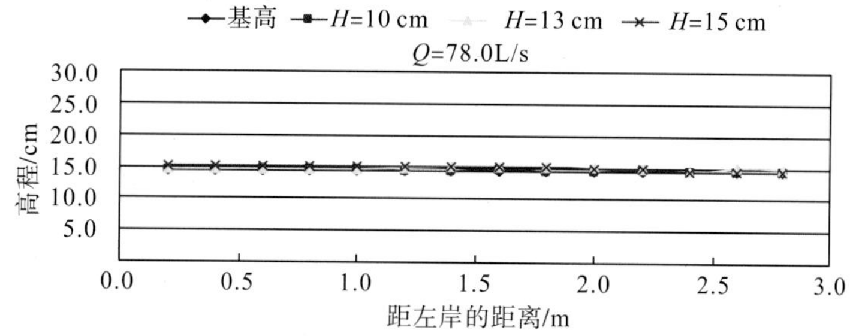

(a)2＃断面

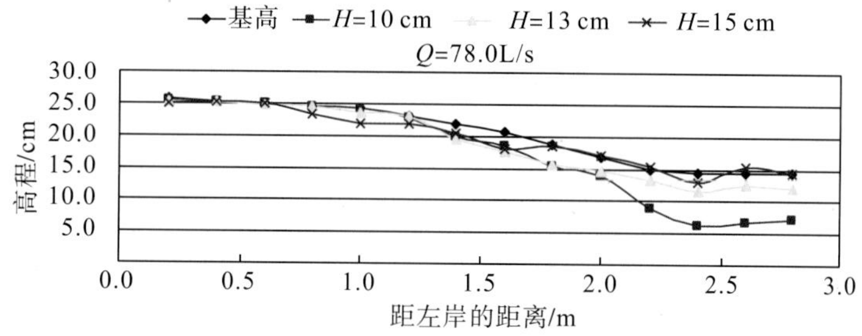

(b)9＃断面

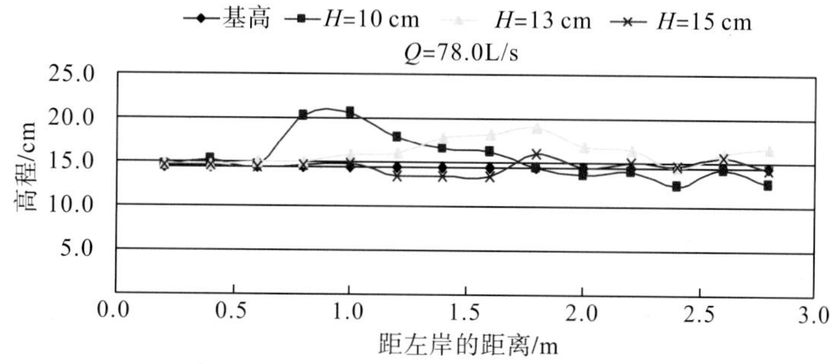

(c)17＃断面

图 4-64　有护滩建筑物时横断面随水深的冲淤变化图

3. 冲刷后地形等值线变化

选取几个具有代表性的方案进行分析，所选方案下冲刷地形等值线如图 4-65～图 4-68所示。

从图 4-65～图 4-68中，可以清楚、直观地看到河床的演变及冲淤的变化。有护滩建筑物守护的滩面将不再被冲刷，冲刷的主要位置在滩槽交界以及深槽处。

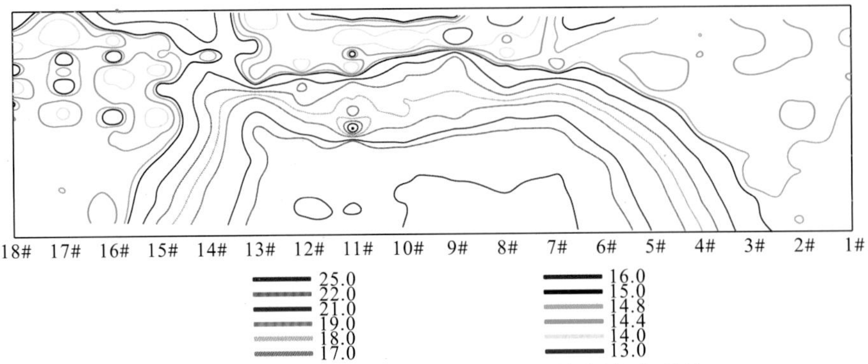

图 4-65　Q=58.5L/s，H=13cm 冲刷后地形等值线图(单位：cm)

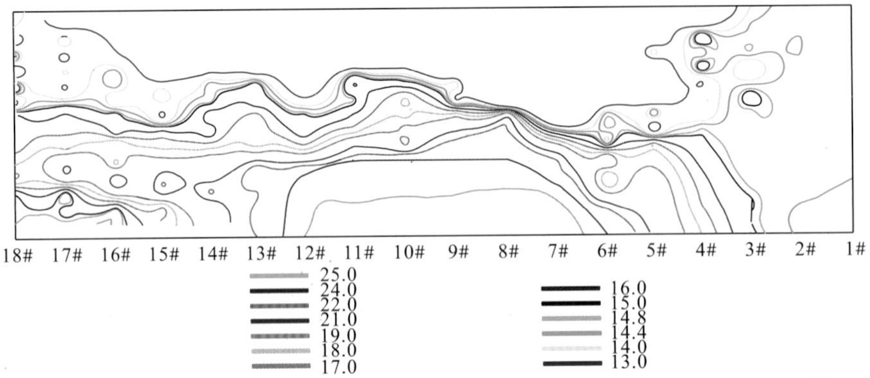

图 4-66　Q=78.0L/s，H=10cm 冲刷后地形等值线图(单位：cm)

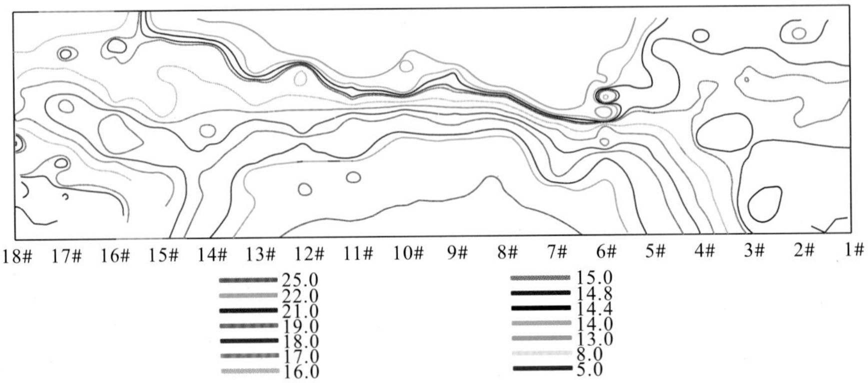

图 4-67　Q=78.0L/s，H=13cm 冲刷后地形等值线图(单位：cm)

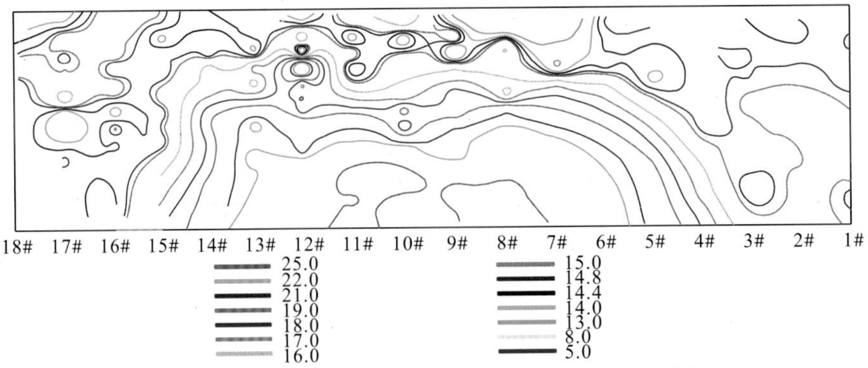

图 4-68　Q=78.0L/s，H=15cm 冲刷后地形等值线图(单位：cm)

4.5.4　护滩建筑物的变形及破坏研究

水槽概化模型试验虽然不能完全模拟原型护滩带的变形破坏情况，但从试验中可以看出，模型护滩带的变形特征与原型一致，说明模型试验选用的试验沙和护滩带形式，基本能够反映原型河床与护滩带的变形特征。图 4-69 为模型试验放水过程中护滩带破坏情况。

图 4-69　模型试验放水过程中护滩带破坏照片

1. 原型和模型试验中护滩带破坏情况对比

长江中下游护滩工程中应用的软体排型护滩带的破坏主要有几种形式，实验室内模拟的护滩带破坏具体情况如下。

1)边缘塌陷型

边缘塌陷型主要是由于水流冲刷护滩带边缘外的未护滩面，使 X 型排边缘塌陷，这种破坏非常普遍(图 4-70 和图 4-71)。

图 4-70　原型护滩带边缘塌陷照片

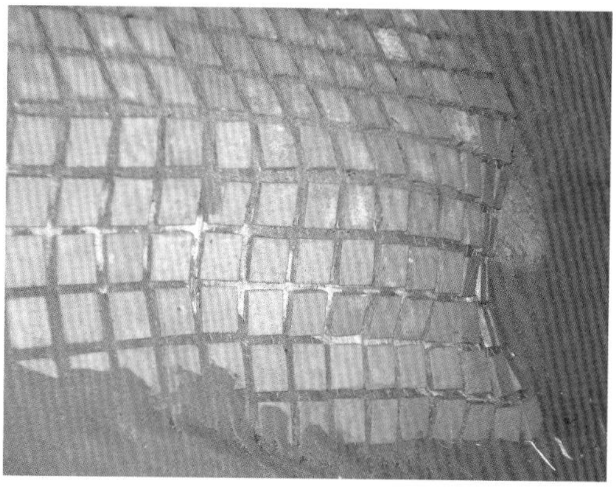

图 4-71　模型护滩带边缘塌陷照片

2)排中部出现鼓包的现象

排中部出现鼓包主要是由于接缝处理不牢，造成泥沙从接缝处挤入排底(图 4-72 和图 4-73)。

图 4-72 原型护滩带中部鼓包照片

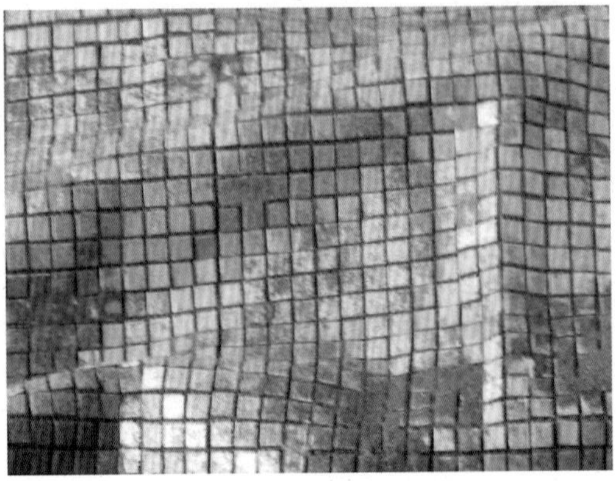

图 4-73 模型护滩带中部鼓包照片

3)排中部出现塌陷的现象

排中部出现塌陷主要是由于接缝处理不牢，造成接缝处泥沙冲失(图 4-74 和图 4-75)。

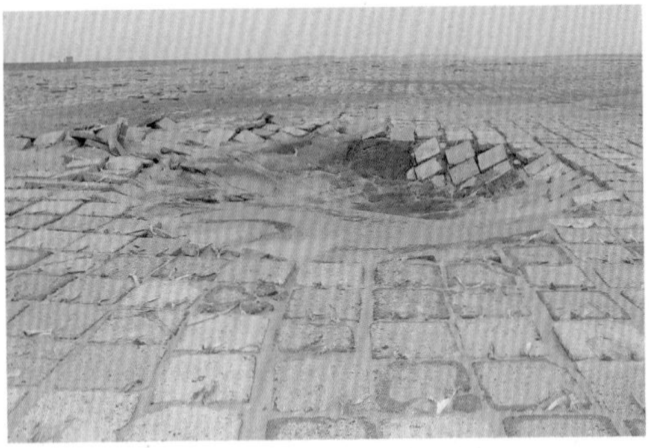

图 4-74 原型护滩带中部塌陷照片

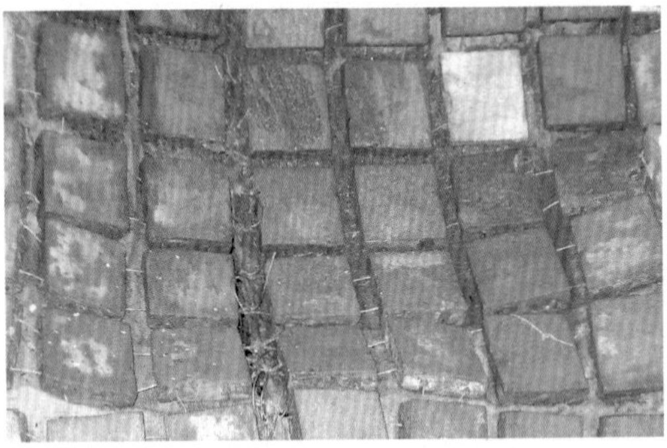

图 4-75 模型护滩带中部塌陷照片

4)边缘形成陡坡，边缘排体变形较大甚至悬挂

与平面布置及河床组成有一定关系，周天清淤工程中存在这种变形(图 4-76 和图 4-77)。造成的问题为：①砼排体和系结条外露，进而老化；②系结条松开，砼块移动或滑落；③排体撕裂。

图 4-76 原型护滩带边缘排体悬挂照片

图 4-77 模型护滩带边缘排体悬挂照片

2. 护滩建筑物变形及破坏机理

1)护滩带周边的冲刷过程

试验初期，滩面上的水流流速大于泥沙的起动流速，由于受护滩带的保护，冲刷仅发生在护滩带以外的区域，在护滩带保护下的滩面尚未产生冲刷变形。

随着冲刷的发展，未受保护的滩面逐渐刷低，护滩带周边的水流变得很紊乱，漩涡的尺度也急剧扩张，因此加剧了其周边局部范围内河床的冲刷。特别是护滩带头部，因贴近护滩带边缘，流速和紊动强度都较大，冲刷比其他地方严重，因此护滩带头部较早出现局部冲刷变形，紧接着两侧也开始出现塌陷，使护滩带相对突出于河床上。随着护滩带周围滩面的继续冲刷降低，护滩带头部和两侧不断向下塌陷，中间受护滩带保护的滩面更加突出在床面上，形成类似淹没丁坝的水流结构型式。这时滩面的冲刷除了一般冲刷外，更重要的是漩涡水流作用造成的局部冲刷。特别是在护滩带头部由于流速加大，形成丁坝结构型式后，护滩带头部水流紊动强度变得更大，河床冲刷变形较强。由于护滩带前后形成的漩涡水流，不断地将床面泥沙卷起，并随水流带向下游，在漩涡水流的作用下，局部冲刷坑不断冲深加大。

由于护滩带的变形，致使护块之间的力随即产生变化，经研究发现导致排体撕裂、砼块移动或滑落、系结条断裂的主要原因不是长时间恒定力，而是变形过程中产生的瞬间突变力。

2)影响护滩带头部冲刷深度的主要因素

根据所查阅的文献和试验结果分析可知，决定护滩带冲刷的主要因素有三个方面：一是天然河槽的水力因素；二是边滩的阻水程度因素；三是床面的泥沙因素。天然河槽的水力因素可以用弗汝德数(无量纲)表示 $F_r=v^2/gh$；阻水程度因素用 L_D/h(无量纲)来表示；床面泥沙因素用$(r_s-r)/r$(无量纲)来表示。

根据量纲分析，边滩周围冲刷深度基本关系式的无量纲形式为

$$\frac{h_s}{h}=k\,(F_r)^a\left(\frac{L_D}{h}\right)^b\left(\frac{r_s-r}{r}\right)^c \tag{4-22}$$

式中，k，a，b，c 为待定系数。

在天然河流中采用 $r_s=2.65\text{t/m}^3$，因此式(4-22)可以简化为

$$\frac{h_s}{h}=k\,(F_r)^a\left(\frac{L_D}{h}\right)^b \tag{4-23}$$

对式(4-23)两边取对数得

$$\ln\frac{h_s}{h}=\ln k+a\ln(F_r)+b\ln\left(\frac{L_D}{h}\right) \tag{4-24}$$

根据本次试验资料进行多元线性回归分析结果得

$$k=52.371,a=0.808,b=-0.670$$

式中，h_s 为边滩周围最大冲刷深度，从平均床面高程计，m；F_r 为行近水流的弗汝德数，$F_r=v^2/gh$；v 为行近流速，m/s；L_D 为边滩的阻水长度，以垂直流向长度计，m；h 为行近水深，m；r_s 为泥沙的比重，t/m³；r 为水的比重 t/m³。

相关系数 $R=0.940$，将计算值与实测值进行比较，如图 4-78 所示。

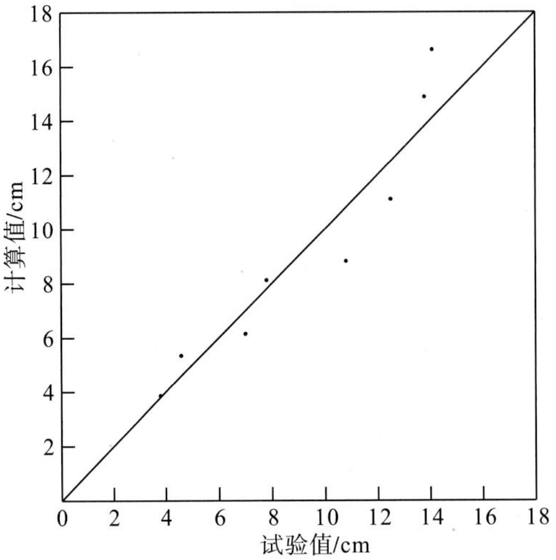

图 4-78 边滩周围冲刷坑深度的试验值与计算值比较图

4.6 护滩建筑物受力分析

护滩建筑物的存在使得边滩周围的水流状况变得更为复杂。在紊动中，任一作用面上各点脉动压强值的总和称为脉动压力。护滩建筑物周围的脉动压力则主要受漩涡和水面的波动影响。脉动压力可大大加强瞬时水压力而导致块体破坏。紊动水流的脉动流速遇到边界及其他障碍时，动能转变为压能，这是水流产生压力脉动的根本原因。当脉动流速随时间作紊乱的变化时，水流的脉动压力以及频率也随时间而变化。此外，脉动水流还可以沿块体传播，使护滩带头部的泥沙在瞬时更易起动。所以，水流的脉动压力是护滩带破坏的一个重要原因。因此，弄清护滩建筑物受力的空间分布情况及其影响因素，对于优化护滩带的设计，防止护滩建筑物水毁的发生十分重要。

4.6.1 护滩建筑物受力试验设计

为了更深入细致地研究护块之间的受力情况，受力试验是在参考了比尺为 1∶60 清水冲刷试验的基础上，把冲刷最严重的区域进行局部放大设计而成的，具体的布置结构如图 4-79 所示。

为了研究护块与护块之间拉力的大小及其随时间的变化规律，分别在护滩带的迎水坡和向河坡布置了 16 个压力传感器进行跟踪记录，具体布置位置见图 4-79。

1. 试验方案

(1)流量。为了研究不同流量情况下护滩建筑物的受力情况，流量 Q 分别采用 104.0L/s、139.0L/s、174.0L/s 三级流量；

(2)水深。为了研究不同水深情况下护滩建筑物的受力情况，水深分别采用部分淹没、刚好淹没、完全淹没情况下的 H 为 30cm、33cm 和 34cm 三种水深。

(3)定床试验组合。根据前面两种因素的变化，进行试验设计，列出定床试验组合情况如表 4-10 所示。

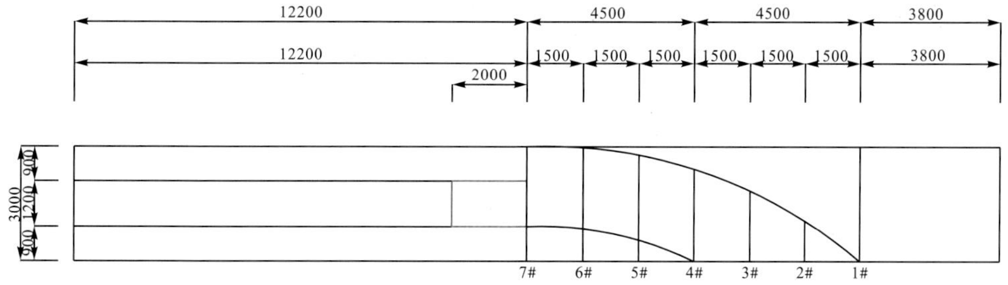

(a)边滩布置平面图

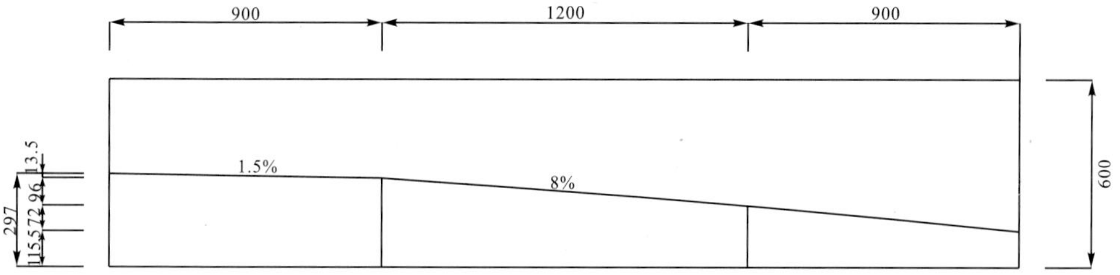

(b)边滩断面布置图

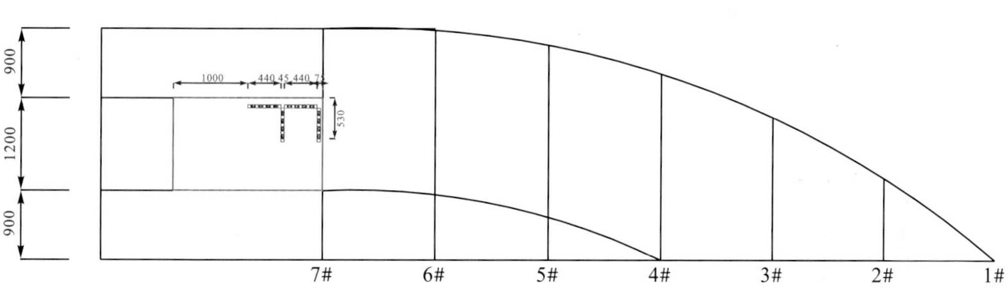

(c)传感器布置位置

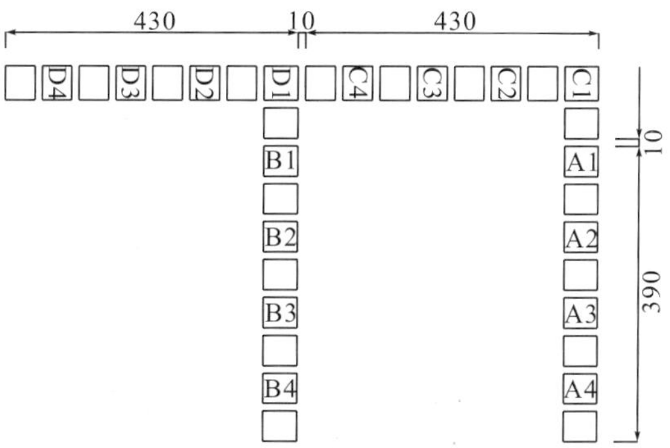

(d)传感器具体布置方式放大图

图 4-79　具体的布置结构(单位：mm)

表 4-10　受力试验组合表

方案	放水流量/(L/s)	模型直段水深/cm	模型边滩水深/cm	模型直段流速/(m/s)	原型直段流速/(m/s)
1	104.0	30	0	0.47	1.5
2	104.0	34	4	0.32	1.0
3	139.0	33	3	0.45	1.4
4	139.0	34	4	0.41	1.3
5	174.0	34	4	0.52	1.6

2. 观测内容

(1)观察各种情况下各个测点的拉力大小和分布情况。

(2)观测各种情况下护滩建筑物周围流速的变化。

(3)护块与护块之间的脉动拉力随时间的变化。

(4)观测各种情况下冲刷后的地形。

4.6.2 护滩建筑物的受力分析

通过实验发现，护滩建筑物各个测点所受的脉动压力与流量和水深有关系，但其平均周期和频率与各个因素的关系不太明显。

1. 护块与护块之间的脉动力随时间的变化

护块与护块之间的脉动力随时间的变化情况中图 4-80～图 4-83 所示。

从图 4-80～图 4-83 中可以清晰地看出，在冲刷过程中脉动力的变化趋势为：在初始阶段，由于水流紊动强度大，冲刷发展很快，护滩建筑物的变形很厉害，因此护块与护块之间的脉动力变化很大，一段时间(本次实验取 30s)内脉动力的平均值也逐渐增加，并随着时间的增加达到最大值，随着冲刷时间的变化，冲刷力度逐渐减小，冲刷地形变化缓慢，冲刷呈稳定趋势，因此护滩建筑物变形缓慢，护块与护块之间的脉动力也随之非常缓慢地变化并逐渐趋于稳定。

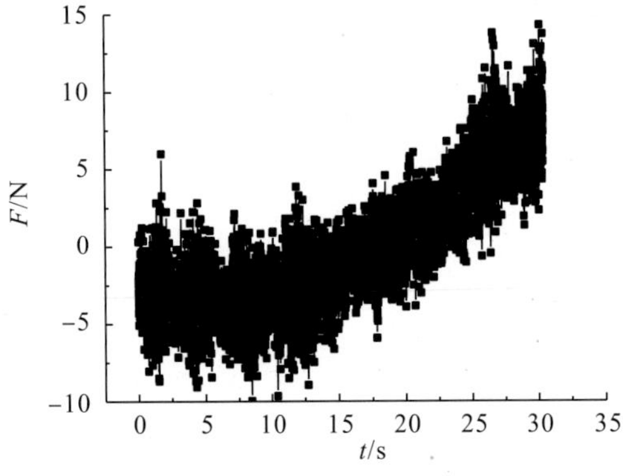

图 4-80　刚开始冲刷时的脉动压力变化图

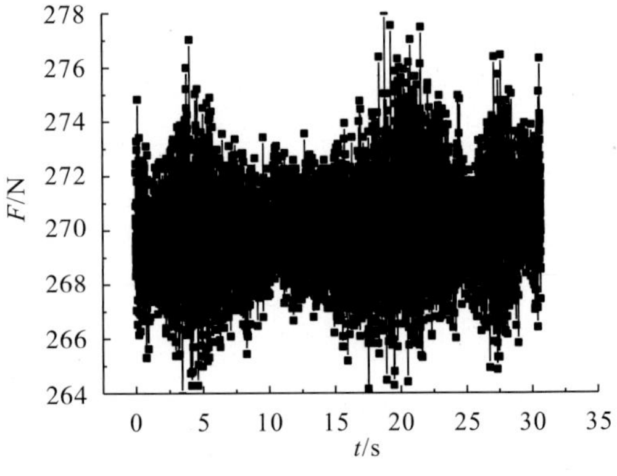

图 4-81　冲刷时至半小时的脉动压力变化图

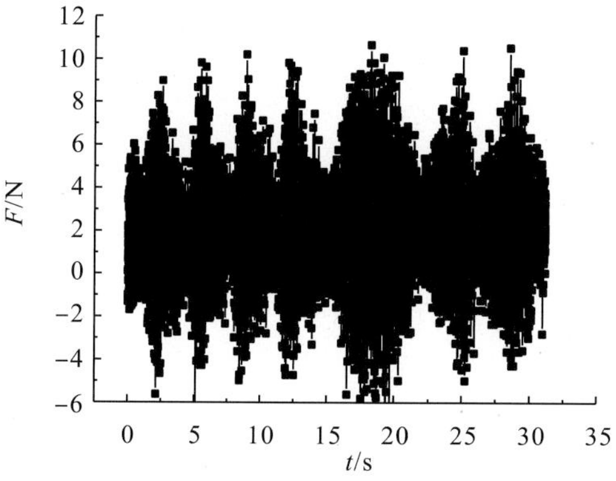

图 4-82　冲刷时至 4 小时的脉动压力变化图

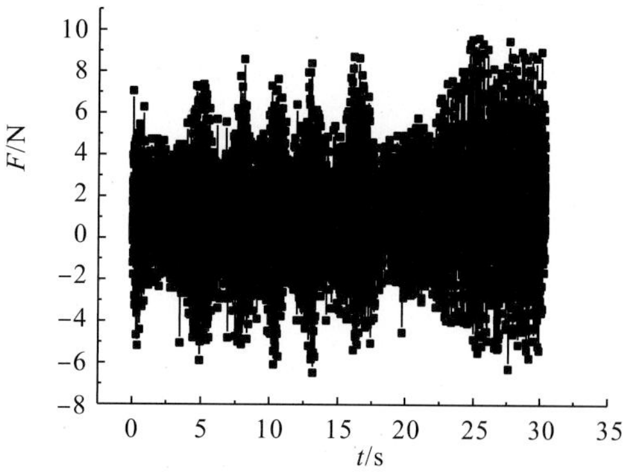

图 4-83　冲刷时至 6 小时的脉动压力变化图

注：把护块与护块之间的拉力规定为正值，把护块与护块之间的压力规定为负值

在冲刷没有发生之前，由于护块与护块之间无脉动力，因此选定即将发生冲刷的那一时刻为零点，且把脉动力定为零，结合上面脉动力的变化趋势，可以近似认为一段时间内脉动力的平均值随冲刷时间的变化趋势如图 4-84 所示。

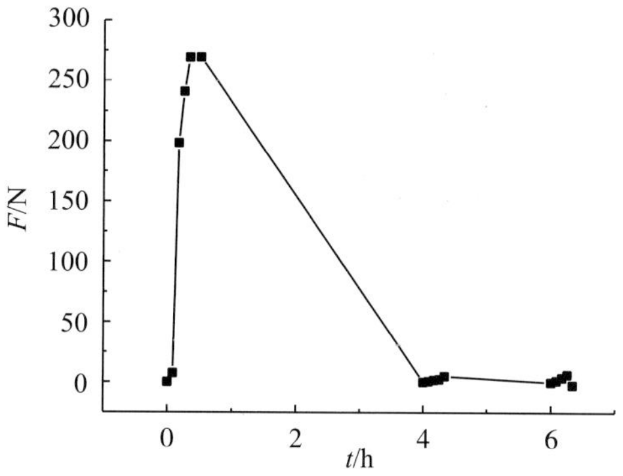

图 4-84　脉动力的平均值随冲刷时间的变化

2. 护滩建筑物受力与流速之间的关系

通过试验发现护滩建筑物各个测点所受的脉动拉力与滩体周围的流速有很大关系，但其平均周期和频率与各个因素的关系不太明显。

以布置的测点为例，各个断面在不同流速下所受的脉动拉力平均值的大小如表 4-11 所示。

表 4-11　不同断面在不同流速下所受水流脉动拉力　（单位：Pa）

流速 / 压力 / 断面	流速/(m/s)		
	0.295	0.467	0.559
A	3.9226	20.3257	142.3556
B	1.8765	3.1642	91.5037
C	1.2627	2.6934	51.4232
D	1.1439	1.8723	36.2726

图 4-85 为 A、B、C、D 四个断面在不同流速下所受的脉动拉力的关系图。

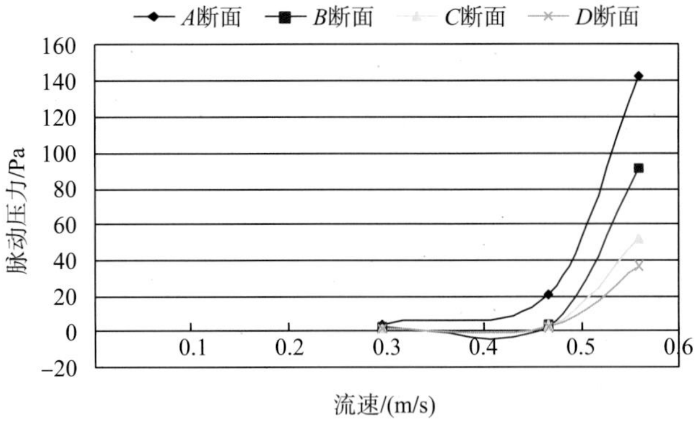

图 4-85 脉动拉力与流速的关系图

由图 4-85 可以看出，无论在哪个断面上，护滩建筑物所受的脉动拉力都有随断面平均流速增大而增大的趋势，因为流速越大，护滩建筑物周围的水流紊动越强，所以水流的脉动拉力越大。由于 A 断面和 B 断面是垂直水流方向布置的，因此脉动拉力的变化幅度大于沿水流方向布置的 C 断面和 D 断面。

3. 护滩建筑物受力与水深之间的关系

通过试验发现，护滩建筑物各个测点所受的脉动拉力与水深有很大关系。以布置的测点为例，各个断面在实测不同水深下所受的脉动拉力平均值的大小如表 4-12 所示。

表 4-12 不同断面在不同水深下所受水流脉动拉力 （单位：Pa）

断面 \ 压力 \ 水深	水深/cm		
	6	8	10
A	152.3556	35.1518	6.7137
B	71.8765	1.5037	1.4872
C	51.6236	11.4232	2.6934
D	25.9331	8.0738	2.5611

图 4-86 为各个断面在不同水深下所受的脉动拉力的关系图。

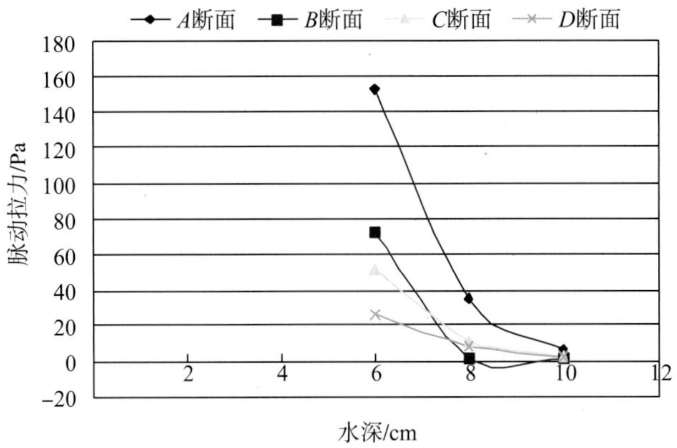

图 4-86 脉动拉力与水深的关系图

由图 4-86 可以看出，无论在哪个面上，护滩建筑物所受的脉动拉力都有随水深增大而减小的趋势，因为滩体淹没以后，水深增加，边滩所在断面处过水面积增加，边滩的阻水作用减小，护滩建筑物附近的紊动会有一定程度的减弱，所以脉动拉力都有一定程度的减小。由于 A 断面和 B 断面是垂直水流方向布置的，因此脉动拉力的减小幅度大于沿水流方向布置的 C 断面和 D 断面。

第 5 章　长江中游护心滩建筑物稳定性研究

通过对长江中游及部分下游河段有关心滩资料的收集、整理，分析各种护滩建筑物的破坏机理和三峡水库蓄水运行后对护滩建筑物的影响，选择荆江沙市河段三八滩心滩为依托进行水槽概化模型试验，对心滩守护前后泥沙运动规律及变形特性进行研究。主要研究心滩在有、无护心滩建筑物(软体排护滩带、四面六边透水框架、鱼骨坝)条件下滩面水流结构、泥沙运动特性，以及心滩守护前后的冲刷变形过程和水力要素、滩体形态、护滩建筑物类型的相互关系，提出护心滩建筑物的保沙护滩、损毁机理及稳定性分析。

5.1　护心滩建筑物的概化模拟技术

5.1.1　水槽概化模型设计依据

1. 长江中游的河床质级配情况

表 5-1 为长江中游江口以下河段的河床质平均级配统计表，河床质主要由粒径为 0.05～0.5mm 的泥沙组成，中值粒径 d_{50} 为 0.16～0.22mm，其中粒径为 0.1～0.5mm 的泥沙在河床质中所占比例为 70%～90%，这部分泥沙在河床冲淤变形中起着重要作用。在长江三峡水库蓄水运用后，较清水流下泄，此段河床还会因冲刷进一步粗化，粒径为 0.1～0.5mm 的泥沙在河床质中所占比例还将进一步增加。因实验主要以上荆江沙市三八滩为依托进行概化模型设计，该河段河床质中值粒径 d_{50}=0.20mm，试验主要模拟这部分泥沙的运动，所以取陈家湾至藕池口河段的床沙级配为代表，其中值粒径 d_{50}=0.20mm。

表 5-1　长江江口至武汉河段床沙平均级配统计

河段	小于某粒径沙重百分数/%								$d_{0.1}\sim d_{0.5}$ /mm	d_{50} /mm
	0.05	0.075	0.1	0.15	0.2	0.25	0.5	1.0		
江口至陈家湾	2.38	4.3	7.5	22.7	49.8	74.1	97.4	99.5	89.9	0.2
陈家湾至藕池口	4.0	6.5	10.2	23.9	49.2	76.3	98.6	100	88.4	0.2
藕池口至荆江门	5.5	8.9	13.8	32.6	65.3	90.6	100		86.2	0.18
荆江门至城陵矶	9.4	13.0	18.2	44.9	78.5	94.6	99.4	99.9	81.2	0.16
城陵矶至武汉	8.8		22.2			92.3	96.3	97.5	74.1	0.16
武穴										0.16～0.22

2. 水流条件

在洪水流量下，长江中游边滩或心滩顶部水深可达 5～10m，流速达 2～3m/s，水槽概化模型试验将以此作为设计依据。

3. 长江中游典型心滩河段处河道平面形态

以长江中游典型心滩——荆江沙市三八滩所在的荆江河段为例。图 5-1 为三八滩头部荆 73＃和三八滩中部荆 77＃(荆江大桥桥址)处的河道横断面变化实测图。由图可知，横断面从起点依次为左汊深槽、左汊深槽与心滩过渡段、心滩、心滩与右汊深槽过渡段、右汊深槽，这种断面形态为概化设计的依据。

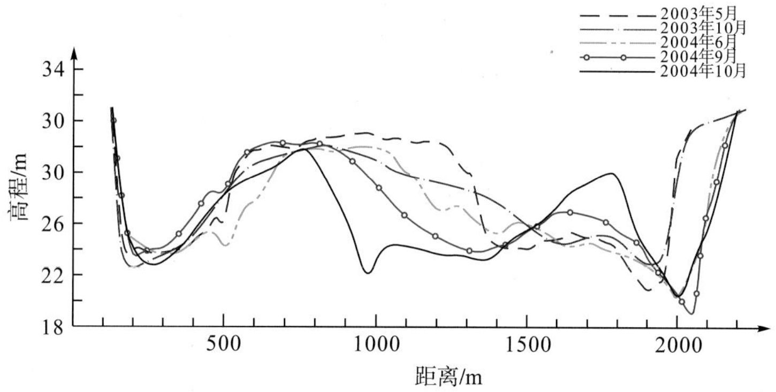

(a)荊 73＃

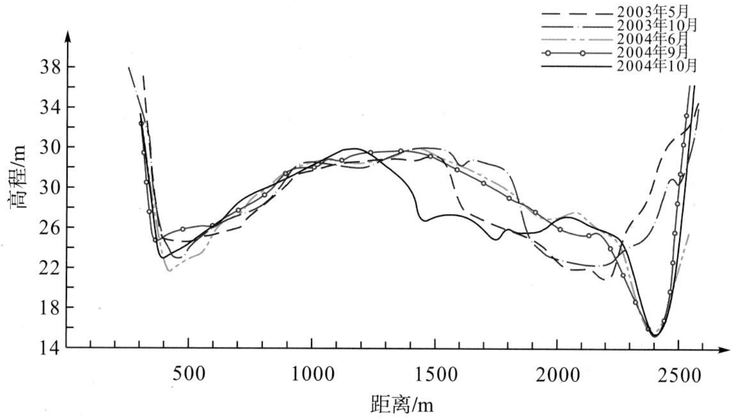

(b)荊 77＃(大桥桥址)

图 5-1　荆 73＃和荆 77＃横断面实测变化图

4. 泥沙起动相似

原型河段泥沙粒径为：$d_5=0.10$mm 、$d_{50}=0.20$mm、$d_{95}=0.5$mm，经过泥沙起动试验，模型沙拟采用 $d_{50}=0.18$mm 和 $r_s=2.65$t/m^3 的天然沙。模型沙与原型沙起动流速计算结果如表 5-2 所示。

表 5-2 推移质起动流速及其比尺

原型		模型		比尺
$r_s=2.65t/m^3$ $D_{50}=2.00mm$		$r_s=2.65t/m^3$ $D_{50}=1.80mm$		$\lambda_d=1.2mm$
H_p/m	V_{op}/(m/s)	H_m/m	V_{om}/(m/s)	α_V
6.0	0.595	0.10	0.105	5.667
8.4	0.637	0.14	0.111	5.739
10.2	0.662	0.17	0.114	5.807

概化模型几何比尺 $\lambda_L=\lambda_H=60$，所以 $\lambda_{V_0}=\lambda_V=\sqrt{60}=7.746$，则

$$\lambda_D=\frac{D_p}{D_m}=1.11 \tag{5-1}$$

根据 λ_D 值选配模型沙，以模型沙级配曲线与原型沙级配曲线达到基本重合为准，选配结果得到下列模型沙。

$$(D_{50})_m=\frac{D_p}{\lambda_D}=\frac{0.20}{1.11}=0.18mm \tag{5-2}$$

$$(D_{95})_m=\frac{D_p}{\lambda_D}=\frac{0.5}{1.11}=0.45mm \tag{5-3}$$

$$(D_5)_m=\frac{D_p}{\lambda_D}=\frac{0.10}{1.11}=0.09mm \tag{5-4}$$

由表 5-2 可知，起动流速的比尺的范围为 5.6～5.9，比水流流速比尺偏 23%～27%，根据以往三峡坝区泥沙模型试验设计及其他工程研究的结果可知，此偏差在允许的范围内，符合模型试验要求。根据模型沙的中值粒径及设计模型沙级配曲线选择合适的天然沙作为模型沙。

5. 依托心滩的选择

长江中下游成型心滩较为常见，在概化模型设计时，选择长江中游沙市河段三八滩为依托进行概化模型设计。

沙市河段上起陈家湾，下至玉和坪，长约 20km，属人工护岸控制的顺直、微弯分汊河道。沙市河段上段顺直，被心滩分隔为南北两槽，下段为三八滩分汊段，横跨三八滩的荆州长江公路大桥于 2002 年 10 月建成使用，设计主通航桥孔位于北汊，副通航桥孔位于南汊，其他为非设计通航桥孔。该河段河道演变剧烈，以河道内洲滩消长，汊道兴衰为主要变化特征，为长江中游重点浅区河段。1998 年特大洪水以来，三八滩冲失复又淤出，北汊由枯水期主汊变为支汊，桥区通航条件恶化，通航与桥梁安全矛盾极其突出。

沙市三八滩位于微弯放宽河段，且处于河段内洪枯水流路变化较大的主流线变动区，滩体演变剧烈，洲滩消长频繁，为不稳定的心滩。沙市河段为长江中游第一个面临三峡水库清水下泄冲刷的沙质河床河道，随着三峡水库调度运行、清水下泄，三八滩将加快冲刷后退、崩失，滩体规模将进一步减小、分散，更趋不稳定，直至解体。由于泥沙来源减少，滩体得不到泥沙补给，冲刷后将难以再恢复。若不及时加以控制，则沙市河段

航道治理方案难以实施。所以，以三八滩为原型作概化模型设计，进行护心滩建筑物类型及稳定性研究，具有较强的代表性，丰富了长江航道整治的护滩技术，其研究成果也容易推广到长江中游其他心滩的守护上，经济、社会作用明显。

5.1.2　模型比尺的确定

长江中游河段心滩一般尺度均较大，从滩头到滩尾的距离(航行基面)变幅较大，少则数千米，多则十几千米，滩顶宽度和左右两侧的坡度变幅也较大，试验需模拟的原型河道长度也较大，水槽概化模型难以按比尺相似模拟。由于本试验主要研究心滩附近水流与河床泥沙运动特征，软体排护滩带、四面六边透水框架和鱼骨坝等多种护心滩建筑物的破坏机理和稳定性评定技术，所以对于滩型只作概化模拟。本次试验主要考虑平面形态相似。

为了考虑沙市三八滩对束窄河床的影响，并保证形态相似，根据已有的研究成果，模型心滩宽度按水面收缩比 μ 与原型相等进行概化，即模型心滩宽度应满足

$$\left(\frac{L}{B}\right)_P = \left(\frac{L}{B}\right)_M = \mu \tag{5-5}$$

式中，L，B 分别表示心滩宽度和河宽；P，M 分别为模型和原型。

对于航道整治建筑物，因需研究局部冲刷与护心滩建筑物的稳定性问题，模型断面形态则按 1∶60 正态缩小。为保证模型水流运动的相似，根据重力相似准则，可知流速比尺 $\lambda_v=\sqrt{\lambda}=7.746$，流量比尺 $\lambda_Q=\lambda^2\lambda_V=27885.6$。

1. 模型心滩长宽比的确定

沙市三八滩历年的长宽比(以航行基面为基准面)如表 5-3 所示。从表中可看出，沙市三八滩的长宽比的范围为(3.3∶1)～(3.5∶1)。概化的模型心滩的最长处为 4m，最宽处为 1.2m，长宽比为 3.33∶1。

表 5-3　三八滩长宽比

心滩	所在江段	日期(年.月)	收缩比
沙市三八滩	上荆江	2003.1	3.45∶1
		2003.10	3.46∶1
		2004.1	3.34∶1
		2005.9	4.13∶1
		2007.8	3.48∶1

2. 收缩比的确定

对历年沙市三八滩引起的河道收缩比进行统计，如表 5-4 所示。

三八滩所引起的河道收缩比平均值 $\bar{\mu}=0.405$，心滩概化时取收缩比 $\mu=0.40$。直槽水槽宽 $B=3\text{m}$，模型心滩底宽 $L=\mu\cdot B=1.2\text{m}$，模型心滩平面形态与三八滩平面形态相似。

表 5-4 三八滩所引起的历年河道收缩比

心滩	所在江段	日期(年.月)	收缩比
沙市三八滩	上荆江	2001.11	0.364
		2002.11	0.421
沙市三八滩	上荆江	2003.12	0.478
		2004.1	0.468
		2005.9	0.366
		2007.8	0.33

3. 模型心滩滩头轴线与水流来流方向的夹角的确定

从历年三八滩滩头轴线与水流方向的夹角表(表 5-5)中可以看出，虽然 2002 年 11 月夹角为23°，但在这种情况下，三八滩形态历时较短，缺乏代表性，因此，夹角的范围为 8°～15°。大流量时，对于微弯河段，水流趋直，也存在水流流向与滩头轴线夹角为 0°的情况。所以，心滩概化时，取滩头轴线与水流来流方向的夹角为 8°来进行分析。

表 5-5 三八滩与水流来流方向的夹角

心滩	所在江段	日期(年.月)	滩头轴线与水流夹角
沙市三八滩	上荆江	2001.11	偏左岸 15°
		2002.11	偏左岸 23°
		2003.10	偏左岸 8°
		2003.12	偏左岸 13°
		2004.1	偏左岸 11°
		2007.8	偏左岸 8°

4. 模型心滩高度的确定

从近期沙市河势图可以看出，原型三八滩滩顶高程在 35m 左右。概化时，原型滩体高度取航行基面以上的滩体高度，约为 6m，模型比尺 $\lambda=60$，得模型心滩高度为 $h=10\text{cm}$。

5. 模型心滩坡率的确定

根据原型三八滩 30m 和 35m 等高线确定的三八滩滩体特征值，通过计算，可以得出，模型心滩长度方向的坡率为 1∶9，宽度方向的坡率为 1∶5。

5.1.3 护心滩建筑物模型设计

试验选择三种护心滩建筑物，即软体排护滩带、四面六边透水框架和鱼骨坝，研究护滩后心滩附近水流结构。

1. 软体排护滩带的模拟

护心滩软体排模型材料与制作方法与第 4 章护滩软体排模型一致。

2. 四面六边体透水框架的模拟

1)模型透水框架的几何特性

原型砼四面六边体透水框架是一种预制的钢筋混凝土构件，由六根长度相等的杆件相互连接构成，是正三棱椎体(图 5-2)。

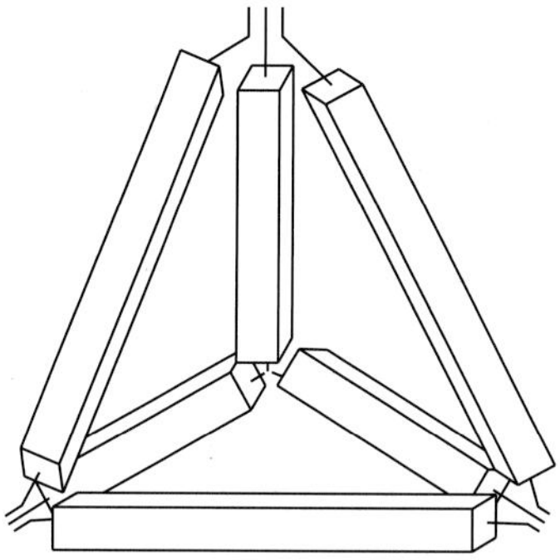

图 5-2　四面六边体透水框架结构示意图

框架在 1∶60 比尺下的模型几何尺寸为 1.7mm×1.7mm×16.7mm(长×宽×高)，质量为 0.669g，密度为 2400kg/m^3，横断面面积为 2.78mm^2。原型与模型几何尺寸对比图如图 5-3 所示。

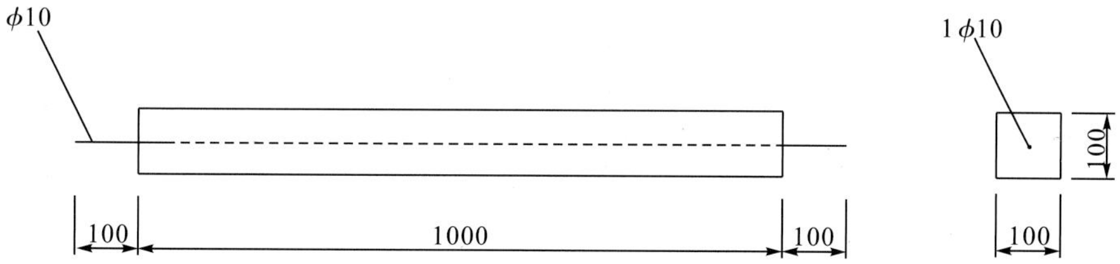

(a)原型

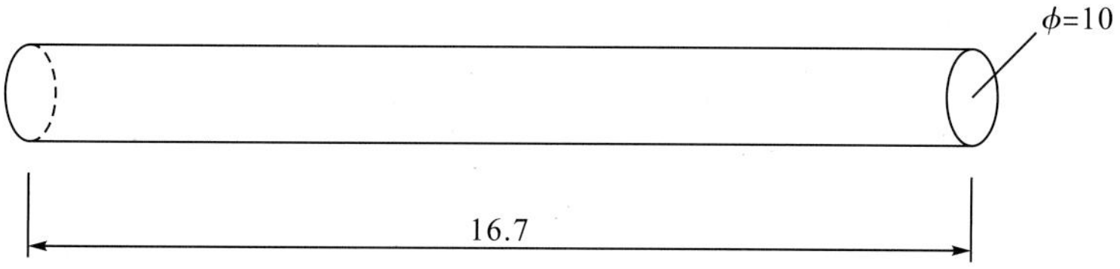

(b)模型

图 5-3　杆件原型与模型几何尺寸对比图(单位：mm)

2)模型透水框架的材料选择与加工制作

因为严格按照比尺计算出来的杆件中心钢筋直径 ϕ=0.17mm，质量很小，可忽略不计，所以模型透水框架没有考虑杆件中间钢筋的模拟。经过反复试验研究，最终采用直径 ϕ=1.8mm 的铝条来模拟杆件。透水框架制作完成后，随机抽取 20 个称重，得到单个透水框架质量约为 0.693g，与按比尺设计模型透水框架质量(0.669g)相对误差不超过 5.0%；单根杆件的横断面面积为 2.54mm^2，与按比尺设计模型杆件横断面面积的相对误差约为 8%，符合要求。加工完成后的模型透水框架以及试验时的透水框架群如图 5-4 所示。

图 5-4　模型透水框架实物图

3. 鱼骨坝的模拟

1)护心滩鱼骨坝的设计

鱼骨坝也称梳齿坝，由顺水流方向的顺坝和垂直于顺坝的刺坝组成。顺坝用于分流和归顺水流方向；刺坝用于调节环流的运动，并增强坝体的稳定。目前鱼骨坝尚无成熟的设计理论，国内工程实例不多。已建的鱼骨坝有湘江下摄司滩鱼骨坝，由八座横向格坝与一座中心顺坝组成，在建的有长江陆溪口新洲的洲脊顺坝、东流水道鱼骨坝等。这些实际工程，一般建在江心洲(滩)前洲头低滩上，尾部与江心洲(滩)首部连在一起，而很少有工程实例把鱼骨坝工程布置在心滩滩体上。试验中护心滩鱼骨坝的设计，参考借鉴了目前在航道整治中的鱼骨坝工程实例经验，以及南京水利科学研究院的鱼骨坝工程研究成果，模型平面布置与断面尺寸如图 5-5 所示。

2)护心滩鱼骨坝的制作

定床试验时，主要研究鱼骨坝工程对河道水流流场的影响，不考虑鱼骨坝的变形和心滩的泥沙冲刷，所以在定床试验中，模型护心滩鱼骨坝可由砼砂浆筑成，仅考虑几何形态相似，忽略鱼骨坝变形的影响。

清水冲刷试验时，以鱼骨坝的破坏变形和心滩、河床的冲淤变化为研究内容，由砼砂浆筑成的整体鱼骨坝已不适用，需重新选择材料与制作方法，以满足动床试验时鱼骨坝破坏变形相似。长江中游的航道整治鱼骨坝工程一般采用抛石坝，干砌浆石护面。根据几个典型滩段的坝体块石规格(表 5-6)可知，一般采用重 20～50kg、直径 0.24～0.33m 的块石。如果在概化模型试验中采用碎石来模拟坝体块石，则 $\gamma_{sP}=\gamma_{sm}=2.65\text{t/m}^3$，重量比尺 $dW=d\,\nabla=\lambda_L^3$，即采用与原型性质一致的碎石时，只要满足几何尺度相似，就可达到重量相似。因概化模型比尺 $\lambda_L=\lambda_H=60$，所以相应的碎石直径为 4～5mm，用这种直径范围的小碎石在模型心滩上按照鱼骨坝设计图筑成鱼骨坝模型。试验证明，模拟效果比较理想，能较好地模拟鱼骨坝护心滩工程的破坏与变形。

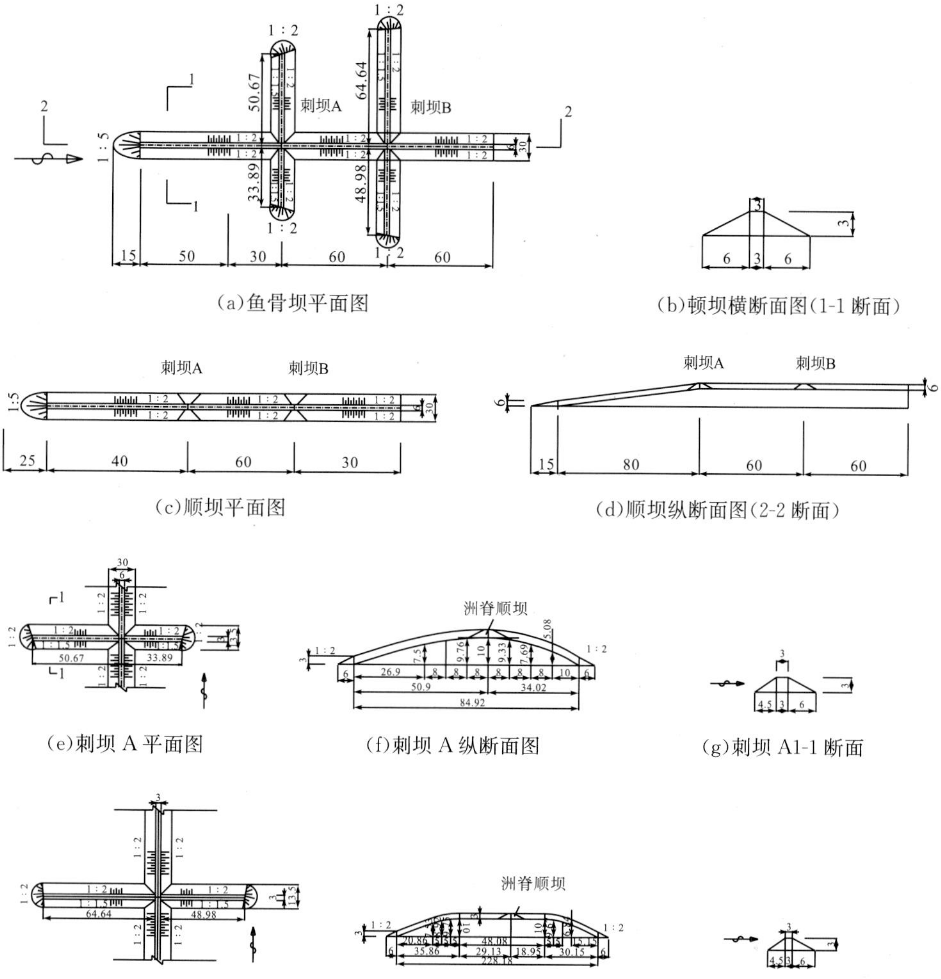

(a)鱼骨坝平面图　(b)顿坝横断面图(1-1 断面)

(c)顺坝平面图　(d)顺坝纵断面图(2-2 断面)

(e)刺坝 A 平面图　(f)刺坝 A 纵断面图　(g)刺坝 A1-1 断面

(h)刺坝 B 平面图　(i)刺坝 B 纵断面图　(j)刺坝 B1-1 断面

图 5-5　模型护心滩鱼骨坝平面布置与断面图

表 5-6　长江中游主要滩段护滩工程的水流、床沙及筑坝石料情况

河段	床沙 d_{50} 范围	水流情况	块体块石规格
天兴洲	单一河槽 0.113～0.225mm 左汊 0.028～0.191mm 右汊 0.088～0.27mm	一般 0.6～1.6m/s 枯季表面最大 2.0m/s 洪季表面最大 3.0m/s	护面块石≥30kg 填芯块石≥20kg
东流	0.12～0.22mm	平均流速 0.91～1.35m/s	干砌护块面石≥50kg 填芯块石≥20kg
陆溪口	0.11～0.23mm	1.38～1.51m/s	块石≥30kg
马家咀	0.021～0.225mm		块石≥30kg
周天	0.17～0.224mm	0.8～2.3m/s	

护心滩鱼骨坝定床试验和清水冲刷试验模拟图，如图 5-6 所示。

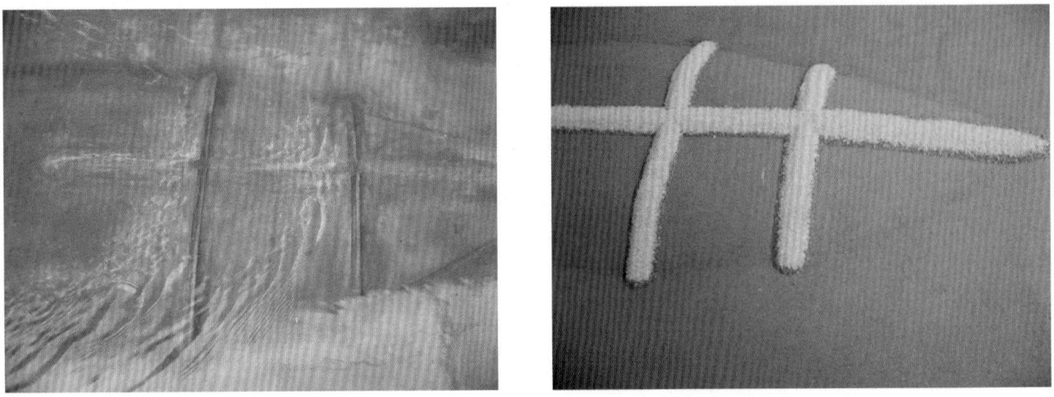

图 5-6　护心滩鱼骨坝定床试验和清水冲刷试验模拟图

5.2　护心滩建筑物试验设计

5.2.1　清水定床试验

定床试验在长 25m、宽 3m、高 0.6m 的矩形水槽中进行。根据整治目的及实验要求，选择软体排护滩带，四面六边透水框架和鱼骨坝三种护滩建筑物，研究有无护滩建筑物时心滩附近的水流结构。

1. 试验方案设计

(1)流量。为了研究不同流量情况下心滩附近的水流流态，流量分别采用 80.64L/s、105.56L/s 和 131.70L/s 三级流量；

(2)水深。为了研究不同水深情况下心滩附近的水流流态，根据历年水文资料及试验研究目的，并结合无护滩建筑物时的实验结果，选取未淹没、轻度淹没、中度淹没和深度淹没情况下的 10cm、14cm、17cm 和 20cm 四种水深。

(3)定床试验组合。根据前面两种因素的变化，进行试验设计，列出定床试验组合情况如表 5-7 所示。

表 5-7　定床试验工况表

工况				流量/(L/s)	控制水深/cm	模型滩顶流速/(m/s)	原型滩顶流速/(m/s)	淹没状态
无护滩	软体排	透水框架	鱼骨坝					
1	R_1	T_1	Y_1	80.64	14	0.25	1.94	轻度
2	R_2	T_2	Y_2	105.56	10	0.321	0	恰好
3	R_3	T_3	Y_3	105.56	14	0.31	2.40	轻度
4	R_4	T_4	Y_4	105.56	17	0.27	2.09	中度
5	R_5	T_5	Y_5	131.70	14	0.41	3.17	轻度
6	R_6	T_6	Y_6	131.70	20	0.28	2.17	深度

2. 护心滩建筑物布置方式及断面布置

软体排护滩带从滩头到 8＃断面，护滩面积约占心滩总表面积的 1/3，由于护滩带表面比较平整，测试断面与无护滩建筑物时相同，如图 5-7(a)所示。

四面六边透水框架的抛投区域也是从滩头到 8＃断面，透水框架角角相连被粘贴在滩面上，呈条状间隔分布，在总结前人的研究成果基础上，选择透水框架群宽度和其间间隔长度均为 20cm。在透水框架抛投区域加密了测试断面，在透水框架群中部及两个边缘如果没有测试断面，则在此处增加测试断面，在 8＃断面下游 10cm 处也增加了一个测试断面，如图 5-7(b)所示。

鱼骨坝的布置方式为顺坝沿心滩脊线从滩头前沿 15cm 处到 9＃断面，两条次坝的轴线分别与 7＃和 8＃断面重合。测试断面根据研究需要也进行了加密，顺坝坝头、刺坝两侧边缘、7＃和 8＃断面中间及 8＃和 9＃断面中间处均增加了测试断面，如图 5-7(c)所示。

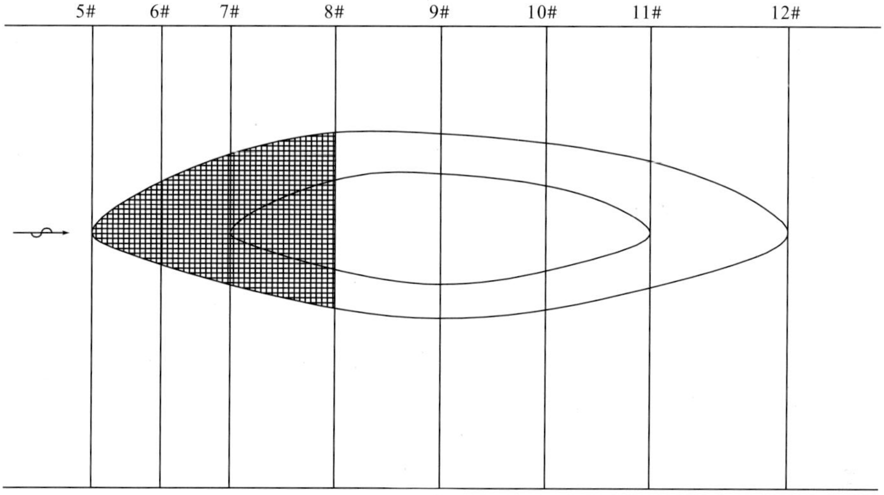

(a)软体排护滩带

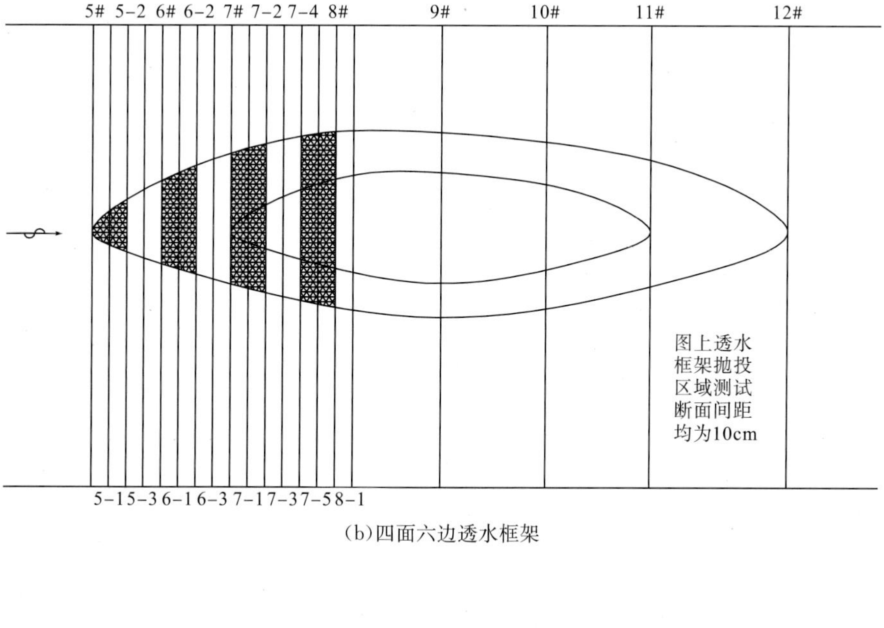

(b)四面六边透水框架

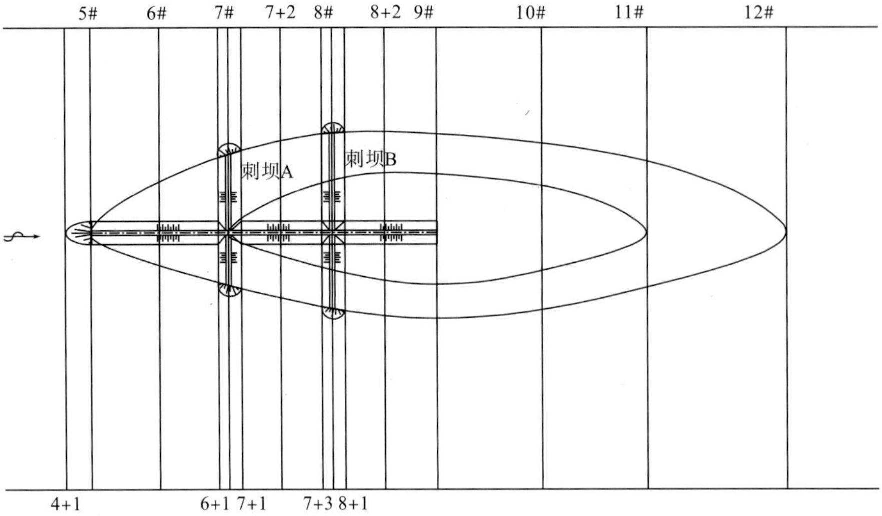

(c)鱼骨坝

图 5-7 护心滩建筑物布置方式及断面布置

3. 观测内容

(1)观察各工况下的流速分布情况，测定水质点运动速度的大小及方向。软体排护滩带与无护滩建筑物时一样选取 15 个测试断面；四面六边透水框架和鱼骨坝的测试断面除了无护滩建筑物时的 15 个断面外，对于不同的护滩建筑物，根据研究目的，在建筑物周围加密了测试断面，每个断面上仍然选取 14 个点，采用三点法(0.2h、0.6h 和 0.8h)测定各点的平均流速。

(2)观测各工况下的水面线，研究河段的横比降和纵比降，用水位测针来量测沿程水位，读取精度可达到 0.1mm。

(3)观测各工况下有护滩建筑物时心滩附近的水面流态。

(4)观测各工况下有护滩建筑物时的水流紊动情况。

5.2.2 清水冲刷试验

清水冲刷试验，也在重庆交通大学省部级水利水运工程重点实验室自行建造的长 25m、宽 3m、高 0.6m 的矩形水槽中进行。根据模型比尺，在水槽底部平铺试验沙厚 20cm、长 25m 的动床段，在模型心滩所在的位置用模型沙塑造出心滩形态，模型沙级配由所在河段实测级配根据模型比尺计算确定，然后将护心滩建筑物模型按照护滩方案摆在模型心滩上，通过清水冲刷试验，研究长江中下游护滩工程中广泛使用的这三种护滩建筑物在心滩上应用时的护滩效果，以及心滩在守护后的泥沙运动规律和冲刷变形特性。

1. 试验方案设计

清水冲刷试验工况如表 5-8 所示，工况设计以水流淹没心滩时滩上流速为主要参考因素，而且既要考虑同一典型水深条件下有三组流量，又要考虑同一典型流量条件下有三组水深。

表 5-8　心滩守护时清水冲刷试验工况表

工况			流量/(L/s)	控制水深/cm	模型滩顶流速/(m/s)	原型滩顶流速/(m/s)	心滩淹没状态
软体排	透水框架	鱼骨坝					
R_A	T_A	Y_A	80.64	14	0.25	1.94	轻度
R_B	T_B	T_B	105.56	10	0.31	0	恰好
R_C	T_C	Y_C	105.56	14	0.31	2.40	轻度
R_D	T_D	Y_D	105.56	17	0.27	2.09	中度
R_E	T_E	Y_E	131.7	14	0.41	3.17	轻度
R_F	T_F	Y_F	131.7	20	0.28	2.17	深度

清水冲刷试验主要观测：各种工况下整个铺沙段的泥沙运动和冲刷变形；滩体周围冲刷坑的形成、发展和平衡状况以及冲刷坑的深度及范围；滩体的破坏程度和范围等。另外，还需记录、拍摄冲刷坑的发展变化过程，冲刷坑的深度、范围与水流流速和护心滩建筑物类型的关系等。

2. 护心滩建筑物守护方案设计

1)软体排护滩带守护方案

软体排护滩带从滩头 5＃断面守护到滩体中上部 8＃断面，守护面积约占心滩总表面积的 1/3，在心滩与河床交界的滩底边缘处，护滩带采取预埋处理措施，预埋深度为 5cm。因软体排护滩带属于平铺型护滩，表面较平整，对河道流场改变较小，故护滩带守护方案时，测试断面与未护滩时保持一致。软体排护滩带守护心滩试验照片如图 5-8 所示。

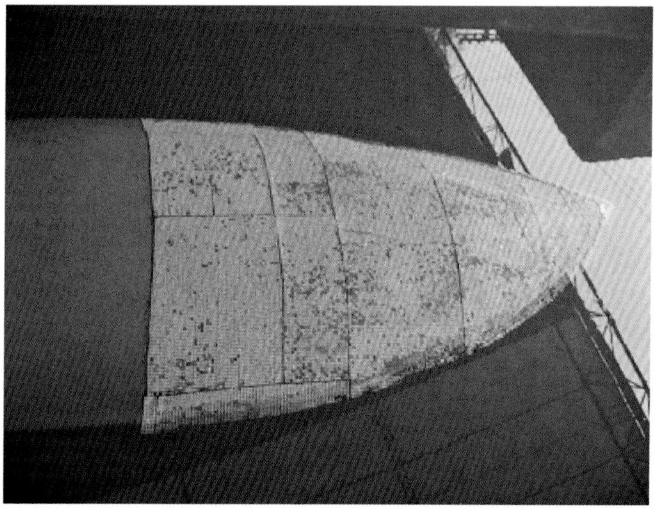

图 5-8　软体排护滩带守护心滩试验照片

2)四面六边体透水框架群守护方案

四面六边形透水框架群的抛投区域也是从滩头 5＃断面到滩体中上部 8＃断面，以四个透水框架角角相连在一起为一组，每组紧密相连排布在滩面上单层排布，呈条状间隔分布。在总结前人研究成果的基础上，选择透水框架群宽度和间隔长度均为 20cm。由于透水框架群增加了滩体的高度，对滩面流场及水面比降改变较大，所以在透水框架抛投区域加密了测试断面，分别在透水框架群中部及两个边缘增加了测试断面，8#断面下游10cm处也增加了一个测试断面。四面六边体透水框架守护心滩试验照片如图5-9所示。

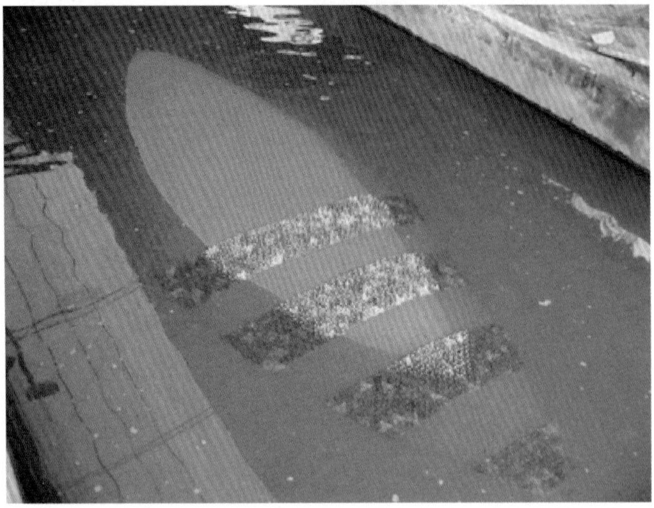

图5-9　四面六边体透水框架守护心滩试验照片

3)鱼骨坝守护方案

试验用鱼骨坝模型由直径为4～5mm的小碎石组成，在模型心滩上按照鱼骨坝设计图堆筑而成。鱼骨坝的布置方式为：顺坝沿心滩脊线从滩头前沿15cm处到滩体最宽处9#断面，两条刺坝的轴线分别与7#和8#断面重合。因鱼骨坝护滩以后，对滩面流场及水面比降改变较大，故滩面流场测试断面根据研究需要也进行了加密，顺坝坝头、刺坝两侧边缘、7#和8#断面中间及8#和9#断面中间均增加了测试断面，鱼骨坝守护心滩试验照片如图5-10所示。

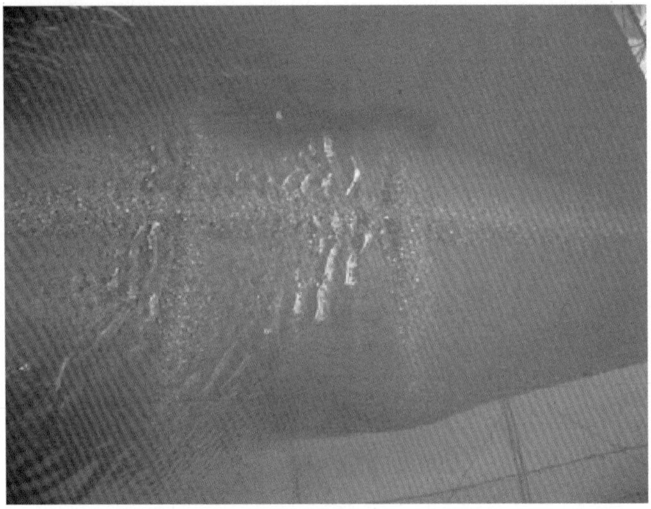

图5-10　鱼骨坝守护心滩试验照片

5.3 软体排护滩带的稳定性研究

软体排护滩带是近年来在长江航道整治中研究出来的一种新型整治建筑物，其主要作用是保护较为高大完整的边滩、心滩在水流作用下免遭破坏，进而达到保护滩体，稳定航槽的作用。目前在长江中下游航道整治中广泛运用，已经成为长江中游航道整治的重要手段之一，并且取得了良好的整治效果和一定的整治经验。但由于软体排所护滩体多处于流速较大，流态紊乱，水流条件复杂的河段，所以软体排水毁现象时有发生。

5.3.1 软体排周围的水流结构

1. 水面线分布

1)纵向水面线变化

受心滩及护心滩建筑物影响，纵向水面线会发生明显的变化。汊道水位沿程变化趋势一致且水位值相差很小，水槽中轴线沿程水位变化趋势与汊道水位沿程变化趋势有明显不同。

图 5-11～图 5-13 分别为工况 R_1、R_4、R_6 纵向水面线变化图，从图中可知，沿程水位变化可以分为三段：①心滩上游的缓变段，水流受心滩的影响较小，水面线沿程缓慢降低；②水位骤变段，随着水流行进心滩，受心滩压缩影响，流速明显增大，水流部分位能转化为动能，水位明显降低，水位的最低点位于心滩中部的 10＃断面附近，水位降幅与控制水深及来流流量等有关，同一流量下，控制水深越小，降幅越剧烈，同一控制水深下，流量越大，降幅越剧烈；③水位恢复段，水位骤降后在心滩中部的 10＃断面达到最低点，随后水位开始回升，水面出现倒比降，在到达一个最高点时，水位平缓下降，逐渐恢复到原来的状态。具体表现为，上游单一段(1＃～3＃断面)中轴线与汊道水位变化趋势一致，但中轴线水位要略低于汊道水位；进入分流区(4＃～6＃断面)中轴线水位要略高于汊道水位，这是由于心滩的存在，使此区域产生局部壅水，水位抬高，在 4＃或 5＃断面处达到最大值；滩顶前区(7＃～10＃断面)水位急剧下降，水位最低点位于10＃断面，这是由于 10＃断面为汊道展宽段的第一个断面，水位从滩顶前沿跌落至此后，由于滩尾水流交汇产生壅水，使水位逐渐开始上升；滩顶后区至滩尾水面呈逆坡，在滩尾处水位达到最大值；下游单一段水面回归正常。这说明水流所受阻力分汊段明显大于单一段。

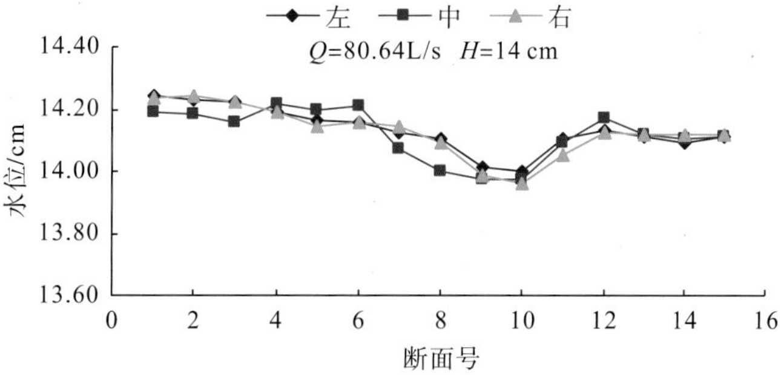

图 5-11　工况 R_1 纵向水面线变化

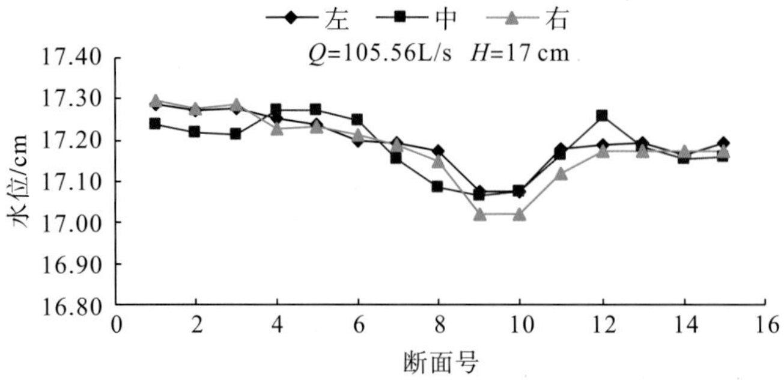

图 5-12 工况 R_4 纵向水面线变化

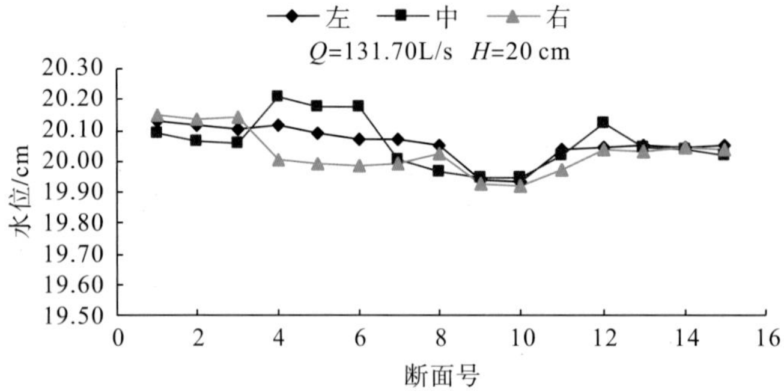

图 5-13 工况 R_6 纵向水面线变化

控制水深一定的情况下，选定工况 R_1($Q=80.64$L/s，$H=14$cm)、工况 R_3($Q=105.56$L/s，$H=14$cm)和工况 R_5($Q=131.70$L/s，$H=14$cm)分析纵向水面线沿程变化规律。三种工况纵向水面线沿程变化趋势一致，即水位先降后升，在 9# 或 10# 断面水位达到最小值，不同的是沿程比降的变化，随着流量的增加，比降也随之增大(图 5-14)。流量一定的情况下，选定工况 R_2($Q=105.56$L/s，$H=10$cm)、工况 R_3($Q=105.56$L/s，$H=14$cm)和工况 R_4($Q=105.56$L/s，$H=17$cm)分析纵向水面线沿程变化规律，纵向水面线沿程变化趋势一致，不同的是沿程比降的变化，随着水深的增加，比降随之减小(图 5-15)。

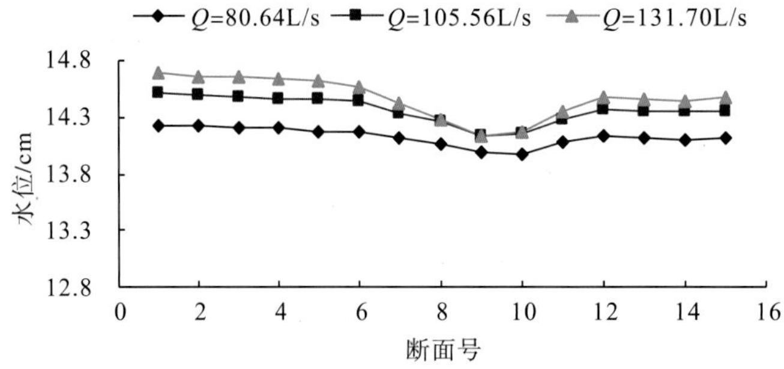

图 5-14 控制水深一定时纵向水面线变化

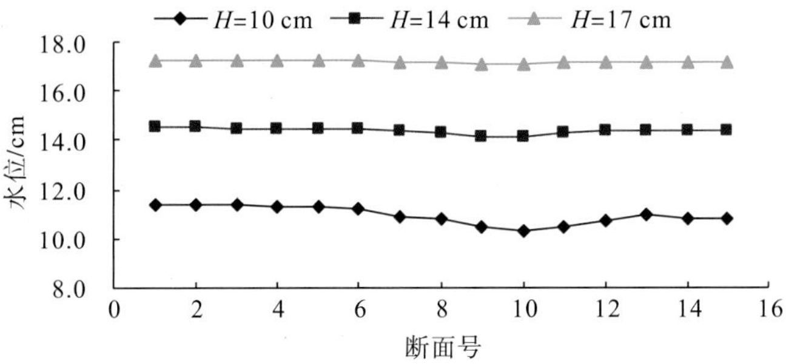

图 5-15　流量一定时纵向水面线变化

2)横向水面线变化

由于心滩和软体排护滩带对水流的干扰作用明显，因此在心滩附近横向水面线将发生变化。分别选取心滩上游的 1＃断面，心滩头部，中部和尾部的 5＃、8＃和 12＃断面以及心滩下游的 15＃断面，分析不同因素对各个断面横向水面线分布的影响，如图 5-16 所示。从图 5-16 可以看出，几种不同工况下，1＃断面的横向水面线都近似呈一条直线，水流平稳。水流在 5＃断面受到心滩的壅水作用，断面中部的水位被抬高，水流向两侧开始分流，因此出现中间高两侧低，横向水面线为“∧”形，8＃断面的水位为整个测区内水位最低处，属于水位骤变区，主要是水流在心滩头部受到阻挡，水位抬高，动能转化为势能导致的。随后水流向两侧汊道内分流，势能又逐渐转化为动能，加上心滩的挤压作用，流速迅速增大，因此水位降低，横向水面线为“∨”形。在滩尾的 12＃断面，横向水面线与 5＃断面相似，但机理却不相同。水流出汊后，从汊道流出的两股水流在滩尾稍下游交汇，并在汇流区引起强烈紊动，流速降低，因此中间的水位较两侧高，水面线为“∨”形。随着水流向下游行进，掺混作用逐渐减弱，至 15＃断面处，横向水面线近似成一条直线，水流平稳。在心滩附近的水流横向变化幅度与来流流量和控制水深都有一定的关系。

在流量相同的情况下，控制水深越大，水面线的横向变化越小，且各个断面上的水位差越小，水流相对更加平稳。

在同一控制水深下，来流流量越大，水面线的横向变化越大，且各个断面上的水位差越大，水流相对比较紊乱。

横向水面线随流量的变化以水深均为 14cm 的工况 R_1、工况 R_3 和工况 R_5 为例进行分析。水深相同时，以进口 1＃断面为例，壅水程度随流量的增大而增大，这是因为控制水深一定时，流量越大，流速越大，则心滩的阻水作用越强，对水面的影响越大，具体变化情况见图 5-17。

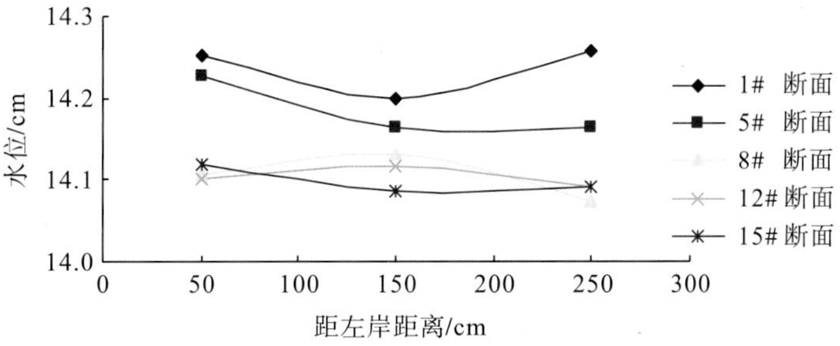

(a)Q=80.64L/s，H=14cm

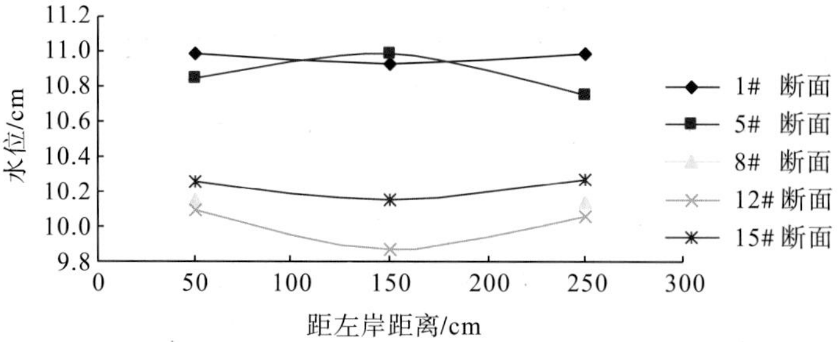

(b)Q=105.56L/s，H=10cm

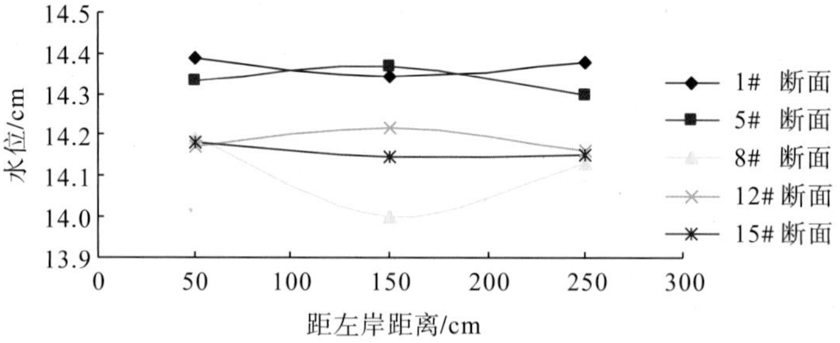

(c)Q=105.56L/s，H=14cm

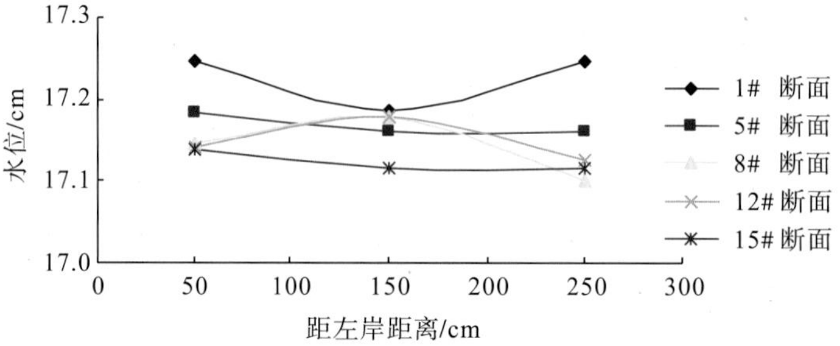

(d)Q=105.56L/s，H=17cm

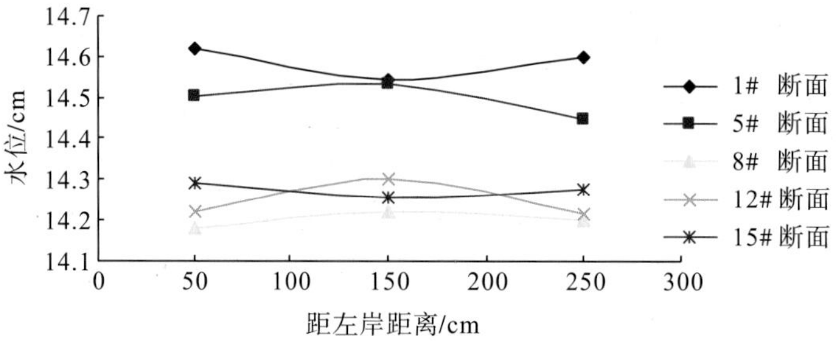

(e)Q=131.70L/s，H=14cm

图 5-16　软体排护滩的横向水面线变化图

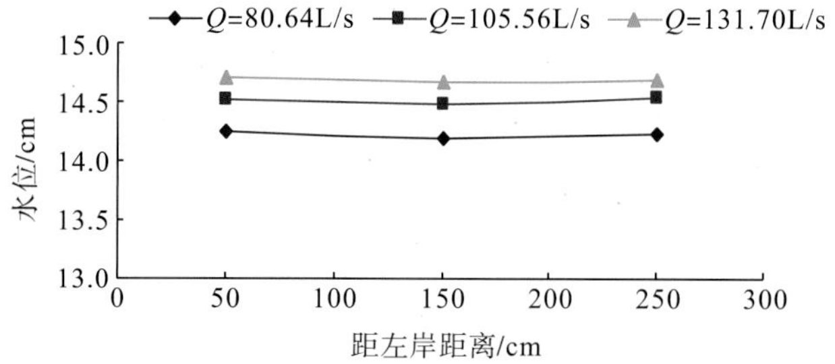

图 5-17　控制水深一定时横向水面线随流量变化

2. 流速分布

由于心滩和软体排护滩带的存在，对水流的干扰作用明显，因此在心滩附近流速将发生变化。分别选取了心滩上游的 1＃断面，心滩头部，中部和尾部的 5＃、8＃和 12＃断面以及心滩下游的 15＃断面，分析不同因素对各个断面垂线平均流速的影响。

1)相同控制水深时不同流量对断面平均流速的影响

图 5-18 为控制水深为 14cm 时，三级流量下（Q 为 80.64L/s、105.56L/s、131.7L/s)1＃、5＃、8＃、12＃、15＃断面的平均流速对比关系图。

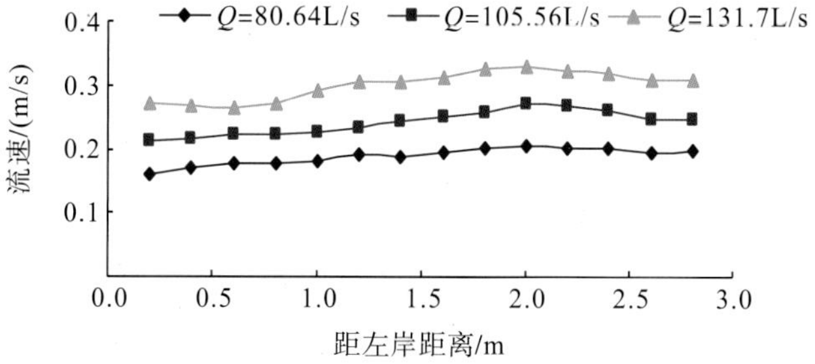

(a)1＃断面

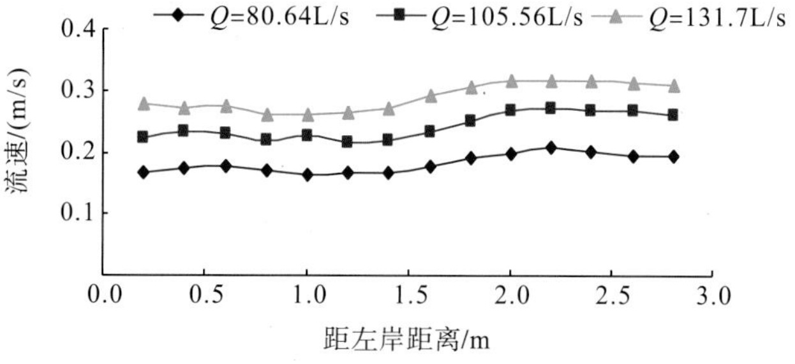

(b)5＃断面

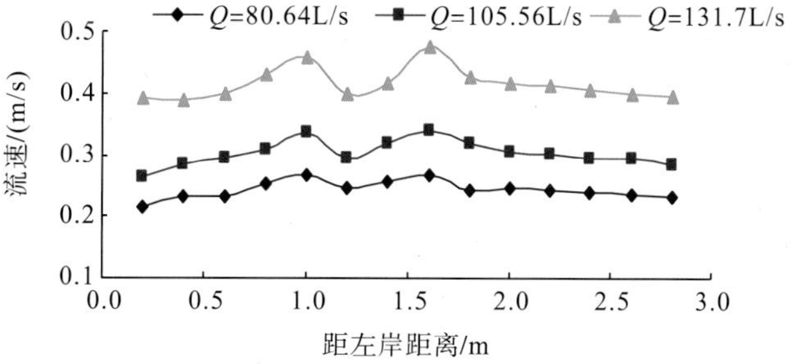

(c)8＃断面

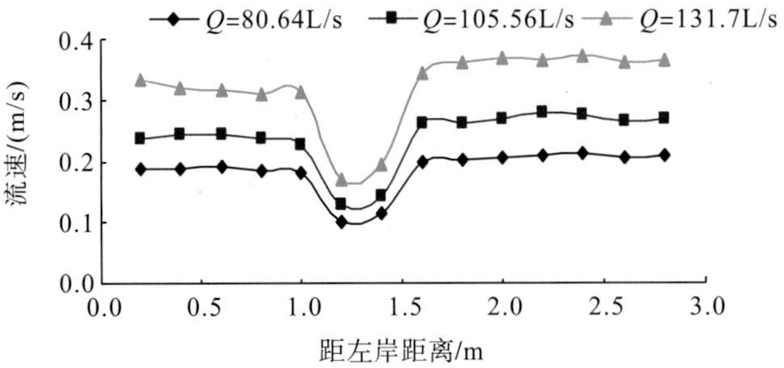

(d)12#断面

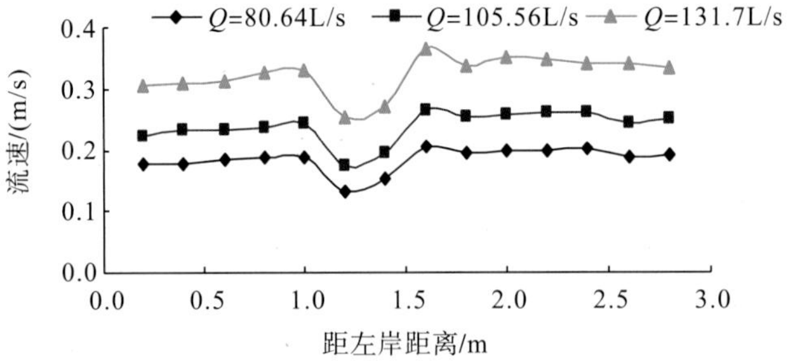

(e)15#断面

图 5-18 同一水深不同流量下断面平均流速对比图

由图 5-18 可以看出，断面上各个点的流速都有随着流量加大而增大的趋势。从各个断面流速的横向分布来看，在心滩上游(1#断面)，流速沿断面分布均匀，近似成一条直线，水流受到心滩干扰较小。在心滩头部(5#断面)，水流已经受到滩体的阻力作用，在横断面上，流速最低的位置在距离左岸 1m 到 1.2m 处，为心滩头部的位置，但由于心滩前沿的坡度较缓，流速减小幅度不大。在心滩中部(8#断面)，流速的横向分布为：自两侧向滩体流速逐渐加大，在滩脊线两侧的流速由于受到滩面阻力的影响，存在小幅回落，说明水流在漫滩后仍保持较大流速，这对于护滩带下游未护滩体的稳定非常不利。在滩体尾部(12#断面)，流速自两侧向心滩变化不大，但在滩体尾部的两个测点，流速明显减小，主要是因为水流在流出汊道后，两股水流交汇从而形成强烈紊动，导致流速大幅度降低，且流量越大，流速的降低幅度越明显。在滩体下游(15#断面)，流速的横向分布与滩尾非常类似，两侧水流流速平稳，而在断面中部流速较低，流速降低的幅度与流量成正比。结合 12#和 15#断面的流速分布，可以看出水流从汊道流出后在滩体下游形成一条较长的低流速带，在动床试验中可以在滩体下游形成一条较长淤积带。

2)相同流量时不同控制水深对断面平均流速的影响

图 5-19 流量 Q 为 105.56L/s 时，三种水深情况下(H 为 10cm、14cm、17cm)1#、5#、8#、12#、15#断面的平均流速对比关系。

由图 5-23 可以看出，断面上各个点的流速的大小、变化幅度与控制水深有很大的关系。1#断面的三种水深条件下，流速沿横断面分布均匀，水流平稳。在 5#断面，流速在心滩头部位置略有减小，且水深越小，减小幅度越大。在 8#断面，由于水流归槽的原因使得滩槽交接处的流速变化幅度较大。滩体尾部的 12#断面上，水流出汊道后形成的强烈掺混导致在心滩尾部存在一个低流速区，在 H=10cm 时，横断面上流速从距左岸 0.6m 的测点就开始变小，一直到距左岸 1.3m 测点才开始回升，并且流速减小的幅度很大。造成这种现象的主要原因是：当 $H=10$cm 时，心滩处于非淹没状态，水流从汊道流出在滩尾稍下游地方汇合所产生的掺混比同流量淹没情况下的水流交汇时产生的掺混强度剧烈得多。心滩淹没后，滩体的束水作用大大降低，因此在滩尾形成的紊动也较非淹没情况平缓得多。在滩体下游的 15＃断面，在 $H=10$cm 工况下，在横断面上仍然有个小流速区，但流速减小的幅度却没有 $H=14$cm 和 $H=17$cm 两种工况下明显。其原因是 $H=10$cm 工况下，在汇流区形成的强烈紊动所产生的漩涡在向下游运动过程中，漩涡不断向两侧扩散。另外，由于漩涡的旋度较大，对周围水体的影响较强，所以在 15＃断面，流速较低的区域比较宽。

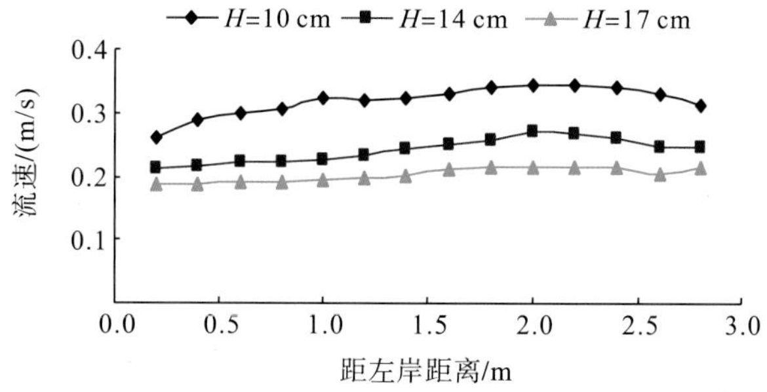

(a)1＃断面

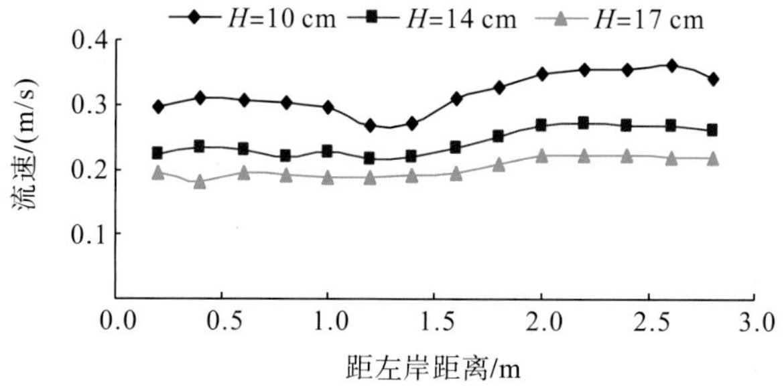

(b)5＃断面

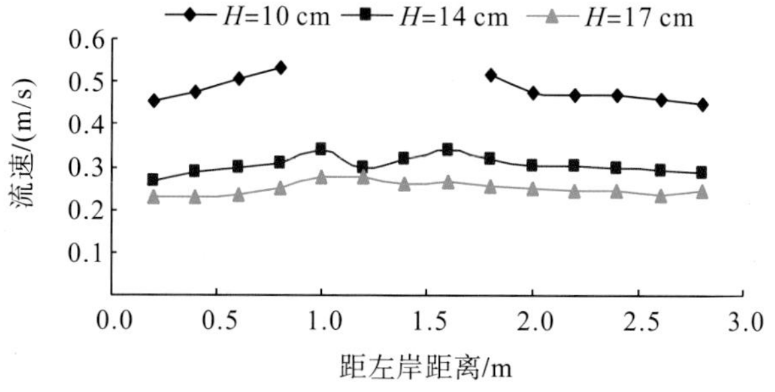

(c)8＃断面

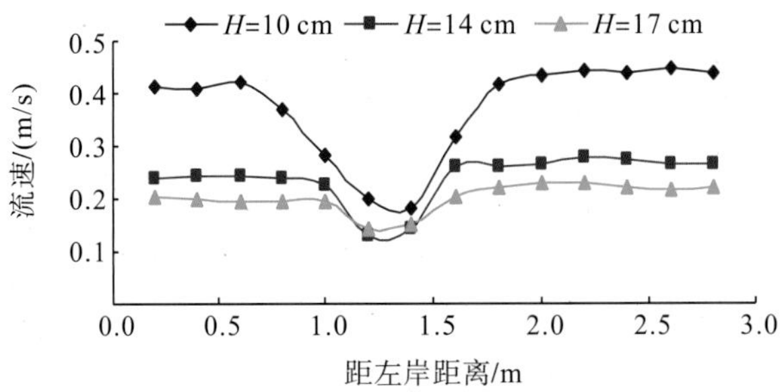

(d)12#断面

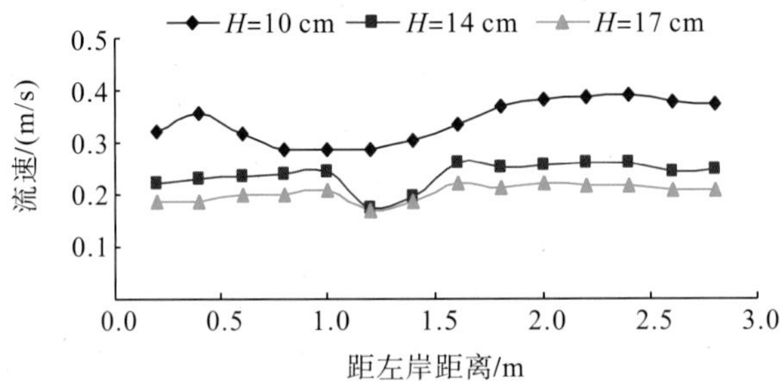

(e)15#断面

图 5-19　不同水深下断面平均流速对比图

5.3.2　软体排守护时河床变形分析

因心滩为相对独立的水下淤积体，经常处于强烈的漫滩水流和纵向水流的共同作用下的强冲刷状态，所以在护滩带平面布置形式选择上，单纯采用条状间断守护型，或者是间断守护与集中守护相结合型，都不足以起到保护滩体免受冲刷破坏的作用。因此，需要采用整体守护的方式加大守护范围和守护力度，如长江中游三八滩应急守护工程二期对三八滩进行守护，即是采取整体守护的方式进行的。为做到与原型保持一致，概化模型试验时，软体排护滩形式采用整体守护型，从滩头开始守护，守护面积占滩体总表面积的 1/3。经过清水冲刷试验后，分析冲刷后地形(图 5-20)，并结合试验过程中的冲刷破坏现象，得到心滩在护滩带守护后泥沙运动规律及冲刷变形特性。

(1)从整体上看，心滩采用软体排护滩带守护后，滩体的抗冲性有所增强，冲刷破坏程度大大减小，护滩效果比较明显。滩体被护滩带守护部分冲刷破坏甚微，仅在护滩带下游边缘因水流的淘刷作用冲刷带走一部分滩体泥沙。相对于守护部分，未被护滩带守护的滩体冲刷破坏则较为强烈，从表面来看，未守护滩体冲刷后的形状顺水流方向为“V”字形，滩体两侧因受到两汊水流的冲刷切削造成滩体宽度减小，而滩顶因漫滩水流较强的滩面冲刷作用，滩面高程明显降低，在护滩带下游边缘未被守护的滩顶表面会形成一陡坡，而在其两侧是较大的冲刷坑。左、右两汊也分别有冲刷深槽出现，深槽最深处出现在护滩带的下游边缘 8#断面和 9#断面之间。软体排护滩带也有破坏情况，表现为护滩带两侧边缘的预埋部分出露，以及下游边缘塌陷甚至形成陡坡并悬挂。

(a)冲刷初期，软体排下游滩体侧面和滩面出现细小沙纹

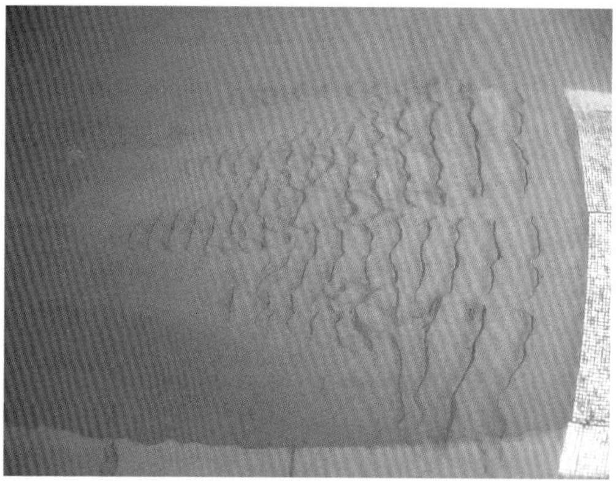

(b)沙纹逐渐发展贯穿整个滩面，并向下游滩面延伸

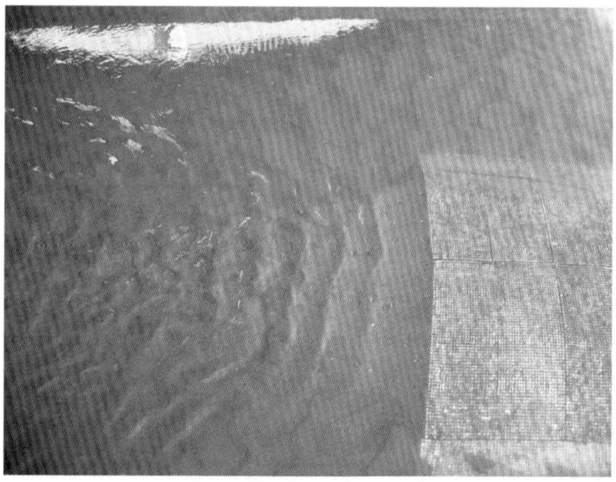

(c)随着冲刷历时的增加，软体排下游未护滩体逐渐被冲刷，两侧滩缘被切削

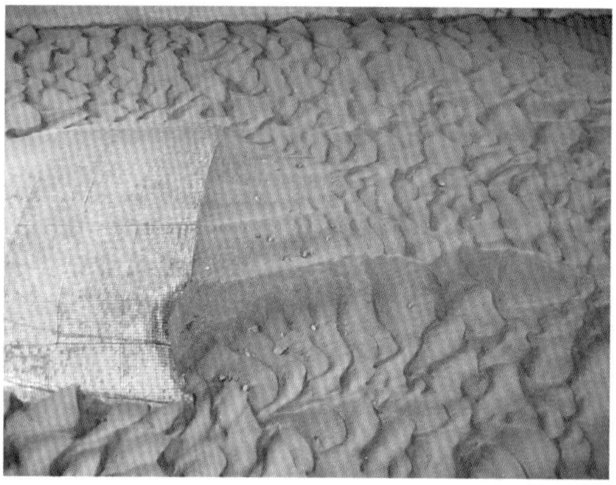

(d)放水结束后，软体排下游未护滩体被冲刷严重，未护滩体几乎消失

图 5-20　工况 R_C 冲刷过程中滩体变化图

(2)从冲刷过程上看，心滩在软体排护滩带守护后，河床冲刷变形的过程为：在护滩带下游边缘滩顶表面未守护部分因紊动水流的作用，最先有细碎的沙纹出现，随后细小沙纹遍布全滩，同时，滩体两侧护滩带下游边缘未被守护部分也有沙纹出现；随着冲刷历时的增长，滩顶的细小沙纹逐步发展为横向贯穿滩顶的较大的沙波，并与滩体两侧成长起来的沙波相连在一起，共同完成滩体的冲刷破坏。在滩顶冲刷过程中，因为被护滩带守护的滩顶没有遭到冲刷，滩顶高程变化甚小，而没有被护滩带守护的滩顶冲刷破坏严重，高程降低明显，所以在这两部分之间存在越来越明显的高程差，造成了水流的跌水现象，形成较为明显的水跃现象，而水跃的存在加强了水流的紊动，进一步加剧了滩面的冲刷。对左、右两个支汊而言，深槽最深处大体出现在 8# 断面和 9# 断面之间，因为滩体被守护的部分没有遭到冲刷，滩体宽度不会变化，而没有被守护的部分冲刷切削严重，滩体宽度变小，支汊槽宽变大，于是在护滩带下游边缘处对应的支汊下游，存在一突然放宽段，且放宽段的宽度随着冲刷历时的增长还会逐渐变宽，因此在放宽段的上游槽宽不会变化的河段，水流必然会对河床进行长时间的冲刷下切，形成深槽。

(3)相同流量下，并非心滩淹没程度越低，滩体冲刷破坏越严重。对比分析工况 R_B

(Q=105.56L/s，H=10cm)和工况 R_C(Q=105.56L/s，H=14cm)时的冲刷破坏情况。工况 R_B 时心滩处于刚好淹没状态，滩上水深为零，而工况 R_C 时滩上水深为 4cm，心滩没有守护时，工况 R_B 时的滩体冲刷破坏情况要比工况 R_C 时严重；但在心滩采取护滩带守护后，冲刷破坏情况却恰恰相反，工况 R_C 时的滩体冲刷破坏情况要比工况 R_B 时严重，原因在于滩体的冲刷是由滩顶上的滩面冲刷和滩体两侧的侧面冲刷组成的。心滩在采取护滩带守护以后，在冲刷过程中，被护滩带守护的滩体部分，起到了类似丁坝的作用，对下游未被守护的滩体起到了保护作用，促使左、右两支汊水流对滩体两侧的切削作用在达到一定程度后便衰减变弱。工况 R_B 时仅有滩体两侧的侧面冲刷作用于滩体，在上游被守护部分的保护作用下，两侧冲刷在达到一定程度后便衰减并逐渐稳定下来；而工况 R_C 时，除了滩体两侧的侧面冲刷作用外，还有滩顶处的滩面冲刷作用，滩面冲刷是一个不容忽视的一个削滩力量，在滩面上形成水跃，水流紊动强烈，冲刷能力强，因此工况 R_C 时心滩滩体的冲刷破坏情况要比工况 R_B 时严重。

(4)心滩淹没程度相同时，流量越大，水流流速越大，滩面冲刷和两侧冲刷能力越强，滩体冲刷破坏越严重。各种工况下软体排守护时冲刷后照片如图 5-21 所示。

(a)工况 R_A 时软体排守护冲刷后照片

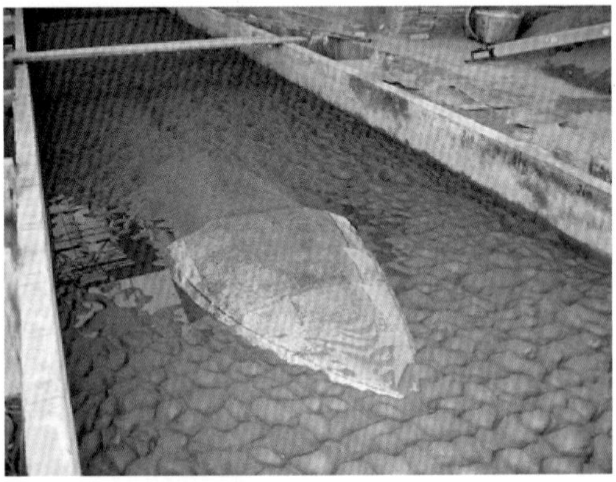

(b)工况 R_B 时软体排守护冲刷后照片

(c)工况 R_C 时软体排守护冲刷后照片

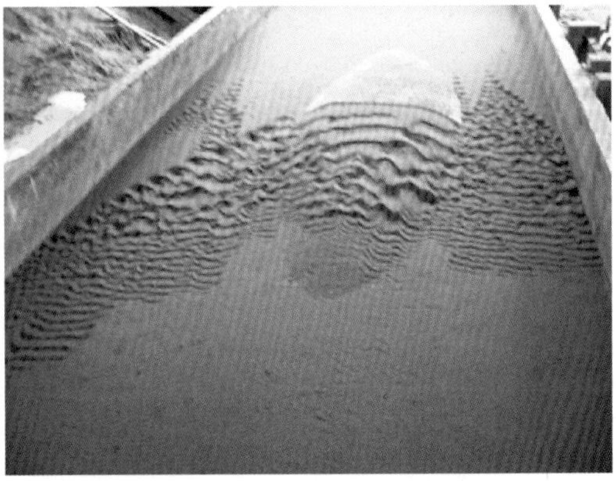

(d)工况 R_D 时软体排守护冲刷后照片

(e)工况 R_E 时软体排守护冲刷后照片

(f)工况 R_F 时软体排守护冲刷后照片

图 5-21　各种工况下软体排守护时冲刷后照片

5.3.3　软体排排体稳定性分析

1. 软体排稳定性的理论分析

根据以上提到的排体破坏形式，从以下几个方面对排体稳定性进行分析。

1)风浪作用下排体的稳定性

风浪作用下排体的稳定性可表示为

$$S_x = \frac{(\gamma_u - \gamma_a)\delta_m}{H\gamma_a} \tag{5-6}$$

式中，H 为浪高，按公式计算取 0.29m；δ_m 为排体厚度，m；γ_u 为排体材料重度，kN/m³；γ_a 为水重度，kN/m³。

2)排体的抗掀起稳定性

根据《水利水电土工合成材料应用技术规范》(SL/T225—98)规定，排体边缘不被掀起的条件是该处的流速必须小于某临界流速 V_{cr}，临界流速 V_{cr} 可表示为

$$V_{cr} = \theta\sqrt{\gamma' \times g \times \delta_m} \tag{5-7}$$

式中，γ'为排体的相对浮容重，kN/m³；g 为重力加速度，m/s²；δ_m 为排体的厚度，m；θ 为系数(由于沉排直接放在滩上，可取 1.4)。

通过对长江中下游采用的软体排进行验算，取 $\gamma'=16$ kN/m³，$g=9.8$m/s²，$\delta_m=0.12$m，得到 $V_{cr}=\theta\sqrt{\gamma'\times g\times\delta_m}=1.4\times\sqrt{16\times9.8\times0.12}=6.072$m/s。因此，长江中游的软体排的抗掀稳定性符合要求。

排体边缘流速可表示为

$$V = V_{水面}(Y/h_0)^x \tag{5-8}$$

式中，Y 为水下计算点距排块距离，m；h_0 为排前水深，m；x 为指数，取值为 1/3；$V_{水面}$为水面流速，m/s。

3)混凝土强度验算

假定混凝土块平放在沙滩上，按最不利荷载组合，混凝土块正中受集中荷载，混凝

土块标号为 C20，混凝土抗拉强度为 11kg/cm²，按倒置梁法计算集中荷载 P，受力图如图 5-22 所示。

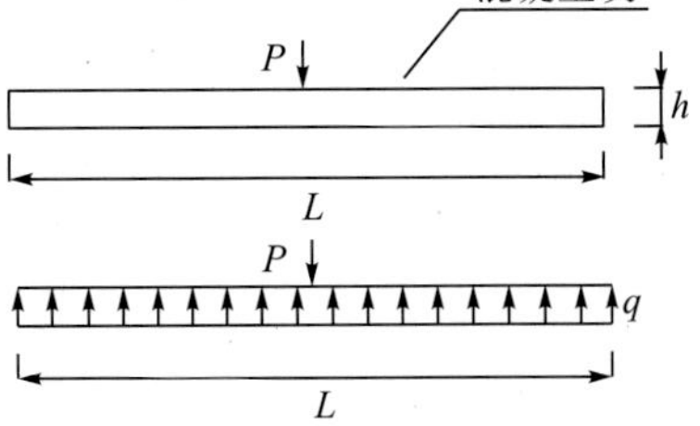

图 5-22 混凝土块受力图

受力平衡公式为

$$M_{\max} = qL^2/8 \tag{5-9}$$

其中

$$q = (k_1 P + k_2 G)/L \tag{5-10}$$

则

$$M_{\max} = (k_1 P + k_2 G)L/8 \tag{5-11}$$

又有

$$W = Lh^2/6 \tag{5-12}$$

$$M/W \leqslant F_t \tag{5-13}$$

式中，$M_{\max}$为最大弯矩；q 为地基反力；G 为混凝土块自重；L 为混凝土块边长；W 为混凝土块截面矩；F_t 为混凝土抗拉强度；k_1 为活荷载系数，取 1.4；k_2 为恒荷载系数，取 1.2。

联立式(5-9)～式(5-11)，可得砼块可承受的集中荷载 $P \leqslant 1.24$t。

4)排体顺破下滑核算

随着排前冲刷坑的发展，沉排逐渐下沉并产生指向坑底方向的下滑力，如图 5-23 所示。

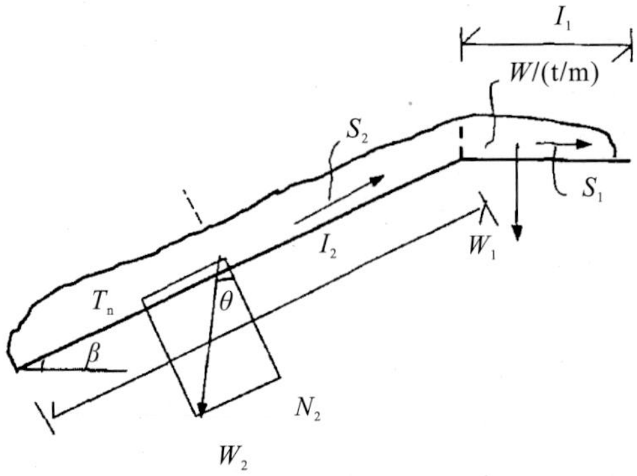

图 5-23 沉排受力示意图

若压载物和自然土之间存在反滤排布，则计算时要考虑压载物和反滤排布及反滤排布和自然土之间的摩擦系数，选其中较小的摩擦系数进行计算。抗滑系数可表示为

$$F_n = \frac{S_n}{T_n} = \frac{(I_1\mu_1 + I_2\mu_2\cos\theta)\omega}{\omega I_2\sin\theta} = \frac{I_1\mu_1 + I_2\mu_2\cos\theta}{I_2\sin\theta} \tag{5-14}$$

式中，ω 为沉排单位长度的平均重量，即水下用浮容重，t/m；I_1 为未沉降沉排长度，m；I_2 为冲刷坑斜面上沉排长度，m；θ 为坡面倾角；S_n 为抗滑力；T_n 为滑动力；μ 为各材料间摩擦系数。

为了保证排体具有一定的安全性，要求抗滑系数 $F_n \geqslant 1.3$。

5)排体压重

排体压重是指单位面积排体上的重量，与水流流态及流速有关。目前长江中下游河道排布上压载量的确定，主要根据《水利水电土工合成材料应用技术规范》(SL/T225—98)规定，当流速小于3m/s时，沉排体压重可采用1kPa，即102kg/m^2，当管袋压重满足以上要求时，可以认为沉排体的压重是稳定的。

南京水利科学研究院曾经在长江上做过试验，认为流速为3m/s时，压载超过100kg/m^2，排体即可达到稳定，荆江上直接采用的稳定压强为160～320kg/m^2。黄河水流流态比较复杂，流速多年经验统计值为2～3m/s，由于沉排铺放在河底，设计中可以取3m/s时的流速压重进行校核。

原型软体排的压载混凝土尺寸多为45cm×40cm×12cm(长×宽×厚)，质量为51kg，板块之间的间隙约为1cm，换算成单位面积压重为280kg左右，满足要求。

2. 软体排稳定性的模糊综合评价

影响整治建筑物稳定性的因素多而复杂，而且这些因素往往同时具有随机性与模糊性，如材料，不仅具有随机性，还由于施工、养护条件不同而带有强烈的模糊性；再如块石粒径，通常按照工程实践经验进行估算设计，而水流动力作用荷载超过设计值微小的范围就意味着破坏，实际上两者并无实质的区别，因而是模糊的。交通部《航道整治工程技术规范》(JTJ 312—98)中，对整治建筑物材料设计时，采用经验和就地取材的方法，实际上考虑了材料选用的随机性。实际工程中，影响整治建筑物抵御水流泥沙破坏作用的主要因素如下。

(1)材料因素：这是影响护心滩建筑物抗力的主要因素之一，如材料质地、材料级配、水泥标号、水泥用量等。

(2)布置方式：如单(双)层透水框架、软体排的连接方式、鱼骨坝与心滩的相对位置等。

(3)人为因素：如设计水平、施工质量、养护条件等。

(4)环境因素：如地质条件、水文条件、流冰及漂木等。

(5)防护因素：如石串防护、钢丝笼和无纺布沉排护底等。

这些因素中有关随机性问题已为工程界所认识，并在现行规范中有所考虑，但因素间相互联系，相互影响，错综复杂，导致了各种因素的模糊性。所以，应用模糊数学的方法对护心滩整治建筑物的稳定性进行研究是十分必要的。

1)评定模型

若干年来修建的航道整治建筑物的稳定计算是按交通部《航道整治工程技术规范》

(JTJ 312—98)中 10.6 款进行的，即在计算荷载 B_s 时，应考虑各级水位下水流力、波浪力、浮托力、土压力、渗透力、自重等作用力的不利组合，验算其稳定性。显然这些因素具有一定的模糊随机性，因而评定整治建筑物抵御水毁破坏的抗力 F_r 时，应对模糊随机性进行评定才算合理。

影响整治建筑物抗力的模糊性原理可表示为

$$\underset{\sim}{B_s} \subset \underset{\sim}{F_r} \tag{5-15}$$

式中，“～”表示含有模糊因素。

整治建筑物在使用 T 期限后，环境因素对抗力影响很大，且这些因素本身具有强烈的模糊性，因而给定量分析和计算带来了很大的困难。由于整治建筑物抵御破坏的抗力的力学性能指标不同，影响因素对各抗力力学性态指标的影响也不同，因此需对各力学性态指标分别评判，以分别获得各力学性态指标的折减系数 Φ。折减系数 Φ 通过对该力学指标影响因素的模糊综合评判确定，它考虑了各因素的影响程度和地位。因此，保持航道整治建筑物安全稳定性的抗力方程可表示为

$$\underset{\sim}{B_s} \subset \Phi \underset{\sim}{F_r} \tag{5-16}$$

2)折减系数 Φ 的综合评定

(1)建立因素集。

将影响整治建筑物抵御破坏的抗力的力学指标的各因素组成因素集 U，将 U 中各因素按其性质分为 m 类，即 m 个子集，有

$$u = \{u_1, u_2, \cdots, u_m\} \tag{5-17}$$

式中，$u_i(i=1, 2, \cdots, m)$为第 i 个因素子集。整治建筑物抵御破坏的抗力的力学指标因素子集包括：设计施工、水文地质、养护维修等。设每个因素子集包括 n 个因素，则

$$u_1 = \{u_{i1}, u_{i2}, \cdots, u_{im}\} \tag{5-18}$$

式中，$u_{ij}(i=1, 2, \cdots, m; j=1, 2, \cdots, n)$为第 i 个因素子集的第 j 个因素，不同的 i 可有不同的 n。例如，设计施工子集可包括设计水平、结构型式、施工水平、材料组成等四个因素，地质水文子集包括地质条件、水文条件等两个因素。将每个因素 $u_{ij}(i=1, 2, \cdots, m; j=1, 2, \cdots, n)$按其程度分为 p 个等级，如设计水平可分为高、较高、一般、较低、低等五等级，可表示为如下因素等级集，即

$$u_{ij} = \{u_{ij1}, u_{ij2}, \cdots, u_{ijp}\} \tag{5-19}$$

式中，$u_{ijk}(k=1, 2, \cdots, p)$为因素 u_{ij} 的第 k 个等级。因素等级集应视为等级论域上的模糊子集，即

$$u_{ij} = \frac{\mu_{ij1}}{u_{ij1}} + \frac{\mu_{ij2}}{u_{ij2}} + \cdots + \frac{\mu_{ijp}}{u_{ijp}} \tag{5-20}$$

式中，u_{ijk} 为因素 u_{ij} 的第 k 个等级对该因素的隶属度。

(2)建立备择集。

由于要确定整治建筑物抵御破坏抗力的力学指标折减系数 Φ 的取值，因而 $0 \leqslant \Phi \leqslant 1$ 将区间[0, 1]按步长 0.1 离散为 $V_l(l=1, 2, \cdots, q$, 在这里 $q=11)$的集合 $V=\{0, 0.1, 0.2, \cdots, 0.9, 1.0\}$作为备择集。

(3)一级模糊综合评判。

按各个因素等级进行模糊综合评判，设按第 i 类中第 j 个因素的第 k 个等级 μ_{ijk} 进行评判，评判对象备择集中第 l 个因素的隶属度为

$$r_{ijkl}(i=1,2,\cdots,m;j=1,2,\cdots,n;k=1,2,\cdots p;l=1,2,\cdots,q) \tag{5-21}$$

则因素 u_{ij} 的等级评判矩阵为

$$\widetilde{\boldsymbol{R}_{ij}}=\begin{bmatrix} r_{ij11} & r_{ij12} & \cdots & r_{ij1q} \\ r_{ij21} & r_{ij22} & \cdots & r_{ij2q} \\ \vdots & \vdots & & \vdots \\ r_{ijp1} & r_{ijp2} & \cdots & r_{ijpq} \end{bmatrix} \tag{5-22}$$

为了使各个因素具有通用的同一评判矩阵 $\boldsymbol{R}_{ij}$ 以简化计算，各因素等级应按影响评判对象的一致性来排列。

为反映某一因素对评判对象的取值的影响，而赋予该因素各等级的权数，称为该因素等级的权重集。设因素等级 u_{ijk} 的权数为 a_{ijk}，则因素 u_{ij} 的等级权重集为

$$\underset{\sim}{A}_{ij}=(a_{ij1},a_{ij2},\cdots,a_{ijp}) \tag{5-23}$$

式中，$a_{ijk}=\mu_{ijk}/\sum_{k=1}^{p}\mu_{ijk}(i=1,2,\cdots,m;j=1,2,\cdots,n)$。

一级模糊综合评判集为

$$\underset{\sim}{B}_{ij}=\underset{\sim}{A}_{ij}\cdot\underset{\sim}{R}_{ij}=(b_{ij1},b_{ij2},...,b_{ijl}) \tag{5-24}$$

式中，$b_{ijl}=\sum_{k=1}^{p}a_{ijkl}\cdot r_{ijkl}(i=1,2,\cdots,m;j=1,2,\cdots,n;l=1,2,\cdots,q)$，$b_{ijl}$ 为一般模糊综合评判指标，它表示按因素的所有等级进行模糊综合评判时，评判对象对备择集中第 l 个元素的隶属度。

(4)二级模糊综合评判。

按因素子集 u_i 所有因素 $u_{ij}(i=1,2,\cdots,m;j=1,2,\cdots,n)$ 进行模糊综合评判。u_{ij} 的单因素评判集 B_{ij} 应是一级模糊综合评判集 B_{ij}，故 u_i 的单因素评判矩阵为

$$\underset{\sim}{\boldsymbol{R}}_i=\begin{bmatrix} \underset{\sim}{B}_{i1} \\ \underset{\sim}{B}_{i2} \\ \vdots \\ \underset{\sim}{B}_{in} \end{bmatrix} \tag{5-25}$$

设 a_{ij} 为因素 u_{ij} 的权数，则子集 u_i 的权重集为

$$\underset{\sim}{A}_i=(a_{i1},a_{i2},\cdots,a_{in})\qquad(i=1,2,\cdots,n) \tag{5-26}$$

二级模糊综合评判集为

$$\underset{\sim}{B}_i=\underset{\sim}{A}_i\cdot\underset{\sim}{R}_i=(b_{i1},b_{i2},\cdots,b_{iq}) \tag{5-27}$$

其中，$b_{il}=\sum_{j=1}^{n}a_{ij}b_{ijl}(i=1,2,\cdots,m;l=1,2,\cdots,q)$，$b_{il}$ 为二级模糊综合评判指标，它表示评判对象按因素子集 u_i 的所有子因素进行综合评判时，对备择集中第 1 个元素的隶属度。

(5)三级模糊综合评判。

在各类之间进行模糊综合评判，第 i 类的单因素评判集 R_i 应是二级模糊综合评判集 B_i，故 V 的单因素评判矩阵为

$$\underset{\sim}{\boldsymbol{R}} = \begin{bmatrix} \underset{\sim}{B_1} \\ \underset{\sim}{B_2} \\ \vdots \\ \underset{\sim}{B_n} \end{bmatrix} = [b_{il}]_{m\times q} \tag{5-28}$$

设第 i 个因素类 u_i 的权数为 a_i，则因素集 U 的权重集为

$$\underset{\sim}{A} = (a_1, a_2, \cdots, a_p) \tag{5-29}$$

三级模糊综合评判集为

$$\underset{\sim}{B} = \underset{\sim}{A} \cdot \underset{\sim}{R} = (b_1, b_2, \cdots, b_q) \tag{5-30}$$

式中，$b_l = \sum a_i \cdot r_{il} (l = 1, 2, \cdots, q)$，$b_l$ 为总的模糊综合评判指标，它表示评判对象按所有因素进行评判时，对备择集中第 l 个元素的隶属度。

(6)折减系数 Φ 的具体确定。

得到评判指标 b_l 后，折减系数 Φ 值可采用两种方法确定。

①最大隶属度法。

取与 $\max b_l$ 相应的备择集元素 V_L 为折减系数 Φ 的值，即

$$\Phi = \{V_L / V_1 \rightarrow \max b_i\} \tag{5-31}$$

②加权平均法。

取 b_l 以为权数，对 V_L 进行加权平均的值为折减系数 Φ 的值，即

$$\Phi = \sum_{l=1}^{q} (b_l v_l) / \sum_{l=1}^{q} b_l \tag{5-32}$$

如果评判指标已归一化，则

$$\Phi = \sum_{l=1}^{q} (b_l v_l) \tag{5-33}$$

方法①仅考虑了 $\max b_i$ 一个指标的贡献，方法②考虑了所有指标的贡献，以方法②为好。

(7)安全度的确定。

已知航道整治建筑物最大荷载 $B_{s\max}$ 及整治建筑物抗力 ΦF_r，根据关系式 $B_s \leqslant \Phi F_r$，就可以确定安全富余 β 及超安全度 γ。

安全余富为

$$\beta = \frac{\Phi F_r - B_{s\max}}{\Phi F_r} \times 100\% \tag{5-34}$$

超安全度为

$$\gamma = \frac{B_{s\max} - \Phi F_r}{\Phi F_r} \times 100\% \tag{5-35}$$

3)软体排护滩带稳定性实例计算

水流对软体排的上举力为

$$F = K\gamma \frac{v^2}{2g}A \tag{5-36}$$

式中，F 为上举力，kPa；K 为动水压力系数，取 $K=2.32$；γ 为水的容重，9.81kN/m^3；v 为水的行进流速，取 2.0m/s；g 为重力加速度，9.81m/s^2；A 为挡水面积，m^2。

取水下 X 型排前沿 1m^2 的排座脱离体分析，根据规范设计的模型试验软体排计算出在水流作用下的上举力为

$$F_r = 2.32\gamma \frac{v^2}{2g}A = 2.32 \times \frac{1 \times 2^2}{2 \times 9.8} \times 0.12 \times 1 = 0.057\text{t}$$

排体压载重量为

$$P_r = V(\gamma_{砼} - \gamma_{水}) \times 4 = 0.0216 \times 1 \times (2.4 - 1) \times 4 = 0.121\text{t} \tag{5-37}$$

通过模型综合评判，确定抵抗力折减系数 Φ，以确定该混凝土铰链连体排抵抗水毁破坏作用的安全度。

(1)因素集。

影响整治建筑物抵抗力折减系数的因素很多，这里考虑了 8 种因素，见表 5-9。

表 5-9　影响整治建筑物抵抗力折减系数的因素

因素子集		影响因素		因素等级				
				1	2	3	4	5
u_1	设计施工	u_{11}	设计水平	高	较高	一般	较低	低
		u_{12}	结构型式	好	较好	一般	较低	差
		u_{13}	施工水平	高	较高	一般	较低	低
		u_{14}	材料组成	好	较好	一般	较差	差
u_2	水文地质	u_{21}	水文条件	好	较轻	一般	较差	差
		u_{22}	地质条件	好	较好	一般	较差	差
u_3	养护维修	u_{31}	结构损伤	好	较轻	一般	较重	重
		u_{32}	养护维修	好	较好	一般	较差	差

每个因素的各个等级对该因素的隶属度见表 5-10。

表 5-10　因素的隶属度

因素子集		影响因素		因素等级				
				1	2	3	4	5
u_1	设计施工	u_{11}	设计水平	0.8	1.0	0.7	0.5	0.3
		u_{12}	结构型式	0.8	1.0	0.7	0.5	0.3
		u_{13}	施工水平	0.7	1.0	0.8	0.6	0.4
		u_{14}	材料组成	0.7	1.0	0.8	0.6	0.4
u_2	水文地质	u_{21}	水文条件	0.7	1.0	0.8	0.6	0.4
		u_{22}	地质条件	0.3	0.5	0.7	1.0	0.8
u_3	养护维修	u_{31}	结构损伤	0.3	0.7	1.0	0.8	0.4
		u_{32}	养护维修	0.8	1.0	0.7	0.5	0.3

(2)备择集。

将 $\Phi \in [0, 1]$ 按步长 step=0.1 离散为 11 个值，得备择集 $\Phi = [0, 0.1, 0.2, \cdots, 0.9, 1.0]$。

(3)等级评判矩阵。

各因素的等级均按影响抗力折减系数取值的趋势一致来排列，等级评判矩阵为

$$\underset{\sim}{\boldsymbol{R}}_i=\begin{bmatrix}0.8 & 1.0 & 0.8 & 0.6 & 0.4 & 0.2 & 0.1 & 0 & 0 & 0 & 0\\ 0.4 & 0.6 & 0.8 & 1.0 & 0.8 & 0.6 & 0.4 & 0.2 & 0.1 & 0 & 0\\ 0.1 & 0.2 & 0.4 & 0.6 & 0.8 & 1.0 & 0.8 & 0.6 & 0.4 & 0.2 & 0.1\\ 0 & 0 & 0.1 & 0.2 & 0.4 & 0.6 & 0.8 & 1.0 & 0.8 & 0.6 & 0.4\\ 0 & 0 & 0 & 0 & 0.1 & 0.2 & 0.4 & 0.6 & 0.8 & 1.0 & 0.8\end{bmatrix}$$

(4)权重集。

①每类因素的权重集

$$\underset{\sim}{A}_1=(0.2,\ 0.2,\ 0.3,\ 0.3),\ \underset{\sim}{A}_2=(0.6,\ 0.4),\ \underset{\sim}{A}_3=(0.5,\ 0.5)$$

②因素类权重集

$$\underset{\sim}{A}=(0.2,\ 0.3,\ 0.5)$$

(5)各级模糊综合评判结果。

①一级模糊综合评判结果。

$$\underset{\sim}{\boldsymbol{B}}_{1j}=\begin{bmatrix}0.336 & 0.467 & 0.536 & 0.606 & 0.579 & 0.552 & 0.473 & 0.394 & 0.309 & 0.224 & 0.115\\ 0.336 & 0.467 & 0.536 & 0.606 & 0.579 & 0.552 & 0.473 & 0.394 & 0.309 & 0.224 & 0.115\\ 0.297 & 0.417 & 0.407 & 0.577 & 0.571 & 0.566 & 0.500 & 0.434 & 0.349 & 0.263 & 0.183\\ 0.297 & 0.417 & 0.407 & 0.577 & 0.571 & 0.566 & 0.500 & 0.434 & 0.394 & 0.263 & 0.183\end{bmatrix}$$

$$\underset{\sim}{\boldsymbol{B}}_{2j}=\begin{bmatrix}0.297 & 0.417 & 0.407 & 0.577 & 0.571 & 0.566 & 0.500 & 0.434 & 0.349 & 0.263 & 0.183\\ 0.336 & 0.467 & 0.536 & 0.606 & 0.579 & 0.552 & 0.473 & 0.394 & 0.309 & 0.224 & 0.115\end{bmatrix}$$

$$\underset{\sim}{\boldsymbol{B}}_{3j}=\begin{bmatrix}0.155 & 0.224 & 0.309 & 0.394 & 0.473 & 0.522 & 0.579 & 0.606 & 0.536 & 0.467 & 0.336\\ 0.336 & 0.467 & 0.536 & 0.606 & 0.579 & 0.552 & 0.473 & 0.394 & 0.309 & 0.224 & 0.115\end{bmatrix}$$

②二级模糊综合评判结果。

$$\underset{\sim}{\boldsymbol{B}}_i=\begin{bmatrix}0.313 & 0.437 & 0.459 & 0.589 & 0.574 & 0.560 & 0.489 & 0.418 & 0.333 & 0.347 & 0.172\\ 0.240 & 0.340 & 0.368 & 0.504 & 0.532 & 0.548 & 0.532 & 0.503 & 0.424 & 0.345 & 0.244\\ 0.246 & 0.346 & 0.423 & 0.500 & 0.526 & 0.537 & 0.526 & 0.500 & 0.423 & 0.346 & 0.246\end{bmatrix}$$

③三级模糊综合评判结果。

$$\underset{\sim}{\boldsymbol{B}}=[0.258\quad 0.326\quad 0.414\quad 0.519\quad 0.537\quad 0.545\quad 0.520\quad 0.485\quad 0.405\quad 0.326\quad 0.231]$$

(6)Φ 值的确定。

①按最大隶属度法

$$\Phi=0.500$$

②按加权平均法

$$\Phi=0.503$$

因此，软体排对水流作用的实际抵抗能力 $F'_r=\Phi P_r=0.503\times0.121=0.061\mathrm{t}$

(7)安全度的确定。

因 $F_r=0.057\mathrm{t}<F'_r=0.061\mathrm{t}$，故该软体排抵抗水毁的能力满足稳定要求。因此，在水流作用下，虽然客观模糊随机因素的长期影响使得软体排抵抗破坏的能力降低，安全稳定性下降，但经评定能够满足安全要求，不必采取大规模措施提高软体排的抵抗力。不

过应该对突发事件有充分的准备，当遇到洪峰等特别情况发生时，应及时进行有效的维护。

5.4　四面六边体透水框架的稳定性研究

透水框架是近年来水利部门研究的一种新型的保滩护岸建筑物，在护岸工程中应用广泛，防冲促淤效果显著。目前航道部门也开始使用四面体透水框架进行航道整治。目前已有一些针对四面体透水框架的研究。然而，作为一种新型保滩护岸结构，对四面体透水框架群周围的水面线分布、流速分布、紊动强度分布等水流特性还需进一步研究，另外，对透水框架群防护后河床演变的影响及框架自身的稳定性尚不是很清楚。因此，对四面体透水框架作更进一步的研究是非常必要的。

5.4.1　透水框架周围的水流结构

1. 水面线分布

1)纵向水面线变化

纵向水面线变化与护滩前变化趋势基本一致(图 5-24)，在此不再赘述。不同之处表现在，控制水深相同时进口至滩中(1＃～10＃断面)沿程水位与护滩前相比变化很小，滩中至出口(11＃～15＃断面)水位较护滩前有一定程度的降低，且随着流量的增加，水位降低幅度越大；流量相同时进口至滩顶(1＃～7＃断面)水位与护滩前基本一致，滩顶以后至出口(8＃～15＃断面)沿程水位有一定程度的降低，随着控制水深的增大，水位变幅逐渐减小。

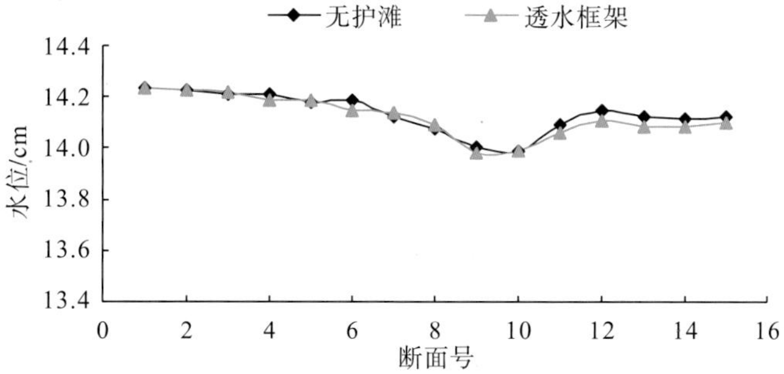

(a)Q=80.64L/s，H=14cm

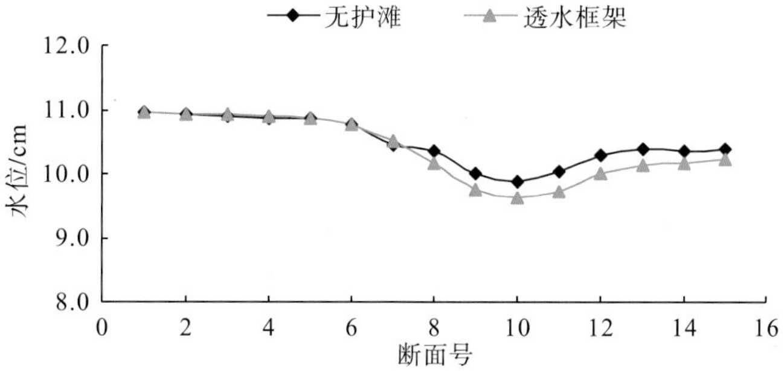

(b)Q=105.56L/s，H=10cm

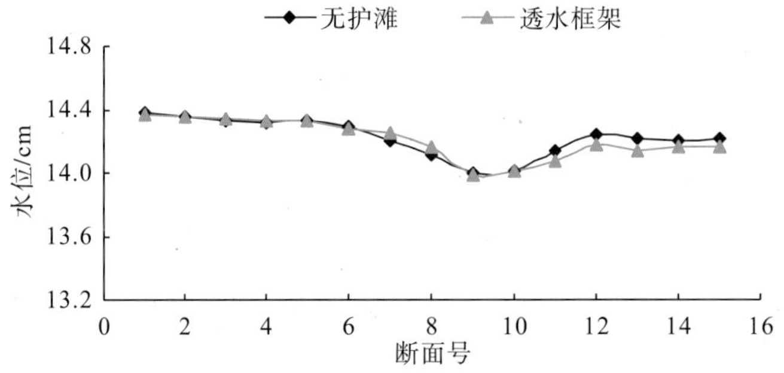

(c)Q=105.56L/s，H=14cm

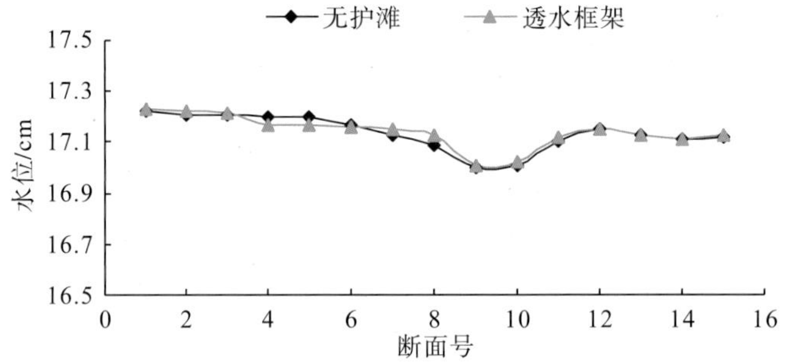

(d)Q=105.56L/s，H=17cm

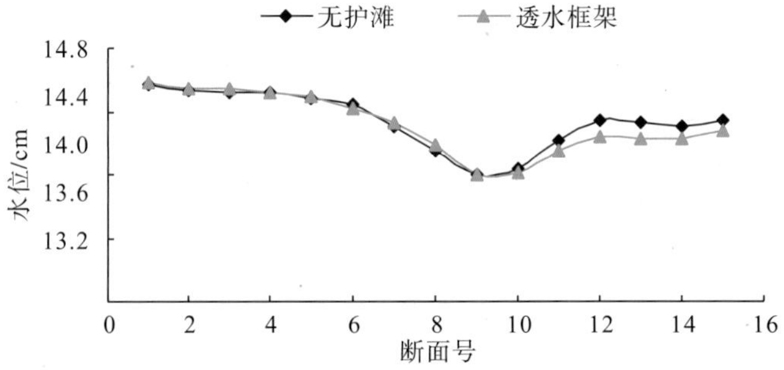

(e)Q=131.70L/s，H=14cm

图 5-24 透水框架护滩前后纵向水面线变化

2)横向水面线变化

图 5-25 为四面六边体透水框架护滩后横向水面线变化图。分析实测水位资料，发现四面六边体透水框架护滩后无论心滩淹没与否，滩中 9＃断面的水位较滩头 5＃和滩尾 12＃断面水位低，左汊水位比右汊水位高；横向水面线在滩头 5＃和滩中 9＃断面的变化呈相反的趋势，具体表现为，当上游来流较急流速较大(工况 T_B、T_C 和 T_E)时，滩头 5＃断面的横向水面线为“∧”形，滩中 9＃断面的横向水面线为“∨”形，其中 T_2 工况时由于滩上水深为零，故 9＃断面水位沿横向变化曲线在距左岸 150cm 处出现断点，当上游来流较缓流速较小(工况 T_A、T_D 和 T_F)时，滩头 5＃断面的横向水面线为“∨”字形，滩中 9＃断面的横向水面线为“∧”字形。这是由于当上游来流较急时，水槽中部水流在遇到心滩及滩头布置的四面六边体透水框架群时，受到滩体及框架群的阻碍作用，水流必然会流向阻力较小的汊道内，但由于来流很急，一部分水流在遇到框架群时，流速明

显减小，在此区域水流的动能转化为位能，而转向汊道内的水流流速较大泄流较快，导致此时水槽中部水位较两侧要高，当水流继续向下游行进时，在到达滩中 9＃断面前两汊道内的过水断面面积越来越小，水位越来越高，所以滩中 9＃断面的横向水面线为“∨”形；当上游来流较缓时，受到滩体及框架群的阻碍作用，水流向汊道内的分流量较大，致使两侧的水位抬高，所以在滩头 5＃断面的横向水面线变化为“∨”形，水流继续向下游行进时，由于两侧水位较高且受到水槽边壁的影响，水流在绕过四面六边体透水框架群后两侧水流有流向水槽中部产生横流，使得滩中 9＃断面的横向水面线为“∧”形。

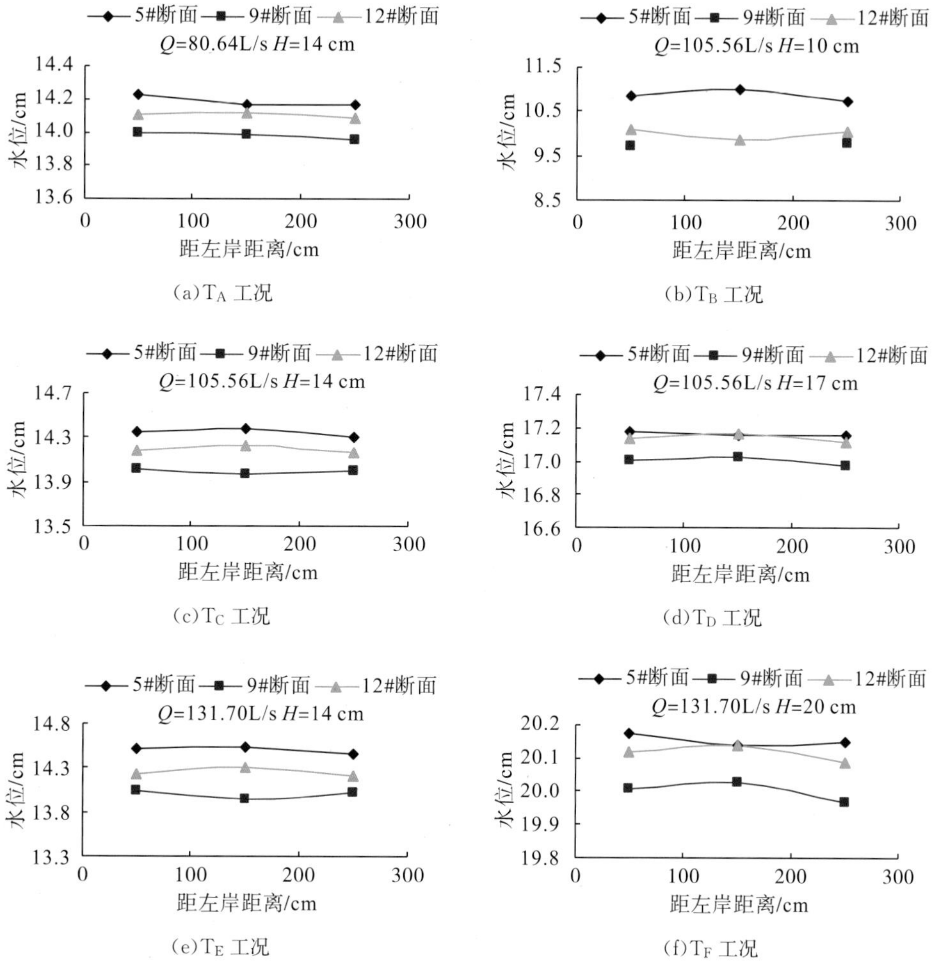

图 5-25　四面六边体透水框架护滩后横向水面线变化

2. 流速分布

1)断面流速分布

透水框架周围的水流受到心滩和透水框架的共同作用，由于透水框架本身为消能促淤的结构，所以流速将发生变化，且变化趋势基本一致，现选取工况 T_5(Q=131.70L/s，H=14cm)下透水框架前沿的 5＃断面，透水框架内部的 6＃、7＃、8＃断面以及透水框架尾部的 9＃断面，分析透水框架护滩前后流速的变化。在 5＃断面，由于水流还没有受到透水框架的作用，流速在守护前后几乎没有变化。从心滩中部的 6＃、7＃、8＃断面的流速分布可以看出，心滩在守护前后，汊道内的流速几乎没有什么变化。而在滩面上，由于透水框架对近底水流的减速消能作用，近底流速比护滩前有明显降低，且减速区域较大。由于泥沙的起动与否是由近底流速的大小直接决定的，所以透水框架放置后对于滩面泥沙起到了保护作用，防止泥沙受到漫滩高速水流冲刷。透水框架护滩前后断面流速分布对比如图 5-26 所示。

2)流速二维分布

为了更加全面和系统地了解透水框架附近流速的分布规律，以便进一步弄清透水框架护滩和破坏的机理，将透水框架附近的流速绘成等值线图。各种工况下透水框架附近的流速等值线图如图 5-27 所示。

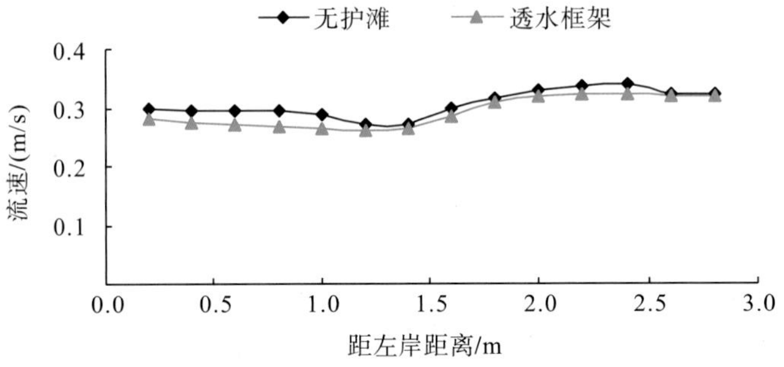

(a)5＃断面

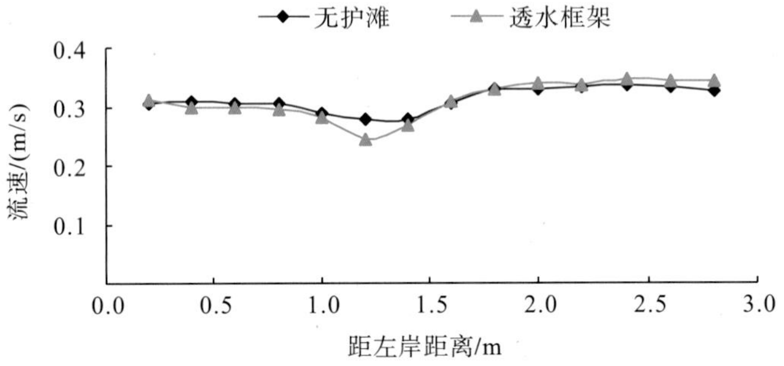

(b)6＃断面

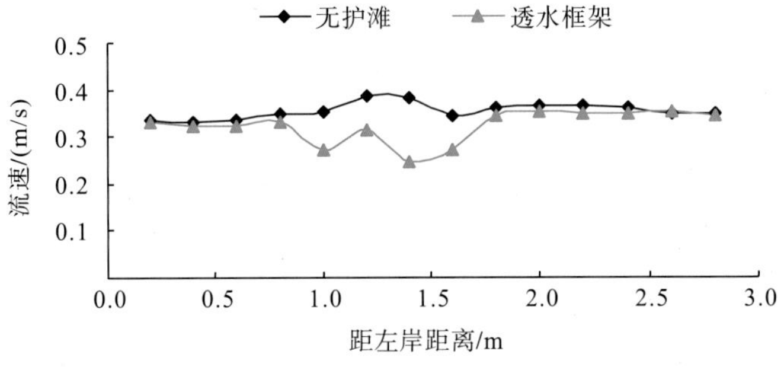

(c)7＃断面

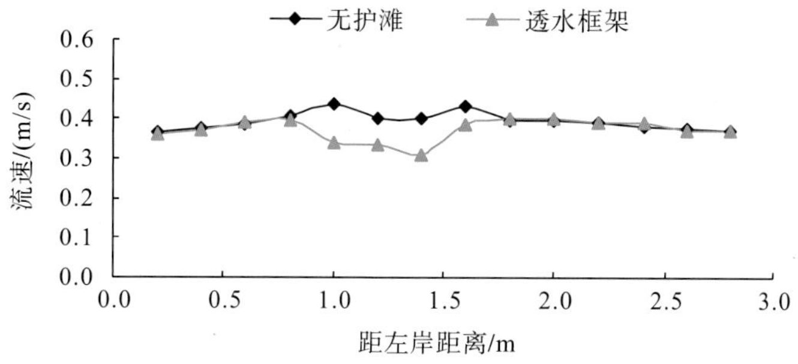

(d)8＃断面

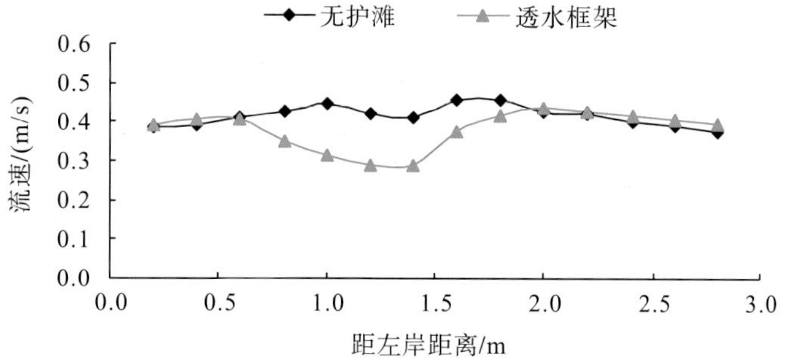

(e)9＃断面

图 5-26 四面六边体透水框架护滩前后断面流速分布对比

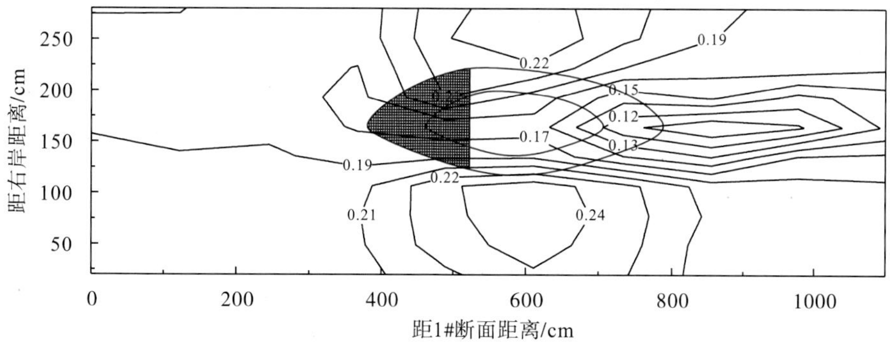

(a)Q=80.64L/s，H=14cm

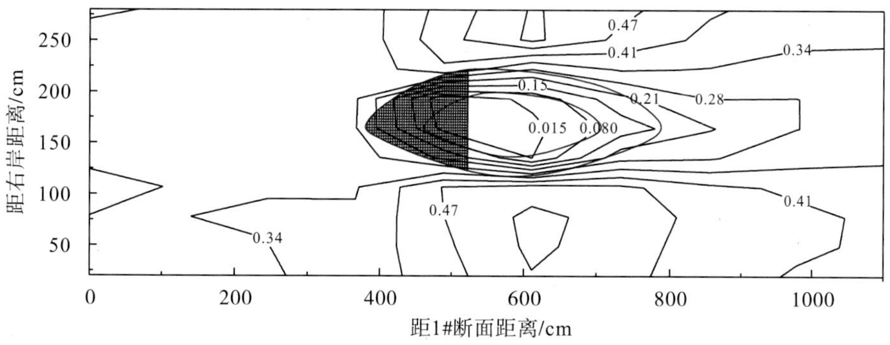

(b)Q=105.56L/s，H=10cm

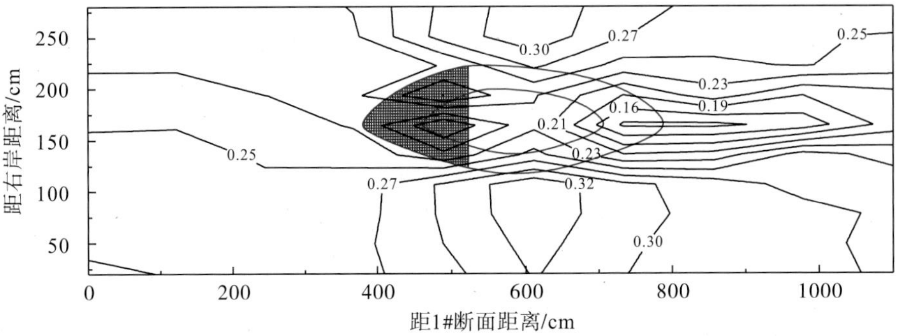

(c)Q=105.56L/s，H=14cm

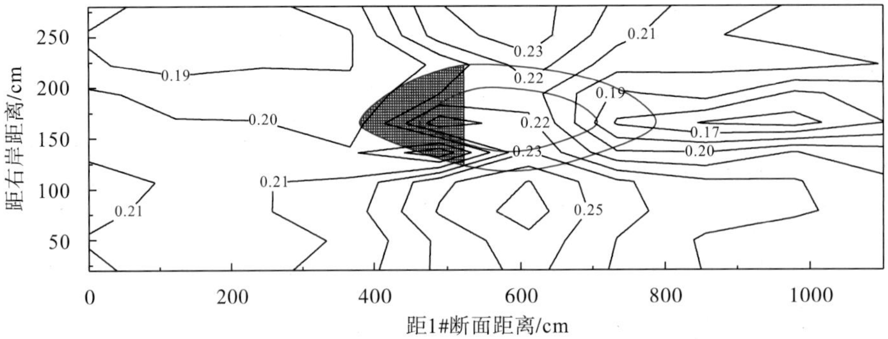

(d)Q=105.56L/s，H=17cm

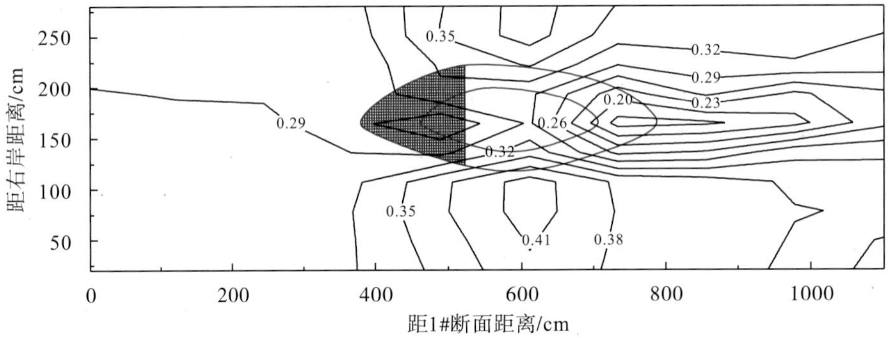

(e)Q=131.70L/s，H=14cm

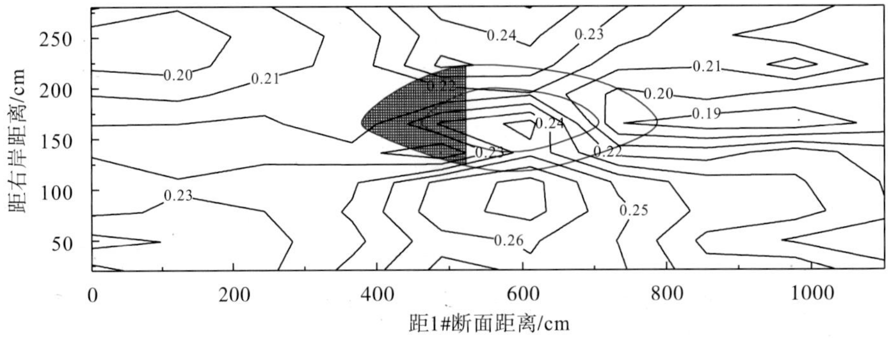

(f)Q=131.70L/s，H=20cm

图 5-27 不同工况下的流速等值线图(单位：m/s)

由图5-27可以看出，各种工况下的流速分布规律大致相同。在相同的控制水深下，整个区域的流速会随着流量的加大而加大；在相同的流量下，流速会随着控制水深的加大而减小。从等值线图上看，可以将整个测区分为三个部分：心滩上游区（1#～5#断面），心滩区（5#～12#断面）和心滩下游区（12#～15#断面）。在心滩上游区，流速等值线较稀，间距较大，说明流速分布均匀，流速梯度较小。

在心滩区内，流速分布比较复杂。首先在心滩头部，水流的流速变化较大，等值线分布较密，因为水流在行进过程中受到了心滩和透水框架的阻挡，流速减慢，水位抬高，动能逐渐向势能转化，水流开始向两侧的汊道内分流，因此，在此处的流速梯度较大。其次，在心滩滩面上，水流经过透水框架群的减速作用，流速有明显的减小，基本上都小于泥沙的起动流速，透水框架正是通过减速促淤来保护心滩的。但在心滩两侧的滩缘上，流速等值线却最为密集，说明此处存在很大的流速梯度，原因是心滩两侧滩缘是以一定的坡度与汊道内的河床衔接。对于非淹没情况，心滩和透水框架出露，水面线与心滩相交于滩缘上侧，流速此处接近于零，而在滩缘下侧，流速数值较大，所以流速在很短的距离内变化剧烈，流速梯度较大。对于淹没情况，心滩和透水框架都在水面以下，水流在滩面上受到了透水框架的减速作用，在滩面上流速很小，而在滩下缘处水流受到透水框架的干扰较小，并且由于心滩的挤压作用，减小了汊道内的过水断面，增大了水流的流速，加大了流速梯度的产生。从等值线图上可以看到，流速最大的区域位于心滩区两侧汊道内，水流在滩头受到心滩和透水框架的壅堵作用，水流向汊道内分流，在汊道内，水流受到滩体的挤压，过水断面减小，流速增大，在9#断面处，心滩的宽度最大，故水流受到心滩的挤压也最剧烈，相应的流速也最大。

在心滩下游区，水流在流出汊道以后，河段展宽，但由于惯性力的作用，水流将保持原来的状态运动一段距离，在心滩尾部稍下游的位置，从左右汊道流出的两股水流交汇，因此，在滩尾和汇流点之间存在一个小的回流区。在汇流点处两股水流交汇后将形成强烈的掺混作用，消耗了部分能量，水流流速降低，因此，在心滩尾部会有一条较长的低流速带。在低流速带两侧，等值线分布较稀，与心滩上游区相似，只是数值上略大。

5.4.2　透水框架周围河床变形分析

四面六边体透水框架由预制的六根长度相等的钢筋混凝土框杆相互连接组成，为正三棱锥体，当水流通过时，利用本身构件来逐渐消减水流的动能，减缓流速，促使水中泥沙落淤，达到淤滩护岸目的。利用这种四面六边体透水框架群固滩护岸，能有效地避免实体固滩护岸工程基础容易被淘刷而影响自身稳定的问题，而且与传统的固滩护岸工程技术相比，四面六边体透水框架具有适应河床地形变化能力强，不需要地基处理，不易下沉，自身稳定，便于工厂化大批量生产，施工简单且成本低等优点。

1. 透水框架群减速落淤机理分析

室内试验和工程应用均表明，四面六边体透水框架群作为一种新型护岸固滩技术，减速落淤作用十分明显。在不同的边界水流条件下，透水框架群的减速率一般为30%～

70%，而且四面六边体透水框架重心较低，具有良好的稳定性，即使在水流冲击下发生位移滚动，仍能保持其高度不变，继续发挥作用，另外，四面六边体透水框架群的减速落淤效果，除了与水沙条件等有关外，还与透水框架群布设的密疏度有很大关系。

透水框架群的减速落淤机理可概括为：透水框架群能分散消减水流能量，降低框架群区及框架群间隔区的流速，不产生集中绕流，从而避免了实体抗冲的基础淘刷问题，而且能在近底区形成阻力区，调整流速分布，从而对岸滩进行防护。具体减速落淤过程为：当水流通过单个四面体框架时，受内侧杆件挤压，中部流速略有增加，杆件附近水流受杆件阻挡，在杆后形成绕流尾涡，在此期间消耗了一定的能量，相当于给水体附加一个局部阻力，水体受框架作用，有少量向两侧推开，但不形成大尺度集中绕流，因而四面体后流速有所降低。多个框架联合则会使框架群抛投范围内流速和间隔区内流速明显降低，框架群区和框架群间隔区内泥沙冲淤规律相同，同时也不形成实体抛投物难以避免的集中绕流现象。

2. 透水框架群守护心滩时河床变形分析

实际工程应用中透水框架群主要用来护岸或用于丁坝坝头守护，用其来守护心滩类滩体在实际工程中比较少见。试验在前人研究成果的基础上，在心滩上采用透水框架群守护，经过清水冲刷试验后(图 5-28)，分析冲刷后地形，并结合试验过程中的冲刷破坏现象，得到心滩在透水框架群守护后泥沙运动规律及冲刷变形特性，具体表现为以下几点。

(1)从整体上看，心滩采用四面六边体透水框架群守护后，滩顶表面及滩体两侧水流流速降低明显，滩体抗冲性明显增强，冲刷破坏程度大大减小，滩体守护效果比较理想。根据前面的分析知道，滩体的冲刷是由滩顶上的滩面冲刷和滩体两侧的侧面冲刷组成的，透水框架群能有效降低这两方面冲刷作用。心滩在被透水框架群呈带状守护以后，很大程度上削弱了漫滩水流和左、右两支汊水流的冲刷作用，在 8# 断面上游被透水框架群守护的滩体部分，冲刷变形较小，滩面高程变化甚微，在透水框架群区和间隔区有泥沙落淤现象出现；未被透水框架群守护的滩体部分，冲刷破坏则较为明显，冲刷破坏情况与软体排护滩带守护时冲刷破坏情况类似，只是透水框架群守护时，滩体冲刷破坏程度较轻一些，因为 8# 断面上游的框架群区对水流的减速促淤作用会延续到 8# 断面下游一

(a)工况 T_A 时透水框架守护冲刷后照片

(b)工况 T_B 时透水框架守护冲刷后照片

(c)工况 T_C 时透水框架守护冲刷后照片

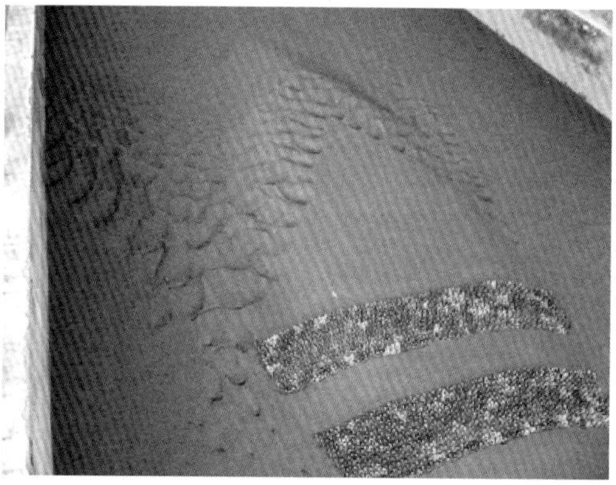

(d)工况 T_D 时透水框架守护冲刷后照片

(e)工况 T_E 时透水框架守护冲刷后照片

(f)工况 T_F 时透水框架守护冲刷后照片

图 5-28 各种工况下透水框架守护时冲刷后照片

定范围内，与护滩带守护时在护滩带下游边缘处就开始淘刷切削是有区别的。左、右两汊也分别有冲刷深槽出现，深槽最深处出现在 8＃断面以前，与护滩带守护时汊道深槽最深处相比更靠近上游一些。透水框架群也有破坏情况出现，表现为透水框架在水流冲力较强时有位移滚动发生，框架群区面积增大，框架密集度减弱；在滩体两侧有部分透水框架滑动滚落，在滩体两侧与河床交界处甚至有部分透水框架被泥沙淤积埋没。

(2)从冲刷过程看，心滩在透水框架群守护后，河床冲刷变形过程的特点为：在透水框架群区下游边缘 8＃断面以下一定距离处，最先有细碎的沙纹出现，随后细小沙纹往下游滩面发展，并逐步遍布全滩；同时，与之相对应的滩体两侧未被守护部分也有沙纹出现；在此过程中，框架群区内和间隔区内泥沙出现淤积现象。随着冲刷历时的增长，滩顶的细小沙纹逐步发展为横向贯穿滩顶的较大的沙波，并与滩体两侧的成长起来的沙波相连在一起，共同完成滩体的冲刷破坏。对左、右两个支汊而言，深槽的最深处大体出现在 8＃断面以前，形成机理与护滩带守护时形成机理相同，同样是因为滩体被守护的部分没有遭到冲刷，滩体宽度变化较小，而没有被守护的部分冲刷切削严重，滩体宽度变小，支汊槽宽变大，于是在框架群区下游边缘对应的支汊下游，存在一渐变放宽段，且放宽段的宽度随着冲刷历时的增长会逐渐变宽，因此在放宽段的上游槽宽变化甚小的河段，水流必然会对河床进行长时间的冲刷下切，形成深槽。

(3)相同流量下，并非心滩淹没程度越低，滩体冲刷破坏越严重。对比分析 T_B 工况和 T_C 工况时的冲刷破坏情况。T_B 工况时心滩处于恰好淹没状态，滩上水深为零，而 T_C 工况时滩上水深则为 4cm，心滩在没有守护时，工况 T_B 时的滩体冲刷破坏情况要比 T_C 工况时严重，但在心滩采取透水框架群守护后，心滩滩体的冲刷破坏情况却恰恰相反，T_C 工况时的滩体冲刷破坏情况要比 T_B 工况时严重，出现这种情况的原因有以下几方面：①心滩在采取透水框架群守护以后，在冲刷过程中，被透水框架群守护的滩体部分，对下游未被守护的滩体起到了保护作用，促使左、右两支汊水流对滩体两侧的切削作用在达到一定程度后便衰减变弱；②T_B 工况时仅有滩体两侧的侧面冲刷作用于滩体，在上游被守护部分的保护作用下，两侧冲刷在达到一定程度后便衰减并逐渐稳定下来；③而 T_C 工况时，除了滩体两侧的侧面冲刷作用外，还有滩顶处的滩面冲刷作用，虽然透水框架群对漫滩水流有一定的减速促淤作用，但超过了其作用范围后，水流流速又会变得很大，其冲刷能力也会变得很强，于是对心滩的中下部滩面造成持续冲刷。

(4)心滩淹没程度相同时，上游来水流量越大，滩体冲刷破坏越严重。相同淹没程度下，流量越大，水流流速越大，滩面冲刷和两侧冲刷能力越强，滩体冲刷破坏越严重。

5.4.3 透水框架的水毁形式及机理分析

1. 透水框架水毁形式

四面六边体透水框架的水毁形式主要表现为杆件对接处脱落、杆件断裂等，在水流和泥沙作用下会堆积在一起，导致护滩效果下降(图 5-29)。

图 5-29 四面六边体透水框架的水毁形式

2. 透水框架水毁机理

透水框架结构的杆件之间是通过预埋在混凝土内部的预留钢筋焊接连接而成的，强度很高，并且在实际应用中，除施工中出现焊接不牢等问题外，很少发现水流作用对透水框架本身结构被破坏的现象，因此在对透水框架的变形分析时，不必考虑透水框架本身的结构强度，主要考虑框架在水流作用下的位移。透水框架的减速促淤机理主要是通过增加水流的阻力，减小水流的流速来达到保滩护岸的目的。同样，透水框架也受到水流的冲击作用，当来流的流速达到一定的程度时，透水框架会在水流作用下产生位移。

通过动床冲刷试验，观测透水框架群的变形情况，可以分为以下几种情况：①在框架群的下边缘和两侧，由于水流流速比较大，且框架群的外侧没有框架咬合，外侧的透水框架易发生位移。特别是布置在心滩滩缘上的透水框架，由于滩缘具有一定的坡度，透水框架更容易移动，但框架移动的数量较少，范围较小；②在滩面上布置四面体框架，将增加心滩糙率，这必然导致水流在横向的调整，水流偏向向两侧汊道集中，透水框架的边缘流速较大，随着冲刷历时的增加，水流对透水框架边缘未护区域发生冲刷，形成冲刷坑，框架在水流冲击下滑动落入坑内。

5.4.4　透水框架的稳定性分析

1. 透水框架变形分析

根据动床情况下五种工况的冲刷结果来看，透水框架具有良好的减速促淤性能。框架群内有大量的泥沙淤积。对于透水框架的稳定性，通过观察 T_E 工况这一最不利情况，尽管有少量的透水框架被冲走，但框架群整体性仍保持较好，没有失去防护的功能。T_E 工况下透水框架冲刷变形情况如图 5-30 所示。

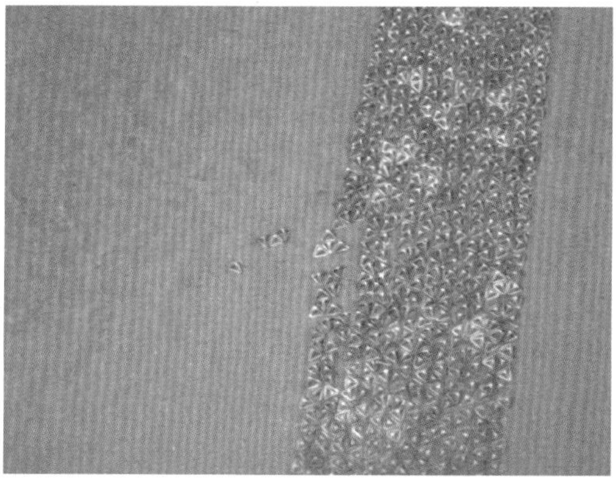

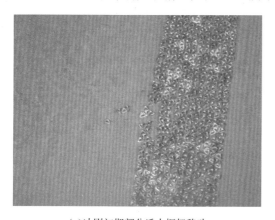

(a)冲刷初期部分透水框架移动

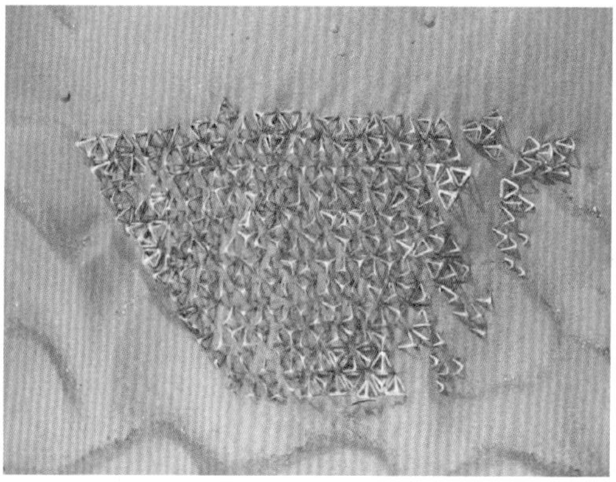

(b)局部透水框架移动

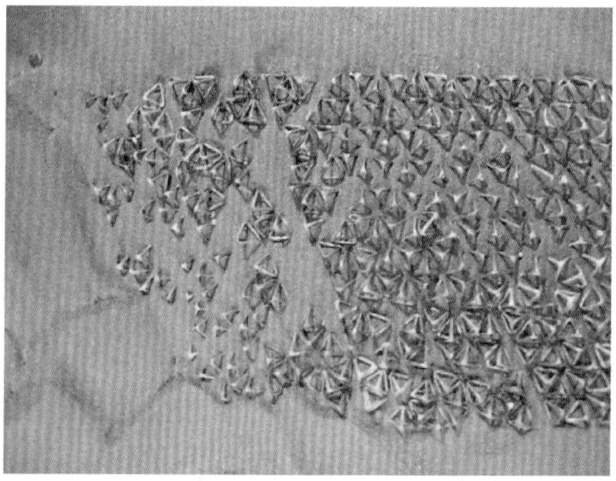

(c)局部透水框架移动

(d)冲刷后的整体情况

图 5-30　T_E 工况下透水框架冲刷变形情况

2. 透水框架稳定性的模糊综合评价

透水框架稳定性的模糊综合评价的模型和方法与软体排相似，在此不再赘述，现对透水框架的稳定性进行模糊评价的计算。

透水框架在水流作用下的上举力为

$$F_t = 2.32\gamma \frac{v^2}{2g}A = 2.32 \times \frac{1 \times 2^2}{2 \times 9.8} \times 0.1 \times 1 \times 0.5 = 0.024\text{t}$$

透水框架自重为

$$P_t = 0.06 \times 2.4 + 0.00444 = 0.148\text{t}$$

因此，透水框架对水流作用的实际抵抗能力为

$$F_t' = \Phi P_t = 0.503 \times 0.148 = 0.074\text{t}$$

因为

$$F_t = 0.024\text{t} < F_t' = 0.074\text{t}$$

故透水框架抵抗水毁的能力满足稳定要求。

5.5 鱼骨坝的稳定性研究

鱼骨坝是水利、水运工程中采用的主要整治建筑物形式之一。在航道整治中，鱼骨坝主要起到分流分沙、固滩和稳定洲头、调整不利流态等作用。因此用于固滩和稳定洲头的鱼骨坝多建于洲滩之上，此处河段水流湍急，水流分布极为不均。目前所建鱼骨坝多为抛石坝，其损坏形式多种多样，水毁机理也非常复杂。因此，对鱼骨坝的水毁机理进行深入的探讨，并对其稳定性进行分析具有重要的意义。

5.5.1 鱼骨坝周围的水流结构

1. 水面线分布

1)纵向水面线变化

(1)鱼骨坝刺坝长度范围内纵向水面线。

以工况 Y_2(Q=105.56L/s，H=10cm)和 Y_4(Q=105.56L/s，H=17cm)为例，分析鱼骨坝刺坝几何长度范围内的两侧水位沿程变化情况。图 5-31 为心滩非淹没和淹没状态下鱼骨坝刺坝长度范围内刺坝前后纵向水面线变化曲线图。

由图 5-31 可知，非淹没和淹没情况下，在刺坝迎流面坡脚附近均出现比较剧烈的变化。由于坝体的壅水作用，刺坝 A 迎流面上游附近水面线表现为逆坡，在刺坝 A 迎流面坡脚附近达到极大值，此后水位骤降，在两条刺坝中间跌至极小值，随后在向下游行进过程中受到刺坝 B 阻水的影响，水位又逐渐被抬高，逆坡行进至刺坝 B 迎流面坡脚附近达到极大值，随后水位又骤降，在刺坝 B 背流面坡脚附近达到极小值，此后水位开始缓慢回升(注：刺坝 A、B 的平面位置见图 5-5，下同)。

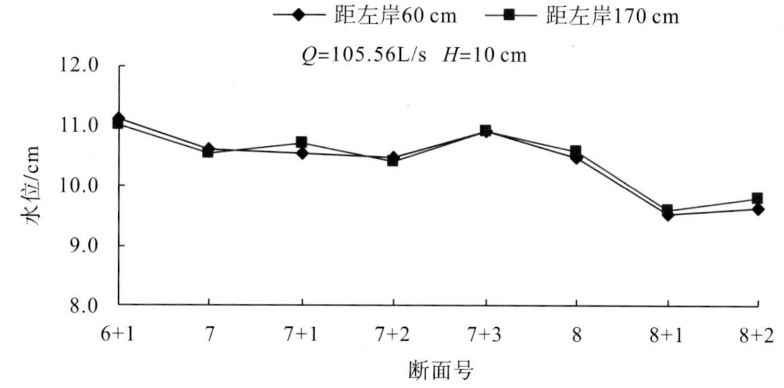

(a)心滩未淹没

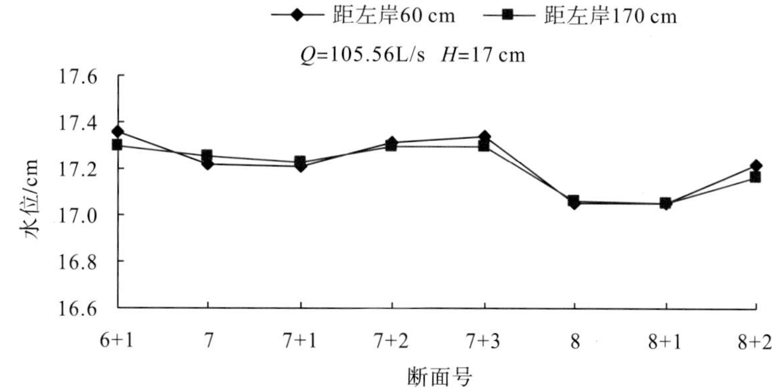

(b)心滩淹没

图 5-31　刺坝前后纵向水面线变化

(2)鱼骨坝顺坝轴线上纵向水面线变化

分析实测水位资料发现鱼骨坝顺坝轴线上水位沿程变化规律明显，图 5-32 为 Y_5 工况(Q=131.70L/s，H=14cm)时鱼骨坝顺坝轴线上纵向水面线变化图。由图 5-32 可以看出，鱼骨坝顺坝轴线上沿程水位变化可分为五段：顺坝坝头至刺坝 A 迎流面坡脚段，水位缓慢上升；刺坝 A 迎流面坡脚至背流面坡脚段水位急剧下降；刺坝 A 背流面坡脚至刺坝 B 迎流面坡脚段，水位陡升；刺坝 B 迎流面坡脚至背流面坡脚段水位又急剧下降，水位达到极小值；刺坝 B 背流面坡脚至顺坝坝尾段水位逐渐回升。

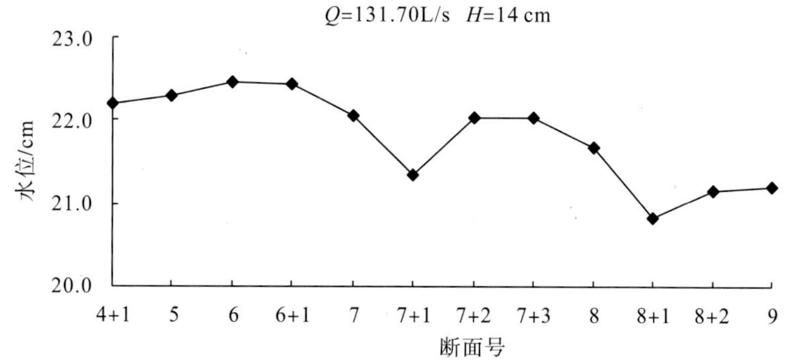

图 5-32　Y_5 工况时顺坝轴线上纵向水面线变化

2)横向水面线变化

为研究鱼骨坝周围横向水面线变化特点，对鱼骨坝所在区域各断面的水位进行了加密测量，获得了鱼骨坝周围断面横向变化的水位资料。分别以 Y_2 工况(Q=105.56L/s，H=10cm)和 Y_5 工况(Q=131.70L/s，H=14cm)为例来分析非淹没和淹没情况下鱼骨坝周围横向水面线的变化特点，图 5-33 为鱼骨坝周围横向水面线变化图。

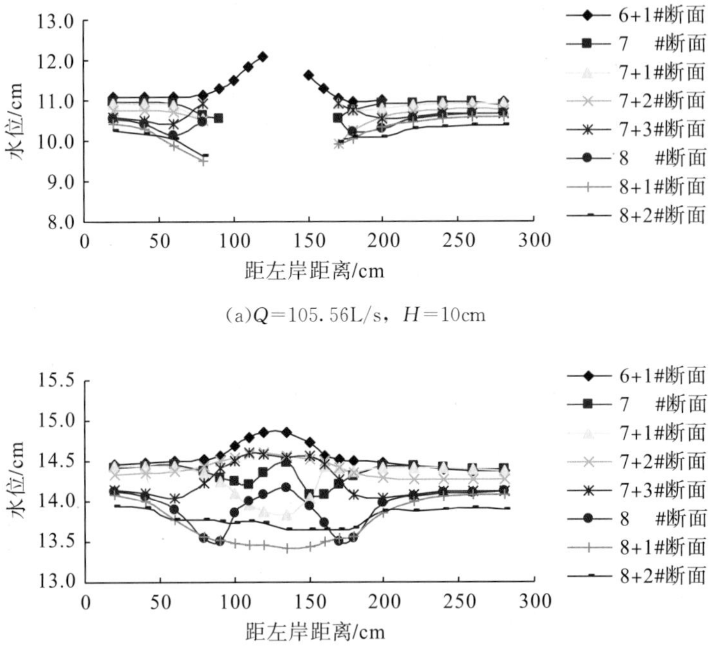

(a)Q=105.56L/s，H=10cm

(b)Q=131.70L/s，H=14cm

图 5-33 鱼骨坝周围横向水面线变化

非淹没情况下，由于坝体没有被完全淹没，坝体附近横向水面线出现间断。刺坝迎流面坡脚所在断面((6+1)＃和(7+3)＃)的水位自两岸向顺坝不断抬高，在刺坝坝头附近至顺坝轴线段受刺坝影响程度较大，水位出现骤变，这是由于水流行进至刺坝迎水面时，由于刺坝的壅水作用，坝田间的水位明显高于坝田外的水位，因而在相应刺坝坝头至顺坝区域水位较高，出现较大的水面横比降；在刺坝坝轴线断面(7＃和 8＃)上，自两岸到刺坝坝头段水位逐渐降低，自刺坝坝头到顺坝的方向上水位有一个陡升，由于刺坝 B长度较刺坝 A 要大，所以在图上表现为 7＃断面的横向水面线只反映出自两岸到刺坝坝头段水位逐渐降低的现象，这是由于水深为 10cm 时水流只能淹没刺坝 A 两侧的坝头，导致这一变化没能完全反映出来，而刺坝 B 较长，两侧刺坝均有部分被淹没，所以在图上能够很好地反映出这一变化；在刺坝背水面坡脚所在断面((7+1)＃和(8+1)＃)的水位自两岸向顺坝不断降低，在刺坝坝头附近至顺坝轴线段受刺坝影响程度较大，水位出现骤变，这是由于刺坝对上游来流的阻碍，迎流面坡脚所在断面((6+1)＃和(7+3)＃)及刺坝坝轴线断面(7＃和 8＃)的坝田间水位被壅高，水流在越过刺坝后受到的阻力骤减，形成跌水，水流的位能转变为动能，受到水流向下的冲击作用，刺坝背水面坡脚处形成一个低水位带，造成在相应刺坝坝头至顺坝区域水位较低，出现较大的水面横比降；刺坝下游 40cm 处所在断面((7+2)#和(8+2)#)的水位自两岸向顺坝不断降低。

淹没情况下，水槽两侧的横向水面线变化趋势基本一致，现主要分析水槽中部鱼骨坝被淹没后的横向水面线变化特点。同一刺坝的迎流面水位普遍高于背流面水位，在刺坝长度范围内迎流面与背流面水位差较大，离坝距离越远，水位变化越小。刺坝迎流面坡脚所在断面((6+1)#和(7+3)#)的水位自两岸向顺坝不断抬高，刺坝 A 迎流面坡脚所在断面((6+1)#)水位最大值出现在距左岸 110cm 处，刺坝 B 迎流面坡脚所在断面((7+3)#)水位最大值出现在距左岸 120cm 处，这是由于左汊过水面积小于右汊而左汊刺坝长度大于右汊刺坝长度，刺坝在左汊束水作用要大于右汊，造成左汊水位要高于右汊，而刺坝 A 的长度较刺坝 B 要小，所以水位最高点出现的位置不同；在刺坝坝轴线断面(7#和 8#)上，横向水面线为“W”形，水位最大值出现在顺坝坝轴线上，两汊水位最小值出现在刺坝坝头偏向顺坝一定距离处，由于汊道过水面积及两个刺坝长度的不同，所以水位最小值在汊道内的出现位置在 7#和 8#断面上有所差别；在刺坝背水面坡脚所在断面((7+1)#和(8+1)#)的水位自两岸向顺坝不断降低，水位最小值出现在顺坝坝轴线上，这是由于刺坝坝轴线断面(7#和 8#)的水位被壅高，且在顺坝坝轴线附近区域水位达到最大值，水流在越过刺坝后受到的阻力骤减，形成跌水，水流的位能转变为动能，由于在坝轴线上水位最高，所以在此位置水位降幅最大，向下的冲击作用也最强，刺坝背水面坡脚所在断面((7+1)#和(8+1)#)水位在顺坝坝轴线上最低；在刺坝的下游 40cm 处所在断面((7+2)#和(8+2)#)，相同的是横向水面线均较为平缓，不同的是在两刺坝之间((7+2)#)断面水槽中部水位高于两汊，刺坝 B 之后((7+2)#)断面水槽中部水位低于两汊，这是由于(7+2)#断面处于坝田间，受到其下游刺坝 *B* 的影响，水位在坝田间壅高，而(8+2)#断面后无阻水坝体，且离刺坝有一定距离，水流受到干扰较小，且两汊道内过水断面较上游要小，水位被抬高，所以(7+2)#断面水槽中部水位低于两汊。

2. 流速分布

为研究坝体周围的流场性质，测量了坝体周围的二维流场，分析了刺坝迎流面、背流面及刺坝轴线、坝田区的流速分布特点。

1)非淹没情况

对于非淹没情况，鱼骨坝坝体部分出露。水流在行进过程中，随着与坝体距离的接近，流场逐渐出现变化，水流顺着顺坝分流，分为两股水流继续行进。在鱼骨坝上游较远处(图 5-34)，水流受鱼骨坝影响较小，流速沿横断面分布均匀，近似呈一条直线，其右侧流速较左侧稍大。随着水流行进至坝体附近，由于鱼骨坝的存在，增加了水流的阻力，在坝体范围内，流速逐渐降低，水流向两侧分流，因此两侧流速增加明显。水流行进至刺坝处，由于刺坝出露，水流被阻断，受刺坝坝体的阻挡，水流的流速发生较大的变化，水流被挤压向鱼骨坝两侧流动。如图 5-35 所示为非淹没情况下鱼骨坝附近坝面的流速分布情况，从图中可知，在坝体两侧汊道内，流速较大，沿横断面上自两侧向中间逐渐增加，在坝头附近达到最大值，随后流速急剧降低，在坝田间流速达到最小值，接近于零。

2)淹没情况

淹没情况下，坝体上游断面和刺坝附近断面流速与非淹没情况下基本一致，对于坝体上游较远断面，其流速沿横断面分布均匀，随着水流行进至坝体附近，由于坝体的壅水作用，水位抬高，流速降低，水流向两侧分流，两侧汊道内流速增大。但由于坝体淹没，水流在刺坝处保持连续，因此水流在此处仍保持小流速，断面最大流速出现在刺坝坝头附近(图 5-36 和图 5-37)。

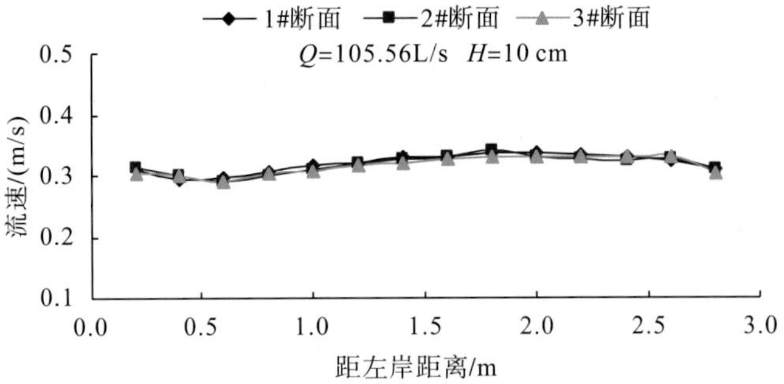

图 5-34 非淹没条件下鱼骨坝上游断面的流速分布

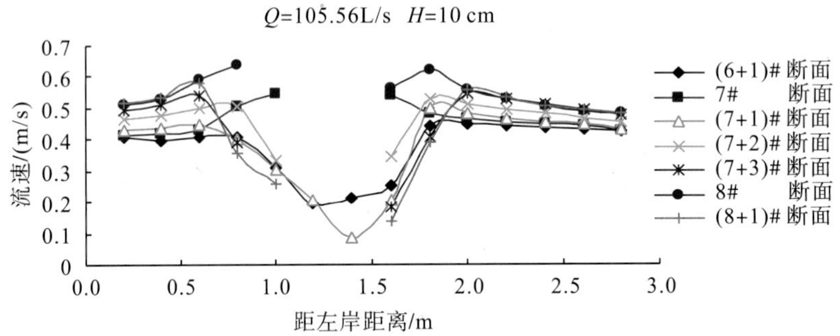

图 5-35 非淹没条件下鱼骨坝附近断面的流速分布

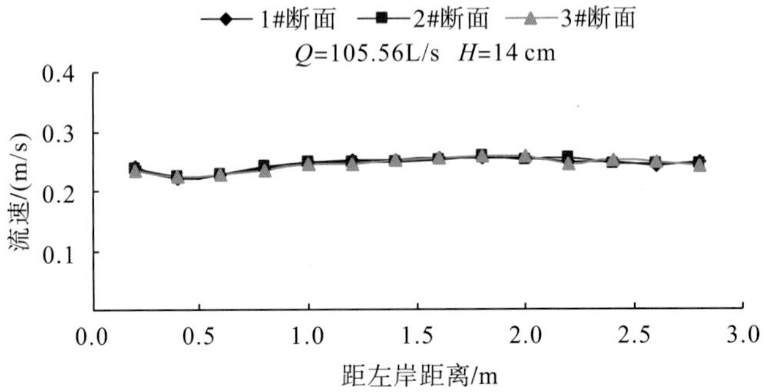

图 5-36 淹没条件下鱼骨坝上游断面的流速分布

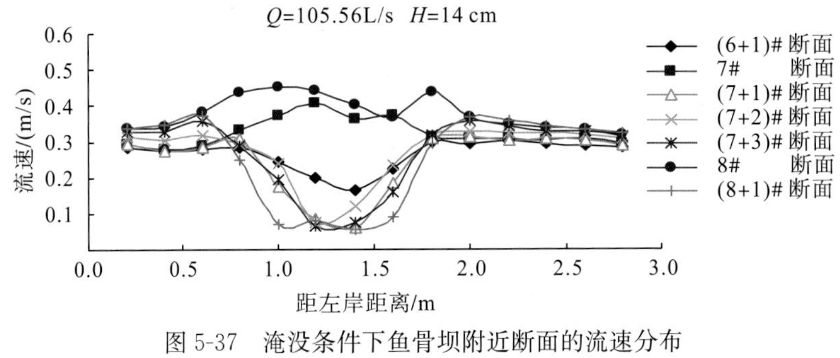

图 5-37 淹没条件下鱼骨坝附近断面的流速分布

3. 鱼骨坝附近的水流流态

1)非淹没情况下鱼骨坝周围的水流流态

非淹没情况下，鱼骨坝坝体部分出露，水流在行进过程中，随着与坝体距离的接近，流场逐渐发生变化，达到顺坝以后，水流顺顺坝分离，分为两股水流绕刺坝继续前行，在距离坝尾下游一段距离处水流汇合。由于鱼骨坝的设置，人为加大了水流的阻力，水流流向鱼骨坝时受到坝体壅阻，比降逐渐减小，流速降低，在接近鱼骨坝时出现反比降，在坝体上游形成壅水，同时，在刺坝 A 前产生角涡，形成滞留区，流速在此处很小，而在滞留区以外，水流由上游向坝体运动过程中逐渐归槽，流速逐渐加大，同时局部水面降低，在坝前产生下潜水流，当水流接近刺坝 A 断面时，受坝头处水流的压缩，垂线平均流速在宽度方向也发生了重新分配。水流绕过刺坝 A 后，受水流惯性力共同作用，水流进一步收缩，流速进一步加大。随后在向下游运动过程中，受到刺坝 B 的阻水壅水作用，水流纵比降有所减缓，流速增幅减小，但水流仍保持较大流速。在刺坝 A 和刺坝 B 的坝田间的静止水流与绕过刺坝 A 的高速下泄水流之间存在流速梯度，产生切应力，坝田间的静止水流在切应力的作用下流动，形成回流。水流行进至刺坝 B，由于刺坝 B 的进一步压缩，水流纵比降达到最小。水流绕过坝体后，水流虽然失去了坝体的制约，但是由于水流惯性力的作用，将发生流线分离和进一步压缩现象，在刺坝 B 下游一段距离，形成一个收缩断面，此时流线彼此平行，动能最大，流速最大。在收缩断面下游，水流逐渐扩散，动能减少而位能增大。

2)淹没情况下鱼骨坝周围的水流流态

淹没情况下的流场基本与非淹没情况下类似，不同的是水流没有间断，水流在顺坝附近部分发生偏移，部分水流翻越各条刺坝，出现明显的跌水(图 5-38)，水流受到顺坝作用分流点上延，在流经刺坝 A 时受到刺坝的挑流作用，水流除越过刺坝流向下游外，一部分水流沿刺坝流向汊道，在绕过刺坝 A 坝头后，一部分水流又顺着坝头流向坝田间；在坝田间存在两个不同方向的漩涡，水流在流向刺坝 B 时受到阻力，水流除越过刺坝 B 流向下游外，一部分水流沿刺坝 B 流向顺坝，在遇到顺坝后顺流又受到顺坝的阻碍，使得水流沿顺坝流向下游，到达刺坝 A 后水流又转为沿刺坝 A 流向汊道，这样在顺坝左边的坝田间就形成了一个顺时针的漩涡，右边的坝田间形成了一个逆时针的漩涡；坝田间的部分水流受到刺坝 B 挑流绕过刺坝坝头向下游行进，滩尾存在缓流区。鱼骨坝护滩后水流流态如图 5-38 所示。

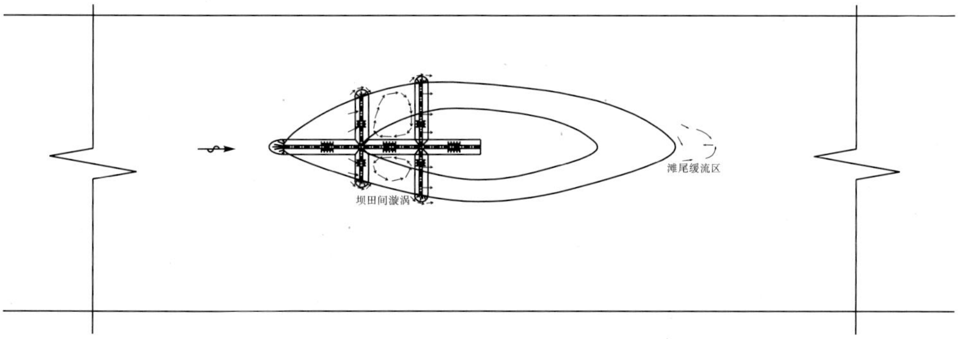

图 5-38　鱼骨坝护滩后水流流态示意图

5.5.2 鱼骨坝守护时河床变形分析

1)鱼骨坝护滩机理分析

虽然关于鱼骨坝守护心滩的研究成果很少，但鱼骨坝的刺坝在河道中的作用，类似于丁坝群的作用，而关于丁坝的研究成果则比较丰富，因此鱼骨坝的护滩机理分析可以借鉴丁坝的研究成果。

(1)水流流经鱼骨坝时，能在其刺坝后形成回流区，达到保护心滩的目的。水流流经刺坝时，由于刺坝的阻拦作用，会在坝前壅水，而在坝后则形成一个回流区。在主流区与回流区的交界面上，存在流动水流与回水区中的静水之间的速度梯度，相应地产生切力，从而带动静水向下游流动，根据流体的连续性，近岸部分的静水必须前往补充，这样就形成坝后回流区，同时，在刺坝上游近岸处也形成了一个滞流区，但坝前滞流区长度远小于坝后回流区的长度。回流区内的流速远小于主流区的流速，其近岸最大流速大约只有主流区流速的 1/4，所以水流挟带的泥沙能够在这个区域沉积下来。可见，鱼骨坝刺坝后回流区的减速和淤沙，对心滩起到了保护作用。

(2)鱼骨坝能有效降低心滩处水流流速，减轻滩上水流对心滩的冲刷，达到守护心滩的目的。心滩采用鱼骨坝守护后，当水流经过鱼骨坝时，因鱼骨坝刺坝的阻水作用，在刺坝前形成壅水，而在坝后则有回流区存在，流场变化强烈，心滩表面的流速尤其是滩上水流的近底流速降低明显，再加上顺坝归顺水流的作用，阻止了滩面横流的流动，进一步保护了心滩。

2)鱼骨坝守护心滩时河床变形分析

实际工程应用中有用鱼骨坝来守护洲头低滩的，如长江东流水道鱼骨坝工程，而用其来守护心滩类滩体在实际工程中则比较少见。试验在南京水利科学研究院研究成果的基础上，对心滩进行鱼骨坝守护，其平面布置形式见图 5-39。经过清水冲刷试验后，分析冲刷后地形，并结合试验过程中的冲刷破坏现象，得到心滩在采用鱼骨坝守护后泥沙运动规律及冲刷变形特性，具体表现为以下几点。

(1)从整体上看，心滩采用鱼骨坝守护后，对河道水流流态改变较大，心滩滩体冲刷破坏较严重，鱼骨坝损毁情况比较明显，滩体守护效果不是很理想，而且在左、右两汊道紧靠滩体附近会形成深槽。

(2)鱼骨坝守护心滩时，没有达到预期的护滩效果，主要原因为：鱼骨坝的两条刺坝，相当于两个丁坝组成的丁坝群，水流经过刺坝后，左、右汊道的单宽流量增大，水流紊动增强；同时由于受刺坝阻挡的一部分水流折向河底进而绕过坝头，造成坝头附近垂线流速分布发生变形，自水面向底部流速及其偏角都逐渐增大，因此坝头附近单宽流量集中且底部流速较大，促使在刺坝坝头附近形成局部冲刷坑。冲刷坑在平面上为扁圆形，而且由于流线在从坝头至下游一定距离内会发生弯曲，使面流与底流流向之间存在偏角，产生螺旋流，导致冲刷坑内泥沙存在横向输移，从而致使刺坝坝头根石流失甚至坍塌破坏。刺坝坝头局部冲刷坑随着冲刷历时的增长以及坝头的逐渐坍塌倒退，会逐步向心滩滩体边缘发展，进而对滩体造成冲刷，而在紧贴滩体处形成深槽。水流流速较大时，由于鱼骨坝坝体的稳定性，鱼骨坝会有溃坝现象，从而使鱼骨坝对主流流速的影响作用降低，造成滩体冲刷。总之，鱼骨坝守护心滩时没有达到预期护滩效果，主要原因在于两个方面：一是刺坝坝头局部冲刷坑的发展壮大，使坝头坍塌破坏倒退，造成坝后回流区长度及区域变小；二是坝体自身缺乏足够的稳定性，存在溃坝现象，使刺坝高度降低，减小了对水流的阻力影响，使滩面流速降低不明显，滩面冲刷严重。

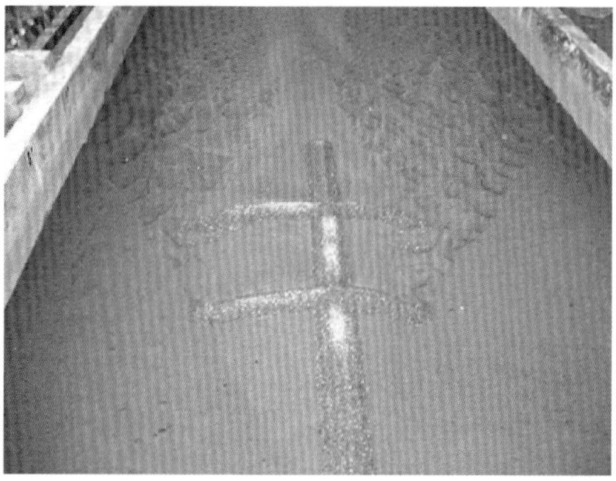

(a) Y_A 工况时软体排守护冲刷后照片

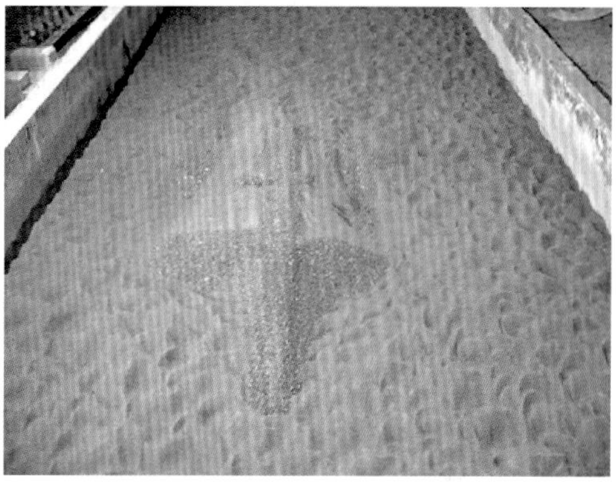

(b) Y_B 工况时软体排守护冲刷后照片

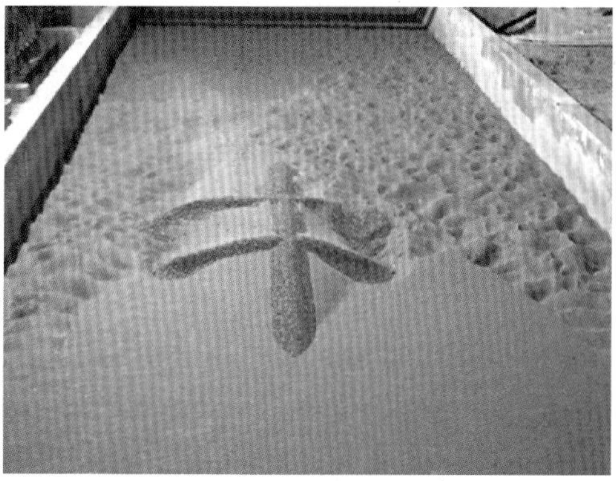

(c) Y_C 工况时软体排守护冲刷后照片

(d) Y_D 工况时软体排守护冲刷后照片

(e) Y_E 工况时软体排守护冲刷后照片

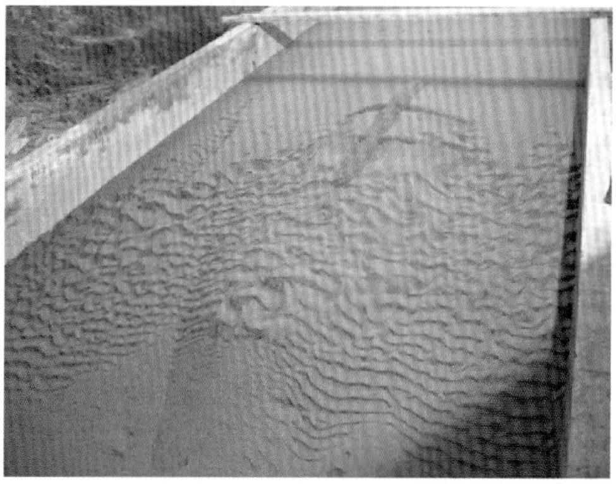

(f) Y_F 工况时软体排守护冲刷后照片

图 5-39　各种工况下鱼骨坝守护时冲刷后照片

(3)从冲刷过程看，心滩在鱼骨坝守护后，河床冲刷变形过程的特点为：与前面两种护滩情况不同，最先出现细小沙纹的地方出现在刺坝B的坝头附近，随后坝头局部冲刷坑向横向和纵向发展壮大，同时若水流强度太大，则会存在刺坝倾塌现象，在顺坝坝尾下游附近出现沙纹，并逐渐发展成较大沙波，与刺坝坝头附近的局部冲刷坑相连在一起，共同对心滩滩体造成冲刷。随着冲刷历时的增长，刺坝损毁现象越来越严重，坝后回流区长度及面积也越来越小，心滩冲刷破坏程度也越来越剧烈，在刺坝及顺坝损毁趋于稳定后，心滩冲淤也逐渐趋于平衡。

(4)心滩采用鱼骨坝守护时，相同流量下，心滩淹没程度越低，鱼骨坝损毁越严重，对心滩的保护作用也越低，滩体冲刷破坏也就越严重；同样，心滩淹没程度相同时，上游来水流量越大，鱼骨坝损毁越严重，滩体冲刷破坏越严重。这个规律和心滩未守护时冲刷破坏规律相同。

5.5.3 鱼骨坝的水毁过程及机理分析

1. 鱼骨坝水毁过程分析

对于淹没情况和非淹没情况，鱼骨坝的变形破坏过程有一定的区别。

在非淹没情况下，坝体部分出露，水流被坝体分割成两股分别流入两侧汊道内。在冲刷初期，坝体上游的水流，由于受到壅水作用，流速较小，床面泥沙几乎没有起动。随着水流向刺坝A两侧坝头流动，流速逐渐加大，在刺坝两侧坝头附近，泥沙开始起动，水流携带泥沙保持较高流速向下游运动。行进至刺坝B坝头处，由于属于非淹没情况，仅有部分坝体处于水面以下，但也对水流造成较强的拦截作用，流速有所降低，随后水流绕过刺坝B坝头，在刺坝B背水面，水面放宽，流速开始加大，对坝头下游的床面泥沙造成淘刷。可以观察到，在刺坝B坝头稍下游，泥沙大量起动，并有部分坝头的碎石开始剥落，在两侧汊道内，也开始出现尺度较小的沙纹。随着冲刷历时的增加，刺坝B坝体的碎石被大量冲散，在下游呈带状落淤。在刺坝A的坝头形成较大冲刷坑，水流流过产生涡漩，并携带部分泥沙向下游运动。坝头开始向冲刷坑内塌陷。在两侧汊道内，沙纹进一步发展形成沙波。在冲刷结束后，刺坝A坝体高度明显降低，在坝头两侧的冲刷坑内有坝体脱落的碎石。

淹没情况下，在冲刷初期，由于水流漫过鱼骨坝，鱼骨坝的束水作用较非淹没情况下有所减弱。水位在坝体上游开始抬高，随后开始向两侧汊道内分流。但由于坝体处于淹没状态，上层水流仍然保持原来的流向向下游流动，底层水流沿坝体迎水面向两侧流动，绕过坝头后，流速增加，对坝头下游的床面泥沙进行淘刷，形成冲刷坑。漫坝水流在刺坝A迎水面位置水位达到最高值，随后开始剧烈下降，在刺坝轴线处形成下沉水流，强烈冲击刺坝坝面。当流量较大时，造成的冲击破坏程度越大。

鱼骨坝水毁照片如图5-40所示。

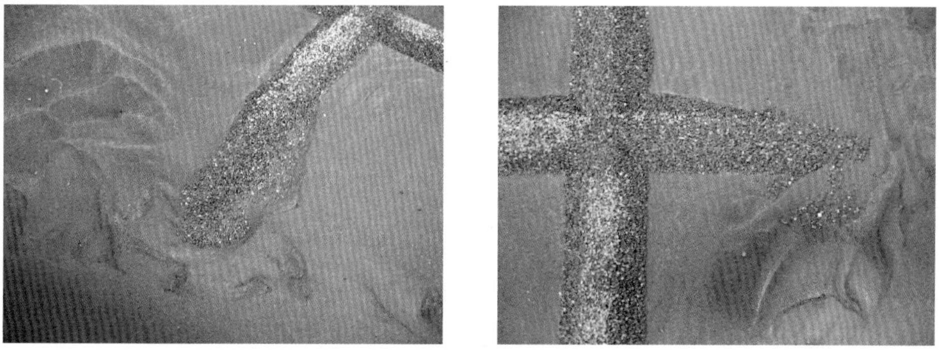

(a)坝体部分坍塌

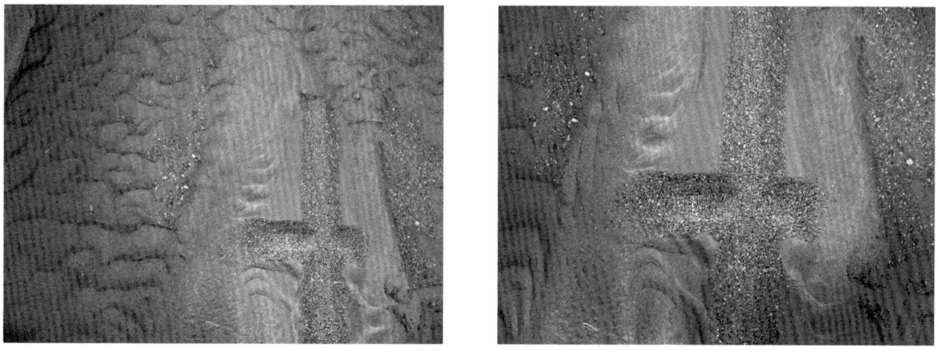

(b)刺坝 B 被冲毁

图 5-40　鱼骨坝水毁照片

2. 鱼骨坝水毁原因及特征

鱼骨坝在航道整治中起着重要的作用，但在水流的长期作用下，往往会出现水毁现象，从而影响到整治的效果，甚至危及船舶航行安全。据 1994 年 12 月对岷江工程复查发现，由于建筑物水毁严重，航道变浅，弯曲半径减小，船只减载航行，营运效益差，且每年用于整治建筑物水毁工程的修复费用也比较高。

影响鱼骨坝水毁的因素主要有水流泥沙动力、结构设计、工程施工、维护管理及人为破坏等。这些因素之间相互影响，相互作用，使整治建筑物受到不同程度的破坏。其中水流动力因素是鱼骨坝水毁的重要原因。

水流的作用往往使冲刷后鱼骨坝工程附近边界条件发生改变而出现水毁。例如，迎流顶冲引起建筑物的局部破坏或冲刷，汊道进出口和急弯进口的横向水流引起的水毁，因河床变形作用淘蚀工程基础而导致建筑物水毁，推移质底沙、漂浮物以及风、浪及自然灾害的作用，也使建筑物结构的稳定性受到影响。

有些鱼骨坝水毁是由结构设计的不合理或坝体材料的不合适引起的，具体表现在急流顶冲点上的坝体和护脚棱体设计断面尺寸偏小、坝体位置不当、坝根位置偏低、坝体材料整体性差以及强度低等。

在维护管理方面，由于整治建筑物维修不及时，以及管理不科学，往往也会造成工程的进一步恶化而毁坏。例如，岷江九龙滩在 1994 年 8 月 8 日发现左导流顺坝急流顶冲点处出现宽约 15m、深约 1.0m 的溃缺口，而当时正值汛期，未及时抢修补缺，于是缺口迅速拓宽冲深，到11月初缺口扩宽到50m、水深9.6m，分流量50%以上。溃缺处坡降陡(水位差1.0m左右)、水流急(流速3~4m/s)、流态乱、滩势恶化。

另外，有些鱼骨坝水毁则是人为因素造成的。随着城乡建筑业的发展，沿江村民为获取建材利润，汛期后常在建筑物的坝根和坝基处挖沙、采卵石出售；拾取卡落在整治建筑物石缝中的木块，致使坝体松动，产生整体性破坏，给建筑物带来安全隐患。

从目前鱼骨坝工程的设计和工程实践进展看，仍有许多问题需要进一步研究。例如，不同布置形式鱼骨坝的局部水流特性与周围河床的冲淤特性，鱼骨坝的方向、长度与汊道分流分沙比的关系，鱼骨坝的易毁部位、水毁特征及防护范围和措施等。

3. 鱼骨坝水毁的水动力学分析

从前述的鱼骨坝的水力特性试验可知，刺坝头附近的水流紊动明显，一般刺坝的迎流面水位较高，坝轴线处水位最低、流速较大，各刺坝头的流速梯度较大，并存在下沉水流；越接近坝头，纵向、横向和垂向流速的量值越相当。因而，各刺坝头在较大流速梯度和垂向流速的作用下，容易遭受破坏，特别是下游刺坝坝头受到的水流作用最明显，更容易遭受到水流的剥蚀。鱼骨坝冲淤特性的动床试验表明，刺坝头遭受到的破坏来自两个方面：一方面是坝头流速梯度和垂向流速较大，坝面块石直接受到水流对其的剥蚀；另一方面是坝头流速较大，在沿坝头面向下的下沉水流作用下，容易形成坝头冲刷坑，坝头冲刷坑的发展将使坝体基础失稳，从而加剧坝体的破坏。

试验中同时发现，同一刺坝的迎流面水位普遍高于背流面水位，坝体淹没时，刺坝的上下游存在较大的局部水面比降。结合动床试验表明，刺坝主要遭受到水流的剥蚀破坏。

5.5.4 鱼骨坝结构的安全可靠性分析

1. 鱼骨坝局部冲刷计算模型

现有规范没有具体的关于鱼骨坝局部冲刷坑的计算公式，由于鱼骨坝与丁坝局部冲刷机理类似，故本次计算选用《堤防工程设计规范》(GB 50286—2013)中给出的马特维耶夫公式，即

$$\Delta h_p = 27K_1K_2\tan\left(\frac{\alpha}{2}\right)\frac{v_{\max}^2}{g} - 30d \tag{5-38}$$

式中，Δh_p是冲刷坑深度；$v_{\max}$是坝头前水流的行近流速，$v_{\max}=1.05e^{1.97(L_D/B)}V$，其中$L_D$是刺坝阻水长度，$B$是水面宽度，$V$是天然流速；$K_1$是与刺坝在水流方向上投影长度有关的系数，$K_1=\exp(-5.1v_{\max}/\sqrt{gL_D})$；$K_2$是与刺坝在边坡系数有关的系数，$K_2=e^{-0.2m}$；$\alpha$是水流轴线与刺坝轴线的夹角，当$\alpha>90°$时，取$\tan\left(\frac{\alpha}{2}\right)=1$；$d$是床沙粒径；$g$是重力加速度。

2. 鱼骨坝结构安全的功能函数

通常在抗冲刷破坏的稳定性设计中，采用容许的局部最大冲刷深度 Δh_c，当鱼骨坝坡脚所产生的冲刷深度大于或等于容许局部最大冲刷深度 Δh_c 时，便认为鱼骨坝失效。于是用于鱼骨坝结构安全的功能函数构造为

$$
\begin{aligned}
k &= \Delta h_p - \Delta h_c \\
&= 27\exp[-(5.355\mathrm{e}^{1.97(L_D/B)}V/\sqrt{gL_D}+0.2m)]\tan(\alpha/2)\frac{\mathrm{e}^{3.94(L_D/B)}V^2}{g}-30d-\Delta h_c
\end{aligned}
\tag{5-39}
$$

在抗冲刷破坏的安全可靠性分析中，采用容许局部最大冲刷深度 Δh_c 往往会因设计的堤坝结构型式、环境条件、几何尺寸和介质特性等不同，很难统一给出选用准则。大量丁坝冲刷实验和现场观测发现，当丁坝头坡脚处冲刷坑的后坡斜率超过一定界限时，丁坝头便很快被冲毁。因此，用刺坝头坡脚处冲刷坑的后坡斜率 J_D 的临界值(即冲毁破坏发生时冲刷坑的后坡斜率)作为鱼骨坝抗冲刷破坏的安全(稳定性)指标更合理。通过观察研究发现，坝头坡脚处冲刷坑的后坡斜率临界值 J_D 随冲刷坑半径 R 不同而改变。

冲刷坑深度 Δh_p 和冲刷坑半径 R 所形成的当量坡度 $J_{\Delta h}$ 表示为

$$
J_{\Delta h}=\frac{\Delta h_p}{R}=27\exp\left[-\left(\frac{5.355\mathrm{e}^{1.97(L_D/B)}V}{\sqrt{gL_D}}+0.2m\right)\right]\tan\left(\frac{\alpha}{2}\right)\frac{1.1025\mathrm{e}^{3.94(L_D/B)}V^2}{gR}-30\frac{d}{R}
\tag{5-40}
$$

鱼骨坝抗冲刷稳定性条件可表示为：由冲刷坑深度和冲刷坑半径所形成的当量坡度 $J_{\Delta h}$ 小于刺坝允许的(临界)冲刷坑后坡斜度 J_D，即

$$J_{\Delta h}<J_D \tag{5-41}$$

于是，鱼骨坝抗冲刷破坏的功能函数表示为

$$G=J_{\Delta h}-J_D \tag{5-42}$$

临界的冲刷坑后坡斜度 J_D 可按泥沙在水下安息角的坡度选取，当冲刷坑当量坡度 $J_{\Delta h}$ 大于泥沙在水下安息角的坡度时，被冲刷的泥沙坑坡便坍塌，冲刷坑失稳向刺坝内扩大，最终造成鱼骨坝被冲溃。

如果式(5-44)被视为抗冲刷可靠性的功能函数，则参数 V、d、R、α、J_D 均可被看作随机变量。

3. 鱼骨坝结构安全可靠性分析

下面对试验中鱼骨坝抗冲刷可靠性进行分析。试验中发现鱼骨坝的破坏主要表现为下游刺坝的冲蚀，因此主要对一个典型的下游刺坝的抗冲蚀可靠性进行分析。刺坝阻水长度 L_D 为 49cm，水面宽度为 160cm，平均水深为 10cm，边坡系数取 $m=2$，边坡粗糙系数 $n=0.013$。

流速考虑为随机的极值 Ⅰ 型分布，边坡附近被冲刷颗粒的等效直径考虑为随机的对数正态分布，冲刷坑的半径考虑为随机分布。允许的冲刷坑后坡度临界值 J_D 为 0.32，考虑为确定性的。刺坝轴与来流方向夹角 α 取 100°，考虑为确定性的。各随机变量间的

相关程度协方差矩阵为

$$\boldsymbol{C}_{OV} = [\rho_{x_i x_j}] = \begin{pmatrix} 1.0 & 0 & 0.1 \\ 0 & 1.0 & 0.05 \\ 0.1 & 0.05 & 1.0 \end{pmatrix} \tag{5-43}$$

状态参量的随机性对抗冲刷可靠性的影响，可通过主要随机量的变异系数变化，分析计算可靠性指标和系统可靠性及系统随机状态变量的统计特性的变化来实现。

由图 5-41 可以看出，随着平均流速的增加，抗冲刷可靠性概率 P_R 明显降低。当流速超过 0.32m/s(原型约为 2.5m/s)时，该刺坝的抗冲刷可靠性将低于 75%。从图 5-42 可以看出，随着冲刷坑半径均值的增加，抗冲刷破坏可靠性概率 P_R 明显降低。

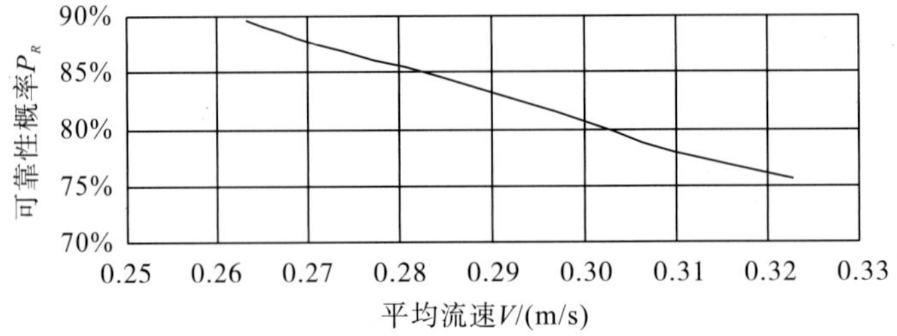

图 5-41　平均流速不同时鱼骨坝的抗冲刷可靠性概率

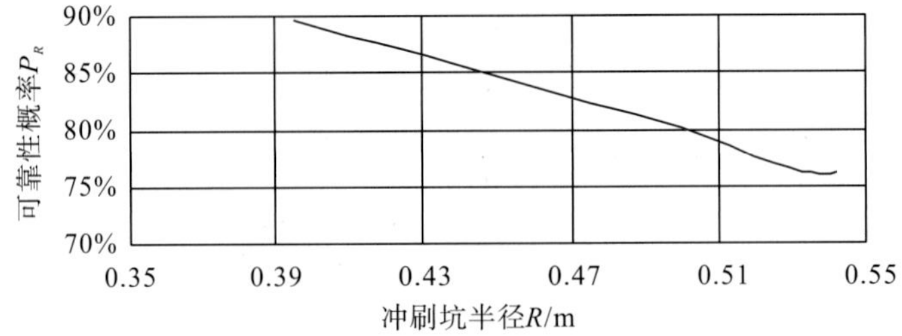

图 5-42　冲刷坑半径不同时鱼骨坝的抗冲刷可靠性概率

图 5-43 给出了该刺坝附近平均流速在 0.28m/s 附近变化时，抗冲刷可靠性指标 β 和可靠性概率 P_R 的曲线。可以看出，随着可靠性指标的增加，抗冲刷可靠性概率增加 13%左右。从图 5-43 可以看出流速的变异系数对可靠性指标 β 和可靠性概率 P_R 的影响。显然，随着流速变异系数的增加(随机性增加)，抗冲刷可靠性指标 β 和可靠性概率 P_R 均降低。

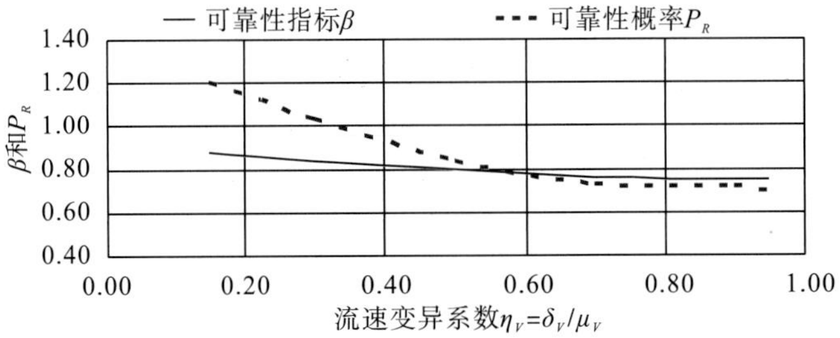

图 5-43　流速变异系数对可靠性指标 β 和可靠性概率 P_R 的影响

5.6 护心滩建筑物护滩效果整体分析

护心滩建筑物守护心滩以后，会对该河段的水流流态和河床演变趋势产生一定的影响，而其护滩效果的好坏，不仅会影响到建筑物自身的稳定及滩体的冲刷破坏，还会影响到航道通畅和行洪安全。护心滩建筑物不同时，这种影响作用也不同。因此，有必要对上述三种护心滩建筑物的护滩效果进行整体分析。

5.6.1 软体排护滩带守护时护滩效果整体分析

软体排护滩带具有良好的保沙固滩作用，主要是因为其隔离和反滤功能，可防止水流直接冲刷滩体和因水流的渗透作用而造成滩体的局部冲刷破坏。

1. 软体排守护心滩的优势

(1)软体排护滩带守护心滩时，能够紧贴着滩体平铺在滩面上，使滩体的变形较小，且几乎不压缩过水断面，对河道的水流流态改变甚小。

(2)软体排护滩带对滩面的糙率改变不大，护滩后糙率仅略微变大，因此对滩上水流阻水作用较小，基本上不会改变滩面流速的大小。

(3)被软体排护滩带守护的滩体部分冲刷变形不明显，守护效果比较理想，而且当守护区域位于滩体前段时，对汊道的分流分沙比影响较小。

(4)因软体排护滩带能较好地保护滩体两侧使其宽度保持不变，故汛期时束水攻沙作用较强，能使左、右两支汊形成较深的深槽，增加航道水深。

2. 软体排守护心滩的不足

(1)软体排护滩带工程造价较高，在实际工程中不可能做到全滩守护，如沙市三八滩守护面积仅为全滩面积的 1/3，从而会在滩体中部护滩带的下游边缘形成紊动水流，这种水流输沙能力较强，会使护滩带边缘下游形成冲刷坑，造成护滩带不均匀沉降，影响自身稳定，而冲刷坑的存在会使此处形成跌水，进而产生水跃，水流紊动加强，滩面冲刷作用更强烈。

(2)虽然在左、右两支汊内能形成深槽，但当洪水流量较大或持续时间较长，汊道深槽冲刷深度较大时，会使两汊道内的软体排护滩带预埋部分出露，护滩带边缘坍陷形成陡坡甚至悬挂，降低其护滩效果。

5.6.2 四面六边体透水框架群守护时护滩效果整体分析

四面六边体透水框架群作为一种新型护岸固滩技术，减速落淤作用十分明显，在不同的边界水流条件下，透水框架群的减速率一般为 30%～70%，而且四面六边体透水框架重心较低，具有良好的稳定性，即使在水流冲击下发生位移滚动，仍能保持其高度不变，继续发挥作用。

1. 透水框架群守护心滩的优势

(1)采用四面六边体透水框架群守护心滩时，框架群能逐步分散消减滩面水流能量，降低透水框架抛投区及间隔区内的流速，不产生集中绕流，而且能在近底区形成阻力区，调整流速分布，从而对滩体进行保护。

(2)透水框架群守护心滩以后，能明显降低滩体守护部分的滩面流速，从而使滩面的水流挟沙力和床面阻力都降低，而且由于透水框架群属于空心坝，所以对汊道的分流分沙比影响也较小。

(3)透水框架群对水流有较好的阻水作用，使守护后的滩面糙率变大，与未守护时滩面糙率相比，增大幅度在 1.66 倍以上。

(4)透水框架群呈带状守护心滩时，起到了与软体排护滩带相类似的保护作用，能很大程度地削弱漫滩水流和左、右两支汊水流对滩体守护部分的冲刷作用，而且也会使左、右支汊冲刷形成深槽。

2. 透水框架群守护心滩的不足

(1)因透水框架群是散抛在心滩滩体上的，没有基础固定，当顶冲水流流速较大时，会冲散滩顶滩面上的框架群使其产生位移滚动，并且会使滩体两侧的框架群翻滚落入两支汊，降低透水框架群的守护密实度。

(2)由于透水框架群具有一定的高度，若在冲刷过程中，透水框架随水流滚动到主航道中，则势必会对航行安全产生一定的影响。

5.6.3 鱼骨坝守护时护滩效果整体分析

鱼骨坝由顺水流方向的顺坝和垂直于顺坝的刺坝组成。顺坝用于分流和归顺水流方向，调节环流的运动，并增强坝体的稳定；刺坝则作为横向阻水建筑物，降低水流流速，并在坝后形成回流区保护滩体。

1. 鱼骨坝守护心滩的优势

在鱼骨坝自身情况比较完好，没有受到较大程度水毁破坏的情况下，鱼骨坝的顺坝能归顺滩面水流，有效防止滩面横流，刺坝能降低漫滩水流流速，并在坝后形成回流区保护滩体。

2. 鱼骨坝守护心滩的不足

(1)鱼骨坝作为一种阻水实体坝，有一定的高度和体积，若布置在心滩头部用来守护心滩，则会使汊道的分流分沙比产生变化，同时由于压缩河道过水断面面积，使左、右两汊道的水流流速增大，从而使汊道内水流挟沙力和床面阻力也变大。

(2)鱼骨坝对河道的水流流态改变较大。由于在刺坝前有壅水作用，以及顺坝能有效防止滩面横流，使受刺坝阻挡的一部分水流折向坝底进而绕过坝头，造成坝头附近垂线流速分布发生变形，自水面向底部流速及其偏角都逐渐增大，从而使坝头附近底部流速较大，在刺坝坝头附近形成局部冲刷坑。

(3)鱼骨坝由于刺坝横向阻水，所受水流阻力较大，坝体自身稳定性较弱，水毁现象比较明显，而刺坝坝头冲刷坑的发展壮大更会加剧刺坝的水毁倒退，从而使鱼骨坝对心滩的守护作用减弱。

第6章　生态护岸建筑物稳定性研究

随着三峡水库的顺利运行，长江中下游水沙情势已发生重大变化，三峡水库下泄水流含沙量比天然情况大幅减少，干流河道也会出现长距离、长时间的冲刷，各种形态岸坡都将对河道水体产生更复杂的影响，诸多崩岸严重威胁堤防稳固及城镇安全，对护岸结构的稳定性提出了更严格的标准。

在确保内河航道整治工程可靠稳定的同时，适应“人与自然和谐，河流回归自然”的绿色内河航运理念，必须去解决相关的河道整治关键技术难题。基于这些目的，本章重点研究生态护岸条件下岸坡周围的水流结构，为生态护岸建筑物的稳定性研究奠定一定的基础，以促进生态护岸技术的应用及推广。

6.1　新型生态护岸结构型式

6.1.1　传统护岸结构

长江中下游护岸工程按其平面形式可分为平顺护岸、矶头群护岸、丁坝护岸等三大类型。平顺护岸是长江中下游普遍采用的结构型式，护岸效果较好，特别是重要城市、港口码头、引河口或运河口以及外滩甚窄的重要堤段采用平顺护岸更为适宜；丁坝护岸在长江口地区海塘工程中广泛采用，效果也较好。在航道整治中，常采用高程较低的丁坝束窄枯水河槽，稳定边滩；矶头群护岸在长江中下游各地均实施过，但随着护岸工程技术能力的提升，目前矶头群护岸应用较少，而且许多地区都进行了削矶改造，逐渐向平顺护岸过渡。目前的护岸工程实践经验已证明，除了长江口海塘工程外，长江中下游护岸工程采用平顺护岸是一种良好的护岸形式。

平顺护岸结构一般由水上护坡工程和水下护脚工程组成。水上护坡工程由枯水平台、脚槽、坡身、滩顶等四部分组成。坡身主要有干砌块石护坡、混凝土预制块护坡、石垫护坡和生态护坡等几种形式。水下护脚工程形式较多，主要有抛石护脚工程、混凝土铰链排护脚工程、模袋混凝土护脚工程、土工织物砂枕(排)护脚工程、软体排护脚工程、钢丝网笼护脚工程、钢丝网石垫护脚工程、四面六边体透水框架护脚工程等。

传统的平顺护岸的水上护坡工程可采用透空连锁块体构成坡身，块体空隙中可以提供植被的生长空间，或者直接采用植被护坡来实现护岸的生态功能。但是这种类型的护岸结构的生态功能仅体现在植被上，内涵还不够丰富，对水生动物的保护针对性还不强，而且水下护脚工程一般很难具有生态属性。

6.1.2　人工鱼礁结构

人工鱼礁种类的划分，目前没有统一的方法，一般从四个方面进行划分：投礁深度、建礁目的、造礁材料和礁体结构及形状。其中按鱼礁结构和形状分类，鱼礁型式一般有箱型鱼礁、透空型鱼礁、三角型鱼礁等(图 6-1～图 6-3)。

图 6-1　箱型鱼礁

图 6-2　透空型鱼礁

图 6-3　三角型鱼礁

人工鱼礁建设是一项复杂的土木系统工程，在设计人工鱼礁时需要考虑许多因素，主要包括人工鱼礁的结构、材料、力学计算等。鱼礁结构可分为单体结构和鱼礁敷设结构，其中设计鱼礁单体结构时通常考虑以下几点。

(1)鱼礁单体结构空隙通水透光，适宜生物居住。

(2)亲鱼和幼鱼可共同栖息，幼鱼能得到保护。

(3)单体结构可成为光和流影等物理刺激的发生源。

(4)单体结构形状或组合结构形状牢靠，不易离散。

(5)适宜使用特定的渔具或限制使用的渔具。

鱼礁空隙对以鱼礁作为栖息场所的鱼类尤其重要，一般以混凝土作为主要材料制作的鱼礁，结构空隙率很大，形状多样。对于趋触性鱼类，必须选择适合鱼体形状及大小的鱼礁空隙；对于趋光性和趋音性鱼类，鱼礁空隙可根据鱼眼的构造来考虑。为使物体处于鱼类的连续视野之中，鱼礁的空隙最大应在 2m 以下，最适为 1.5m 左右。夜间鱼的视力差，栖息于鱼礁周围的鱼用其侧线感知鱼礁周围产生的涡流所引起的水压变化，从而定栖于鱼礁。当鱼礁构件所形成的涡流在后流中分离时，设构件宽度为 B，流速为 u，则需满足公式条件：$Bu>100$。鱼礁的外形尺寸(主要指高、宽)取决于水深、流速及鱼种。宽度需满足式 $Bu>100$，而鱼礁的高度因鱼种而异。但究竟人工鱼礁的高度多少为宜？目前尚无统一的标准，水深为 20～40m 时，日本通常采用的鱼礁高度为水深的 1/10～1/5，如果不考虑水上交通因素，鱼礁离水面 3～5m 也可以，高度越高，所能聚集的鱼类范围也就越大。

一般人工鱼礁多抛投在海底地形平整的区域，当地形坡度起伏较大时，放置难度较大，不适合放置在岸坡上，且人工鱼礁结构一般尺寸较大，在内河中投放，对水流结构影响很大，会改变河道断面形态，对船舶通航形成威胁。

6.1.3 鱼礁型生态护岸

以上两种结构(平顺护岸结构和人工鱼礁结构)都已经通过工程实践证明，在应用上已经相当成熟，但也都有各自的局限。为了将护岸结构生态功能强化，实现河流、植被、水生动物、人工建筑物和谐共融的局面，在对现有鱼礁和护岸研究的基础上，利用两者优点，扬长避短，将两种结构结合，提出了护岸稳定、生态友好、布置合理、施工简便的护岸结构型式。

综合上述分析，本章提出了两种鱼礁型生态护岸，即螺母框架鱼礁护岸结构型式和菱形框架鱼礁护岸结构型式。图 6-4 为新型生态护岸结构示意图，图 6-5 和图 6-6 为鱼礁块体外形。

两种结构型式水下工程均由不同高度的两种块体间隔布置而成，鱼礁块体高度尺寸比普通框架块体的大，鱼礁块体对行进水流产生阻力，使其在背后形成“滞流区”，可为水生物提供栖息场所(图 6-7)。

新型鱼礁块体护岸主要有三大功能：保护内河岸堤功能、生态功能、商业经济功能。相较于一般的铺砌块体护岸，新型鱼礁块体护岸尺寸较大，可以有效防止岸坡由于水流冲刷、船行波冲击，以及岸坡自身的地质等因素引起的垮塌，避免岸线摆动，保证河道边界的稳定，长期稳定航道尺寸；鱼礁护岸可为长江大多数鱼类提供栖息场所，当汛期来临时，鱼礁块体后产生的“滞留区”可为幼鱼提供躲避场所，另外沿岸的渔民可利用鱼礁的集鱼效应，提高生产作业效率，还可开展局部定点渔业养殖，增加渔民收入；这种透空类型的护岸具有促淤功能，泥沙会在块体孔洞中淤积，这为水生植物生长提供了必要的空间；鱼礁护岸的集鱼效应，为生态护岸的商业开发提供了必要条件，生态鱼礁护岸可以为人们提供休闲、垂钓的场所，具有较高的旅游经济价值，可为“长江经济带”附近城市旅游发展添加新的活力。

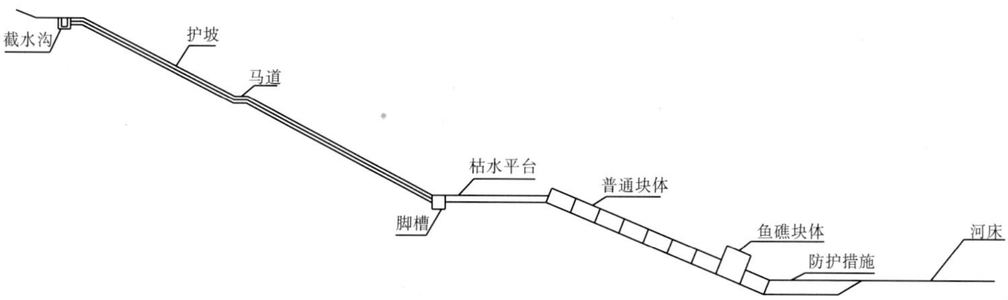

图 6-4　新型生态护岸结构示意图

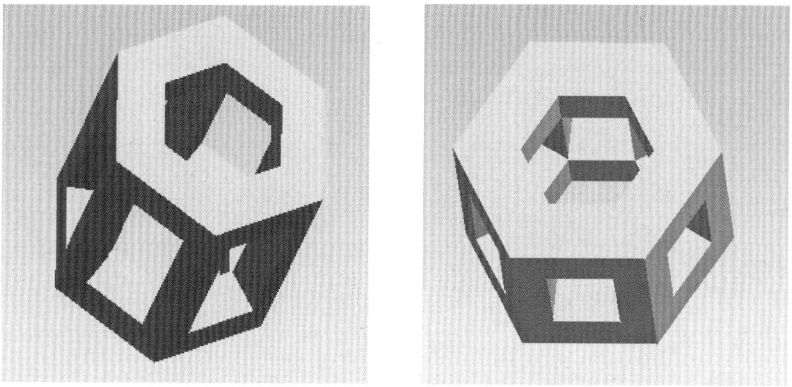

(a)螺母鱼礁块体　(b)螺母普通块体

图 6-5　螺母框架鱼礁护岸块体

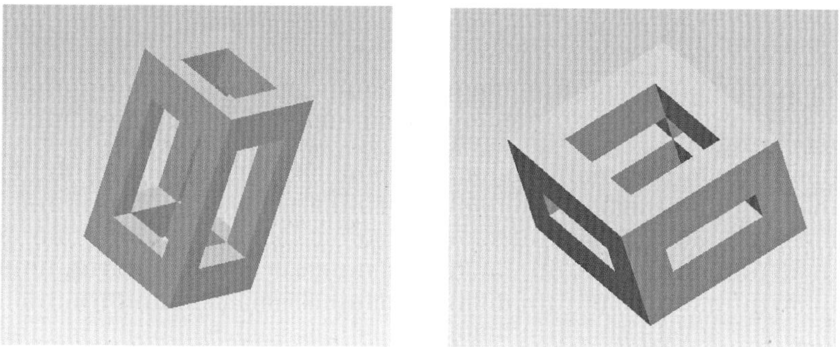

(a)菱形鱼礁块体　(b)菱形普通块体

图 6-6　菱形框架鱼礁护岸块体

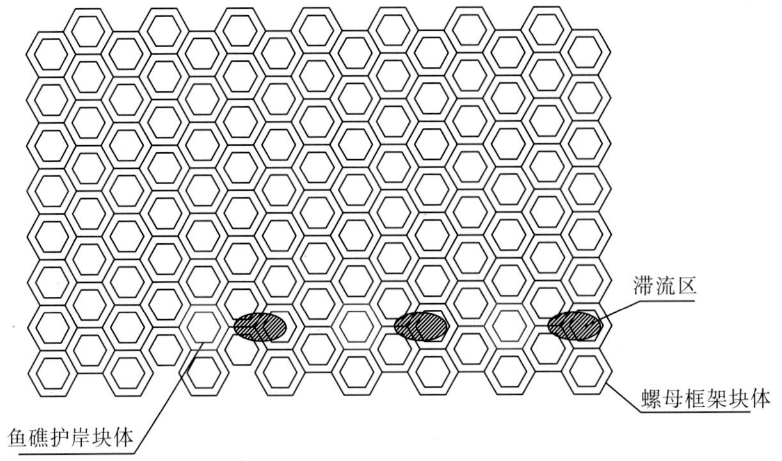

图 6-7 护岸结构平面布置简图

6.2 鱼礁型护岸结构尺寸设计

6.2.1 鱼礁护岸块体尺寸选定

适合鱼类栖息的空间条件是鱼礁护岸块体尺寸选定的一个主要考虑因素。新型的护岸块体为透空式，主要考虑满足长江鱼类能够在孔洞中自由穿梭和繁殖。

我们对长江水系鱼类种类、大小等信息进行了收集和统计。目前整个长江水系，包括各附属湖泊，共分布有鱼类 350 多种，其中终生在淡水中生活的纯淡水鱼有 324 种之多，长江的鱼类中，有 10 种是过河口洄游性鱼类，如降河洄游的鳗鲡、松江鲈、中华鲟、鲥鱼等；另外，还有 16 种是主要在河口区咸淡水生活的种类。在长江的鱼类中，鲤形目鱼类占绝大多数，有 248 种，占整个长江鱼类种数的 70.8%。其次是鲇形目鱼类，有 37 种，占 10.7%。长江的鲤形目鱼类分属于 4 个科，亚口鱼科仅有胭脂鱼一个种，鳅科有 50 种，鲤科 181 种，平鳍鳅科 16 种。鲤科不但是长江鱼类中最大的一个科，占了总数的 51.7%，而且长江的主要经济鱼类，如鲤、鲫、青鱼、草鱼、鲢、鳙、鲂、鳊、鲴、铜鱼等，都属于这个类群。长江鱼类中，中华鲟成年尺寸较大，可达到 4m，其他鱼类成年多数为 20～40cm，胭脂鱼、鲤鱼等鱼类随着鱼龄增加可长至 70～80cm。表 6-1 列出了长江主要鱼类的尺寸大小，在块体结构尺寸设计时，考虑选取的空隙尺寸应能满足大多数鱼类自由穿梭。

表 6-1 长江鱼类尺寸统计表

类别	占比	代表鱼种	最大长度/cm
洄游性鱼类	3.09%	鳗鲡	45
		松江鲈	20
		中华鲟	400
		鲥鱼	24

续表

类别	占比	代表鱼种	最大长度/cm
		胭脂鱼	80
		鲤鱼	70
		鲫鱼	30
鲤形目	70.80%	青鱼	90
		草鱼	78
		鲢鱼	90
		鳙鱼	100
鲇形目	10.70%	黄颡鱼	20

除了满足鱼类栖息所需的空间，块体的设计还考虑了鱼礁工程设计要求，即 $Bu>100$，鱼礁块体高度取 1/10～1/5 水深区间。另外，对于透空式的螺母块体厚度取值，目前还没有相关的研究，可借鉴护岸工程六边预制块体厚度计算公式，即

$$t=\eta H\sqrt{\frac{\gamma}{\gamma_b-\gamma}\cdot\frac{L}{Bm}} \tag{6-1}$$

式中，η 为系数，取 0.075；H 为计算波高；γ 为水的重度；γ_b 为混凝土的重度；m 为斜坡斜率；L 为波长；B 为沿斜坡方向的混凝土块长度。

综合上述分析，设计鱼礁型护岸块体尺寸如图 6-8～图 6-13 所示。

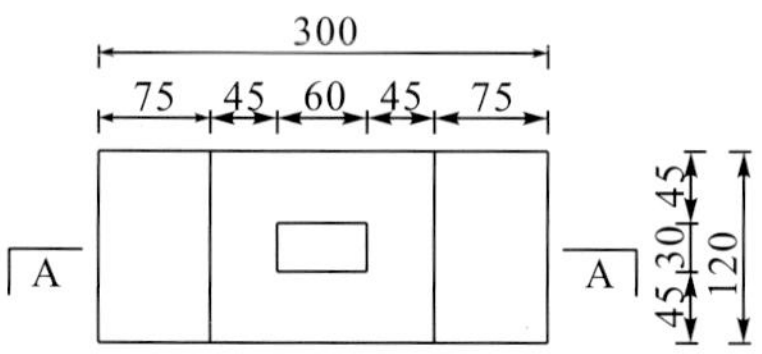

图 6-8　螺母普通块体立面图(单位：cm)

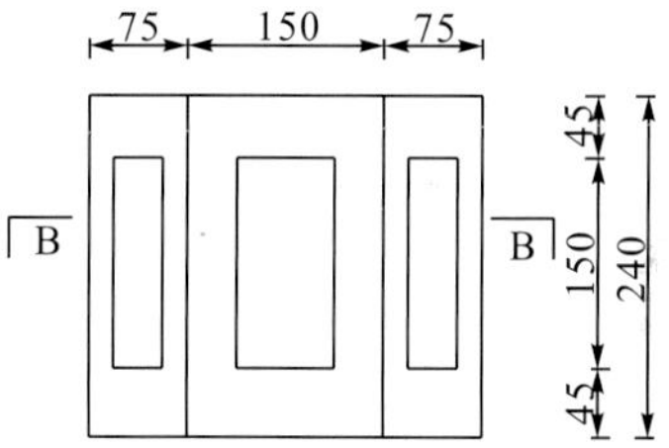

图 6-9　螺母鱼礁块体立面图(单位：cm)

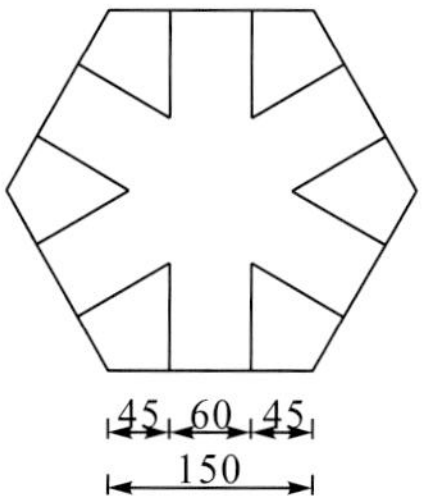

A–A(B–B)

图 6-10　螺母块体剖视图(单位：cm)

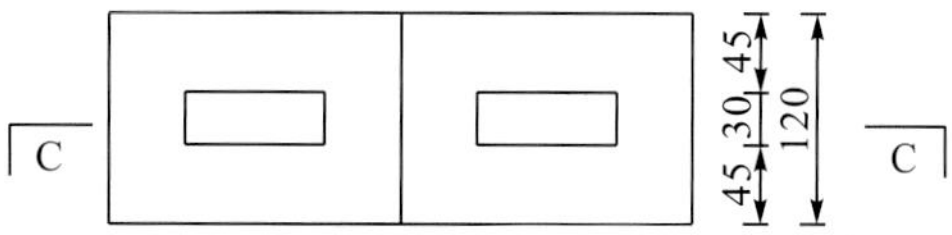

图 6-11　普通菱形块体(单位：cm)

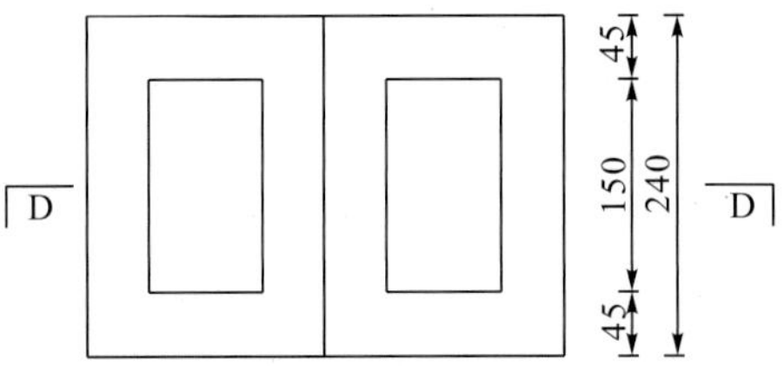

图 6-12 鱼礁菱形块体(单位：cm)

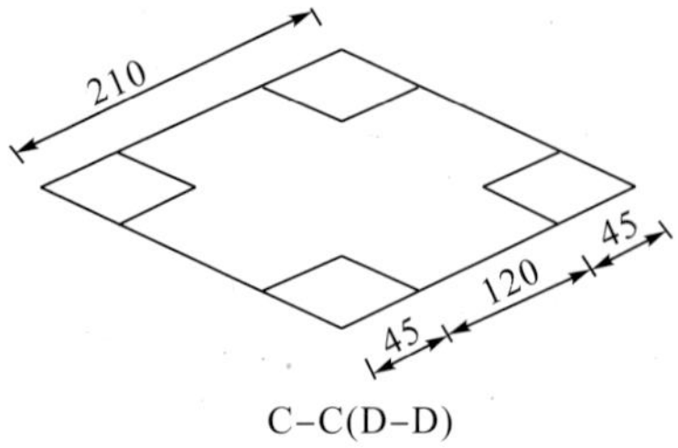

图 6-13 菱形块体剖视图(单位：cm)

6.2.2 鱼礁块体布置间距选取

1. 布置间距选定考虑因素

根据以往经验，如果鱼礁块体布设间距较大，则不能满足生态功能的需求；如果间距较小，则工程投入相应增加。所以选择适合的鱼礁布设间距，就是为了在生态和经济之间寻求合理的平衡，使得在满足生态要求的前提下，尽量减少工程造价。在选择鱼礁布设间距时主要考虑以下三点。

1)鱼礁的生态功能

鱼礁的生态功能，主要是利用鱼类的趋性来实现的。鱼类的趋性包括趋流性、趋光性、趋地性、趋音性、趋食性等，其中透空型鱼礁所设计的礁体空隙、洞穴等结构主要利用鱼类趋流、趋食以及躲避天敌的特性来起到保护鱼类的作用。本书主要利用鱼类的趋流性，根据鱼礁周围的水流流态来确定鱼礁块体间的布设间距。

2)工程的经济性

合理布置鱼礁块体，不仅可以提高鱼礁的生态功能，而且对降低工程造价、缩短工期有直接的影响。鱼礁工程的经济性，主要是在保证生态功能的前提下，尽量减少单位长度上鱼礁块体的个数。

3)礁体尺寸限制

螺母鱼礁块体剖面为正六边形，每个内角为 120°，在与护岸块体结合铺设时，需要三个块体组合在一起，则透空正六边形鱼礁块体的间距 L(这里指两个鱼礁块体间的最短距离)只能取 1.5m、6m、10.5m、15m 等(图 6-14)；菱形鱼礁块体剖面为平行四边形，内角为 120°、60°，需要四个块体组合在一起，间距 L 取值只能为 $2.1\times\sqrt{3}$ m、$2.1\times2\sqrt{3}$ m、$2.1\times3\sqrt{3}$ m、$2.1\times4\sqrt{3}$ m 等(图 6-15)。

以上阐述的 1)、2)两点实际上是对立的两个方面，鱼礁块体越多，护岸的生态功能越佳，工程投入也相应增加，施工难度变大。本章主要的目的是在这两者之间找到最佳的平衡点，同时结合鱼礁块体尺寸布置的限制，确定最优的鱼礁块体布置间距。

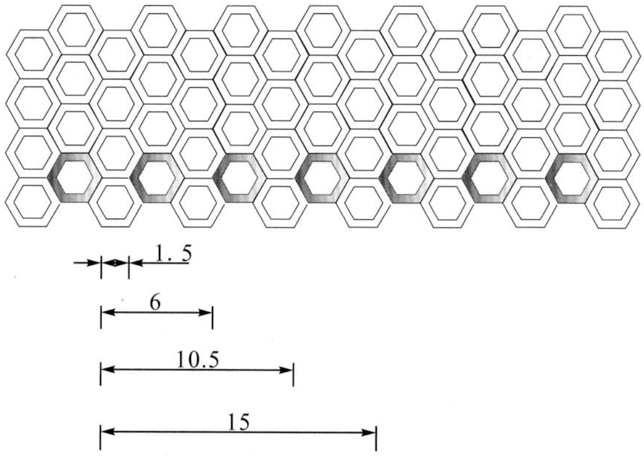

图 6-14　鱼礁块体的可行布设间距(单位：m)

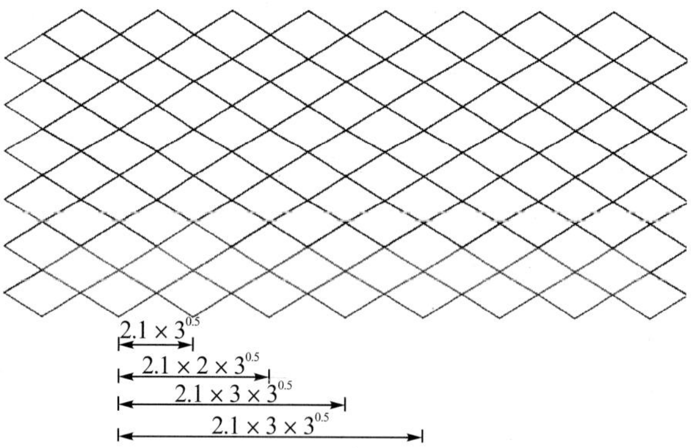

图 6-15　菱形鱼礁块体的可行布设间距(单位：m)

2. 鱼礁附近流场模拟方法

鱼礁块体周围水流运动为典型的钝体绕流，因存在水流分离、漩涡发展变化等复杂的非线性问题，目前还难以得到这类问题的解析解。一般对于这类问题常采用现场测量、水槽模型试验、数值模拟等方法。近年来，随着数值模拟技术的日趋成熟以及高性能计算机的出现，CFD 模拟技术以其工作周期短、投入小等优点，越来越受到人们的青睐。

1)控制方程

人工鱼礁附近的水流流动可视为黏性不可压缩流体的湍流运动，其控制方程如下。

连续性方程：

$$\frac{\partial \bar{u}_i}{\partial x_i} = 0 \tag{6-2}$$

动量方程：

$$\frac{\partial \bar{u}_i}{\partial t} + \bar{u}_j \frac{\partial \bar{u}_i}{\partial x_j} = -\frac{1}{\rho} \frac{\partial p}{\partial x_i} + \frac{\partial}{\partial x_j}\left(\nu \frac{\partial \bar{u}_i}{\partial x_j} - \overline{u_i' u_j'}\right) + f_i \tag{6-3}$$

式中，$\bar{u}_i (i=1, 2, 3)$分别为 x、y、z 三个方向的雷诺平均速度；ρ 为流体密度；p 为压强；ν 为流体的运动学黏性系数；$-\partial(\overline{u_i' u_j'})/\partial x_j$ 为雷诺应力项；f_i 为体积力。

考虑到 RNG k-ε 湍流模型可以有效模拟分布较均匀、湍流结构较小的湍流流动，因此本书在计算黏性流体运动时，采用 RNG k-ε 湍流模型。

2)边界条件和网格划分

模型计算区域进口采用速度入口条件，主要模拟长江中下游中洪水期鱼礁块体对周围流场的影响。目前长江中游河段，宜昌下临江坪(中游里程 615.0km)至武汉长江大桥(中游里程 2.5km)枯水期水流流速为 1.0～1.7m/s，洪水期流速为 2.0～3.0m/s；长江下游河段，武汉长江大桥(中游里程 2.5km)至浏河口(下游里程 25.4km)，枯水期水流流速为 0.8～1.2m/s，洪水期流速为 1.6～1.9m/s，因此模型进口流速分别选取 1.5m/s、2m/s 和 3m/s。模型出口采用自由出流条件，计算区域的两个侧面、顶面均采用对称边界条件，底面以及鱼礁壁面均采用无滑移边界条件。在计算区域的网格划分上，靠近鱼礁的局部区域采用密度较高的四面体网格，其他区域采用六面体网格，整个计算区域的网格单元数为 1070436 个。

3)数值算法

本书所涉及的数值计算在 FLUENT 平台上完成。压力与速度耦合采用 SIMPLEC 算法，动量方程对流项的离散采用 QUICK 格式，精度控制中的计算残差值取 10^{-5}，计算迭代最大步数设为 2000 步。

3. 鱼礁块体周围流场分布

图 6-16～图 6-21 为不同进口流速下人工鱼礁周围水平剖面速度云图(纵坐标垂直于水流方向，横坐标平行于水流方向，单位均为 m；图例表示流速大小，单位为 m/s)。由于鱼礁的阻水作用，当水流到达鱼礁迎流面时，流速变缓；经过鱼礁壁面时，一部分水流方向发生改变，在鱼礁迎流面前部形成上升流和侧向流，还有一部分穿过礁体孔隙流向下游；而在鱼礁背流面，由于水流绕流和回流的相互作用而形成背涡流。

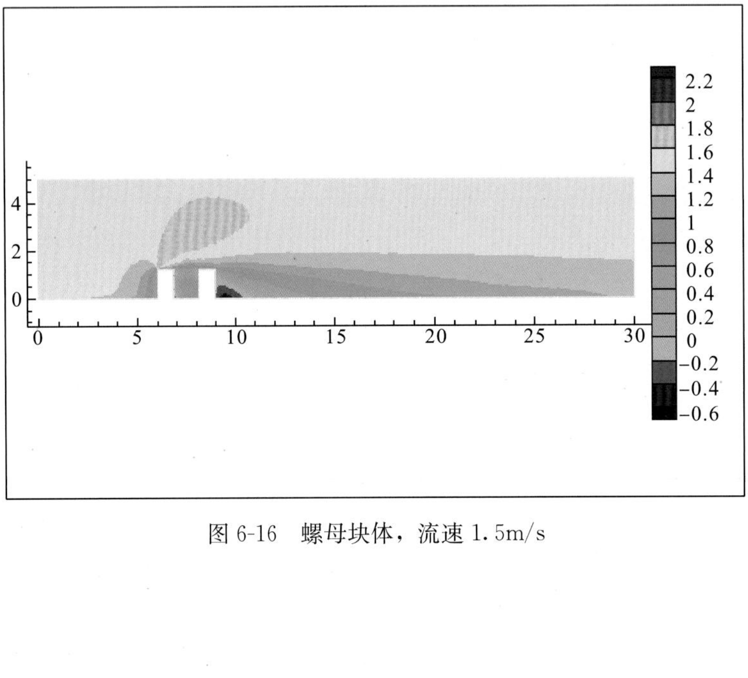

图 6-16 螺母块体，流速 1.5m/s

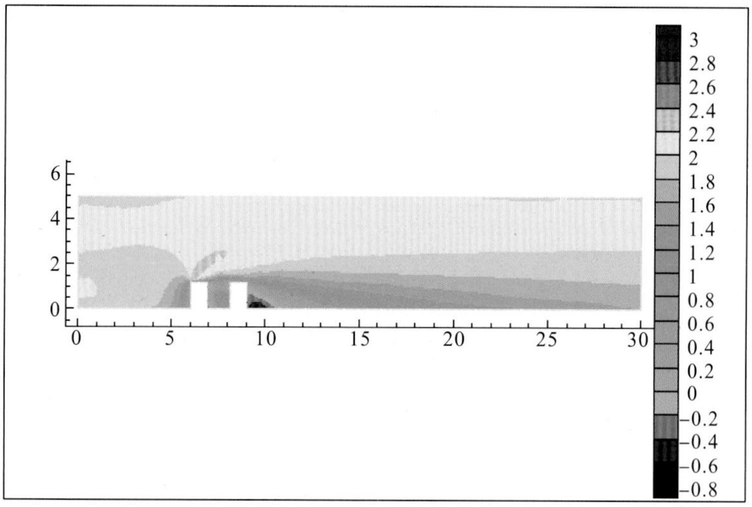

图 6-17　螺母块体，流速 2m/s

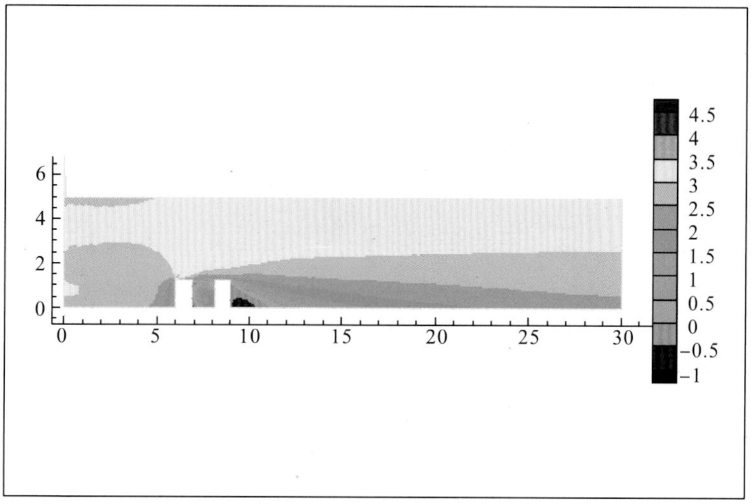

图 6-18 螺母块体，流速 3m/s

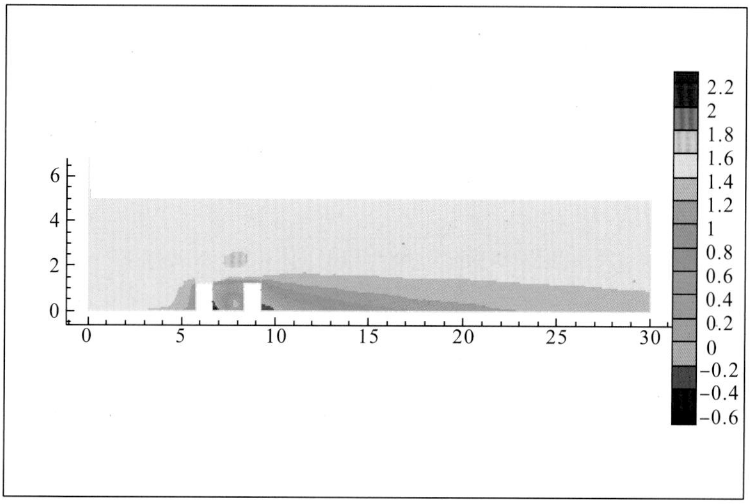

图 6-19　菱形块体，流速 1.5m/s

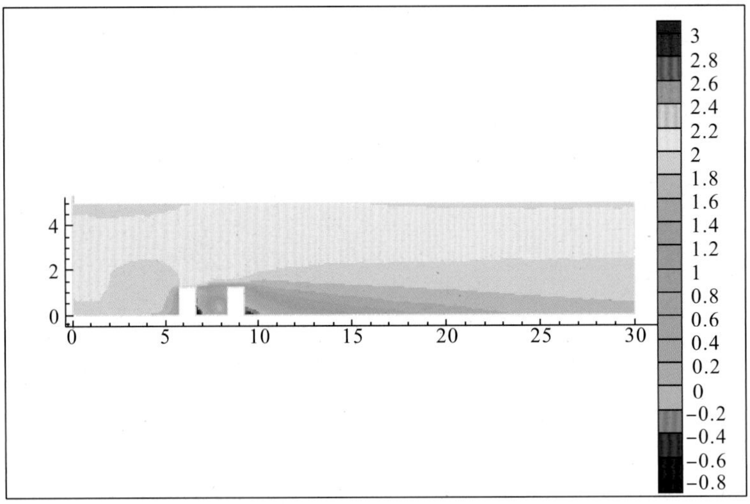

图 6-20 菱形块体，流速 2m/s

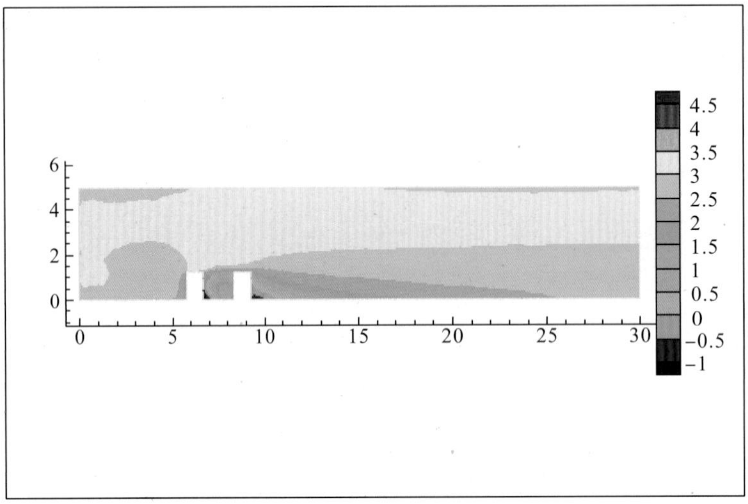

图 6-21 菱形块体，流速 3m/s

4. 鱼礁块体布置间距选定

在静水中，鱼类活动无明显的方向性，但在流动的水中，鱼类会自然调整在水中活动的状态，使头部迎向水流。以四大家鱼为代表的产漂流性卵鱼类的繁殖、鱼卵的孵化都需要一定的水流流速刺激，但如果流速过大，则鱼类(卵)有被冲向下游的危险。究竟多大的水流流速最适合鱼类活动，国内外在对鱼类的克流能力分科进行研究时，把不同科目的鱼类所能适应的水流条件定名为“起点流速”、“适应流速”，把鱼类不能适应的水流条件定名为“极限流速”。鱼类的起点流速，也有称为感应流速，即刺激鱼类开始游动的水流流速下限值，低于此值时水流对鱼的活动不产生刺激作用；当水流流速超过一定限值时，由于水流的阻力作用，鱼类将无力上溯游动，此即为鱼类的极限流速或称为临界流速；而介于起点流速与极限流速两者之间的一段能满足鱼类生活习性的流速区域，则视为鱼类的适应流速或喜爱流速。河北省水利水电勘测设计研究院(原海河勘测设计院)等单位通过鱼类克流试验总结了数种鱼类克流能力的观测资料，见表 6-2。

表 6-2　鱼类克流能力统计表

鱼的种类	体长/cm	起点流速/(m/s)	适应流速/(m/s)	极限流速/(m/s)
鲢鱼	10～15	0.2	0.3～0.5	0.7
鲢鱼	23～25	0.2	0.3～0.6	0.9
草鱼	15～18	0.2	0.3～0.5	0.7
草鱼	18～20	0.2	0.3～0.6	0.8
鲤鱼	6～9	0.2	0.3～0.5	0.7
鲤鱼	20～25	0.2	0.3～0.8	1.0
鲤鱼	25～35	0.2	0.3～0.8	1.1
鲫鱼	15～15	0.2	0.3～0.6	0.7
鲫鱼	15～20	0.2	0.3～0.6	0.8
鲂鱼	10～17	0.2	0.3～0.5	0.6
鲌鱼	20～25	0.2	0.3～0.7	0.9
乌鳢	30～60	0.3	0.4～0.6	1.0
鲶鱼	30～60	0.3	0.4～0.8	1.1

本书以鱼类的适应流速为依据，给出一个衡量鱼礁生态功能的指标，即鱼礁背流面水流流速 ω。由表 6-2 可知，大部分鱼类的适应流速为 0.3～0.8m/s，以 ω=0.8m/s 作为流速上限，得到了不同进口速度条件下鱼礁背流面流速小于 0.8m/s 的区域如图 6-22～图 6-27所示(图中纵坐标垂直于水流方向，横坐标平行水流方向，单位均为 m；图例表示流速大小，单位为 m/s)。

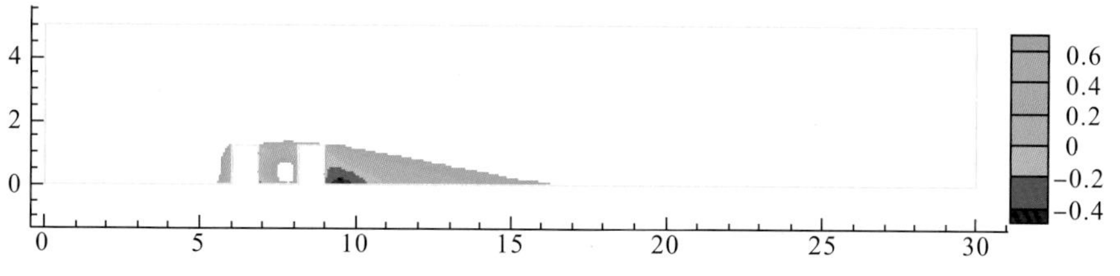

图 6-22　螺母块体，进口流速 1.5m/s，流速<0.8m/s

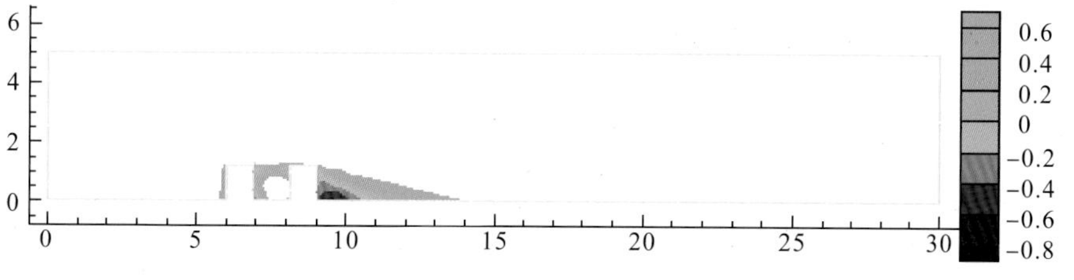

图 6-23　螺母块体，进口流速 2m/s，流速<0.8m/s

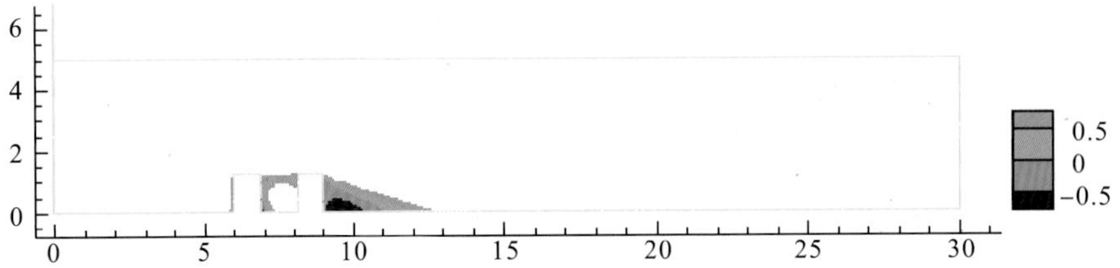

图 6-24　螺母块体，进口流速 3m/s，流速<0.8m/s

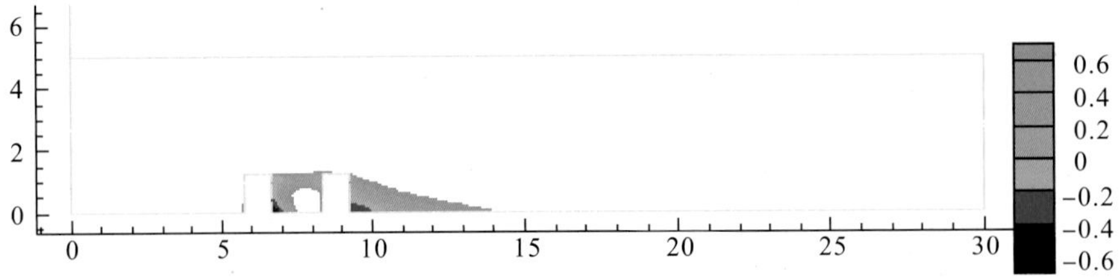

图 6-25　菱形块体，进口流速 1.5m/s，流速<0.8m/s

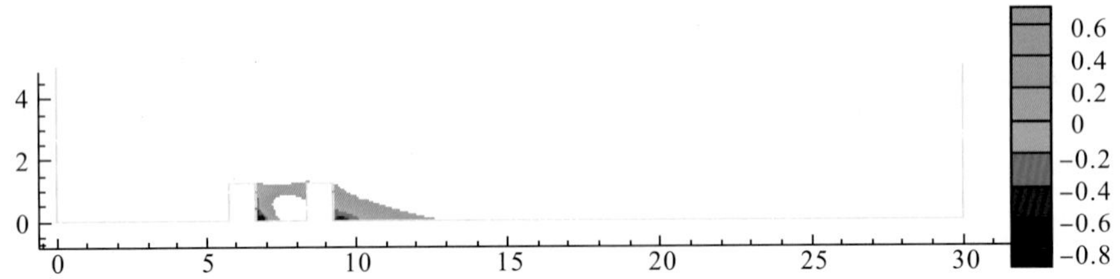

图 6-26　菱形块体，进口流速 2m/s，流速<0.8m/s

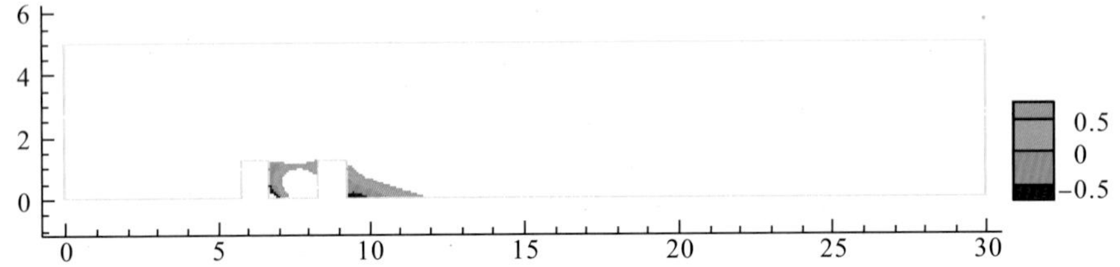

图 6-27　菱形块体，进口流速 3m/s，流速<0.8m/s

从图中可以看出，螺母块体小于 0.8m/s 的流速范围在块体后达到 7m，但绝大部分在 6m 范围内。若鱼礁块体间距取 10.5m，则生态护岸单位长度的生态效应减少，不符合起初设计理念；如果间距取 1.5m，则生态护岸单位长度鱼礁块体个数变多，无意义地增加了工程造价和施工难度，故螺母鱼礁块体间距取 6m 最合适。菱形块体小于 0.8m/s 的流速范围在块体后达到 4.5m，但绝大部分在 3.6m 范围内。若间距取$2.1\times2\sqrt{3}\approx7.3$m，则生态护岸单位长度的生态效应减少，故菱形鱼礁块体间距取 $2.1\times\sqrt{3}\approx3.64$m 最为合适。

两种护岸结构沿水流方向铺设长度为 1.8m，沿岸坡宽度为 0.65m，其中螺母鱼礁块体间距为 0.2m，菱形鱼礁块体间距为 0.125m，如图 6-28 所示。总体来讲，两种结构的结合布置具有如下优点：①护岸采用透空式结构，可减少汛期防洪压力；②护岸大小块体交替摆放，丰富了护岸的附近流场变化，在鱼礁块体后面形成“滞留区”，可供鱼类生存、栖息；③泥沙在块体孔洞中落淤，可增强河岸的稳定。

图 6-28　模型护岸块体实物布置图

6.3　新型生态护岸结构水动力特性研究

6.3.1 模型设计及试验方案

1. 水槽模型设计

长江中下游河道枯水河宽为 800m 左右，洪水河宽为 2000m 左右，一般流量为 $5000 \sim 50000 m^3/s$，流速为 0.5～3.5m/s，这些水流条件可作为水槽模型试验设计的依据。

根据矩形玻璃水槽的实际尺寸，试验采用局部模拟的方法，仅模拟靠近河岸的局部区域。试验主要通过清水动床水流试验来观测新型生态护岸结构附近的流速及流态，试验设计主要满足重力相似、运动相似。考虑河段平面尺寸以及护岸结构大小，根据试验水槽宽 2m 和供水系统的实际情况，水槽概化模型仅考虑模拟部分河岸长度，采用平面比尺：$\lambda_L = 30$。概化模型设计为正态，故水平比尺和垂直比尺为：$\lambda_L = \lambda_H = 30$。

确保水流运动的相似，试验应该同时满足以下两个因素

$$\lambda_V = \sqrt{\lambda_H} \tag{6-4}$$

$$\lambda_V = \frac{1}{\lambda_n}\lambda_H^{1/6}\frac{\lambda_H}{\sqrt{\lambda_L}} \tag{6-5}$$

通过式(6-4)和式(6-5)解得糙率比尺与试验模型糙率为

$$\lambda_V = \frac{1}{\lambda_n}\lambda_H^{1/6}\frac{\lambda_H}{\sqrt{\lambda_L}} = 30^{1/6}\sqrt{\frac{30}{30}} = 1.76 \tag{6-6}$$

$$n_m = \frac{n_p}{\lambda_n} = \frac{0.025}{1.76} = 0.0142 \tag{6-7}$$

为保证模型水流运动的相似，根据重力相似准则，可得流速比尺：$\lambda_V = \sqrt{30} = 5.478$，流量比尺：$\lambda_Q = \lambda_H \lambda_L \lambda_V = 30 \times 30 \times 5.477 = 4929.3$。

考虑到试验主要研究不同水深、不同流量下新型护岸结构的水力特性。综合以上分析，在满足流速范围为 0.5～3.5m/s 时，拟选用 3 组流量、3 组水深进行试验，即流量 Q 为 60L/s、90L/s、120L/s，水深 H 为 11cm、20cm、27cm。

2. 模型岸坡坡度确定

模型岸坡比的确定，主要是通过收集常见的岸坡破坏前的坡度范围，概化选取一个岸坡破坏的典型坡度。查询有关文献发现，密西西比河的岸坡破坏前的坡比大约为1∶2，我国江西彭泽县马湖堤1996年崩前坡比平均为(1∶2.5)～(1∶2.3)，局部为(1∶2.0)～(1∶1.5)，长江六合圩在1989年窝崩之前岸坡的平均坡度为1∶1.9，局部的陡坡崩前坡比为1∶1.6。考虑上述坡度范围，结合目前长江中下游护岸破坏相关试验研究所采用的岸坡坡度，本次清水动床冲刷试验岸坡坡度选取1∶2。试验岸坡侧视图如图6-29所示。

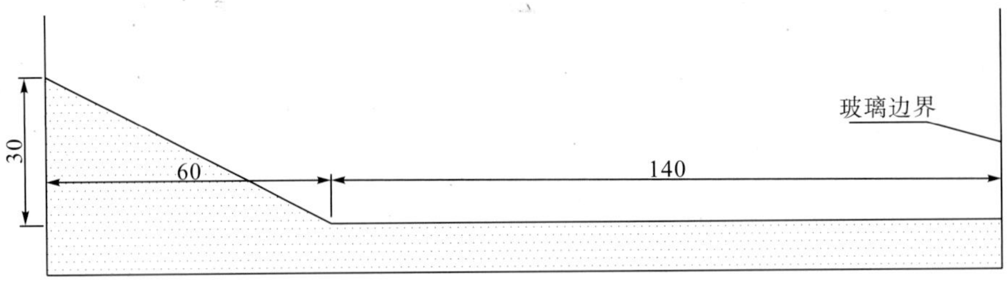

图6-29 试验岸坡侧视图(单位：cm)

3. 模型沙和护底块石选取

1)模型沙选取

根据相关资料收集、整理得长江下游安徽段泥沙中值粒径为0.17～0.29mm，我国长江九江崩岸处的砂土的中值粒径为0.25mm，长江中下游潜洲地区砂土的中值粒径也在此范围内。另外，根据宜昌至城陵矶床沙颗粒级配观测成果可知，上荆江床沙中值粒径一般为0.152～0.326mm，下荆江床沙中值粒径一般为0.103～0.228mm。

根据上述资料的分析，原型沙的中值粒径定为：$d_{50}=0.25$mm。

由于这种推移质细沙有时处于悬移质状态，形成悬移质泥沙的床沙质部分，有时则处于推移状态，因此，这部分泥沙既要满足推移质运动相似，又要满足悬移质运动的悬浮相似。但由于本试验为清水冲刷概化模型试验，试验模型最重要的是要满足起动流速相似的条件。

故这种模型沙应按下列三个条件来选择设计。

$$\lambda_V = \sqrt{\lambda_H} \tag{6-8}$$

$$\lambda_V = \frac{1}{\lambda_n}\lambda_H^{1/6}\frac{\lambda_H}{\sqrt{\lambda_L}} \tag{6-9}$$

$$\lambda_V = \lambda_{V_0} \tag{6-10}$$

对于原型河道起动流速的确定，目前还存在一定困难，因为现有大多数起动流速公式只能估算模型沙，对于天然河流粗细沙的起动流速均有待进一步验证。窦国仁院士根据长江宜昌站现场实测推移质输沙率与流速的关系曲线分析，认为沙玉清泥沙起动流速公式

$$U_0 = H^{0.2}\sqrt{1.1\frac{(0.7-\varepsilon)^4}{D}+0.43D^{0.75}} \tag{6-11}$$

适合于计算原型河道泥沙起动流速，式中，H 为水深，m；ε 为淤沙孔隙率，一般取值为 0.4；D 为粒径，本书中取 0.25mm。取原型水深 $H=9$m 时，计算原型起动流速 $U_0=0.672$m/s；取原型水深 $H=6$m 时，原型起动流速 $U_0=0.62$m/s。

而岗恰洛夫(1954)不动流速公式：

$$V_0=\lg\frac{8.8H}{D_{95}}\sqrt{\frac{2(\gamma_s-\gamma)gD}{3.5\gamma}} \tag{6-12}$$

相当于泥沙将动未动的情况，适用于无黏性模型沙的起动流速。取模型水深 0.3m，$D=0.15$mm，$D_{95}=0.5$mm 代入式(6-12)，算得 $V_0=0.139$m/s；取模型水深 0.2m，$D=0.15$mm，$D_{95}=0.5$mm 代入式(6-12)，算得 $V_0=0.132$m/s。

根据起动流速相似的条件，泥沙起动流速比尺为 5.477，当原型水深 $H=9$m，D 为 0.25mm 时，通过比尺换算的模型沙起动流速 $U_{0m}=0.672/5.477=0.123$m/s；原型水深 $H=6$m，D 为 0.25mm 时，通过比尺换算的模型沙起动流速 $U_{0m}=0.62/5.477=0.113$m/s，根据公式的计算结果显示，选取模型沙 $D=0.15$mm 时，可满足起动流速相似的条件。

2)护底块石选取

抛石护脚工程抛石粒径的确定应考虑抗冲、动水落距、级配及石源条件等因素。抛石抗冲粒径可表示为

$$D=0.0173V^{2.78}h^{-0.39} \tag{6-13}$$

式中，D 为块石粒径，m；V 为垂线平均流速，m/s；h 为垂线水深，m。

根据长江中下游平顺抛石护岸工程的实践经验，块石粒径的范围，中游一般取 0.15～0.45m，下游取 0.10～0.40m。本书结合计算值和经验值，从偏安全的角度选取抛石粒径为 0.45m，对应模型的粒径为 1.5cm。

4. 模型护岸块体

根据原型护岸块体的结构尺寸，4 种块体在 1∶30 比尺下的模型块体由于尺寸较小，无法较好地模拟模型块体构件中钢筋，最终选择细砂混凝土来制作模型块体，加工完成后的模型护岸块体实物如图 6-30 所示。

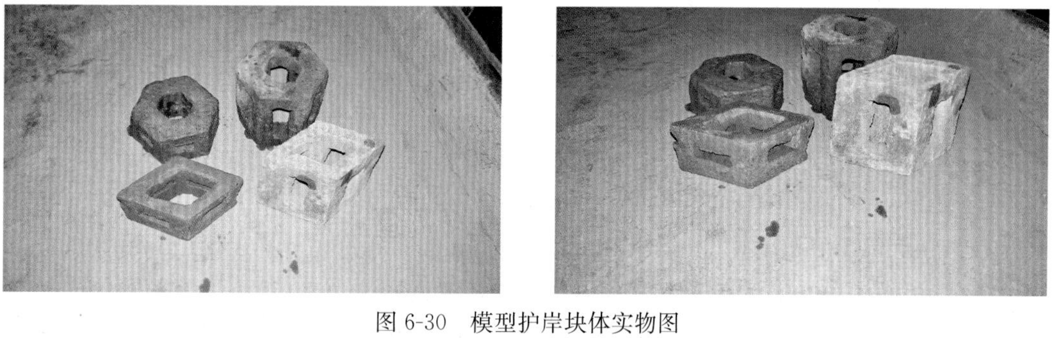

图 6-30　模型护岸块体实物图

5. 定床试验方案设计

(1)流量：为了研究不同流量条件下岸坡周围的水流结构，控制流量采用了 Q 为

60L/s、90L/s、120L/s 三级流量。

(2)水深：为了研究不同水深条件下岸坡周围的水流结构，根据历年长江中下游常见河道的基本水文资料、试验场地条件及试验研究目的，选取部分淹没、轻度淹没和深度淹没情况下的 11cm、20cm 和 27cm 三种水深。

(3)护岸结构：根据目前国内外常见的护岸结构型式的特点，设计提出了两种新型生态护岸结构型式，即螺母框架形护岸块体和菱形框架形护岸块体。

结合前面三种因素来进行试验设计，列出生态护岸结构试验工况表，如表 6-3 所示。

表 6-3 试验工况表

工况	流量/(L/s)	控制水深/cm	结构型式	平均流速 V/(m/s)	雷诺数 Re
1	60	11	—	0.361	1.74×10^4
2	60	20	—	0.187	1.55×10^4
3	60	27	—	0.133	1.41×10^4
4	90	11	—	0.541	2.61×10^4
5	90	20	—	0.28	2.32×10^4
6	90	27	—	0.199	2.12×10^4
7	120	11	—	0.722	3.49×10^4
8	120	20	—	0.375	3.10×10^4
9	120	27	—	0.266	2.83×10^4
10	60	11	螺母框架块	—	—
11	60	20	螺母框架块	—	—
12	60	27	螺母框架块	—	—
13	90	11	螺母框架块	—	—
14	90	20	螺母框架块	—	—
15	90	27	螺母框架块	—	—
16	120	11	螺母框架块	—	—
17	120	20	螺母框架块	—	—
18	120	27	螺母框架块	—	—
19	60	11	菱形框架块	—	—
20	60	20	菱形框架块	—	—
21	60	27	菱形框架块	—	—
22	90	11	菱形框架块	—	—
23	90	20	菱形框架块	—	—
24	90	27	菱形框架块	—	—

续表

工况	流量/(L/s)	控制水深/cm	结构型式	平均流速 V/(m/s)	雷诺数 Re
25	120	11	菱形框架块	—	—
26	120	20	菱形框架块	—	—
27	120	27	菱形框架块	—	—

6. 试验观测内容

1)试验观测断面布置

由于不同试验水深条件下，岸坡上的鱼礁护岸块体的淹没情况不同，则考虑布置的测点会有所增减。无护岸结构、菱形框架结构和螺母框架结构时的试验观测断面布置一样。

根据试验鱼礁护岸块体的布置方式、三个试验控制水深，结合前人的一些研究成果，在护岸结构铺设区域及一定范围内加密了测试断面，选择了如图 6-31 所示的 18 个横断面的流速测点布置，随控制水深的增大，相应地每个横断面上的测点个数有所增加。同理，对模型水位观测点的布置，选择了如图 6-32 所示的 10 个横断面的测点。

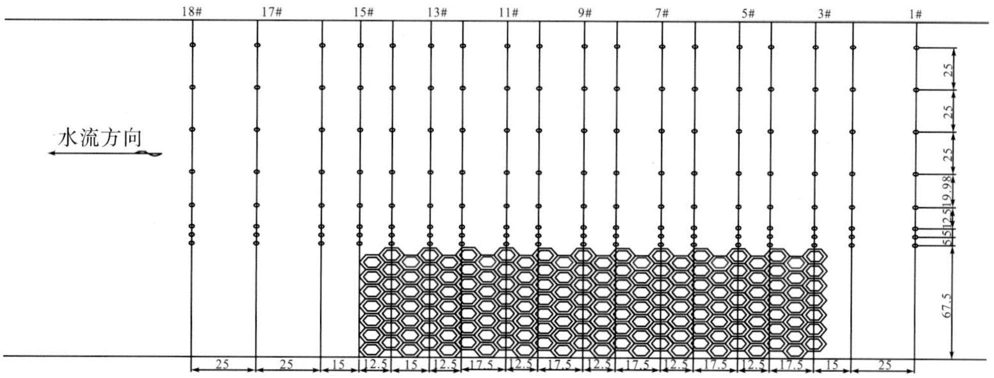

(a) H=11cm

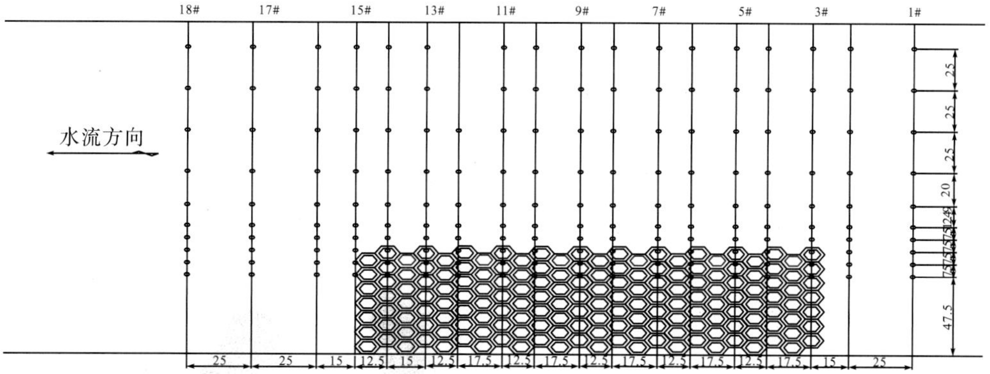

(b) H=20cm

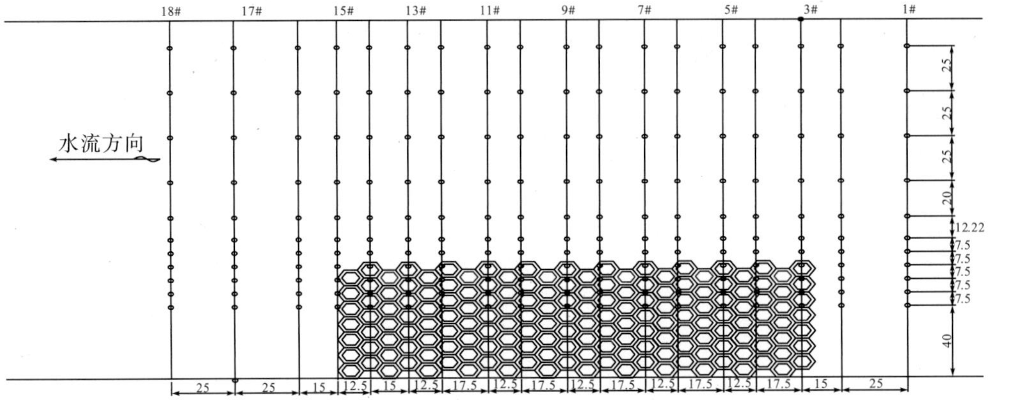

(c) $H=27\text{cm}$

图 6-31　流速观测断面及观测点布置图(单位：cm)

2)试验观测内容

(1)观测各方案下的水体流速分布情况，记录水质点运动速度的大小及方向，无护岸结构、菱形框架块体和螺母框架块体时都选取一样的 18 个测试断面，对于不同的试验控制水深，生态护岸结构根据研究目的和实验条件，在每个横断面上分别选择不同的测点个数，如图 6-31 所示，模型试验水深为 11cm、20cm 和 27cm 时，其每个横断面上的测点个数分别为 8、10 和 11 个，采用三点法(0.2h、0.6h 和 0.8h)测定各点的平均流速。

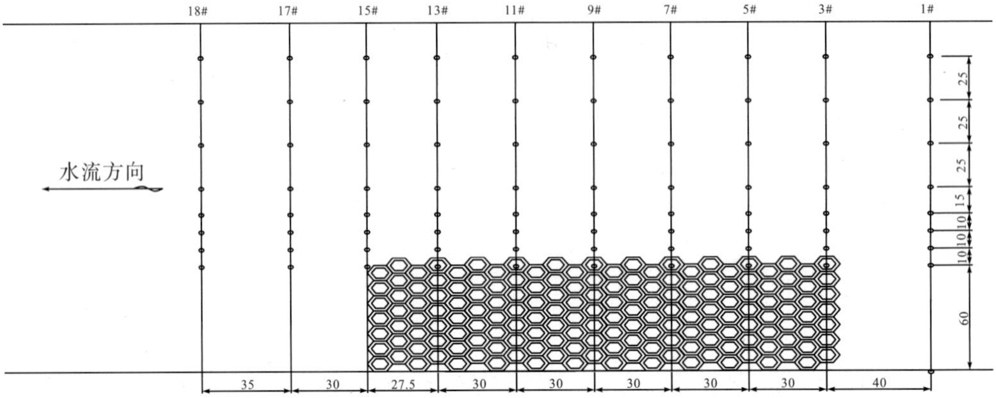

(a) $H=11\text{cm}$

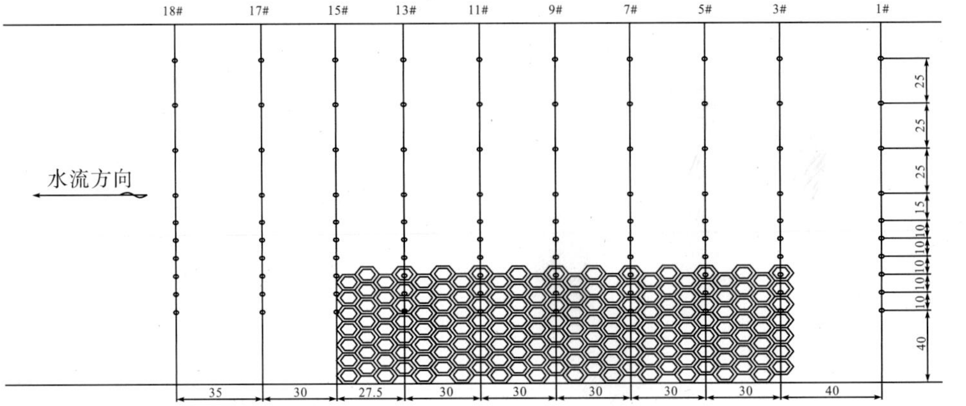

(b) $H=20\text{cm}$

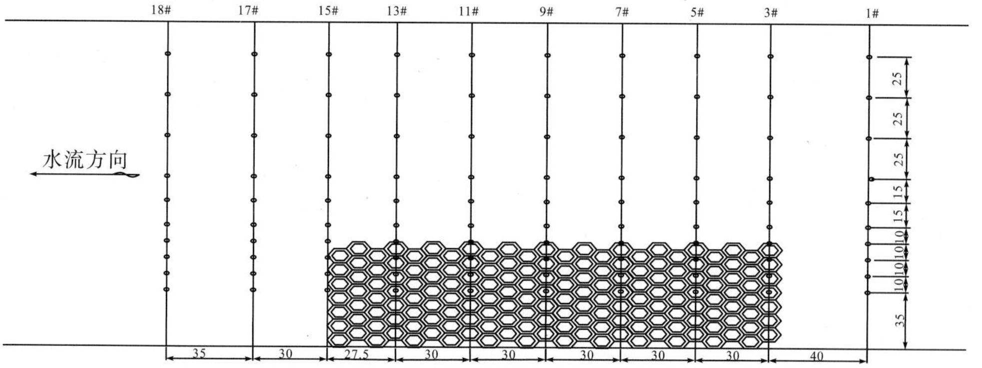

(c)H=27cm

图 6-32　水位观测断面及观测点布置图(单位：cm)

(2)观测各方案下的水位分布情况，研究试验段的横比降和纵比降，用水位自动测量系统来测量各点的水位，无护岸建筑物、菱形框架块体和螺母框架块体时都选取一样的 10 个测试断面。如图 6-32 所示，试验控制水深为 11cm、20cm 和 27cm 时，其每个断面上的测点个数分别为 8、10 和 11 个。

(3)观测各方案下有生态护岸结构时护岸结构附近的水流流态。

(4)观测各方案下有生态护岸结构时的水流紊动情况。

6.3.2　护岸块体周围水面线分布

1. 纵向水面线

受护块影响的纵向水面线有较显著的变化，没有铺设护块的纵向水面线变化趋势平缓，不明显。在鱼礁块体部分淹没时，护岸块体上游发生较明显的壅水现象，水流绕过护块时水位急速下降，水位在 5＃断面达到最低点，之后水位逐渐呈波动形上升并逐渐恢复至试验控制水深附近。如图 6-33 所示，铺设两种护岸块体的岸坡纵向水面线变化趋势基本一致，只是铺设螺母框架块的护坡上游壅水高度较高且跌水程度较菱形框架块剧烈，以致图中 1＃断面至 5＃断面的纵向水面线的变化程度较菱形框架块大，且随着试验流量的增加，护坡上游壅水更剧烈，水位的最高点更大，图中 1＃断面至 5＃断面水位的降低幅度也更大。

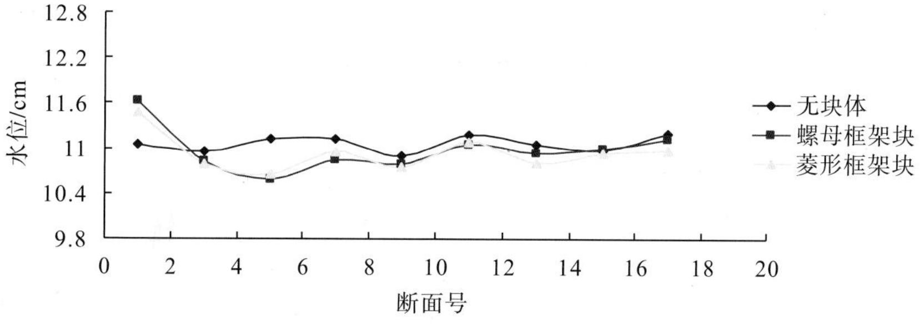

(a)Q=60L/s，H=11cm

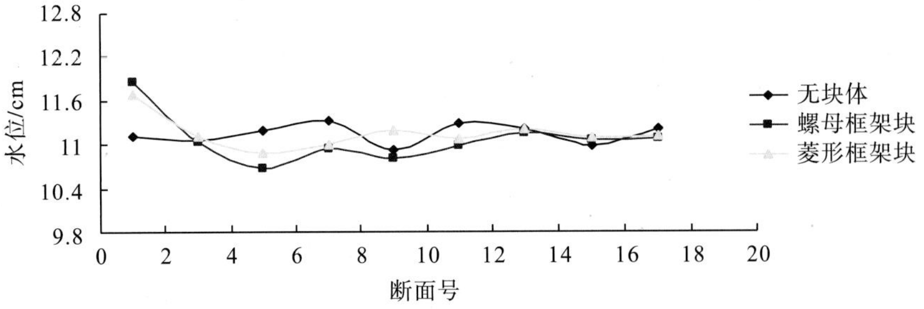

(b)Q=90L/s，H=11cm

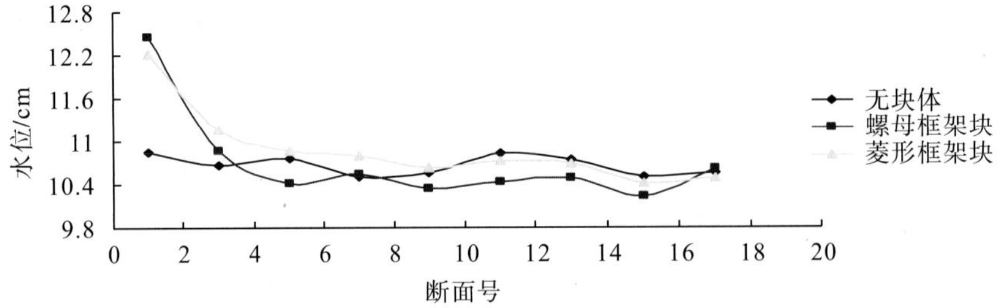

(c)Q=120L/s，H=11cm

图 6-33　鱼礁块体部分淹没时纵向水面线的变化

在鱼礁块体完全淹没时，两种护岸结构护坡后的纵向断面平均水位的变化趋势与没有护岸结构护坡时的纵向水面线变化趋势大致相同，且随着试验流量的增加，整个纵向水面线并无实质改变，如图 6-34 所示。

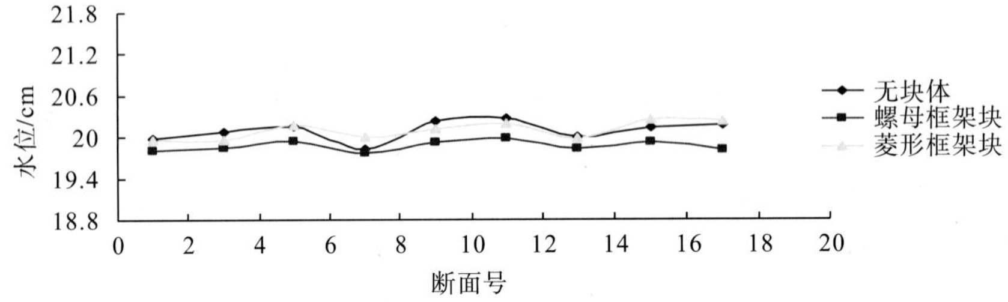

(a)Q=60L/s，H=20cm

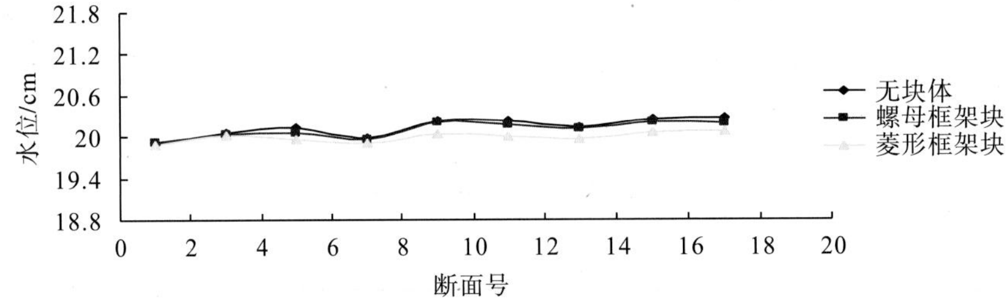

(b)Q=90L/s，H=20cm

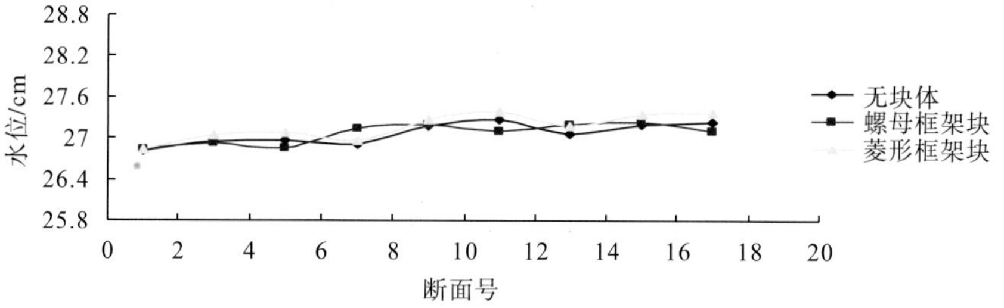

(c)Q=90L/s，H=27cm

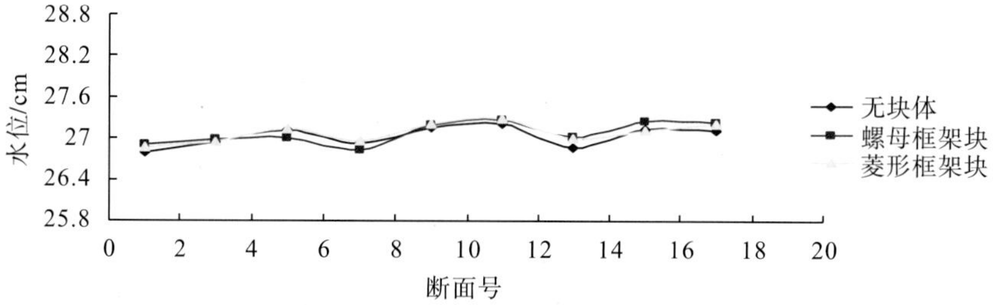

(d)Q=120L/s，H=27cm

图 6-34　鱼礁块体完全淹没时纵向水面线的变化

2. 横向水面线

综合分析未护坡与护坡后的横向水面线变化，可以得出鱼礁块体完全淹没时，横向水面线变化不明显，与未铺设护块时基本一致。当鱼礁块体部分淹没时，由于护岸块体上游发生较明显的壅水现象，护坡上游 1＃断面的横向水面线自左岸坡向右岸逐渐降低，水面横比降变化较缓，直到右岸附近趋于平稳，同时右岸附近的平稳水位都大于 11cm 且平稳水位是随着流量增加而增大的；护坡中上游 7＃断面的水位受护坡上游壅水及分流影响，其横向水面线自左岸坡向右逐渐上升，水面线横比降变化较缓，直到右岸附近趋于平稳。同时右岸附近的平稳水位都大于 11cm 且平稳水位是随着流量增加而增大的，只是此水位相应地要小于护坡上游 1＃断面右岸附近的平稳水位；护坡下游 15＃断面的水位受上游分流影响很小，其横向水面线变化较小，自左岸坡向右岸附近大致是趋于平稳的，只是右岸附近水位稍高于左岸坡附近水位。

如图 6-35 和图 6-36 所示，铺设两种护岸块体的横向水面线变化趋势基本一致，只是铺设螺母框架块的护坡上游壅水高度较高及跌水程度较菱形框架块剧烈，以致铺设螺母框架块的横向水面线的变化幅度要大一些。

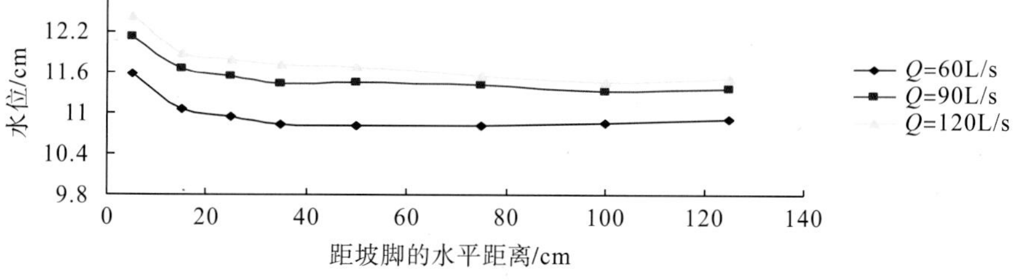

(a)1＃断面

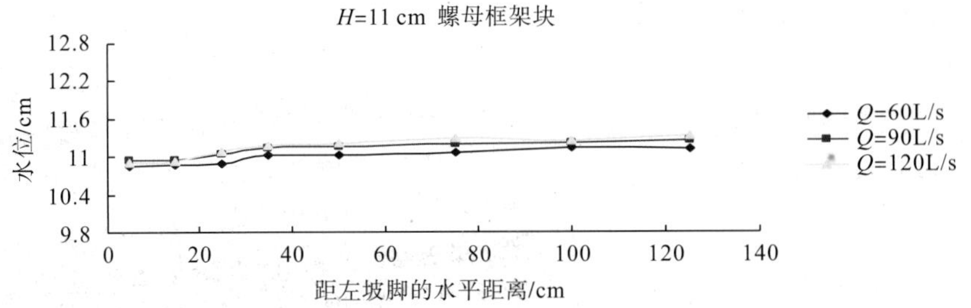

(b)7#断面

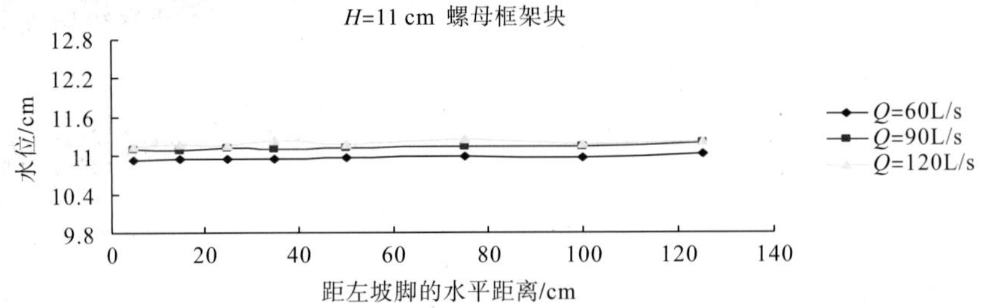

(c)15#断面

图 6-35 螺母鱼礁块部分淹没时横向水面线的变化趋势

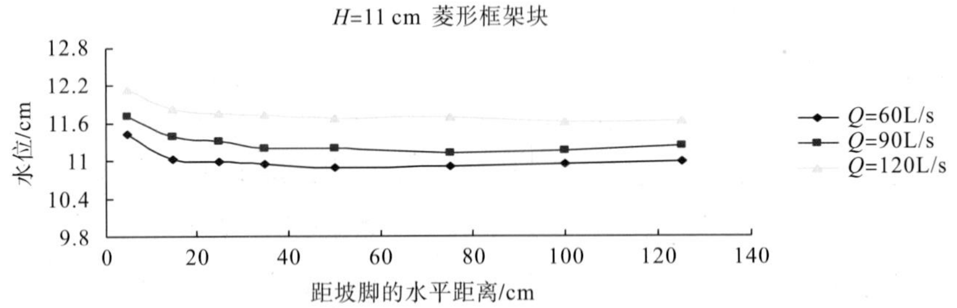

(a)1#断面

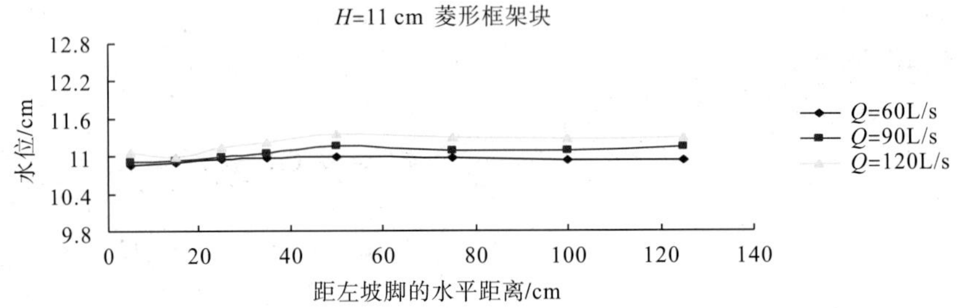

(b)7#断面

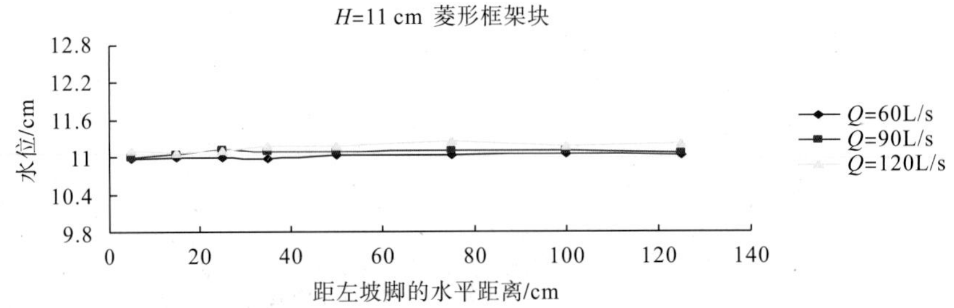

(c)15#断面

图 6-36 菱形鱼礁块部分淹没时横向水面线的变化趋势

3. 水面线二维分布

图 6-37 为 Q=90L/s，H=20cm 时整个测区水位变化情况的等值线图，距 1# 断面距离等于 0 点位于水流上游。从图中可以看出，两种护岸结构护坡后，两种结构的水位等值线图无论在等值线密集程度上还是数值大小上均基本相同；两种护岸结构护坡后，测区上游水位等值线(特别是靠近左岸附近)较护坡前稀疏，说明两种护岸框架结构对整个测区水位(特别是护坡段附近)有一定的调节作用，护坡后水流较平顺，能够起到减速促淤的作用。

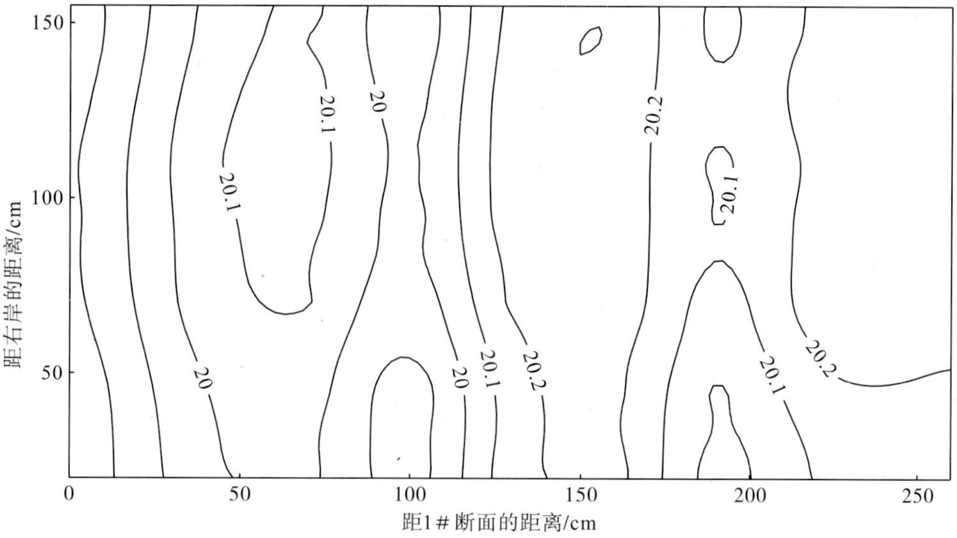

(a)无块体

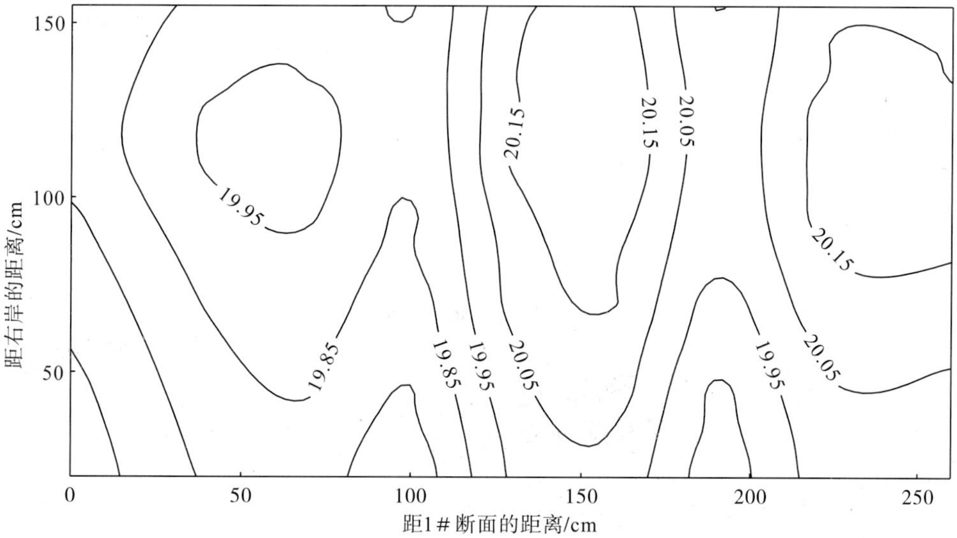

(b)螺母框架块

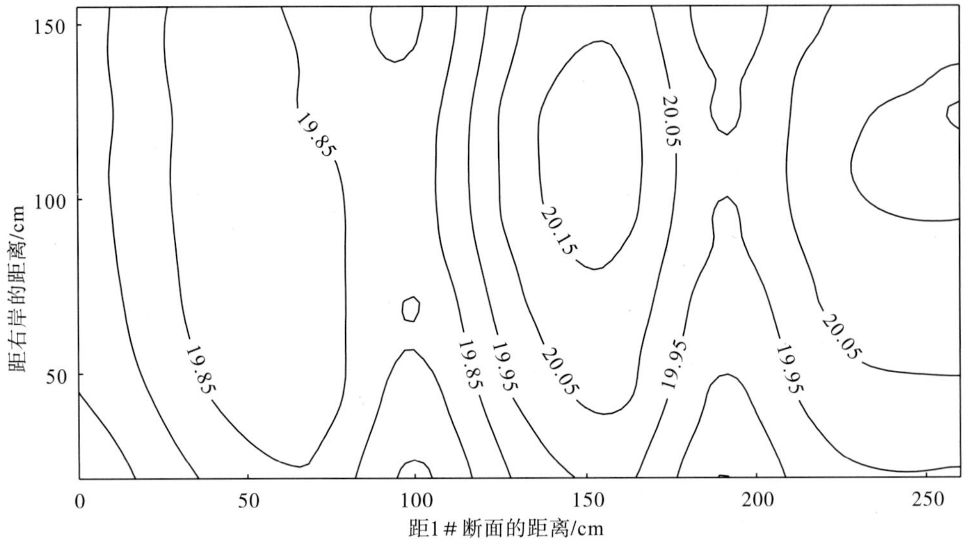

(c)菱形框架块

图 6-37 $Q=90L/s$，$H=20cm$ 时整个测区水位变化分布

6.3.3 护岸块体周围流速分布

为了研究两种护岸建筑物的稳定性及破坏机理，分析岸坡附近特别是鱼礁块体周围的水流流速变化规律是很有必要的。

1. 护岸上游流速变化

图 6-38 为所选工况下护坡上游 1# 断面流速变化图。从图中可以看出，没有铺设护块时，各个工况下沿横断面护岸上游流速变化趋势呈先变大后减小至稳定的变化趋势；铺设两种护块后，各个工况下其护岸上游流速在横向分布上基本一致且呈先变大后稳定的变化趋势，只是由于水深、上游壅水及水槽边壁的影响，各工况下的流速变化幅度有些差异。

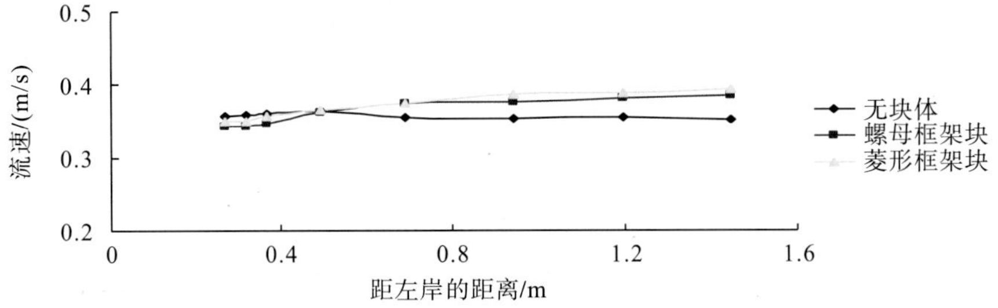

(a)$Q=60L/s$，$H=11cm$

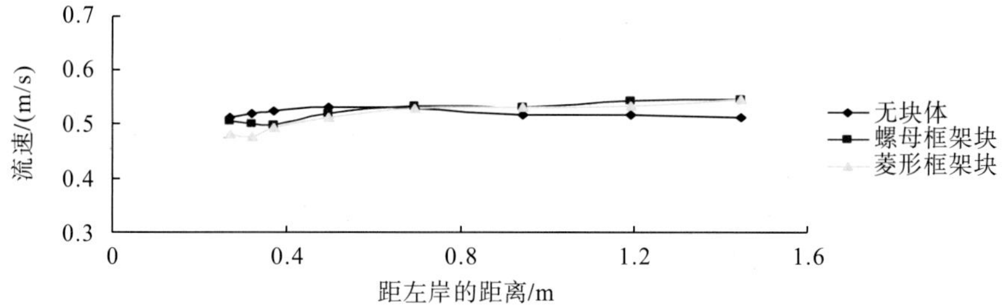

(b)Q=90L/s，H=11cm

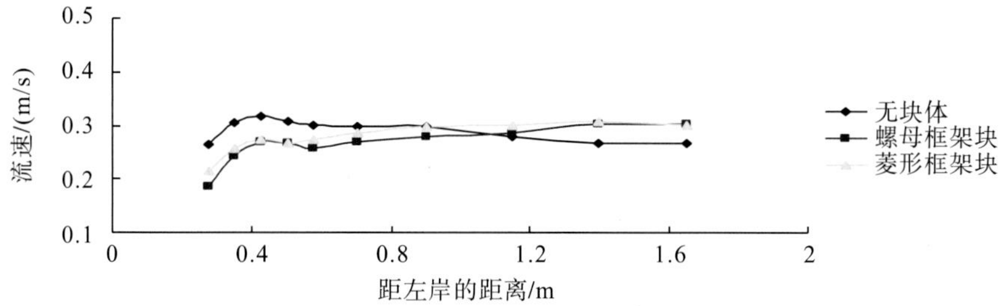

(c)Q=90L/s，H=20cm

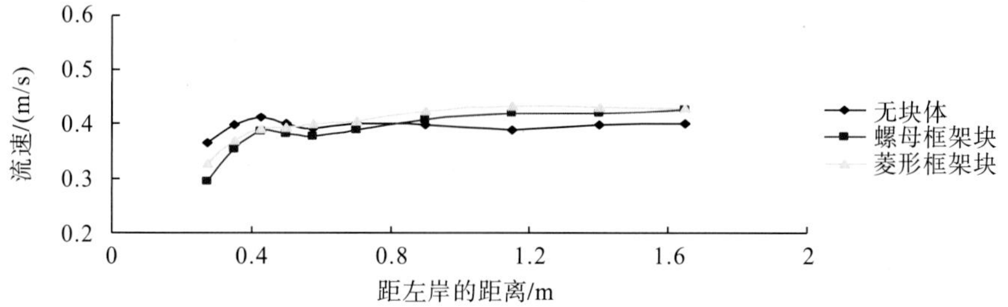

(d)Q=120L/s，H=20cm

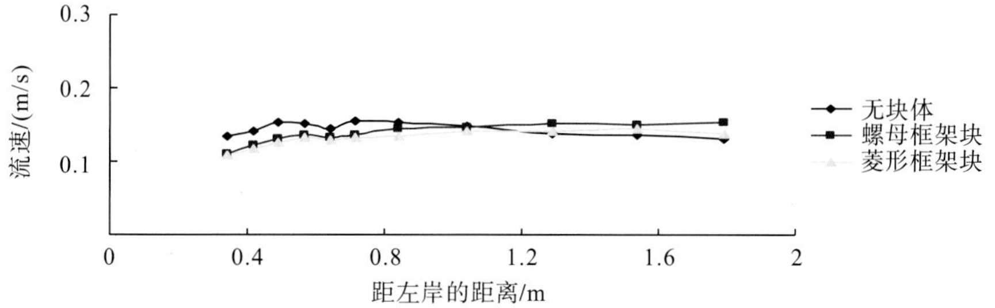

(e)Q=60L/s，H=27cm

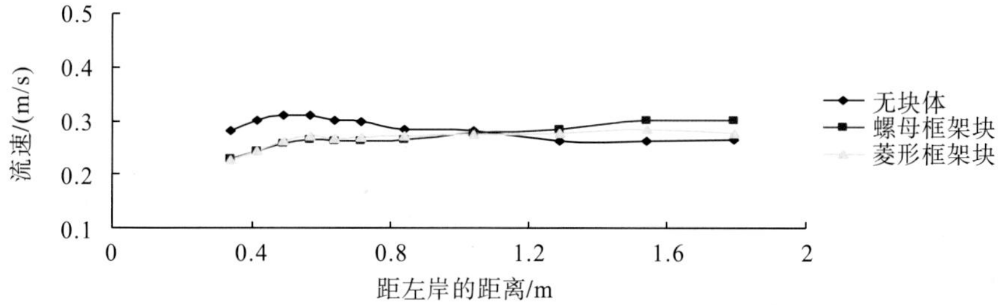

(f)Q=120L/s，H=27cm

图 6-38　不同工况下护坡上游 1# 断面流速变化

鱼礁块体部分淹没（H=11cm）时，由于护岸结构上游壅水程度要弱于鱼礁块体轻度淹没（H=20cm）时的壅水程度，相应地其流速变化幅度，特别是距离左岸较近几个测点的流速变化幅度要小于鱼礁块体轻度淹没时的流速变化幅度。

随着试验水深加大到27cm时，虽然总体流速变化趋势与鱼礁块体轻度淹没（H=20cm）时一致，但流速变化幅度，特别是距离左岸较近几个测点的流速变化幅度却减小，说明水深越大，护岸块体对上游水流的壅水作用受主流区水流的影响越大。

2. 护岸中游流速变化

图6-39为所选工况下护坡中游9#断面流速变化图。从图中可看出，各个工况下沿横断面护坡中游的流速变化趋势与护坡上游1#断面的流速变化趋势大致相同，只是由于水深、块体及边壁的影响，各工况下的流速变化幅度有些差异。

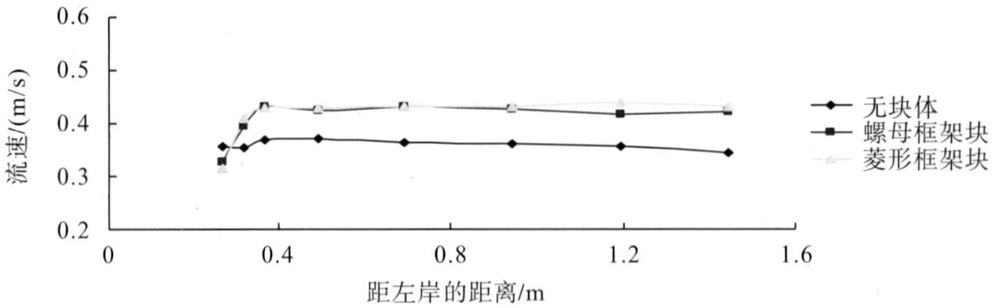

(a)Q=60L/s，H=11cm

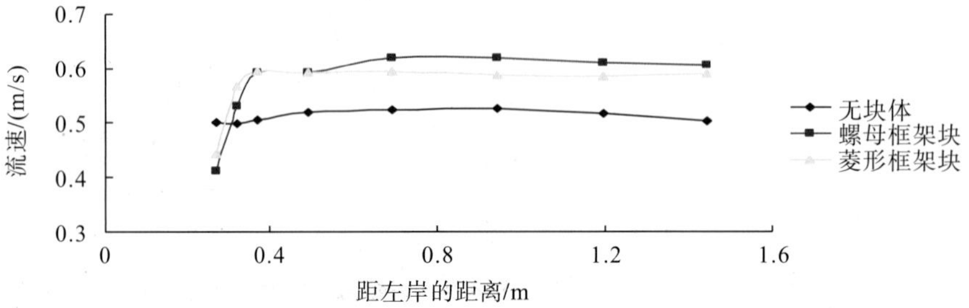

(b)Q=90L/s，H=11cm

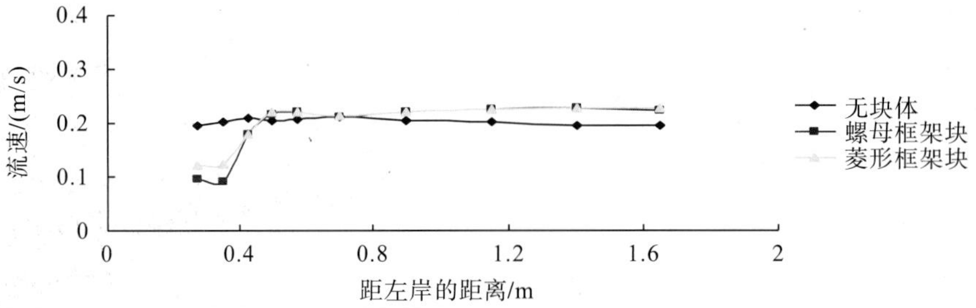

(c)Q=60L/s，H=20cm

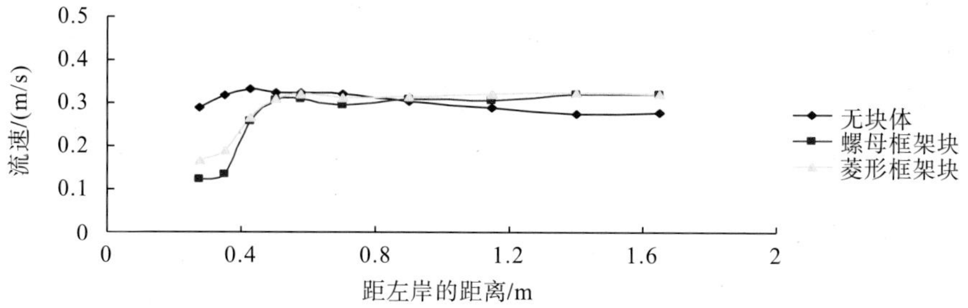

(d)Q=90L/s，H=20cm

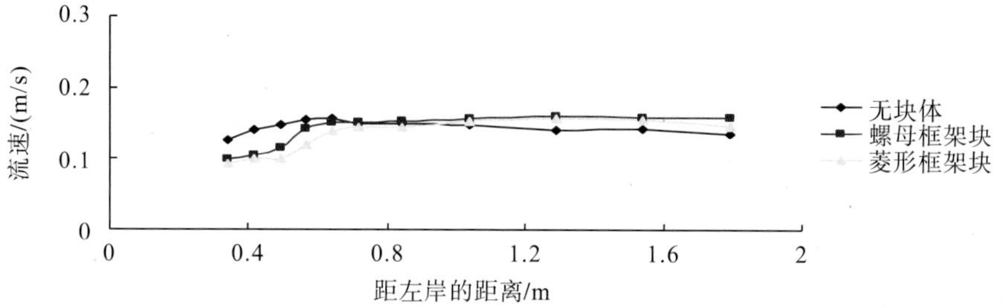

(e)Q=60L/s，H=27cm

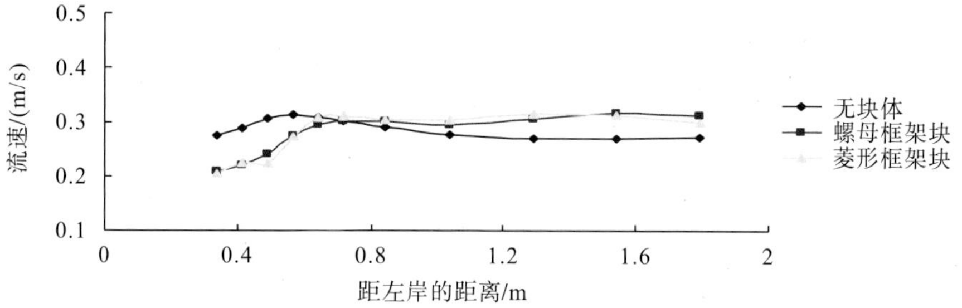

(f)Q=120L/s，H=27cm

图 6-39　不同工况下护坡中游 9＃断面流速变化

鱼礁块体部分淹没(H=11cm)时，由于护岸块体的阻水、分流及受上游壅水后的急流影响，其流速大小沿横断面自左岸向右岸急剧变大并稳定在一个较大的值；鱼礁块体轻度淹没(20cm)时，虽然总体流速变化趋势及变化程度与鱼礁块体部分淹没(H=11cm)时基本一致。但受鱼礁块体的阻水分流作用更明显，使其流速主要变化区域体现在护坡上及护坡附近且对主流区的流速影响更小。比较两种块体在边坡上减速效果，可看出螺母型护岸块体对坡上水流流速的减小程度较明显。随着试验水深加大到 27cm 时，虽然总体流速变化趋势与鱼礁块体轻度淹没(H=20cm)时一致，但流速变化幅度，特别是距离左岸较近几个测点的流速变化幅度却减小，说明水深越大，护岸结构对水流的阻水分流作用受上游来流的影响越大。

3. 护岸下游流速变化

图 6-40 为所选工况下护坡下游 15＃断面流速变化图。从图中可看出，各个工况下沿横断面护坡下游的流速变化趋势与护坡中游 9＃的流速变化趋势大致相同，只是由于水

深、块体、下游回流及边壁的影响，各工况下的流速变化幅度要稍小于护坡中游的流速变化幅度。比较两种块体在岸坡上减速效果，可看出螺母框架块体对坡上水流流速的减小程度较明显。

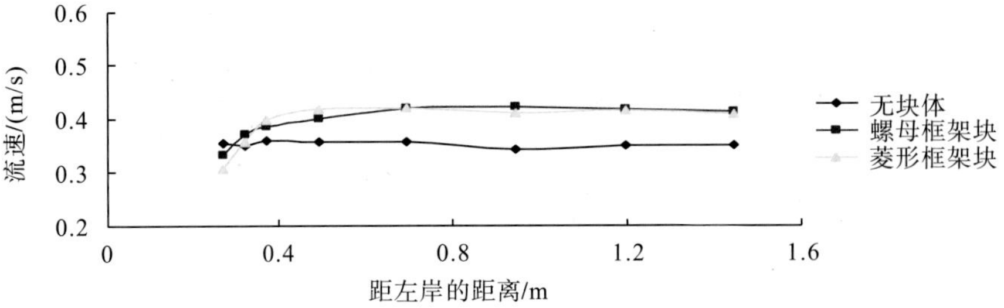

(a)Q=60L/s，H=11cm

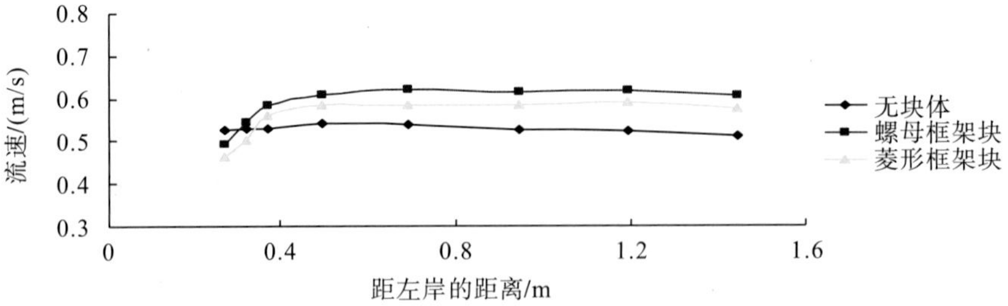

(b)Q=90L/s，H=11cm

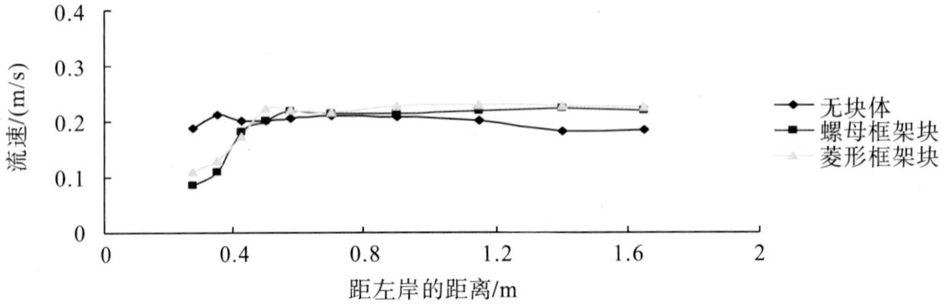

(c)Q=60L/s，H=20cm

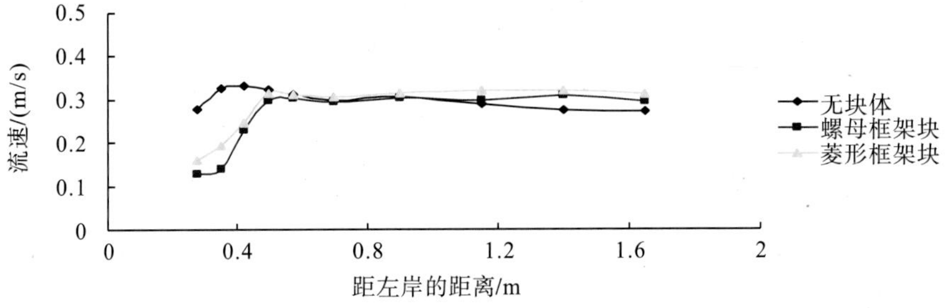

(d)Q=90L/s，H=20cm

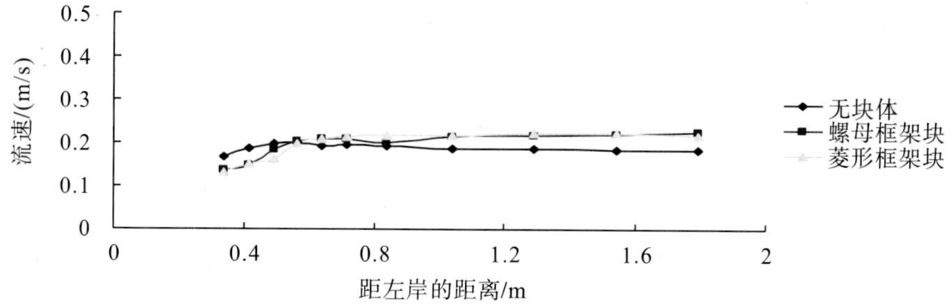

(e)$Q=90\mathrm{L/s}$，$H=27\mathrm{cm}$

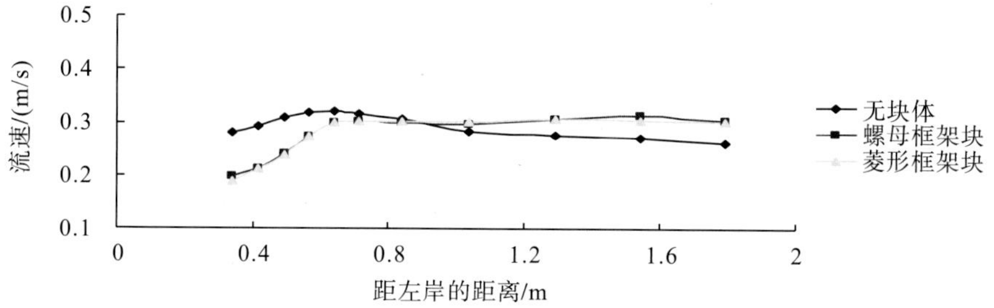

(f)$Q=120\mathrm{L/s}$，$H=27\mathrm{cm}$

图 6-40　不同工况下护坡下游 15＃断面流速变化

4. 整个测区流速变化

通过对各个工况下的试验数据继续分析比较，发现护坡后的流速变化趋势大致相同，现以 $Q=90\mathrm{L/s}$，$H=20\mathrm{cm}$ 的工况为例来分析说明护坡前后流速在整个测区的变化情况。图 6-41 为整个测区的垂线平均流速等值线图。

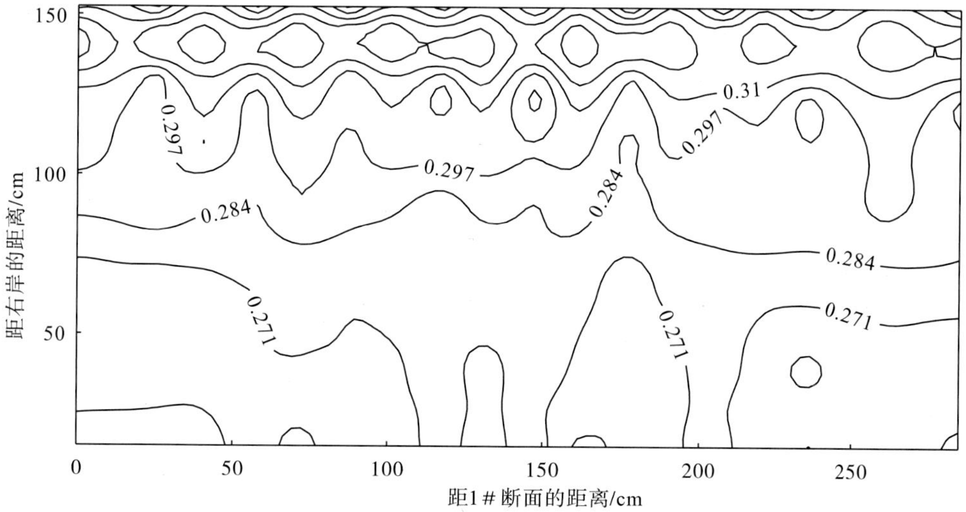

(a)无块体

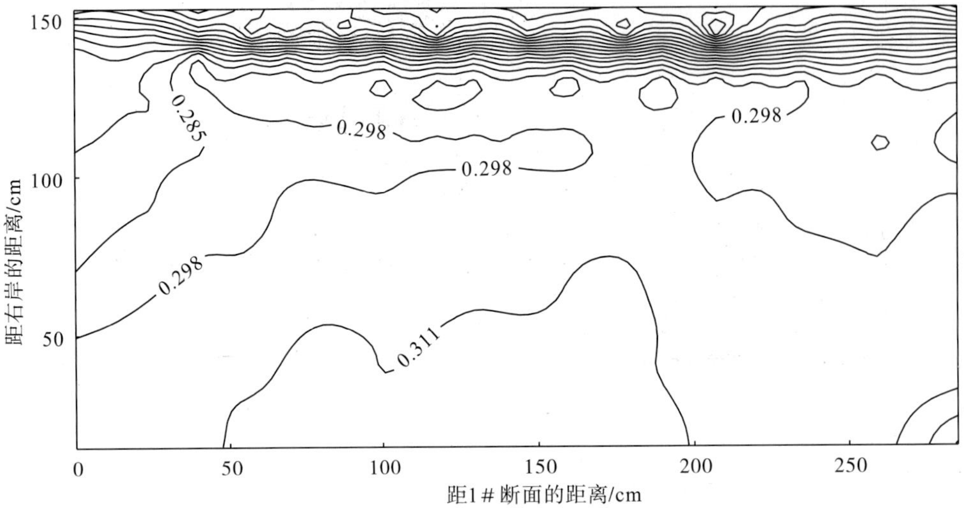

(b)螺母框架块

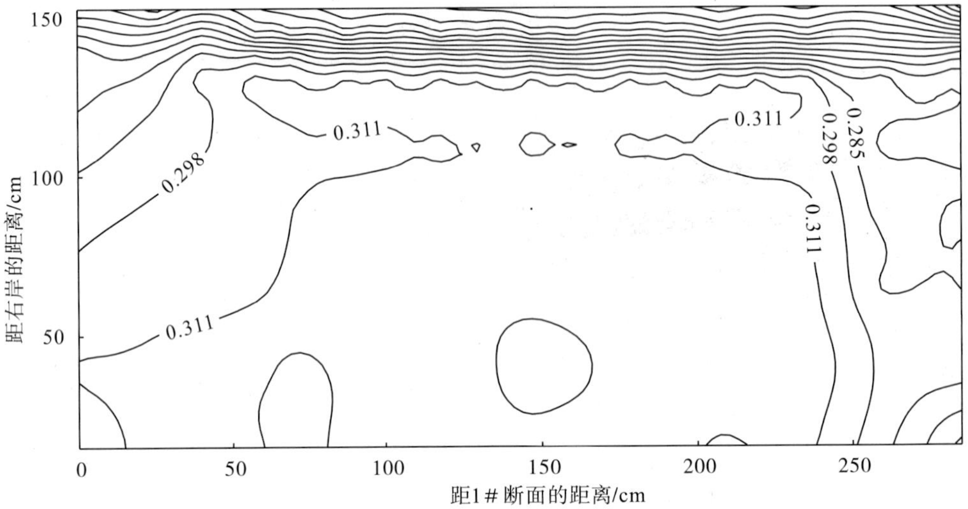

(c)菱形框架块

图 6-41 $Q=90\text{L/s}$，$H=20\text{cm}$ 时垂线平均流速等值线(单位：m/s)

从图中可以看出，整个测区在护坡前后的流速变化是比较明显的。两种护岸块体护坡后，其框架结构的透水分流作用，使流过护岸块体的水流发生漩涡分离现象，形成附加的绕流阻力阻滞了水流的流动。绕流阻力的阻滞作用能在近底流区形成低流速带，上挑主流，降低了高速主流的流速及对床面冲刷的频率。当然，护岸块体及鱼礁块体自身的框架结构对顶冲的水流有明显的缓冲作用，可达到一定的减速促淤、保滩护底的作用。因此，护坡前后整个测区的流速变化沿横断面从左岸向右岸由“先大后小”变为“先小后大”的总体趋势，流速最大值由岸坡底部附近转移到水槽右岸边缘。从图中还可以看出，螺母框架块体附近的流速等值线更密集，流速减小带区域面积更大，说明螺母框架块相对于菱形框架块透水效果好，减速更明显。

5. 护岸附近水流流态

由于护岸结构的存在，水流受到的阻力变大，迫使上游水流在岸坡上游前沿处出现负比降，出现明显的壅水现象；一部分水流绕过护块后分流并形成一定程度的横流，使主流流量和流速变大，另一部分水流则形成回流，流速较小。水流继续向中游行进，期间壅水消失，水位趋于稳定，横流强度也变弱，护岸结构上部的水流减速比较明显，紊动强度较大，水体漩涡较多；当水流行进至岸坡下游的一定区域形成交汇，由于存在两股流向不同、流速差较大的水流，因而在进行水体交汇时会消耗一定的动能，其中一侧的水流流速变小，形成回流区或缓流区，如图 6-42 所示。当然，在不同的水流条件，不同的护岸结构下，上下游的回流区或缓流区的范围会有所差别，但总体趋势是一样的。

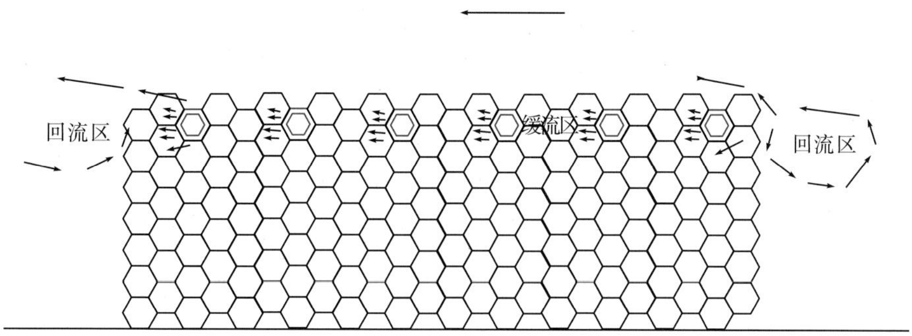

图 6-42　岸坡周围水流情况

6.3.4　护岸周围水流紊动分析

1. 水流紊动特性

自然界中绝大多数的水流流动都是紊流，天然河流多为紊流。紊流的内部微观结构主要表现为紊流中存在大量作杂乱无章运动的微小漩涡，这些漩涡的不断产生、发展、衰减和消失，使得液体质点在运动中不断相互混掺，质点的流速以及压强、切应力等其他运动物理量都随时间和空间在不间断不规则变化，即紊流运动具有随机性，其基本特征是：①上游来流流量变化与否，流场中任一质点的流速和压力都随着时间不断地呈不规则的脉动；②紊流运动具有扩散性，能够在相邻的液体层之间产生热量、动量、质量和悬浮物含量的交换，大大增加了流动阻力。图 6-43 为实测的某点纵向流速随时间的变化，由图可知，任一时间 t 的流速可表示为

$$u = \bar{u} + u' \tag{6-14}$$

式中，u 为瞬时流速；$\bar{u}$ 为时均流速；u' 为脉动流速。

就随机现象来说，尽管一部分实验结论缺少相关性，但是大量实验数据的算术平均值都具有较好的规律性。正是由于紊流运动的随机分布，统计方法在紊流运动问题研究中就起到了举足轻重的作用。在紊流理论中，通常有以下几种统计平均法。

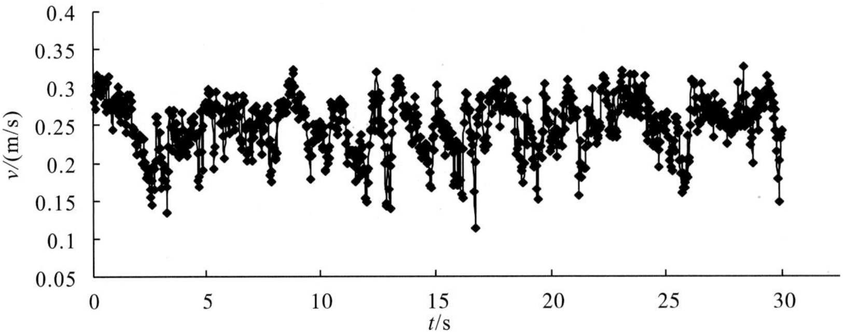

图 6-43 实测的脉动流速图

1)时间平均法

这种方法适用于时均流动恒定的紊流运动，其定义为

$$\bar{u} = \lim_{T\to\infty}\frac{1}{T}\int_{t_0}^{t_0+T} u\,\mathrm{d}t \tag{6-15}$$

2)空间平均法

对于均匀紊流(即各处紊流运动的时均特性都一样)，适用空间平均法，定义为

$$\bar{u}_V = \lim_{V\to\infty}\frac{1}{V}\int_0^V u\,\mathrm{d}V \tag{6-16}$$

3)空间时间平均法

这是一种既对空间平均又对时间平均的方法，可定义为

$$\bar{u}_{V,t} = \lim_{\substack{V\to\infty\\T\to\infty}}\frac{1}{VT}\int_{t_0,0}^{t_0+T,V} u\,\mathrm{d}V\mathrm{d}t \tag{6-17}$$

4)概率平均法

空间平均法和时间平均法只适用于两种特殊的紊流，前者适用于均匀紊流，后者适用于恒定紊流，对于一般情况下的非均匀非恒定紊流，可采用随机变量的一般平均法，即概率平均法，其出发点是将重复多次的试验结果作算术平均，即

$$\bar{u}_e = \lim_{N\to\infty}\frac{\sum_1^N u_n}{N} \tag{6-18}$$

式中，N 为重复试验次数。

不论是对于空间平均法还是时间平均法，一次试验结果的平均值会等于大量试验结果的平均值，这可以由各态遍历假说思想来解释，各态遍历假说的思想为：一个随机变量在重复很多次的试验中所有可能出现的状态，能够在一次试验的相当大的空间或相当长的时间范围内以相同的概率出现，其结论就是对于一个满足各态遍历的相同，三种平均值相等，即

$$\bar{u}_t = \bar{u}_V = \bar{u}_e \tag{6-19}$$

这样就可以用概率平均值去分析处理紊流理论，而在试验结果中测量比较时，把这个平均值看成空间平均值或时间平均值。

2. 护岸前水流脉动动能分析

水流的瞬时流速用 u 表示，瞬时流速 u 的时均值用 $\bar{u}$ 表示，瞬时流速 u 的均方差为 σ_u，脉动流速为 u'。脉动流速的均方根为水流紊动强度，即 $\sigma_{u_i}=\sqrt{\frac{1}{n}\sum_{i=1}^{n}u_i'^2}$。用 η 表示水流的脉动动能，则某点的脉动动能可以表示为 $\eta_i=\frac{1}{2}(\sigma_{u_x}^2+\sigma_{u_y}^2+\sigma_{u_z}^2)$。

水流的脉动动能对河底冲刷和泥沙起动有着重要的作用，脉动频率的不同对泥沙运动的影响程度也不同，脉动动能越大，影响程度也就越大。为了进一步研究边坡周围的泥沙运动情况及冲刷破坏问题，分析边坡附近水流的脉动动能是非常有必要的。

1)水流脉动动能沿断面分布的变化

以工况 5 为例，分析相对水深(测点距水面的深度与该点总水深的比值)为 0.2、0.6 和 0.8 时脉动动能的分布情况。选择 1＃、9＃和 15＃断面进行对比分析，研究水流脉动动能在所选断面上各测点的大小，见图 6-44。

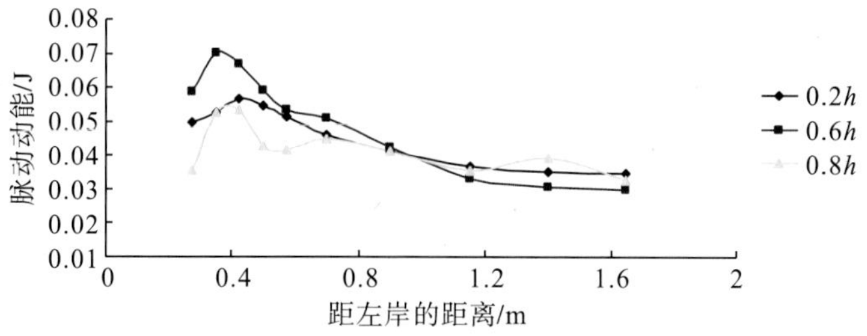

(a)1＃断面

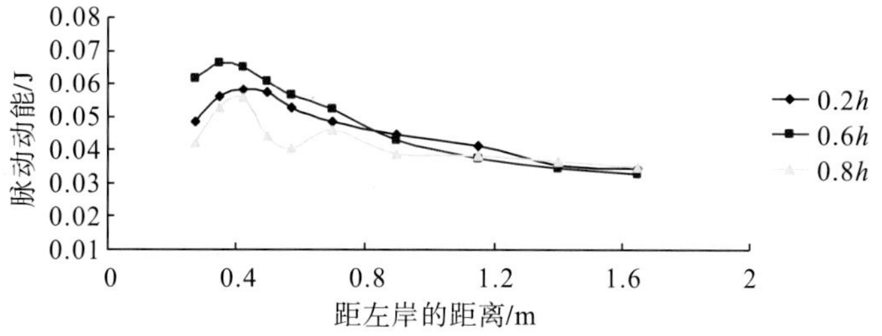

(b)9＃断面

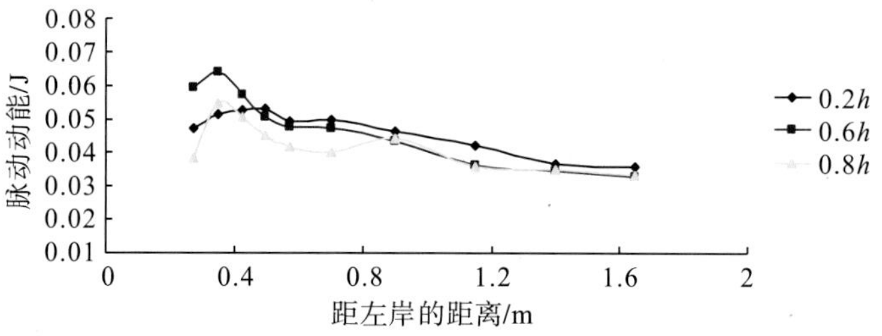

(c)15＃断面

图 6-44　不同测点处脉动能沿断面的分布

由图 6-44 可得出以下结论。

(1)三种相对水深时，三个断面(1＃、9＃、15＃)测点处脉动动能的分布规律及其大小程度基本一致，从左岸向右在主槽附近(1m 左右的距离范围内)，脉动动能先快速增大后减小，直至右边壁脉动动能缓慢减小趋于稳定。

(2)0.6h 时各测点的脉动动能最大，0.2h 时比 0.8h 时的脉动动能稍大，且脉动值大致在 0.03～0.07J 变化。

(3)岸坡与槽底交界附近的脉动动能沿垂向上差异很大且脉动动能整体较大，说明此处水流发生了剧烈的能量交换。

2)水流脉动动能在整个测区的变化

以工况 5 为例，研究水流脉动动能在整个测区的分布情况，见图 6-45。

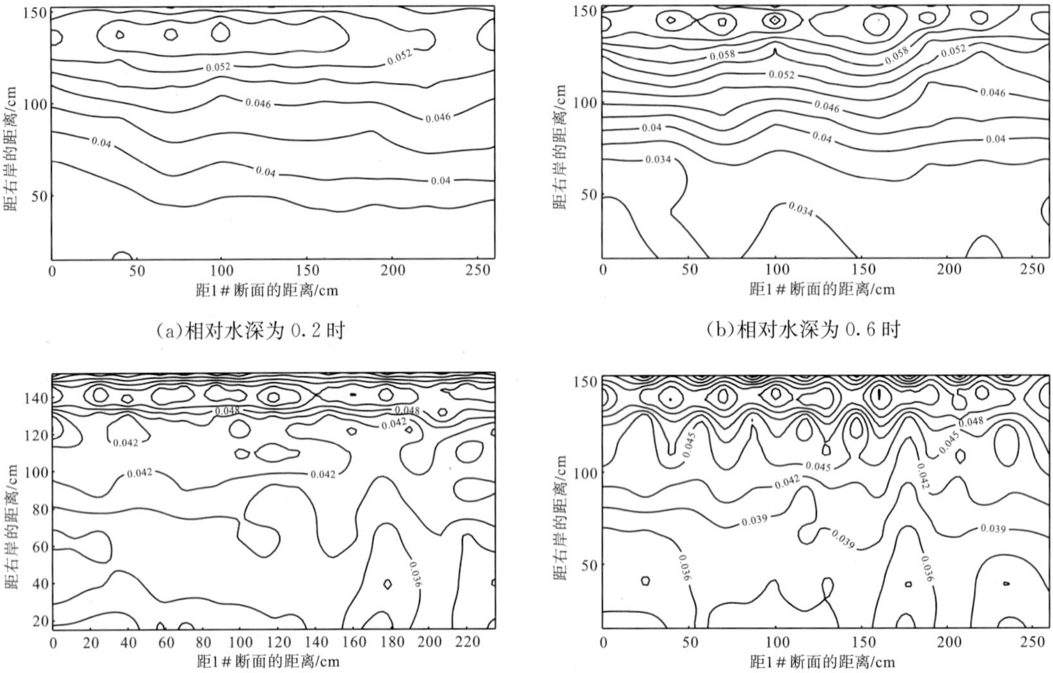

(a)相对水深为 0.2 时　(b)相对水深为 0.6 时

(c)相对水深为 0.8 时　(d)垂线平均

图 6-45　脉动动能在整个测区的分布(单位：J)

由图 6-45 可得出以下结论。

(1)整个测区脉动动能分布大致可分为坡槽交界附近强紊动区和右岸主流弱紊动区。

(2)坡槽交界附近强紊动区等值线分布密集，表明此区域脉动动能变化幅度大且脉动动能数值较大；右岸弱紊动区等值线分布稀疏，表明此区域脉动动能变化幅度小且脉动动能数值较小。

综合以上可知，在岸坡及坡槽交界附近脉动等值线密集，脉动动能较大，能量较集中，且在坡槽交界附近脉动强度达到最大，表明岸坡坡脚处于最危险的水域。

3. 护岸后水流脉动动能分析

紊流现象的发生是因为水体在流动过程中无法避免地会受到干扰，岸坡铺设生态护岸结构以后，护岸结构势必会影响之前稳定的水流结构，使水体的紊流运动发生变化，因此分析护岸后的水流紊动对研究生态护岸结构的守护效果及护岸结构的稳定性有非常重要的意义。图 6-46 为铺设了生态护岸结构的水流照片。

图 6-46　有护岸结构时的水流照片

1）水流脉动动能沿断面分布的变化

以 Q=90L/s，H=20cm 的工况为例，选择 1#、3#、7#、11# 和 15# 断面进行对比，分析护坡后水流脉动动能沿断面分布的变化规律。图 6-47 为 Q=90L/s，H=20cm 时护坡后水流脉动动能沿断面的分布变化图。

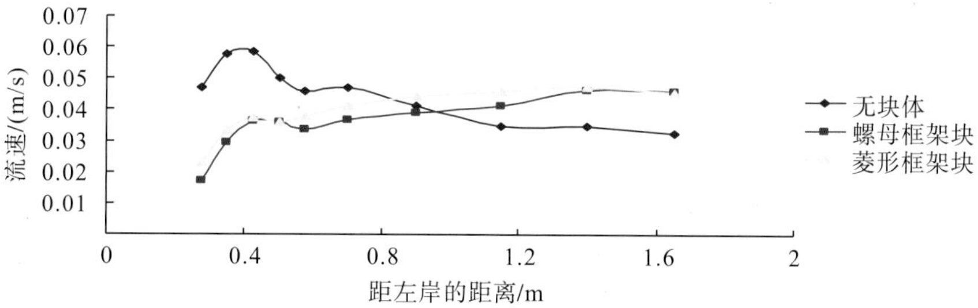

(a)1#断面

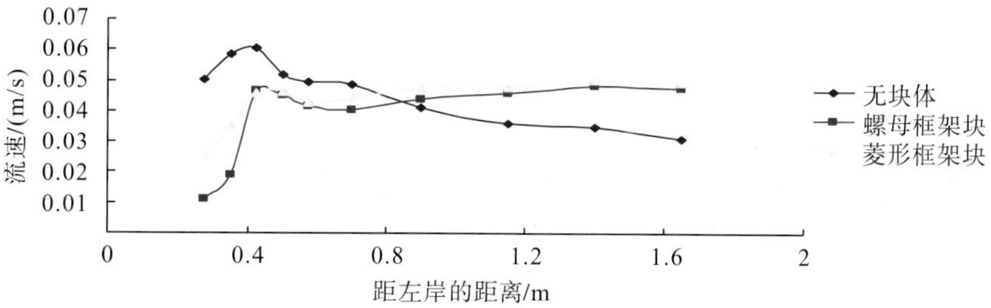

(b)3#断面

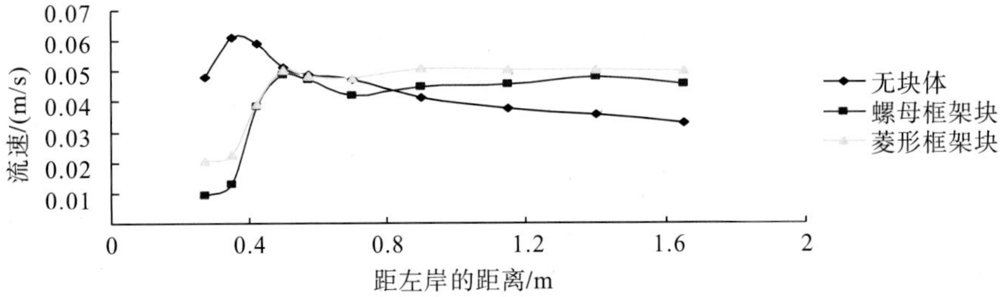

(c)7#断面

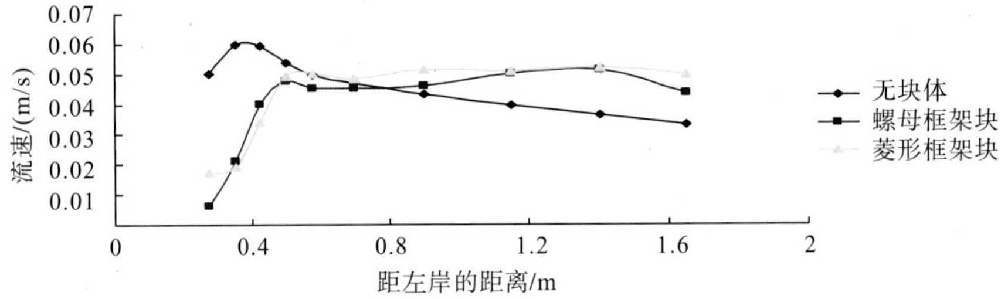

(d)11#断面

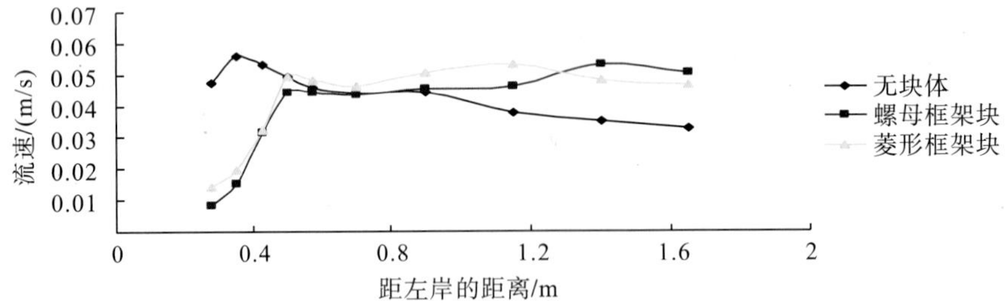

(e)15#断面

图 6-47 不同测点处脉动能沿断面的分布

由图 6-47 可得出以下结论。

(1)铺设护岸块体的岸坡及坡槽交界附近的脉动动能绝大多数为 0.01～0.05J，而未铺设块体岸坡及坡槽交界附近的脉动动能主要为 0.05～0.06J。可解释为：护岸块体实质是一种新紊源，一定范围内的水流会受到块体构件的影响，出现绕流和紊流现象，断面流速分布不均匀，消耗了更多的能量。换个角度说，同样水深条件下，要想使铺设护岸块体时岸坡及坡槽交界附近的脉动动能达到 0.05～0.06J，必须增大试验控制流量，这很好地表明了护岸块体的守护效果较好。

(2)铺设护岸块体时，岸坡至右边壁过程中脉动动能略微有增大的趋势，而无块体时，岸坡至右边壁过程中脉动动能有明显减小的趋势。说明了护岸块体的挑流挡水作用使主流区的流速增大且流速不均匀。

(3)岸坡与槽底交界附近的脉动动能差异很大且脉动值整体较小，说明此处水流受到了护岸结构的分散阻水作用，使其局部水流结构发生变化，护岸块体的守护效果好。

(4)铺设螺母块体时岸坡的脉动动能值稍小于菱形块体时的脉动动能值，说明水体流过螺母块体的水流流速更加均匀，验证了螺母护岸块体的透水效果要好于菱形护岸块体。

2)水流脉动动能在整个测区的变化

以 $Q=90\mathrm{L/s}$，$H=20\mathrm{cm}$ 的工况 14、工况 23 为例，对比分析两种护岸建筑物护坡后的水流脉动动能在整个测区的变化，如图 6-48 所示，结合图 6-45 不难看出：铺设螺母块体时岸坡及坡槽交界附近的等值线分布较菱形块体的密集，并据图中数据，螺母块体岸坡及坡槽交界附近的脉动动能变化幅度稍大且其脉动动能最小值更小，说明了水体流过铺设螺母块体岸坡时，其水流流速更加稳定，进一步验证了螺母护岸块体的透水护底效果要好于菱形护岸块体。

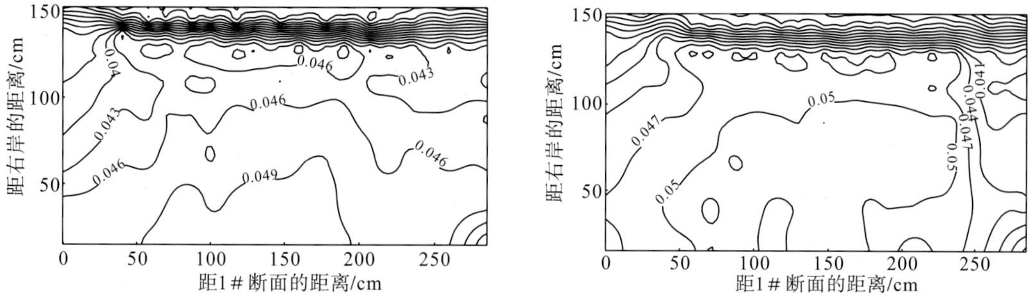

(a)螺母框架块　　(b)菱形框架块

图 6-48　脉动动能在整个测区的分布图(单位：J)

3)水流脉动动能随流量的变化

为弄清脉动动能与流量的关系，选取工况 11、工况 14 及工况 17 来对比研究，测区内脉动动能垂向平均值的分布如图 6-49 所示。由图 6-49 不难看出，当 $Q=60\mathrm{L/s}$ 时，脉动动能值较小且强紊动区的岸坡及坡槽交界附近等值线较稀疏；随着控制流量的增大，测区等值线分布越来越密集，且岸坡附近强紊动区的分布范围朝三面略微增大，脉动动能值也越来越大。在试验水深相同的条件下，流量越大，单位时间护岸块体对水体的阻水体积更多，对水流的影响更大，水流绕过护岸块体后脉动动能更大，同时水流紊动带的分布区域更广泛。

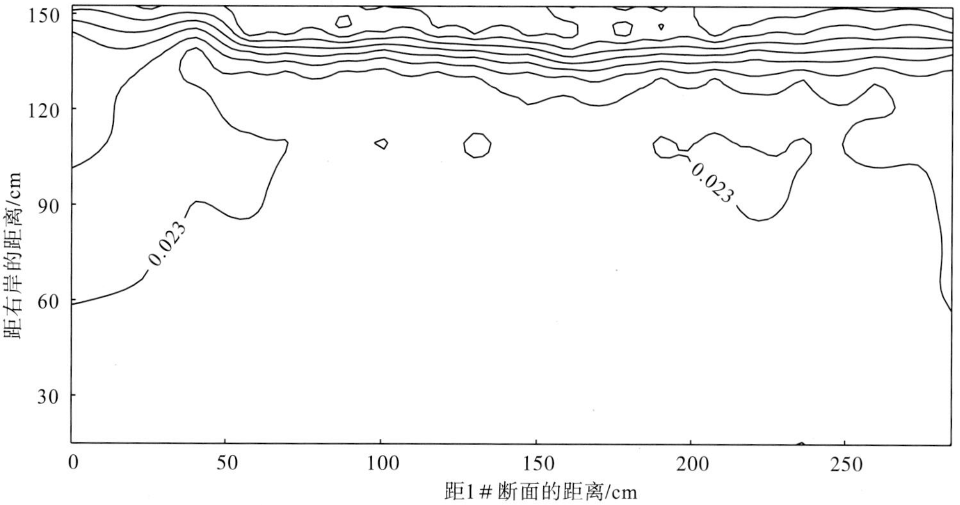

(a)$Q=60\mathrm{L/s}$

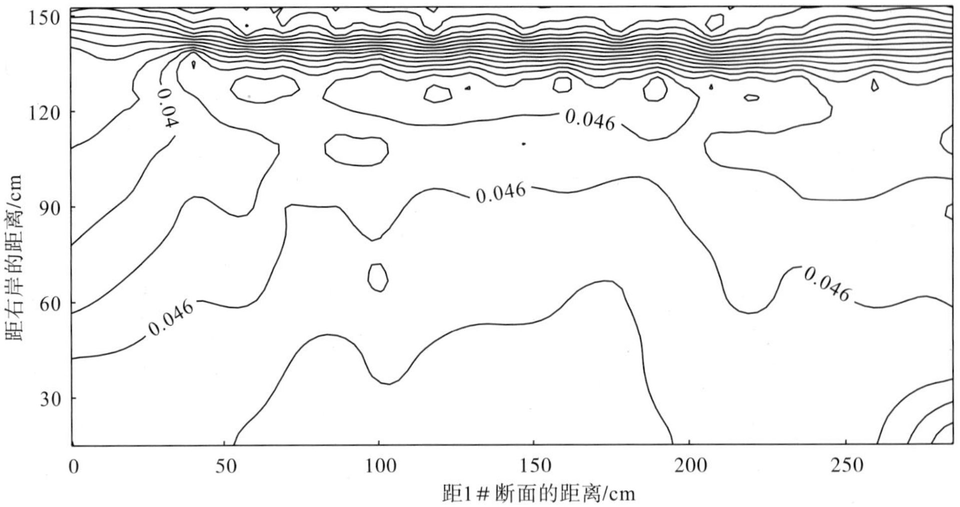

(b)Q=90L/s

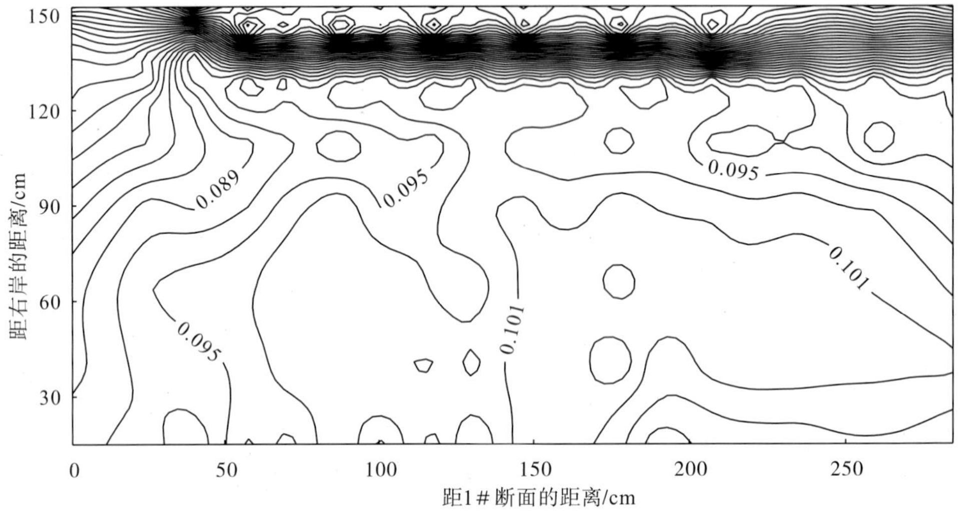

(c)Q=120L/s

图 6-49 不同流量下测区脉动动能垂向等值线分布(单位：J)

4)水流脉动动能随控制水深的变化

为弄清脉动动能与水深的关系，选取工况 13、工况 14 和工况 15 来对比研究，测区内脉动动能垂向平均值的分布如图 6-50 所示。由图 6-50 不难看出，随着控制水深的增大，整个测区等值线分布越来越稀疏，水深大时，脉动动能变化幅度小且其数值较小；在流量相同的条件下，由于当水深越小，单位时间护岸块体对水体的阻水效果更明显，对水流的影响更大，使水流流速变大且紊动强度更强；在水深 H=11cm 时，岸坡及坡槽交界处的水流紊动很剧烈，特别在岸坡上游可以看到有明显的壅水及横流现象，随着水深的增加，这种现象越来越不明显，水面也越来越平静。

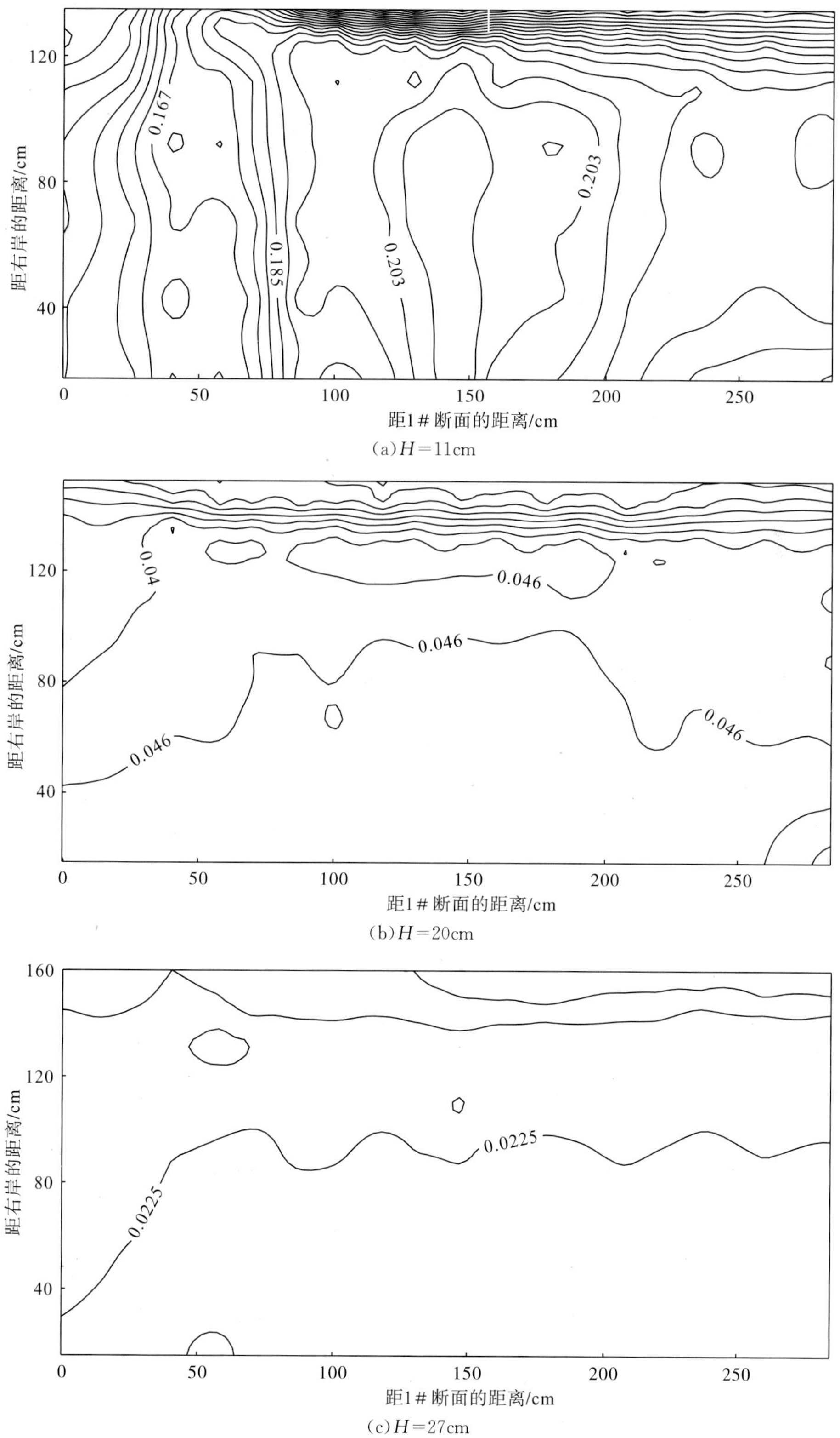

图 6-50　不同水深下测区脉动动能垂向等值线分布(单位：J)

4. 水流紊动强度分析

紊流流场中每一点的速度都是随时间变化的，但是在足够长的时间内，其时均值是一个相对稳定且无限接近其真实值的值，从理论上讲，测定水流中任意一点的瞬时流速值及其随时间的变化过程，测的时间越长，得到的时均值越稳定，但所花费的时间就越多，成本消耗越大，故必须选择合理的参数和测试时间。经过长期的试验研究和探索，发现每次采样的有效数据达到2000个时，试验数据采集精度已较好，其误差小于5‰。

由表6-3可以看出，本试验中水槽内的水流流动处于阻力平方区内。利用连续性方程和 N-S 方程可以得到瞬时紊流方程为

$$\frac{\mathrm{d}}{\mathrm{d}t}\left(\rho\frac{u_iu_i}{2}\right)=\rho u_i\frac{\mathrm{d}u_i}{\mathrm{d}t}=\rho u_i\left(f_i-\frac{1}{\rho}\frac{\partial p}{\partial x}+\upsilon\frac{\partial^2u_i}{\partial x_k\partial x_k}\right)$$
$$=\rho u_if_i-\frac{\partial}{\partial x_i}(\rho u_i)+\mu\frac{\partial}{\partial x_k}\left[u_i\left(\frac{\partial u_i}{\partial x_k}+\frac{\partial u_k}{\partial x_i}\right)\right]-\mu\left(\frac{\partial u_i}{\partial x_k}+\frac{\partial u_k}{\partial x_i}\right)\frac{\partial u_i}{\partial x_k}\tag{6-20}$$

令 $\rho\frac{\overline{u_i}\cdot\overline{u_i}}{2}=\bar{K}$，$\rho\frac{\overline{u_i'u_i'}}{2}=k$，同时对式(6-20)进行时均得到紊流的平均形式的纵能量方程：

$$\frac{\partial\bar{K}}{\partial t}+\overline{u_l}\frac{\partial\bar{K}}{\partial x_l}+\frac{\partial k}{\partial t}+\overline{u_l}\frac{\partial k}{\partial l}=\rho f_i\overline{u_i}-\frac{\partial}{\partial x_i}(\overline{pu_i})-\frac{\partial}{\partial x_i}(\overline{p'u_i'})$$
$$+\frac{\partial}{\partial x_l}[(-\overline{\rho u_i'u_l'})\overline{u_i}]+\frac{1}{2}\frac{\partial}{\partial x_l}[(-\overline{\rho u_i'u_l'})\overline{u_i}]$$
$$+\frac{\partial}{\partial x_l}\left[\overline{u_i}\mu\left(\frac{\partial\overline{u_i}}{\partial x_l}+\frac{\partial\overline{u_l}}{\partial x_i}\right)\right]+\frac{\partial}{\partial x_l}\left[u_i'\mu\left(\frac{\partial u_i'}{\partial x_l}+\frac{\partial u_l'}{\partial x_i}\right)\right]$$
$$-\mu\left(\frac{\partial\overline{u_i}}{\partial x_l}+\frac{\partial\overline{u_l}}{\partial x_i}\right)\frac{\partial\overline{u_i}}{\partial x_l}-\mu\overline{\left(\frac{\partial u_i'}{\partial x_l}+\frac{\partial u_l'}{\partial x_i}\right)\frac{\partial u_i'}{\partial x_l}}\tag{6-21}$$

紊流时均运动的雷诺方程为

$$\frac{\partial\overline{u_i}}{\partial t}+\overline{U_k}\frac{\partial\overline{u_i}}{\partial x_k}=f_i-\frac{1}{\rho}\frac{\partial\bar{p}}{\partial x_i}+\frac{1}{\rho}\frac{\partial}{\partial x_k}\left(\mu\frac{\partial\overline{u_i}}{\partial x_k}-\rho\overline{u_k'u_i'}\right)\tag{6-22}$$

对式(6-22)各项乘以 $\overline{u_i}$ 就得到紊流平均运动的能量方程：

$$\frac{\partial}{\partial t}\left(\rho\frac{\overline{u_i}\,\overline{u_i}}{2}\right)+\frac{\partial}{\partial x_k}\left[\overline{u_k}\left(\rho\frac{\overline{u_i}\,\overline{u_i}}{2}\right)\right]=\rho f_i\overline{u_i}-\frac{\partial}{\partial x_i}(\overline{pu_i})+\frac{\partial}{\partial x_k}[\overline{u_i}(\overline{\rho u_i'u_k'})]$$
$$-(-\overline{\rho u_i'u_k'})\frac{\partial}{\partial x_k}+\frac{\partial}{\partial x_k}\left[\overline{u_i}\mu\left(\frac{\partial\overline{u_i}}{\partial x_k}+\frac{\partial\overline{u_k}}{\partial x_i}\right)\right]$$
$$-\mu\left(\frac{\partial\overline{u_i}}{\partial x_k}+\frac{\partial\overline{u_k}}{\partial x_i}\right)\frac{\partial\overline{u_i}}{\partial x_k}\tag{6-23}$$

将时均形式的紊流纵能量方程(6-21)减去平均流能力方程就得到时均紊动能量的变化关系

$$\frac{\partial k}{\partial t}+\overline{u_l}\frac{\partial k}{\partial l}=-\frac{\partial}{\partial x_i}(\overline{p'u_i'})+(\overline{\rho u_i'u_l'})\frac{\partial\overline{u_i}}{\partial x_l}$$
$$+\frac{\partial}{\partial x_l}\left[u_i'\mu\left(\frac{\partial u_i'}{\partial x_l}+\frac{\partial u_l'}{\partial x_i}\right)\right]-\mu\overline{\left(\frac{\partial u_i'}{\partial x_l}+\frac{\partial u_l'}{\partial x_i}\right)\frac{\partial u_i'}{\partial x_l}}-\frac{1}{2}\frac{\partial}{\partial x_l}(\rho\overline{u_i'u_l'u_i'})\tag{6-24}$$

式(6-24)方程右边 $(\rho\overline{u_i'u_l'})\frac{\partial\overline{u_i}}{\partial x_l}$ 项为紊动应力对时均流动中的变相所做的功，也就是单位质量流体中从时均能量转化为紊动能的时间率，即紊动的产生项。对于不可压缩流体，当 $i=l$ 时，$\overline{u_i'u_l'}$ 总是负号，则 $(\overline{u_i'u_l'})\frac{\partial\overline{u_i}}{\partial x_l}$ 的正负由 $\frac{\partial\overline{u_i}}{\partial x_l}$ 的符号决定。当时均流速沿程(x_l 方向)增加，即 $\frac{\partial\overline{u_i}}{\partial x_l}>0$ 时，$(\overline{u_i'u_l'})\frac{\partial\overline{u_i}}{\partial x_l}$ 为负值，表明紊动能量减小，紊动强度有减弱的趋势；反之，若流速沿程递减，即 $\frac{\partial\overline{u_i}}{\partial x_l}<0$ 时，$(\overline{u_i'u_l'})\frac{\partial\overline{u_i}}{\partial x_l}$ 为正值，紊动能量增加，也就表明紊动强度有增强的趋势。

紊动强度反映水流中流速脉动强弱程度的一个特征值，是具有速度的因次，对紊动强度进行无量纲化，可以得到相对紊动强度为

$$\Delta = \sigma_u/\overline{u} \tag{6-25}$$

对于顺直河道，若水流为均匀流，则一般可以用相对紊动强度 Δ 来表示紊动的强弱。

以 $Q=90\text{L/s}$，$H=20\text{cm}$ 的工况为例，对比研究在三维方向上即纵向、横向及垂向，水流相对紊动强度在整个测区的分布，如图 6-51 所示。

(1)无块体时，三个方向上的紊动强度等值线分布都较稀疏且岸坡附近的水流紊动强度值要大于靠右边壁的区域。纵向时整个测区水流紊动强度明显大于另两个方向的紊动强度，说明坡面水流与主流区水流在纵向上交换碰撞更剧烈。

(2)铺设两种块体后，三个方向上的岸坡附近的等值线分布明显变得密集且范围更大，其值也大于靠右边壁的区域。垂向时整个测区等值线分布规律明显不同于另两个方向下的紊动强度，垂向时岸坡上游更靠近主槽附近区域的等值线分布出现 60cm 左右纵长的密集区，即一定范围内的水体会受到块体构件的影响，出现绕流和紊流，同时护岸块体也成为岸坡及一定范围床面上的主要紊源，河道消能的主要位置由原来的床面附近转移到鱼礁护岸和护岸块体的影响范围以内，水流在垂向上的交换碰撞更剧烈。

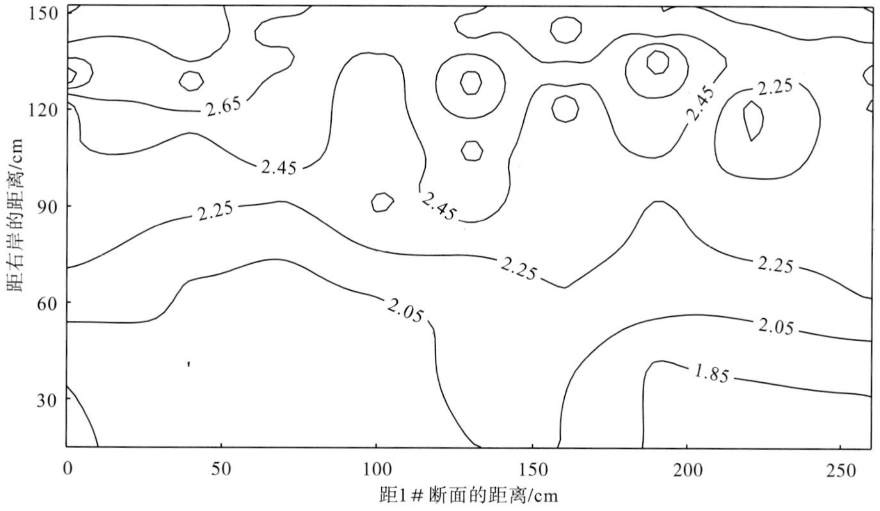

(a)无块体—纵向紊动强度

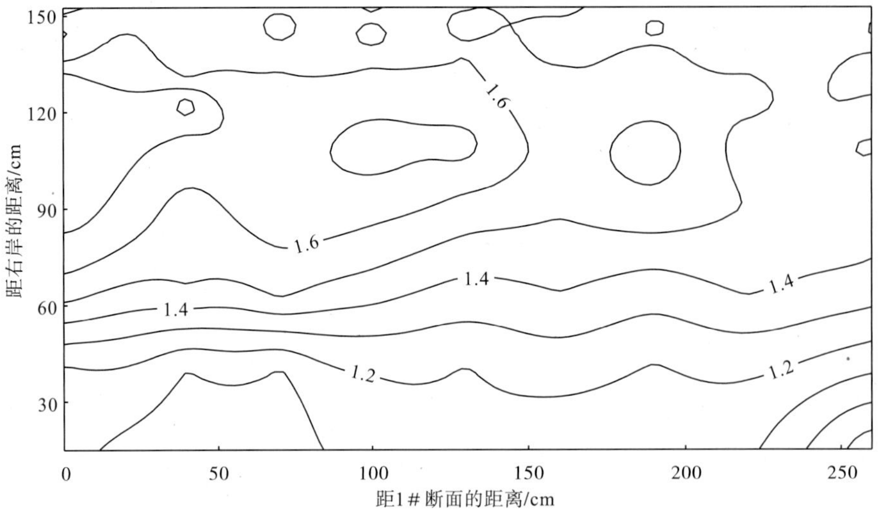

(b)无块体—横向紊动强度

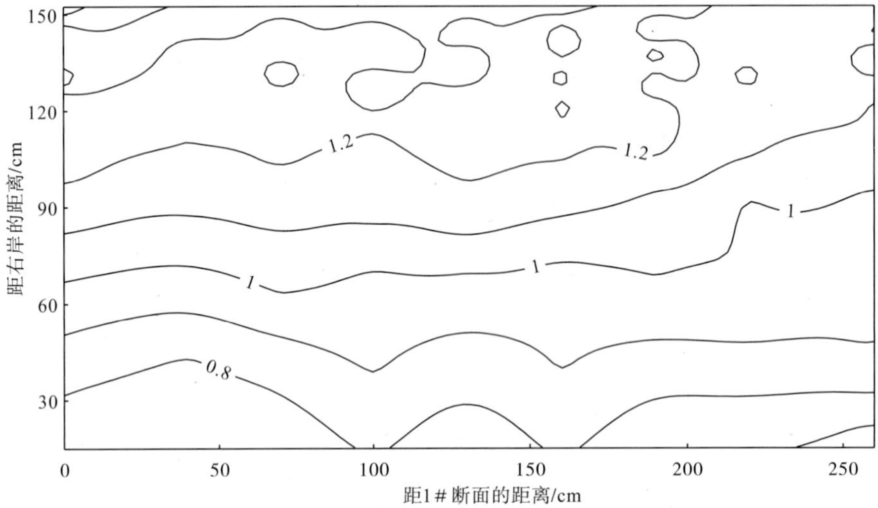

(c)无块体—垂向紊动强度

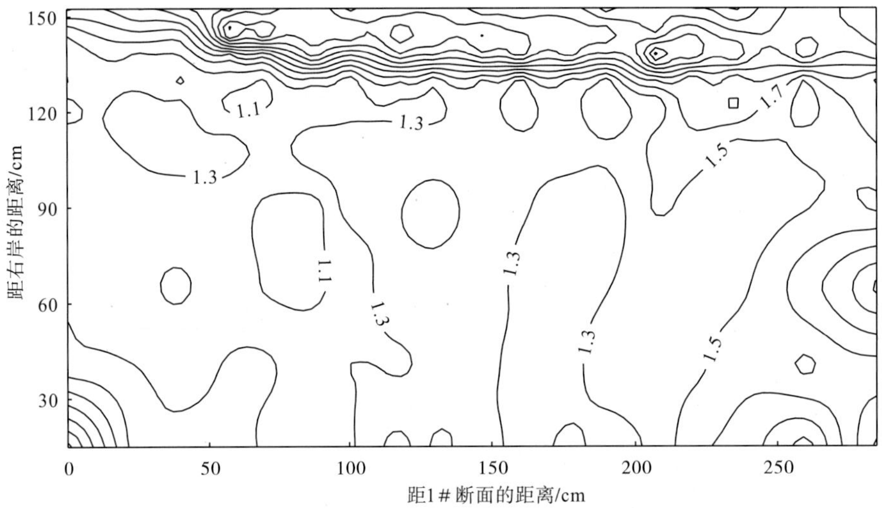

(d)螺母—纵向紊动强度

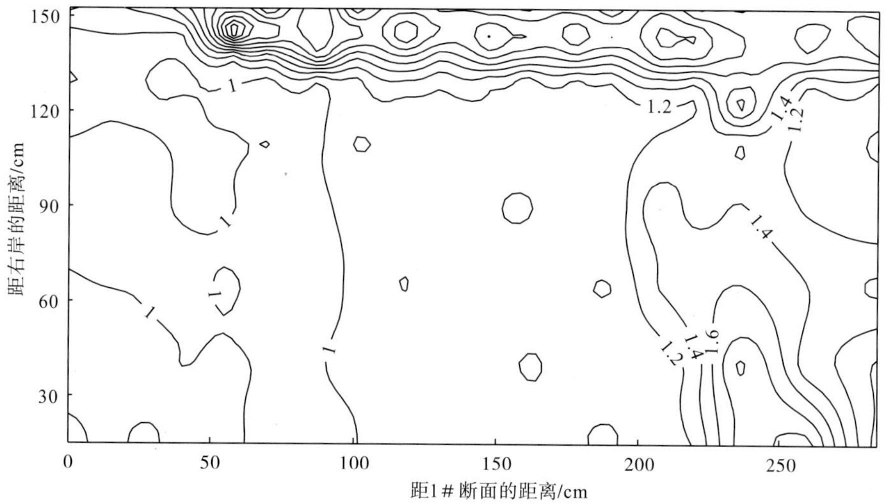

(e)螺母—横向紊动强度

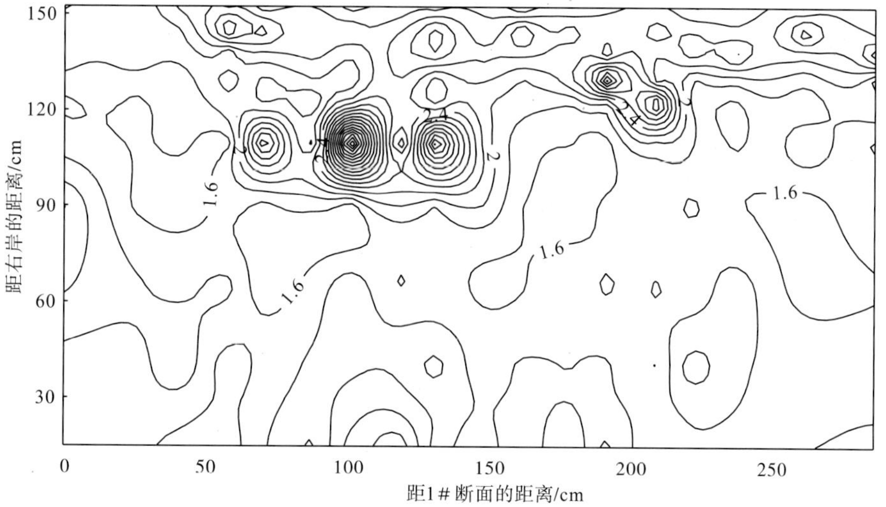

(f)螺母—垂向紊动强度

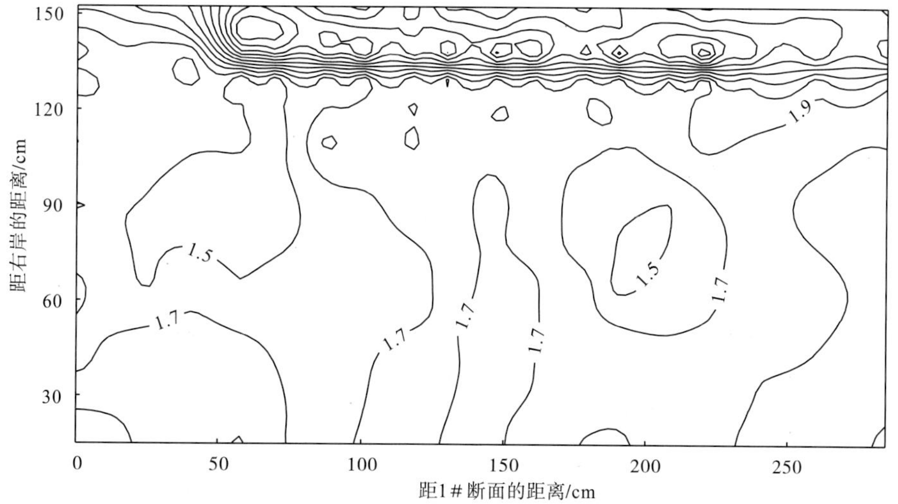

(g)菱形—纵向紊动强度

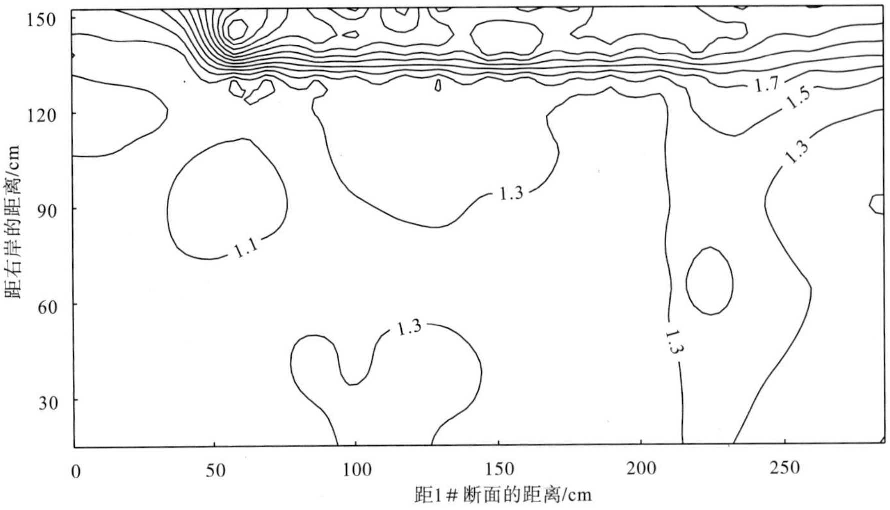

(h)菱形－横向紊动强度

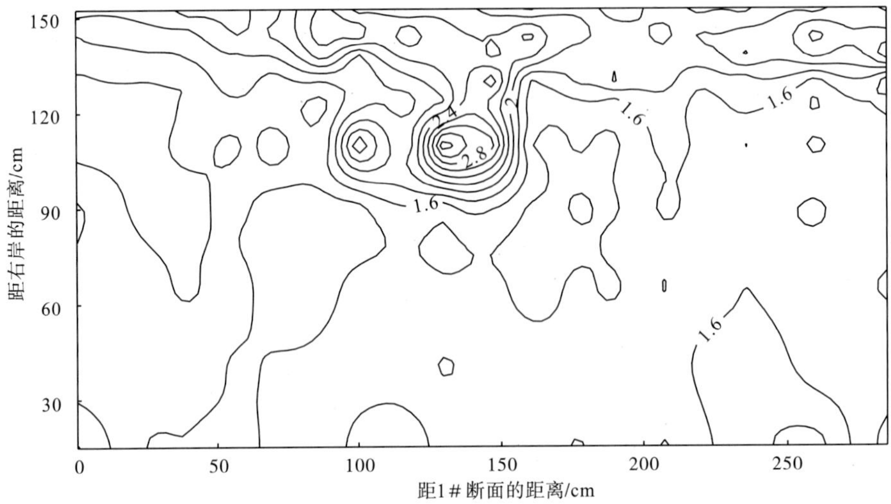

(i)菱形－垂向紊动强度

图 6-51 不同结构型式下三维方向上的水流相对紊动强度分布(单位：J)

6.4 鱼礁型生态护岸产卵场水力学因子分析

6.4.1 河岸冲刷与破坏机理

河岸冲刷与崩岸破坏在天然河流中广泛存在，通常用来描述河岸边坡土体的变形与移动，冲刷是指岸坡表面泥沙颗粒在水流力的作用下被水流冲走的水力学现象，水流力一般与水流速度和水深成正比，因此河流流量越大，对河岸边坡的冲刷程度也就越剧烈。崩岸与河岸冲刷的最大区别在于，崩岸是指较大面积的岸坡块体发生崩塌、滑移和滑坡，普遍认为其是一个土力学过程。当然，崩岸尽管被当作一个土力学过程，但与河岸冲刷这一水力学现象紧密联系，天然河流的冲刷及淤积一般都会不同程度地加剧河岸崩塌的程度。

就目前来说，河岸冲刷的控制因素一般为受冲积作用和受非冲积作用，所以按其控制因素可分为两大类。第一类作用是水流的冲刷影响，包括水流直接冲淘刷岸坡、重力影响的岸坡崩塌等现象；第二类作用是由外界因素引发的岸坡土体抗剪强度变小而形成的岸坡滑移及崩塌，包括管涌、渗流造成的岸坡崩塌，波浪淘刷造成的岸坡崩塌以及水位变化造成的岸坡崩塌等。自然状况下，上述两类作用共同控制着岸坡的冲刷过程。虽然河岸边坡的冲刷受多种条件控制，但从一段时间过程来看，水流的冲刷作用最终决定着河岸的冲刷过程及速率。

6.4.2　常见崩岸类型及特征

崩岸的影响因素比较复杂，全世界的学者对崩岸类型研究所使用的途径和方法是多角度的，所持的理论依据也不尽相同，因而对崩岸类型的划分也是非常繁多的。根据长江中下游常见崩岸的形态和特点，我国河道整治工程有很多经验性分类法或习惯表述法，当前广泛认可的大概有窝崩、洗崩、条崩和溜崩四种类型。

1)窝崩

窝崩是指较大区域的岸坡土体，在较短时间内突然发生一次或连续多次崩塌的现象，多出现在岸坡土体抗冲刷能力较弱且岸坡抗冲刷能力沿程不均匀情况下弯道段的迎流顶冲区域，特别是在上下游均有较强抗冲刷能力的岸坡，其间更容易出现局部淘刷，引起窝崩。窝崩外形特征是窝体的崩进宽度一般都接近或大于窝口的长度，在平面上呈近半圆的“香蕉形”。

2)洗崩

堤岸长期承受波浪荷载、水流等作用，甚至高水位时河道水流或波浪越过堤顶，冲刷堤面，或者当堤防上部存在裂隙或裂缝并受雨水灌入时，会引起堤防局部塌陷，这种由波浪、水流或雨水冲洗而形成的岸坡破坏方式称为洗崩。洗崩一般出现在岸坡的水流顶冲河段，其崩岸冲刷程度较小且较容易从岸边直接观测到。

3)条崩

条崩是指河道边坡受水流直接冲击作用，河岸变陡并超过其临界稳定坡度后，岸坡土体沿纵向整体落入河水里，具有间断性和一定的突发性，其破坏程度比洗崩强得多。天然河流岸坡坡脚长时间浸于水面以下，其主要成分为细砂的条件下，抗剪强度非常小。随着岸坡底部环流和河道纵向水流的影响，水流持续冲刷侵蚀坡脚，致使坡脚被水流淘空，上部岸坡(主要成分为黏土层)失稳，块状土体拉裂倾倒而形成条崩。

4)溜崩

洪水时天然河流高水位持续周期较长，岸坡土体在长时间的浸泡后，土体抗剪强度降低，则可能会引发潜在滑动面崩塌。当河道水位快速下降过程时，河岸土体往外渗流，其渗透压力会引起溜崩。溜崩多出现在高水位向低水位快速过渡时期。

6.4.3 新型结构护岸机理分析

目前已应用的框架型护岸块体能减速促淤，对水流、波浪等因素引发的冲刷侵蚀具有很好的守护效果，而且对避免土体滑移、岸坡条崩也很有作用。在前面简要介绍岸坡土体冲刷崩塌的基础上，将进一步研究本书提出的螺母框架护岸块体和菱形框架护岸块体两种新型结构的护岸机理，以助于其推广及应用。

1. 阻力问题

两种护岸块体充分发挥了结构自身的透水构件能分散水流的基本原理。当水体流过块体时，出现漩涡分离，会形成绕流阻力阻滞水体的流动。这种阻滞作用能上挑主流，形成近底低流速带的同时，也减少了大流速主流对河底床面冲刷的次数，同时对顶冲的高速主流形成强有力的缓冲，达到减速护底的作用。这两种框架型块体改变局部水流流态及断面流速分布，对水流结构沿垂向和纵向都有明显的调整，使块体群中低部水流速度变小，而其上部流速和工程区外流速增大。

从基础理论来分析，河道水流阻力可通过周界的阻力系数反映，而阻力系数可由谢才系数 C 和曼宁系数 n 来反映。谢才公式和曼宁公式可表示为

$$V = C\sqrt{RJ} \tag{6-26}$$

$$U = \frac{1}{n}R^{\frac{1}{6}}\sqrt{RJ} = \frac{R^{\frac{1}{6}}}{\sqrt{g}}\frac{1}{n}\sqrt{gRJ} \tag{6-27}$$

式中，V 为水流平均流速；R 为水力半径；J 为水力坡降。

而河道摩阻流速 U_0 为

$$U_0 = \sqrt{gRJ} \tag{6-28}$$

综合前三项可得

$$\frac{C}{\sqrt{g}} = \frac{R^{\frac{1}{6}}}{\sqrt{g}}\frac{1}{n} = \frac{U}{U_0} \tag{6-29}$$

不难发现，合理转化后的阻力系数表达式等于水流平均流速和摩阻流速的比值 $\left(\frac{U}{U_0}\right)$，而 $\left(\frac{U}{U_0}\right)$ 可由流速分布积分得到。

因此，可认为河道水流阻力问题的本质是河道断面水体流速分布问题，断面流速分布调整，水流阻力也相应调整。两种新型生态护岸块体利用透水构件分散水流，改变局部水流结构，引起河道断面流速分布的改变，从而使河道局部阻力也发生相应变化。

2. 能量问题

明渠水流往前运动的整个过程要持续不断地克服阻力而耗费能量，该能量来自于河流位能的变化。主流区水流提供的能量占水流提供能量的 92％，这部分能量中的 90％左右又传递到近壁流区，并在那里转化为紊动动能（主要表现为漩涡动能），同时也损耗了一部分能量。漩涡分离边界并进入主流区，同时分解成更小更多的漩涡，因受主流区水

流的黏滞影响，小漩涡会消耗其能量并转化为热能。主流区水流就地损失的能量占水流提供全部能量的 8%左右，而在近壁流区损失的能量大概有 73%左右，说明近壁流区存在大量的紊动动能，造成泥沙的运动并有较强的挟沙能力。

在河道中加入的两种框架型护岸块体，其本质是一种新紊源。一方面来讲，铺设透水框架型护岸块体后，一定范围内的水流会受到块体构件的影响，从而出现绕流和紊流现象。从理论上由达西－魏斯巴赫公式$\left(h_f=\lambda\ \frac{1}{4R}\frac{v^2}{2g}\right)$来分析，与没有铺设透水框架型护岸块体相比，水头损失系数 λ 增加，相应的水头损失 h_f 会增大，需要消耗更多的能量。另一方面，在铺设两种框架型护岸块体后，护岸块体成为岸坡及一部分床面上的主要紊源，因而河道消能的主要位置转移到鱼礁护岸和护岸块体的影响范围以内，不再只是原来的床面附近。由于上述两方面作用的影响，使水流直接作用于床面上的冲刷面积减小。当然，河流必须具备更多的能量(如流速、流量)，才能达到类似的冲刷效果，由此可体现出两种新型生态护岸块体的促淤护底作用。

3. 紊流切应力问题

在近边壁的底层平面上，水流的顺流过程存在着低流速带和高流速带，并不断发生低流速带的举升和高流速体“扫荡”边壁的现象。猝发现象最突出的事件包括低速带水流间断性地被举升离开边壁并进入主流区，同时流速增大直至崩解破碎形成大大小小的漩涡，而高速流体自主流区向边壁“清扫”，同时略向两侧扩散。猝发过程是边壁附近水流产生紊动并相互传递能量的主要形式。在低速带内的低速水体上升时，周围都是高流速的水体，因而此处流速梯度极大，会形成很大的紊流切应力。当然，高速流体的“清扫”本身也会产生较大的紊流应力。可见，猝发过程对近边壁的泥沙运动有直接的影响。

铺设两种新型护岸块体后，护岸块体自身能引发剧烈的紊流运动，紊流切应力重新分布，近底边壁处紊流切应力变小，同时脉动压强分布重新调整，边壁处的脉动强度减弱，降低了猝发现象的形成概率，同时也减弱了高速水体“清扫”边壁的强度。所以，泥沙起动的概率变小，达到了守护岸坡的目的。

6.4.4　鱼类产卵场水力学因子初探

河流是鱼类的产卵、生长、活动、觅食及繁殖的全部生存空间，其产卵场是鱼类整个繁殖过程的场所，繁殖是鱼类整个生命过程中一个极其重要的环节，这个环节与其他环节密切关联，最大程度地保护了物种基因，确保了物种繁殖，以达到不断补充和增殖群体数量的目的。不难看出，鱼类产卵场是鱼类所有的栖息地中关键而敏感一个场所。

不断有学者发现鱼类产卵场具有其独特的水力学特性，并用多种类型的参数对其描述。Sempeski 等(1995)通过收集研究法国两条典型河流中的河鳟鱼产卵场的水深和流速等条件，发现在两条河中，每年同一段时间，其产卵场的水流速度都很接近，表明流速是描述河鳟鱼产卵场的重要参数；Moir(1998)通过分析大西洋鲑产卵场的水力学特征，发现水深、流速和弗劳德数是描述其产卵场水力学特征的重要参数；Crowder 等(2002)

认为用动能梯度、涡量强度可以表示产卵场等典型栖息地水流的空间特征。关于鱼类产卵场水力学特性，国内相关研究起步较晚，且大都集中于中华鲟和四大家鱼，如王远坤(2010)等分析了葛洲坝下游河段的中华鲟产卵场的三维流速分布；杨宇等(2007)计算总结了葛洲坝下游河段的中华鲟产卵场的断面平均涡量规律；李建等研究了长江中游河段四大家鱼产卵场的动能梯度及弗汝德数。

1. 鱼类产卵场水力学因子特征分析

从流体力学角度来讲，产卵场区域水流具有在空间上的几何形态特征；其次，产卵场区域水体是流动的，需要用运动学要素描述其运动特征；此外，还需用水体动力学要素去描述其动力特征。所以，下面将从水体几何形态特征、运动学特征及动力学特征三个方面来说明鱼类产卵场水力学因子指标，研究探讨各水力学因子对鱼类整个繁殖过程中不同阶段的意义，暂且不考虑影响鱼类产卵场的另外一些环境因素，如水体温度、水体质量及河床质等，也不考虑深潭、浅滩等水力形态。

鱼类繁殖所适应的水动力学条件，大都与鱼种的繁殖习惯、卵的特性、胚胎和初孵仔鱼发育等所需求的条件相吻合。水动力学条件与产卵场之间的相互影响，分为直接作用和间接作用两方面。直接作用主要是指有些鱼类的繁殖阶段对某种特定的水动力学条件有一定的依赖，如长江中下游四大家鱼的产卵前中期往往会伴随着河流的涨水落水，水动力学条件对鱼类产卵场的间接作用包括有影响水体溶氧量、饵料多少等。

2. 鱼类产卵场水力学因子分析

(1)几何形态。栖息地几何形态因子主要有水深、湿周、水面宽等，重点要体现出产卵期鱼类生存空间的大小。对鱼类产卵场来说，最重要的几何形态因子为水深。合适的水深，不仅为底栖型鱼类提供了充足的游动空间；而且为沉性鱼卵营造出适宜安全的孵化环境。但对沉性鱼卵而言，水深偏大会造成水体压强增加，反而会不利于沉性鱼卵的孵化及仔鱼的生长。

(2)水体运动学。水流是河流自然生态系统中最核心的要素，用来描述水体运动学特征的因子一般有流速、流速梯度、涡量等。

水流流速反映了水体流动的快慢，是水体与河道宽度、坡度、糙率等相互影响的外在体现。流速对鱼类产卵的影响大致有两方面：一是直接作用，合适的水体流速能促使鱼类排卵；二是间接作用，鱼类的性腺发育需要一定量的氧元素，而与水体含氧量的多少在一定程度受流速大小的影响，水体流速越大，其掺气作用越明显，水体中的含氧量越多；而水体流速较小时，水体中含氧量则更少。此外，漂浮性鱼卵吸水膨胀后密度稍高于水，需要水体达到一定的流速才能悬浮于水中，顺着水体漂流孵化，直到发育成为主动游泳的幼鱼；在水流流速小或者静水处则会下沉，以致鱼卵失活。当然，过大的流速也不利于鱼类繁殖，过大的流速会影响黏、沉性鱼卵的受精及在河底的分布和黏附。

水体流速梯度可以描绘流速的空间变化，反映水流运动的复杂程度。具有同样流速的水体区域不一定具有同样的流速梯度特征，因而，有必要用流速梯度来进一步描述水体运动学特性。流速梯度的表达式为

$$\mathrm{grad}(\boldsymbol{V}) = \frac{|V_{j+1} - V_j|}{\Delta s} \tag{6-30}$$

式中，$\boldsymbol{V}$ 为速度向量，m/s；V_j 为某一条垂线的平均流速，m/s；V_{j+1}为相邻下一垂线的平均流速，m/s；Δs 为两垂线之间的距离，$\Delta s = \sqrt{(x_{j+1} - x_j)^2 + (y_{j+1} - y_j)^2}$，m。

水体流速梯度对产卵过程的直接作用为：绝大部分的鱼类受精方式为体外受精，其交配繁殖过程一般会趋向于在流速梯度较大、水流混乱程度较高的地方，甚至有的鱼种只有当水流的混乱程度到达某一标准后才会进行交配活动。间接作用为：流速梯度能影响水体中营养物质的分布扩散，适当的流速梯度是鱼类进食位置的重要特征，此外，流速梯度也不是越大越好，过大的流速梯度会形成较大的水流剪切应力，导致鱼类受到一定程度的影响及伤害。

涡运动是自然流体运动中一种极普遍的形式，由于地势、河岸形态等因素，使得河道水流运动过程中存在着大小不一且形式多样的涡。横断面上出现的涡称为断面涡，水平面上出现的涡称为水平涡。涡量是用来描述涡运动的物理量，可以表征有旋运动的强度，根据涡量是否为零，可判断流体是作有旋运动还是无旋运动。涡量表达式为

$$\boldsymbol{\Omega} = \nabla \times V = \left(\frac{\partial w}{\partial y} - \frac{\partial v}{\partial z}\right)\boldsymbol{i} + \left(\frac{\partial u}{\partial z} - \frac{\partial w}{\partial x}\right)\boldsymbol{j} + \left(\frac{\partial v}{\partial x} - \frac{\partial u}{\partial y}\right)\boldsymbol{k} \tag{6-31}$$

式中，u、v、w 分别为 x、y、z 方向的速度分量；m/s；$\boldsymbol{i}$、$\boldsymbol{j}$、$\boldsymbol{k}$ 分别为 x、y、z 方向的单位向量。

涡运动对鱼类的整个繁殖过程有非常大的影响。有关资料表明，流体运动产生的大量涡漩可增强精卵的掺混程度，提高其受精率，同时有利于受精卵在河床上的分散，降低被捕食的概率，增加生命存活的机会。可采用断面平均涡量和平面平均涡量来分别统计断面和水平面上一定范围内出现小涡的频率，其频率值越大，则流场的漩涡越多，也就是流场越紊乱。一些学者发现，中华鲟产卵对断面平均涡量及平面平均涡量都具有一定的选择性，单位面积受精卵的浓度随着断面平均涡量及平面平均涡量的增加而增大。当然，水流中过多过强的漩涡将产生更大的水流应力，会对鱼类的身体造成伤害，甚至会使行进过程中的鱼类丧失方向的判断力，而遭受其他食肉动物的捕食。

(3)水体动力学。描述鱼类栖息地的水动力学因子包括弗汝德数、雷诺数及动能梯度等。其中，弗汝德数和雷诺数都是无量纲量，弗汝德数反映了水深与流速的综合影响，雷诺数体现了流速与某一特征长度的共同作用。动能梯度表达式为

$$M_1 = \bar{V}\left|\frac{V_{j+1} - V_j}{\Delta s}\right| \tag{6-32}$$

式中，$\bar{V} = \frac{1}{2}(V_{j+1} + V_j)$；

动能梯度可以用来描述鱼类从一个地点游到另一地点所需要的消耗能量，能体现出鱼类对产卵场适应性。杨宇(2007)通过对中华鲟产卵场动能梯度的一系列探索总结，得出了动能梯度是中华鲟产卵场水力学特征的敏感因子。

3. 两种鱼礁型护岸结构鱼类产卵场水力因子分析

以工况 Q=90L/s，H=20cm 的方案为例，结合前面对鱼类产卵场水力学影响因子

的探讨，对比分析两种生态护岸结构对鱼类产卵场的影响。统计计算两种鱼礁块体附近断面上 3 个点的平均水力学因子值，分别见表 6-4 和表 6-5。

表 6-4 螺母鱼礁块体产卵场水力学因子统计表

断面号	4#	5#	6#	7#	10#	11#
水深/m	0.2008	0.2007	0.2002	0.1998	0.2012	0.2008
流速/(m/s)	0.1732	0.1683	0.1754	0.1697	0.1584	0.1543
流速梯度/s^{-1}	0.0277		0.0492		0.0233	
平均流速梯度/s^{-1}	0.0334					
动能梯度/($J\cdot kg^{-1}\cdot m^{-1}$)	0.0067		0.0098		0.0052	
平均动能梯度/($J\cdot kg^{-1}\cdot m^{-1}$)	0.0072					
平面涡量/s^{-1}	0.0289		0.031		0.0262	
平面平均涡量值/ s^{-1}	0.0287					

表 6-5 菱形母鱼礁块体产卵场水力学因子统计表

断面号	4#	5#	6#	7#	10#	11#
水深/m	0.2001	0.1998	0.1998	0.1997	0.2002	0.2001
流速/(m/s)	0.2179	0.2124	0.1987	0.2022	0.1895	0.1835
流速梯度/s^{-1}	0.0313		0.0199		0.0176	
平均流速梯度/s^{-1}	0.0229					
动能梯度/($J\cdot kg^{-1}\cdot m^{-1}$)	0.0095		0.0061		0.0069	
平均动能梯度/($J\cdot kg^{-1}\cdot m^{-1}$)	0.0075					
平面涡量/s^{-1}	0.0328		0.0300		0.0291	
平面平均涡量值/s^{-1}	0.0306					

以长江中游常见的四大家鱼为例，根据长江水产研究所的研究表明，四大家鱼产卵繁殖最适宜的流速范围为 0.7～1.3m/s，对应模型流速为 0.128～0.238m/s。根据李建等的研究发现，四大家鱼的产卵环境多为河床地形与水流流态较为复杂(流速梯度较大)、动能梯度较小、能量损失较大的河段。由表 6-4 和表 6-5 可发现，两种鱼礁块体周围的水深基本一致，断面各点的流速都处于四大家鱼产卵繁殖的最佳流速范围，因而，可以此相似条件作为基础来对比说明两种鱼礁块体对四大家鱼产卵影响的好坏。

由表 6-4 和表 6-5 可看出，与菱形鱼礁护岸间的产卵场水力学因子相比，螺母型鱼礁块体附近水流的动能梯度更小，流速梯度更大，能量损失相差不大。说明四大家鱼在螺母鱼礁块体附近水域游动、产卵及发育受到的干扰较小，保存了更多的能量，同时，流速梯度较大更好地刺激了四大家鱼的交配活动，增加了产卵量，提供了更多营养物质的食用概率。所以，在一定程度上表明了螺母型鱼礁块体对四大家鱼产卵场的影响效果更好，其产卵场更适宜四大家鱼的发育及繁殖。

6.5　护岸结构破坏机理分析及防护措施

6.5.1　螺母型护岸结构破坏机理分析

为了试验观察、分析需要，试验中靠近坡脚的一排普通块体和鱼礁块体模型分别标有编号，编码随水流方向依次增加，如图 6-52、图 6-53 所示。

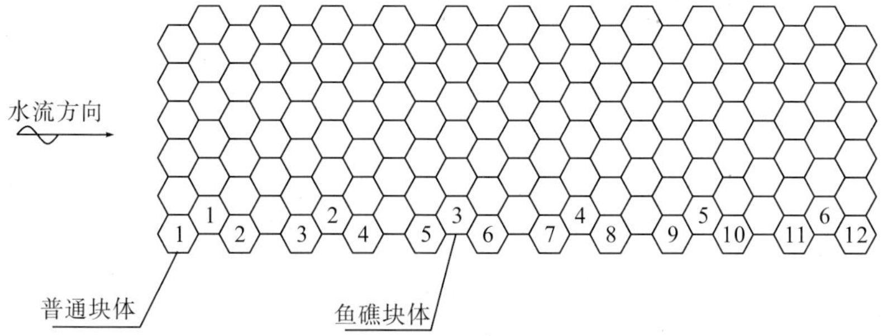

图 6-52　螺母块体编号

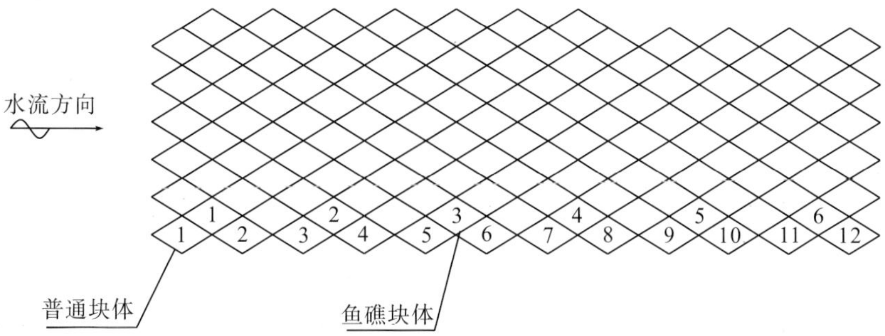

图 6-53　菱形块体编号

1. 螺母鱼礁护岸破坏过程分析

螺母鱼礁护岸破坏主要有两个方面：一是普通块体下滑导致护岸稳定性丧失；另一个方面是上游护岸裹头部位出现较大的切口，使得护岸结构无法保护岸坡不受水流作用。下面具体对这两个方面进行分析。

通过试验观察，选取流量 $Q=90\mathrm{L/s}$、水深 $H=11\mathrm{cm}$ 的工况分析，发现床面中心泥沙还未起动时，冲刷主要集中在普通块体边缘附近，块体附近会形成若干个小冲刷坑，如图 6-54 所示。小冲刷坑深度大小不一，在 1～2cm 范围内，纵向长度在 3～5cm 范围，宽度为 2cm 左右，这些冲坑形成的位置主要靠近凸出的边缘附近，这与该部位的水流特性有直接关系。当水流行进到块体凸出部位时，产生绕流，质点混掺强烈，紊流的附加应力增加，相应的床面冲刷切应力也变大，这就是该部位泥沙更容易起动的原因。

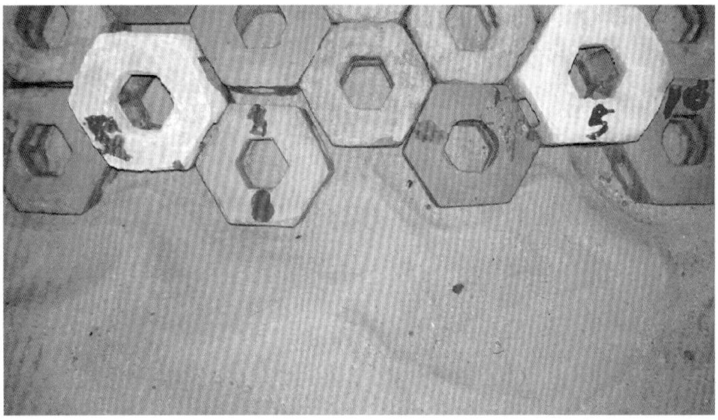

图 6-54 螺母块体边缘冲坑

随着水流对床面进一步冲刷，1 号普通块体向冲坑方向出现大幅下滑，1 号普通块体下滑后，对下游普通块体有一定的掩护作用，整体上块体位移大小呈现交错的规律，这种现象与河道整治下游丁坝受上游丁坝保护相类似，不同之处在于试验中的上游普通块体对下游普通块体保护作用出现间断性，即下游会间断地出现几个块体下滑位移较大。随着底部的普通块体下滑，上部的鱼礁块体和其他普通块体之间出现孔隙，而且孔隙随着泥沙冲刷有扩大的趋势，另外鱼礁块体出现向坡脚倾斜的现象(图 6-55)。

图 6-55 普通块体位移照片

试验中另一个螺母鱼礁破坏现象是在护岸结构的裹头处出现尺寸较大的切口(图 6-56)，形成这种现象的原因主要有三点：①1 号普通块体大幅下滑，导致上部块体跟随下滑，裹头处出现空隙。②上游没有护岸结构的岸坡，水流冲刷后出现崩塌，岸坡崩塌从上游向裹头处发展，当发展到空隙处时，空隙处的泥沙被淘刷，在空隙附近的块体失去部分着力点，进一步下滑，这样切口就会发展变大。③根据试验观察和对水位数据的分析发现，护岸结构增加了岸坡阻力，水位在护岸上游段被壅高，水面在裹头处出现较大的比降，而水流切应力与水面比降成正比，较大的切应力作用切口泥沙，泥沙进一步被冲刷，切口附近的块体也受水流的挤压向坡脚处偏移。

图 6-56　螺母鱼礁护岸裹头切口

2. 不同流速螺母鱼礁破坏分析

为了方便分析不同流速作用下护岸结构的破坏规律，首先明确三个和鱼礁护岸结构破坏相关的参数，即鱼礁块体位移和编号的普通块体位移、护岸破坏切口面积。通过数据分析发现，块体位移和流速的大小相关系数在 0.9 以上，块体位移和流速关系总体上是正相关；同时块体位移也受到水沙随机作用的影响，位移数据有一定的波动，并不是流速大的工况块体位移一定大于流速小的块体位移。图 6-57 显示螺母块体平均位移和流速的关系，从图中可以看出，最大流速对应的平均位移约为 8cm，鱼礁块体和普通块体随流速的变化趋势基本一致，某些鱼礁块体位移略大于普通块体是因为在试验中鱼礁块体会倾斜的现象，使得位移数据变大。

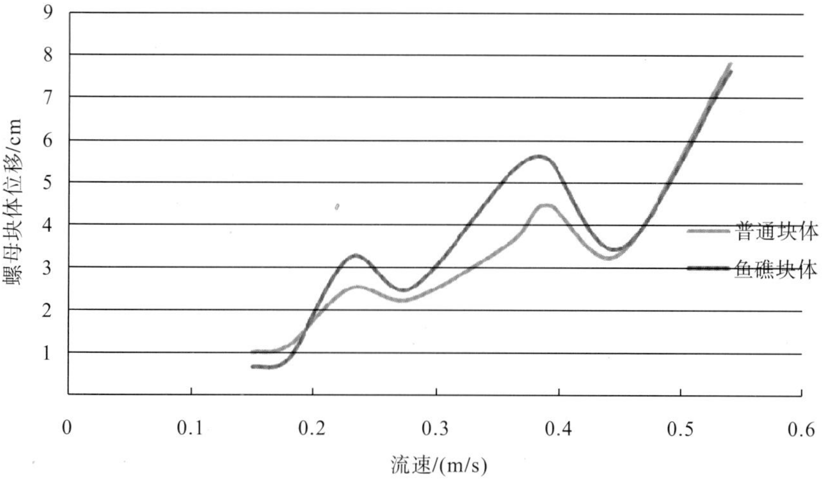

图 6-57　螺母块体平均位移和流速关系

螺母切口面积和流速的关系如表 6-6 所示，从表中可以看出，相同水深条件下，螺母块体切口面积随着试验工况的流速增大而增加，流速较大的流体具有较大的动量，从而对螺母块体的冲击、破坏也就更强；流量 60L/s、水深 11cm 和流量 125L/s、水深 20cm 两个工况流速大小相似，切口面积相差近 6 倍，流体的动量大小基本一样，但其作用方向却不相同，这样导致水流对相应区域的泥沙作用力也就更大，最终护岸结构的破坏相对更严重些。通过上面分析可知，同等条件下，流速大的切口面积大，水深浅的裹头处破坏明显严重。

表 6-6 螺母切口面积

流量/(L/s)	水深/cm	流速/(m/s)	切口面积/cm^2
90	11	0.54	150.13
75	11	0.45	142.67
60	11	0.36	134.66
125	20	0.39	25.98

3. 菱形鱼礁护岸破坏过程分析

菱形鱼礁护岸破坏的最终现象与螺母的护岸破坏有相似之处，同样有两个方面，一个是普通块体下滑导致护岸稳定性丧失，另一个是上游护岸裹头部位出现较大的切口，使得护岸结构无法保护岸坡不受水流作用。但菱形鱼礁护岸结构的破坏过程和螺母鱼礁护岸有不同的地方。

同样选取流量 $Q=90L/s$、水深 $H=11cm$ 的工况进行分析，靠近坡脚的菱形普通块体在床面中心泥沙还未起动，其块体附近也会出现若干个小冲刷坑，如图 6-58 所示，菱形块体边缘的冲坑尺寸比螺母块体小，菱形块体垂直于水流方向的阻水面积小，水流掺混不如螺母形状剧烈，块体附近的紊动切应力也相对较小，达到冲刷平衡所需的冲坑尺寸也相对较小，这一点和丁坝冲刷坑与坝长的关系相类似，一般长丁坝比短丁坝的冲坑尺寸大。

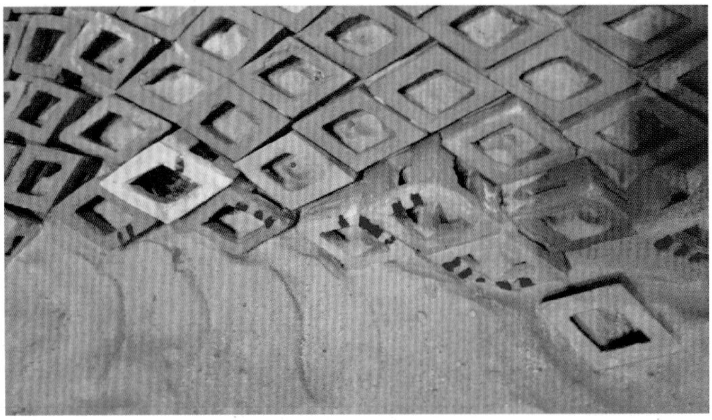

图 6-58 菱形块体边缘冲坑

同样随着水流对床面进一步冲刷，普通块体向冲坑方向逐渐下滑，同时带动岸坡上的块体下滑，岸坡块体之间出现空隙，下滑的块体对下游块体有掩护作用，但不明显，这一点和螺母块体有明显区别。

关于块体之间的掩护现象，已有学者做过相关研究，出现块体之间的掩护现象是因为块体改变了水流结构，进而床面水流拖曳力发生变化，前置块体后会出现尾流区，在尾流区内床面水流拖曳力较小，局部床沙冲刷变化也较小，在该区域内的块体位移也就小；在尾流区范围外，紧接着会出现一个位移相对较大的块体，同样这个块体后也会形成尾流区，保护后方的块体。

根据已有研究分析，间隔一个块体尺寸后水流拖曳力减少 60%，间隔五个块体尺寸后水流拖曳力仅减少 10%左右，这两个数据和本书试验观察到的现象基本吻合。菱形块体的掩护现象不明显，主要还是两种块体的水流拖曳力不同引起的，因为水流对块体的拖曳力不同，相应的块体附近的床沙水流拖曳力也不同，而泥沙的运动规律又决定了块体的位移，所以研究掩护现象还是从块体水流拖曳力出发。

根据块体水流拖曳力公式：

$$F_D = \frac{1}{2} C_D \rho A U^2 \tag{6-33}$$

式中，F_D 为水流拖曳力(平行岸坡)；C_D 为拖曳力系数；ρ 为流体密度；A 为块体在水流方向的投影面积；U 为流速。

根据相关研究，相同水流条件下，拖曳力系数 C_D 还与块体空心率 η 有关，块体空心占比越高，水流拖曳力越小。当空心率 $\eta=74.07\%$时，$F_D=0.558F'_D$；$\eta=25.93\%$时，$F_D=0.889F'_D$，式中，F_D 为空心块体拖曳力；F'_D 为对应的实心块体拖曳力。本书中菱形块体空心率为 0.63，螺母块体空心率为 0.32，从空心率推算菱形块体水流拖曳力小于螺母块体。

式(6-33)中两种块体的投影面积 A 也不同，菱形块体的投影面积 A 为 2.52m^2，螺母块体的投影面积 A 为 3.12m^2，两者相差 20%。因此菱形块体和螺母掩护作用差异主要是空心率 η 和投影面积 A 不同引起的。菱形块体横截面(短轴所在截面)较小，其抗倾力矩小，水流冲刷到一定程度后，菱形块体会出现立起现象(图 6-59)，水流对立起的菱形块体附近泥沙进一步冲刷，块体倾斜，并在重力作用下倒下(图 6-60)。根据上述描述，菱形普通块体的位移路径是下滑和翻滚同时并存的组合路径，这一点和螺母块体有明显区别。

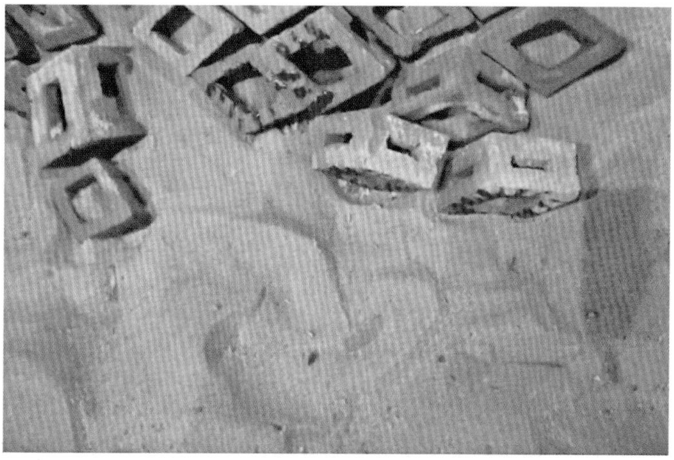

图 6-59　菱形立起块体

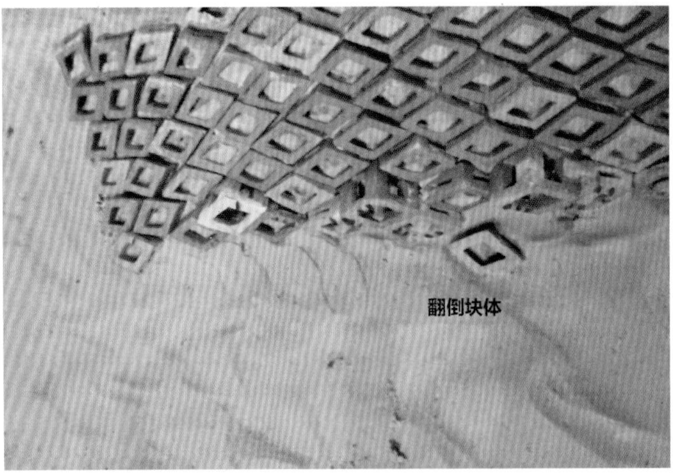

图 6-60　菱形翻倒块体

为了对菱形块体的位移路径进行深入的解释，对单个块体进行受力分析。实际工程中，单个块体所受的作用力主要有重力 G、摩擦力 f、静水压力 F、水流拖曳力 T、水流脉动压力 F_m 以及船行波波压力等。

取横断面，对单个块体进行受力分析，如图 6-61 所示。图中 F 为静水压力，与块体的高度有关。水流拖曳力根据作用方向和形成机理不同可分为平行岸坡的拖曳力和由船行波引起的垂直于岸坡的水流拖曳力，这里的 T 为垂直水流方向的水流拖曳力，是由船行波引起的，T 的函数表达形式为：$T=f(C_f,\ V,\ \rho,\ S)$，其中 C_f 为块体摩擦系数，可以通过沿程阻力系数计算。$F_{波浮}$ 为船行波波谷产生的波压力，$F_{波浮}$ 的函数表达形式为：$F_{波浮}=f(Z,\ H,\ S)$，式中，Z 为由渗流产生的水位降低值；H 为船行波波高；S 为块体面积。F_m 为水流脉动压力，F_m 的函数表达形式为：$F_m=f(v,\ S,\ \gamma_w)$，式中，v 为块体的周围流体速度；γ_w 为水的重度；S 为块体面积。

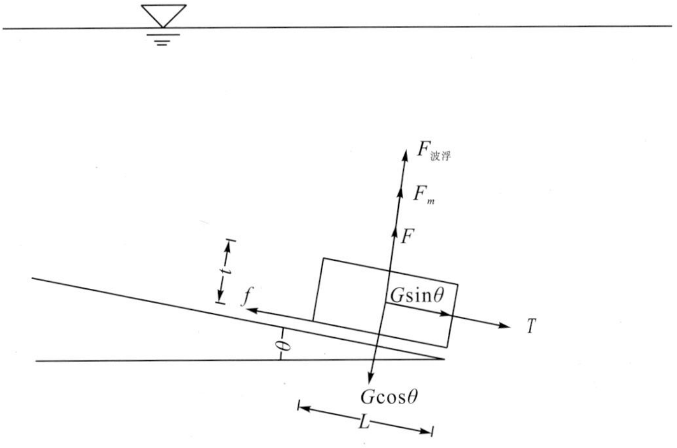

图 6-61　块体受力分析

菱形块体翻滚属于结构抗倾性能问题，根据图 6-61，对块体下角点求矩，列出块体抗倾覆稳定关系式为

$$G\cos\theta\times\frac{L}{2}-F\times\frac{L}{2}-F_m\times\frac{L}{2}-F_{波浮}\times\frac{L}{2}-G\sin\theta\times\frac{t}{2}-T\times\frac{t}{2}>0 \quad (6\text{-}34)$$

式中，L 为块体长度；t 为块体厚度(高度)；θ 为块体附近床沙局部冲刷而引起的块体倾角。

不论是实际工程验证还是通过试验观察，大尺寸混凝土块体都不会出现水流能够直接克服重力作用而使块体脱离床面上浮运动的现象。因此可以将式(6-34)改写为

$$G_{有效}\times\frac{L}{2}-G\sin\theta\times\frac{t}{2}-T\times\frac{t}{2}>0 \quad (6\text{-}35)$$

式中，$G_{有效}$为垂直岸坡的有效重力，计算式为

$$G_{有效}=G\cos\theta-F-F_m-F_{波浮} \quad (6\text{-}36)$$

根据式(6-35)定义和水流冲刷相关块体的抗倾覆稳定系数 K_{cq}，表达式为

$$K_{cq}=\frac{G_{有效}\times\dfrac{L}{2}}{G\sin\theta\times\dfrac{t}{2}+T\times\dfrac{t}{2}} \quad (6\text{-}37)$$

式(6-37)表示，当 $K_{cq}>1$ 时，单个块体满足与水流冲刷相关的抗倾稳定性；$K_{cq}\leqslant 1$ 时，单个块体不满足与水流冲刷相关的抗倾稳定性。

根据式(6-37)分析菱形块体在河床中翻滚移动的现象，在外在条件相同的情况下，块体抗倾覆能力和块体长度 L、厚度 t 以及由局部冲刷引起的倾角 θ 有关，长度 L 越大，稳定系数 K_{cq} 越大；厚度 t 越大，倾角 θ 越大，稳定系数 K_{cq} 越小。式(6-37)推导中，块体默认为矩形，变量 L 即为矩形长度。对于螺母和菱形等非矩形块体 L 的取值，本书采用式(6-38)近似计算。

$$L=\frac{\int_a^b(y_1-y_2)\mathrm{d}x}{b-a} \quad (6\text{-}38)$$

式中参数见图 6-62。

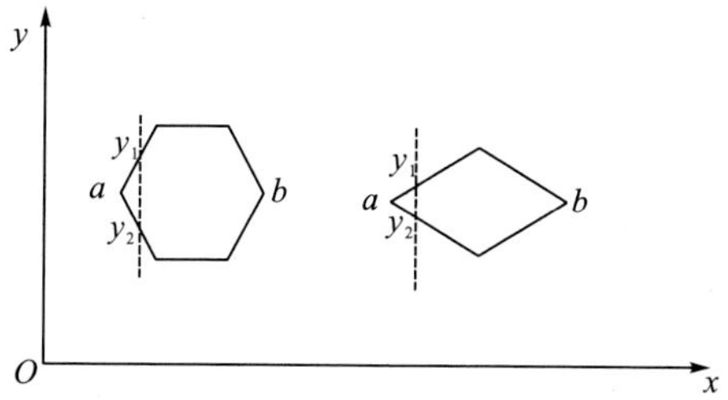

图 6-62　式(6-38)参数示意图

螺母和菱形两种块体在厚度 t 相同，水流条件相似的情况下，菱形块体翻滚而螺母块体不翻滚的主要原因是参数倾角 θ 和长度 L 不同。通过试验测量螺母局部小冲刷坑尺度比菱形大，但相差不大；通过式(6-36)计算螺母块体的 $G_{有效}$ 的抗倾力臂($L/2$)为 97.43cm，菱形块体的 $G_{有效}$ 的抗倾力臂($L/2$)为 52.5cm，两者相差近一倍。因此，菱形位移路径中包含翻滚形式的主要原因是菱形块体的 $G_{有效}$ 的抗倾力臂较小。菱形鱼礁护岸在上游裹头处也会出现破坏切口(图 6-63)，切口形成机理与螺母块体相类似，此处不再重复阐述。

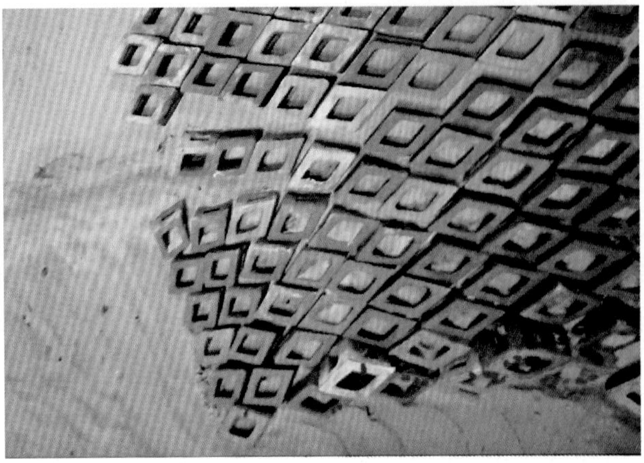

图 6-63 菱形鱼礁护岸裹头切口

4. 不同流速菱形鱼礁破坏分析

图 6-64 为菱形块体平均位移和流速的关系，从图中可以看出，普通块体和鱼礁块体位移随流速的变化趋势相似，位移和流速正相关，平均位移和流速关系曲线有一定波动。

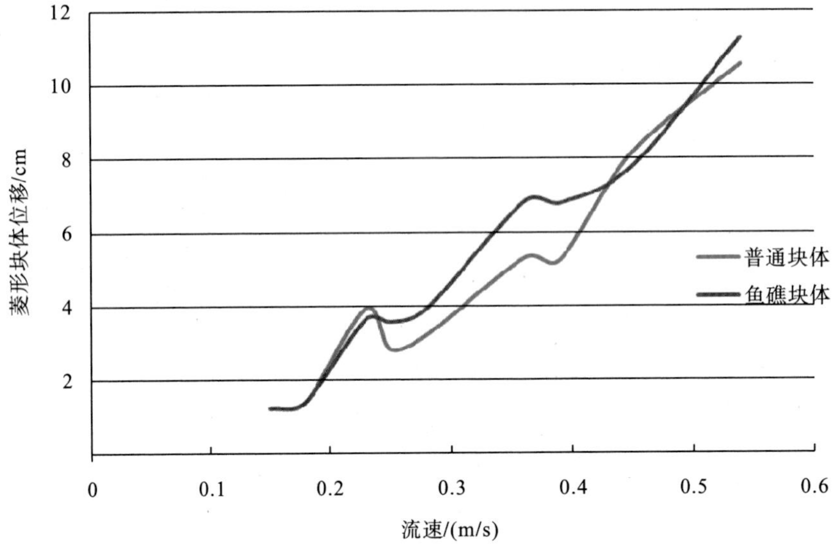

图 6-64 菱形块体平均位移和流速关系

菱形切口面积和流速也是正相关关系(表 6-7)，切口面积随着流速增加而变大，流速相近时，水深 11cm 的切口面积仅为水深 20cm 的 1.69 倍，这一点和螺母块体的 6 倍差距较大。

表 6-7 菱形切口面积

流量/(L/s)	水深/cm	流速/(m/s)	切口面积/cm^2
90	11	0.54	307.29
75	11	0.45	192.89

续表

流量/(L/s)	水深/cm	流速/(m/s)	切口面积/cm^2
60	11	0.36	164.76
125	20	0.39	97.59

6.5.2　两种块体护岸结构稳定性比较

综合上面的分析，将两种块体与稳定性有关的指标列于表 6-8，可以看出螺母块体在各方面指标上显示稳定性均比菱形块体好。所以通过试验分析，得出结论，在没有防护措施的条件下，螺母块体在水沙作用下，整体稳定性能比菱形块体好。

表 6-8　两种块体稳定性对比表

分析角度 / 块体型式	位移				切口面积/cm^2
	普通块体平均位移	鱼礁块体平均位移	位移方式	块体掩护	
螺母	最大位移约 8cm	最大位移约 8cm	下滑	有	最大 150
菱形	最大位移约 11cm	最大位移约 11cm	下滑+翻转	不明显	最大 307

6.5.3　防护措施

结合上面对护岸结构破坏现象的分析，本书中提出的护岸结构防护措施主要针对坡底和上游裹头两个部位。目前常见的水下护脚工程措施有抛石护脚、铰链混凝土沉排、抛柴枕、石笼、模袋混凝土等，其中抛石护脚在长江中下游应用较多，能较好地适应河床变形，取材广泛，施工简便，方便加固，本试验中便是选取抛石作为坡脚和裹头部位的防护措施。

抛石护脚工程设计主要有五个方面：守护范围、守护厚度、抛石粒径和裹头处理。

守护范围是指横断面上从设计枯水位开始往深泓方向的守护宽度。抛石护岸工程守护宽度设计一般根据水流条件、河道边界条件以及崩岸强度选取。长江中下游强崩岸段守护宽度不宜小于 70m；中等强度崩岸守护宽度一般取 60～80m；崩岸强度较小时，守护宽度取 40～50m 即可。试验中根据概化模型的特点，参考规范设计要求，试验抛石守护宽度取 10cm。

选择合适的守护厚度是使块石层下的河床砂粒不被水流淘刷，并防止坡脚冲深过程中块石调整出现空当而导致岸坡破坏的保证。相关试验表明，守护厚度为抛石粒径两倍，抛护均匀，抛石在床面的覆盖率大于 80%，即可满足要求。但在实际工程应用中，受到水深、流速、施工工艺等因素影响，抛石很难达到均匀布置，为了工程安全考虑，工程设计中会加大抛石厚度，一般在水深流急、崩岸强度大的岸坡，守护厚度取抛石粒径的 3～4 倍。本试验中的守护厚度取 3 倍的抛石粒径。裹头处抛石设计目前没有公式可依，裹头的长度和厚度一般根据崩岸强度来经验取值，本试验裹头的长度取 10cm，厚度取 2 倍的抛石粒径。图 6-65、图 6-66 为有抛石守护的鱼礁护岸模型。

图 6-65 抛石守护的螺母护岸

图 6-66 抛石守护的菱形护岸

观察试验选定的添加抛石护脚工况发现，不同的工况护岸块体稳定性都较好。护岸结构在抛石保护下，结构稳定性有了质的改善，护岸上游裹头处的破坏消失，护岸块体基本没有位移，整个结构较好地守护了岸坡，表现了良好的稳定性能(图 6-67、图 6-68)。试验中坡脚抛石受床沙冲刷影响发生位移，因此，如果采用抛石护脚措施，工程完工后，需对坡脚抛石定期补充，至河床稳定即可。

图 6-67 冲刷后试验照片(螺母护岸+抛石护脚)

图 6-68　冲刷后试验照片(菱形护岸+抛石护脚)

6.6　护岸结构综合比较

本章的主要内容是比较三种护岸结构即传统生态护岸结构和本书中的两种护岸结构的性能(图 6-69～图 6-71)，得到结构综合评价，并在此基础上给出本书两种新型结构的适用条件。

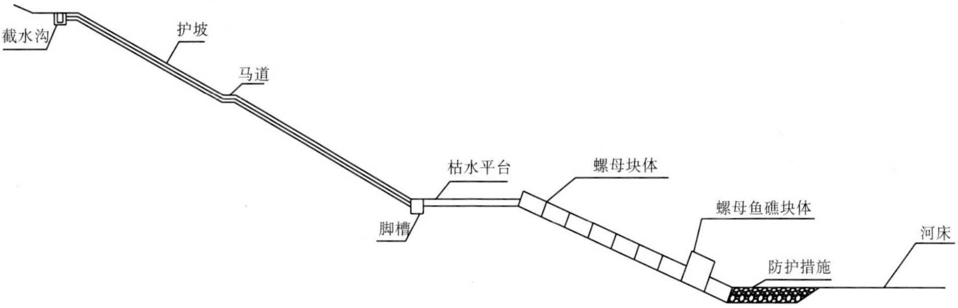

图 6-69　螺母鱼礁新型生态护岸结构

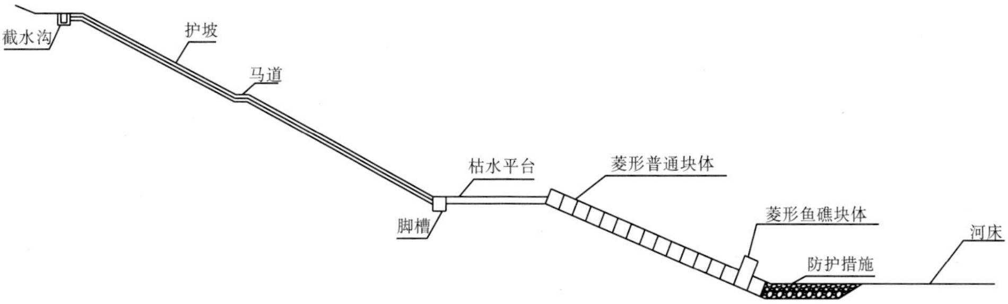

图 6-70　菱形鱼礁新型生态护岸结构

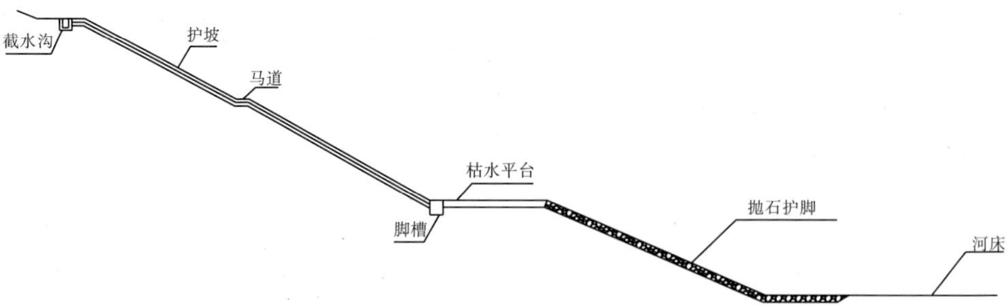

图 6-71 传统护岸结构

6.6.1 因素分析

比较护岸结构优劣，需综合比较结构各方面的性能，本书采用了模糊综合评价的方法对结构进行科学比较。运用模糊综合评价方法，首先需明确影响因素。本书中评价结构块体的优异因素主要包括生态因素、稳定性因素、工程造价因素，以及结构对河道行洪能力影响。这些因素难以综合全面地进行指标化，本书结合已有研究，将能够反映因素的数据、资料等内容进行提炼，以方便专家给分，确定模糊矩阵。

1. 生态因素

护岸结构的生态性能主要从两个方面体现，一是水上护坡的植被覆盖率，二是护岸对水生动物的保护聚集作用。传统的生态护岸结构，通常在水上护坡采用透空块体，而水下采用抛石、石笼、四面透水框架等措施，因此传统的生态护岸结构在生态性方面主要体现在水上部位种植植被，而对水生动物的保护方面作用不明显；而鱼礁护岸结构在水上和水下都有空间用来生长植被，而水下部位还具有对水生动物保护聚集的作用。

2. 行洪能力因素

保证水位时，河道宣泄洪水流量的能力即行洪能力与河道形态、边界糙率等有关。鱼礁护岸结构凸出于岸坡，压缩原河道过流面积，与普通护岸结构相比，降低了河道行洪能力。鱼礁护岸对河道行洪影响程度目前还没有进行全面的研究，但可以明确的是鱼礁护岸对行洪能力的影响有限，因为鱼礁护岸的尺寸相对于河道断面仅为1%左右，同时鱼礁护岸采用透空结构，结构本身也有过流能力，这也降低了对行洪能力的影响。

两种鱼礁结构护岸对行洪能力的影响，通过试验测得坡脚处水位数据(图 6-72、图 6-73)，可以发现，水深为 11cm 时，块体护岸上游水位壅水明显，其中螺母块体水位壅高现象比菱形严重，试验观察中，螺母块体水流局部比降较大；水深为 20cm 时，有块体护岸水位和无块体工况相比水位略高，总体上水位平缓，水流没有跌水现象，螺母块体和菱形块体对水位影响没有明显差别。

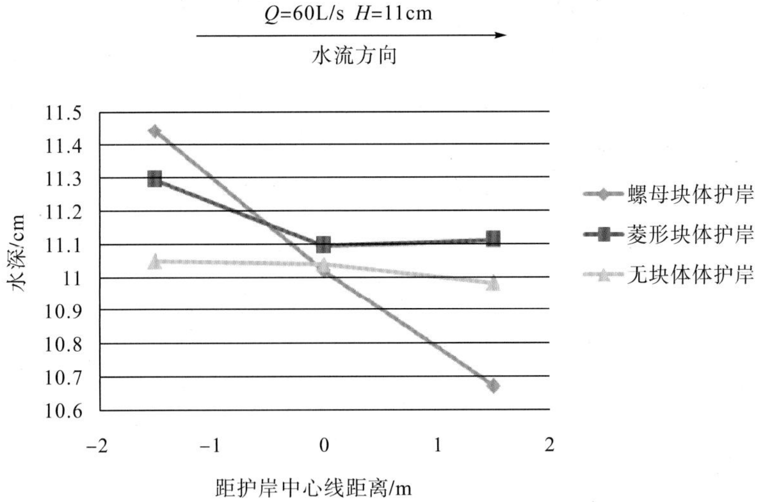

图 6-72　水深 11cm 时水位变化

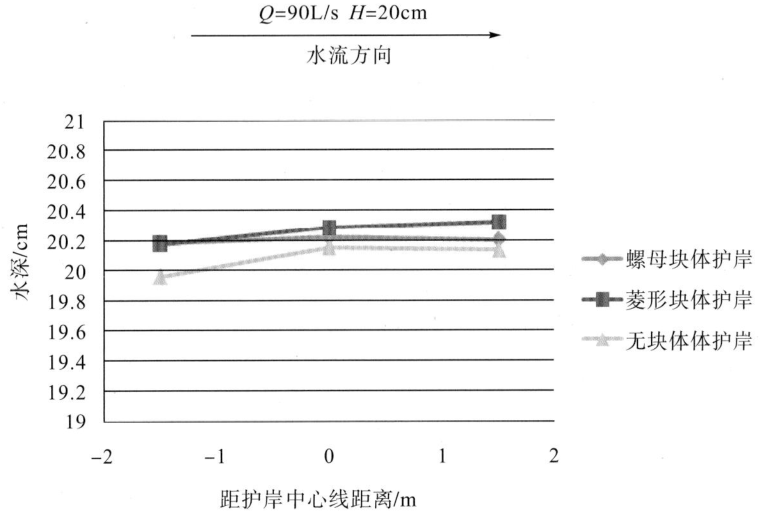

图 6-73　水深 20cm 时水位变化

通过以上分析，可以认为鱼礁护岸结构对河道行洪能力有影响，但影响很有限；菱形块体护岸结构和螺母块体护岸结构相比，其对行洪能力的影响相对较小，但水深较大时时，两种块体对行洪能力影响相差不大。

3. 稳定性因素

鱼礁护岸结构稳定性在第 5 章有详细分析比较，可以得出结论，没有抛石护脚等保护措施时，鱼礁护岸结构的抗破坏能力有限，其中螺母块体的稳定性相比菱形块体优异；有抛石护脚保护时，两种鱼礁护岸结构稳定性能都较好，与传统护岸结构没有明显差别。

4. 工程造价因素

目前对于书中提出的新型结构，没有实际工程经验，在工程造价上无法给出具体数额，只能做出定性描述：传统的护岸工程造价远低于鱼礁护岸工程，螺母块体鱼礁护岸工程造价略高于菱形块体护岸工程。

6.6.2 结构综合比较

综合比较采用模糊综合评价方法。模糊综合评价可按以下步骤进行。

(1)确定模糊矩阵 $\boldsymbol{R}$。

(2)取权重向量 $\boldsymbol{A}$。

(3)进行模糊综合评价 $\boldsymbol{B}=\boldsymbol{A}\cdot\boldsymbol{R}$。

$\boldsymbol{R}$ 的确定通常有以下几种方法：模糊统计法、二元对比排序法、例证法、专家评判给分法等。这里采用专家评判给分法，高者为好，$\boldsymbol{R}$ 的确定见表 6-9。

表 6-9 模糊矩阵 R

因素＼结构	螺母鱼礁护岸	菱形鱼礁护岸	普通护岸
生态性 P_1	1	0.9	0.3
稳定性 P_2	0.9	0.9	1
行洪 P_3	0.7	0.8	0.9
工程造价 P_4	0.3	0.4	1

权重向量 $\boldsymbol{A}$ 的确定一般有专家咨询法和层次分析法等，这里采用层次分析法。

首先两两比较四种因素的重要性，采用 1～9 的标度来判断矩阵 $\boldsymbol{D}$。

P_i 与 P_j 重要性程度相等，$d_{ij}=d_{ji}=1$。

P_i 稍优于 P_j 重要性程度相等，$d_{ij}=3$，$d_{ji}=1/3$。

P_i 优于 P_j 重要性程度相等，$d_{ij}=5$，$d_{ji}=1/5$。

P_i 甚优于极 P_j 重要性程度相等，$d_{ij}=7$，$d_{ji}=1/7$。

P_i 极优于极 P_j 重要性程度相等，$d_{ij}=9$，$d_{ji}=1/9$。

介于两者之间可用 2、4、6 或 1/2、1/4、1/6 表示。

然后利用迭代程序计算判断矩阵 $\boldsymbol{D}$ 的最大特征值 λ_{max} 以及它所对应的特征向量 $\boldsymbol{W}$，它们具有下述关系 $\boldsymbol{D}_w=\lambda_{max}\boldsymbol{W}$，$\boldsymbol{W}$ 即为排序的优劣次序，并进行一致性检验。

具体计算步骤如表 6-10 所示。

表 6-10 计算步骤

D	p_1	p_2	p_3	p_4
p_1	1	2	5	7
p_2	1/2	1	3	5
p_3	1/5	1/3	1	3
p_4	1/7	1/5	1/3	1

判断矩阵 $\boldsymbol{D}=(d_{ij})_{4\times4}$

取 $\boldsymbol{w}^0=(1,0,0,0)^T$，要求精度 $\varepsilon=0.01$；

$$\bar{\boldsymbol{\omega}}^{1}=\boldsymbol{D}\boldsymbol{\omega}^{0}=\begin{bmatrix}1 & 2 & 5 & 7\\ 1/2 & 1 & 3 & 5\\ 1/5 & 1/3 & 1 & 3\\ 1/7 & 1/5 & 1/3 & 1\end{bmatrix}\begin{bmatrix}1\\0\\0\\0\end{bmatrix}=\begin{bmatrix}1\\1/2\\1/5\\1/7\end{bmatrix}$$

$$\beta=1+1/2+1/5+1/7=1.8429$$

$$\boldsymbol{\omega}^{1}=\frac{1}{\beta_1}\cdot\bar{\boldsymbol{\omega}}^{1}=\frac{1}{1.8429}\times\begin{bmatrix}1\\1/2\\1/5\\1/7\end{bmatrix}=\begin{bmatrix}0.5426\\0.2713\\0.1085\\0.0775\end{bmatrix}$$

$$\text{检查}\begin{cases}|\boldsymbol{\omega}_1^1-\boldsymbol{\omega}_1^0|=|0.5426-1|=0.4574\\ |\boldsymbol{\omega}_2^1-\boldsymbol{\omega}_0^2|=|0.2713-1|=0.7287\\ |\boldsymbol{\omega}_3^1-\boldsymbol{\omega}_0^3|=|0.1085-1|=0.8915\\ |\boldsymbol{\omega}_1^1-\boldsymbol{\omega}_4^0|=|0.0775-1|=0.9225\end{cases}$$

不满足 $|\boldsymbol{\omega}_i^1-\boldsymbol{\omega}_i^0|<0.01$，进行第二次迭代：以 $\bar{\boldsymbol{\omega}}_i^2=\boldsymbol{D}\boldsymbol{\omega}^1\rightarrow\beta_2\rightarrow\boldsymbol{\omega}^2$，检查不满足 $|\boldsymbol{\omega}_i^2-\boldsymbol{\omega}_i^1|<0.01$，依次算出 $\bar{\boldsymbol{\omega}}^3$，$\beta_j\bar{\boldsymbol{\omega}}^3$，进行第三次迭代计算。

满足 $|\boldsymbol{\omega}_i^3-\boldsymbol{\omega}_i^2|<0.01$，

取 $\boldsymbol{\omega}=\boldsymbol{\omega}^3=(0.5229,\ 0.2981,\ 0.1223,\ 0.0567)^{T}$

$$\lambda_{\max}=\frac{1}{4}\left(\frac{2.1276}{0.5229}+\frac{1.2010}{0.2981}+\frac{0.4963}{0.1223}+\frac{0.2318}{0.0567}\right)=4.0685$$

进行一致性检验

$$\mathrm{CI}=\frac{\lambda_{\max}-n}{n-1}=\frac{4.0685-4}{3}=0.0288$$

$$\mathrm{CR}=\frac{0.0288}{0.90}=0.032<0.1$$

一般，CR<0.10 便认为一致性检验合格，停止计算。

取 $\boldsymbol{A}=\boldsymbol{\omega}^{T}=(0.5229,\ 0.2981,\ 0.1223,\ 0.0567)$

进行综合评价：

$$\boldsymbol{B}=\boldsymbol{A}\cdot\boldsymbol{R}=(0.5229,\ 0.2981,\ 0.1223,\ 0.0567)\cdot\begin{bmatrix}1 & 0.9 & 0.3\\ 0.9 & 0.9 & 1\\ 0.7 & 0.8 & 0.9\\ 0.3 & 0.4 & 1\end{bmatrix}$$

$$\boldsymbol{B}=(0.8938,\ 0.8594,\ 0.62187)$$

评价结果表明，三种护岸结构综合性能由高到低的排名次序为：螺母鱼礁护岸结构、菱形鱼礁护岸结构、传统护岸结构。

6.6.3　新型结构适用条件

根据上面的分析，总结给出新型鱼礁结构的适用条件如下。

(1)鱼礁护岸结构中鱼礁块体尺寸相对普通的铺砌块体较大，在坡度为 1：2 时，鱼礁块体的垂直高度为 1.073m，占据了河道水底的空间，因此新型结构适用于航道条件较好，主要是航深、航宽尺寸有足够富余，另外护岸结构附近不适宜吃水较大的船舶停靠，在此区域内建设码头也需专门论证。

(2)河道整治规划中一般都拟定了满足设计流量要求尺度和控制河势的平面轮廓线即河道治导线。鱼礁结构的布置应符合河道的布置，结构设计时应充分考虑河道规划，结构应尽量布置在治导线以外还有足够空间的河道区域。

(3)鱼礁护岸结构的最大特点在于其对鱼类等水生生物的生态友好性。鱼类喜爱在鱼礁结构附近聚集、栖息。对于鱼类资源相对日趋枯竭的流域，使用该结构可以收到事半功倍的效果，因此鱼礁护岸结构适用于亟须恢复鱼类等水生生物生态系统的区域。

(4)鱼礁结构对鱼类的聚集作用还可以用来开发旅游资源，用于发展鱼类垂钓体育事业，这在欧美等发达国家已经广泛应用，在国内也将会有较好的前景。因此，鱼礁护岸结构还适用于有规划发展休闲垂钓的河流区域。

(5)本书研究的鱼礁护岸结构仅针对顺直河道，结构能否抵抗弯道水流的作用还需进一步研究，因此，目前暂不适宜运用在弯曲河流上。

主要参考文献

柴立和. 1992. 相似理论的新视角探索[J]. 自然杂志，22(3)：168-170.

曹民雄，蔡国正，王秀红，等. 2008. 边滩水沙运动特点及护滩建筑物破坏机理研究[R]. 南京：南京水利科学研究院.

曹民雄，周彬瑞，蔡国正，等. 2006. 鱼嘴工程的研究及其在航道整治中的应用[J]. 水运工程，(6)：50-56.

曹艳敏，张华庆，蒋昌波，等. 2008. 丁坝冲刷坑及下游回流区流场和紊动特性试验研究[J]. 水动力学研究与进展(A辑)，23(5)：560-569.

长江重庆航运工程勘察设计院. 2007. 叙渝段典型卵石浅险滩整治技术研究[R]. 重庆.

长江航道局规划设计研究院. 1988. 长江中下游浅滩演变分析与治理研究成果汇编[R]. 武汉.

长江航道规划设计研究院. 2004. 长江下游东流水道航道整治工程鱼骨坝专项研究模型试验报告[R]. 武汉.

长江航道规划设计研究院. 2011. 长江中游近年航道整治建筑物维修设计资料[R]. 武汉.

长江航道规划设计研究院，武汉大学. 2004. 长江中游沙市河段航道整治三八滩控制守护工程工可阶段动床模型试验研究[R]. 武汉.

长江武汉航道局. 1998. 川江航道整治[M]. 北京：人民交通出版社.

长江武汉航道局. 2003. 航道工程手册[M]. 北京：人民交通出版社.

长江武汉航道局. 2010. 长江武汉航道局近年航道整治建筑物技术状况评价资料[R]. 武汉.

陈海波. 2001. 网格反滤生物组合护坡技术在引滦入唐工程中的应用[J]. 中国农村水利水电，(8)：47-48.

陈俊杰. 1994. 对黄河大型实体模型模型沙选择的初步认识[J]. 人民黄河，28(4)：28-29.

陈立，周银军，闫霞，等. 2011. 三峡下游不同类型分汊河段冲刷调整特点[J]. 水力发电学报，30(3)：109-116.

陈明千，脱友才，李嘉，等. 2013. 鱼类产卵场水力生境指标体系初步研究[J]. 水利学报，44(11)：1303-1308.

陈明曦，陈芳清，刘德富. 2007. 应用景观生态学原理构建城市河道生态护岸[J]. 长江流域资源与环境，16(1)：97-101.

陈心，冯全英，邓中日. 2006. 人工鱼礁建设现状及发展对策研究[J]. 海南大学学报(自然科学版)，24(1)：83-91.

崔占峰，张小峰. 2006. 三维紊流模型在丁坝中的应用[J]. 武汉大学学报(工学版)，(1)：19-24.

董哲仁. 2003. 生态水工学的理论框架[J]. 水利学报，(1)：1-6.

董哲仁，孙东亚. 2007. 生态水利工程原理与技术[M]. 北京：中国水利水电出版社.

窦国仁. 1960. 论泥沙起动流速[J]. 水利学报，(4)：44-60.

窦国仁. 1999. 再论泥沙起动流速[J]. 泥沙研究，(6)：1-12.

窦国仁，柴挺生，樊明，等. 1978. 丁坝回流及其相似率的研究[J]. 水利水运科技情报，(3)：1-23.

段辛斌，陈大庆，李志华，等. 2008. 三峡水库蓄水后长江中游产漂流性卵鱼类产卵场现状[J]. 中国水产科学，15(4)：523-531.

方达宪，王军. 1992. 丁坝坝头床沙起冲流速及局部最大冲深计算模式的探讨[J]. 泥沙研究，(4)：79-86.

付中敏，郑景涛，王平义. 2010. 边滩对弯曲分汊河段河床演变影响分析[J]. 重庆交通大学学报(自然科学版)，(6)：124-128.

高桂景. 2006. 丁坝水力特性及冲刷机理研究[D]. 重庆：重庆交通大学.

高贵景，王平义，杨成渝，等. 2007. 丁坝附近水流动能分布研究[J]. 水运工程，(11)：82-86.

高培. 2006. 长江中游航道丁坝稳定性及防护技术研究[D]. 重庆：重庆交通大学.

郭小虎，李义天，渠庚. 2011a. 三峡水库蓄水后荆江河段水位变化研究[J]. 水电能源科学，29(1)：30-33.

郭小虎，渠庚，朱勇辉. 2011b. 三峡工程蓄水运用以来荆江水位流量关系变化分析[J]. 长江科学院院报，28(7)：82-85.

韩林峰．2014．丁坝可靠度和设计使用年限研究[D]．重庆：重庆交通大学．

韩林峰，王平义，刘怀汉，等．2013．洪水作用下丁坝可靠度分析及剩余寿命预测[J]．水利水运工程学报，(6)：58-64.

韩林峰，王平义，刘怀汉，等．2014．基于水毁体积比的抛石丁坝安全性判别分析[J]．武汉大学学报(工学版)，47(2)：201-206.

韩其为，李楚楠．2002．从丹江口水库下游冲刷看三峡水库下游河床演变[C]//长江三峡工程泥沙研究文集．北京：中国科学技术出版社：370-385.

韩玉玲．2009．河道生态建设[M]．北京：中国水利水电出版社．

郝鹏，刘云贺，刘哲，等．2012．三维流体固体动力耦合模型研究[J]．水利学报，43(2)：246-252.

郝品正，李军，徐国兵．2004．微弯分汊河段航电枢纽总体布置与通航条件优化试验研究[J]．水运工程，(11)：68-69.

胡海泓．1999．生态型护岸及其应用前景[J]．广西水利水电，(4)：57-59.

胡旭跃，沈小雄，黄伦超，等．2002．分汊河道分流区航道内斜流的整治方法研究[J]．长江科学院院报，(3)：22-24.

黄伦超，许光祥．2008．水工与河工模型试验[M]．郑州：黄河水利出版社．

黄少芳．2005．长江靖江段沿岸鱼类群聚的时间格局[D]．上海：上海海洋大学．

惠遇甲．1999．河工模型相似理论[M]．北京：中国水利水电出版社．

贾晓，胡志峰，吴华林，等．2013．长江口河段柔性护滩结构周边河床冲刷形态分析[J]．水利水运工程学报，(2)：56-61.

江凌，李义天，孙昭华，等．2010．三峡工程蓄水后荆江沙质河段河床演变及对航道的影响[J]．应用基础与工程科学学报，18(1)：1-10.

蒋忠绥，陈益民．1995．湘江下摄司浅滩河段人工分汊工程[J]．长沙交通学院学报，11(4)：73-77.

李昌华．1981．河工模型试验[M]．北京：人民交通出版社．

李洪远，常青，何迎，等．2003．海河综合开发改造与多功能生态堤岸建设[J]．城市环境与城市生态，(6)：30-31.

李建，夏自强，戴会超，等．2013．三峡初期蓄水对典型鱼类栖息地适宜性的影响[J]．水利学报，44(8)：892-900.

李建，夏自强，王远坤．2010．长江中游四大家鱼产卵场河段形态与水流特性研究[J]．四川大学学报(工程科学版)，42(4)：63-70.

李晶，喻涛，王平义．2014．四面六边透水框架构筑心滩防护工程清水冲刷试验研究[J]．水利与建筑工程学报，(4)：58-69.

李云，王晓刚，祝龙，等．2012．超标准洪水条件下土石坝安全性应急判别分析[J]．水科学进展，23(4)：516-521.

梁碧．2009．护心滩建筑物稳定性研究[D]．重庆：重庆交通大学．

刘盾．2003．实用数学物理方程[M]．重庆：重庆大学出版社．

刘怀汉，曹民雄，潘美元，等．2008．鱼骨坝工程水流结构与水毁机理研究[J]．水运工程，(3)：111-116.

刘怀汉，付中敏，陈婧，等．2007．长江中游航道整治建筑物护滩带稳定性研究[C]．中国水利学会第三届青年科技论坛论文集，郑州：黄河水利出版社：290-294

刘莉莉，刘洪言．2000．一种新型护岸构件——透水框架在长江干堤护岸的应用[J]．湖南水利水电，(6)：32-34.

刘倩颖，王平义，喻涛，等．2009．四面六边透水框架群的护滩效果研究[J]．水运工程，(12)：64-68.

刘晓菲．2008．护滩建筑物破坏机理及模拟技术研究[D]．重庆：重庆交通大学．

刘晓菲，王平义，杨成渝．2011．X型系混凝土块软体排模拟技术[J]．水运工程，(2)：111-116.

刘玉玲，周孝德，杨国丽．2010．基于WENO格式的天然河道丁坝群二维水流数值模拟[J]．水动力学研究与进展(A辑)，(1)：103-108.

路鼎，王平义，刘怀汉，等．2014．丁坝受力试验研究[J]．水运工程，(6)：105-109.

陆永军，徐成伟．1991．用 k-ε 紊流模式模拟丁坝绕流[J]．水利学报，(3)：69-75.

马爱兴，曹民雄，王秀红，等．2011．长江中下游航道整治护滩带损毁机理分析及应对措施[J]．水利水运工程学报，(2)：34-40.

茆诗松，周纪芗，陈颖．2004．试验设计[M]．北京：中国统计出版社．

南京水利科学研究院．2006．长江中游航道整治鱼嘴工程稳定性关键技术研究[R]．南京．

彭静，河原能久．2000．丁坝群近体流动结构的可视化实验研究[J]．水利学报，(3)：44-47.

彭静，玉井信行，河原能久．2002．丁坝坝头冲淤的三维数值模拟[J]．泥沙研究，(1)：27-31.

钱宁，万兆惠．2003．泥沙运动力学[M]．北京：科学出版社．

钱宁，张仁．1987．河床演变学[M]．北京：科学出版社．

邱从维．2009．生态格网生物护岸的探索与实践[J]．亚热带水土保持，6：39-41.

邱大洪．2004．工程水文学[M]．北京：人民交通出版社．

邱顺林，刘绍平，黄木桂，等．2002．长江中游江段四大家鱼资源调查[J]．水生生物学报，(6)：716-718.

邵万骏，刘长根，聂红涛，等．2014．人工鱼礁的水动力学特性及流场效应分析[J]．水动力学研究与进展(A 辑)，29(5)：580-585.

沈波．1997．丁坝局部冲刷的平面二维数学模型[J]．西安公路交通大学学报，(3)：31-36.

沈发容，张幸农，唐存本．1992．湘江下摄司滩群施工图设计方案模型试验研究报告[R]．南京：南京水利科学研究院．

荣学文．2003．丁坝的水毁机理及其平面二维水流数值模拟[D]．重庆：重庆交通学院．

宋玉普，冀晓东．2006．混凝土冻融损伤可靠度分析及剩余寿命预测[J]．水利学报，37(3)：259-263.

吴宋仁，陈永宽．1993．港口及航道工程模拟试验[M]．北京：人民交通出版社．

谭伦武，崔承章．2006．长江中游航道整治护滩带稳定性关键技术研究[R]．武汉：长江航道规划设计研究院．

唐存本．1963．泥沙起动规律[J]．水利学报，(2)：1-12.

唐存本．1978．复合糙率的研究[R]．天津：天津水运工程研究所．

唐存本，张幸农，张思和，等．1995．湘江下摄司河段航道整治与行洪关系[J]．水利水运科学研究，(4)：336-343.

唐衍力．2013．人工鱼礁水动力的实验研究与流场的数值模拟[D]．青岛：中国海洋大学．

童年虎，赵新建，刘燕，等．2009．黄河下游丁坝缩窄河道泥沙冲淤特性试验研究[J]．水利学报，40(6)：688-695.

王昌杰．2007．河流动力学[M]．北京：人民交通出版社．

汪德胜．1988．漫水丁坝局部冲刷的研究[J]．水动力学研究与进展，(2)：64-73.

王光谦，张红武．2005．游荡型河流演变与模拟[M]．北京：科学出版社．

王梅力，陈秀万，王平义，等．2015．长江上游边滩形态及与河道的关系[J]．武汉大学学报(工学版)，(4)：37-41.

王南海，张文捷，王玢．1999．新型护岸技术——四面六边透水框架群在江西护岸工程中的应用[J]．江西水利科技，25(1)：30-32.

王平义．1996．模糊数学在水科学与工程中的应用[M]．成都：成都科技大学出版社．

王平义，程昌华，荣学文，等．2004．航道整治建筑物水毁理论及模拟技术[M]．北京：人民交通出版社．

王平义，路鼎，杨渠锋，等．2015．新型生态环保型护岸工程结构形式研究报告[R]．重庆：重庆交通大学．

王平义，杨成渝，刘晓菲．2008．长江航道整治护滩建筑物模拟技术的研究[R]．重庆：重庆交通大学．

王伟峰．2009．心滩守护前后泥沙运动规律及冲刷变形特性研究[D]．重庆：重庆交通大学．

王延贵．1992．模型沙物理特性的试验研究及相似分析[J]．水利学报，(3)：74-84.

王延贵．2007．模型沙起动流速公式的研究[J]．水利学报，38(5)：518-523.

王远坤，夏自强．2010．长江中华鲟产卵场三维水力学特性研究[J]．四川大学学报(工程科学版)，42(1)：14-19.

王越．2012．河道不同生态护岸型式的适用性研究[D]．武汉：长江科学院．

王越，丁艳荣，范北林．2011．三峡工程蓄水后荆江河段河势变化及生态护岸研究[J]．长江流域资源与环境，20(Z1)：117.

邬华芝，郭海，丁高德平．2002．疲劳破坏寿命的概率统计方法研究综述[J]．强度与环境，29(4)：38-43.

吴望一．1992．流体力学[M]．北京：北京大学出版社．

吴义锋，吕锡武．2011．岸坡特定生态系统对河渠微型生物群落的影响[J]．东南大学学报(自然科学版)，(1)：154-158.

夏继红，严忠民．2004．国内外城市河道生态型护岸研究现状与发展趋势[J]．中国水土保持，3：20-21.

肖盛燮，王平义. 1993. 模糊数学与工程应用[M]. 成都：成都科技大学出版社.
徐华，夏意民. 2007. 潮汐河工模型三角块梅花形加糙试验研究及其应用[J]. 水利水运工程学报，(4)：55-61.
许足怀，赵志舟，陈健强，等. 2004. 弯曲河道桥区河段航道整治研究[J]. 水运工程，(9)：53-55.
杨吝，刘同渝. 2015. 我国人工鱼礁种类的划分方法[J]. 渔业现代化，(6)：22-25.
杨宇，严忠民，常剑波. 2007. 中华鲟产卵场断面平均涡量计算及分析[J]. 水科学进展，18(5)：701-705.
杨宇友，张钦喜，张在明，等. 2009. 量纲分析法在土工模型试验中的应用[J]. 北京工业大学学报，35(6)：785-788.
易伯鲁，余志堂，梁秩燊，等. 1988. 葛洲坝水利枢纽与长江四大家鱼[M]. 武汉：湖北省科学技术出版社.
应强. 1995. 淹没丁坝附近的水流流态[J]. 河海大学学报，(4)：62-68.
应强，曹民雄，邢素英. 1999. 丁坝坝头冲刷坑深度的研究[J]. 南昌水专学报，18(1)：16-20.
应强，焦志斌. 2004. 丁坝水力学[M]. 北京：海洋出版社.
喻涛. 2009. 心滩守护前后水力特性研究[D]. 重庆：重庆交通大学.
喻涛. 2013. 非恒定流条件下丁坝水力特性及冲刷机理研究[D]. 重庆：重庆交通大学.
喻涛，王平义，陈里，等. 2014. 非恒定流作用下丁坝局部冲刷研究[J]. 四川大学学报(工程科学版)，(3)：34-39.
余文畴，黎礼刚. 2006. 下荆江调关矶头护岸损坏原因初步分析[J]. 人民长江，(9)：37-43.
余文畴，卢金友. 2005. 长江河道演变与治理[M]. 北京：中国水利水电出版社.
袁丽蓉. 2006. 波流环境中垂向紊动射流的数值模拟研究[D]. 大连：大连理工大学.
幺亮，冯蕴雯. 2009. 三参数威布尔分布疲劳寿命分散系数确定方法[J]. 科学技术与工程，9(6)：1488-1493.
章平平，张志乐. 2001. 混凝土四面六边透水框架在坝下消能设计中的应用[J]. 水利技术监督，(2)：42-46.
曾子，周成，王雷光，等. 2013. 基于乔灌木根系加固及柔性石笼网挡墙变形自适应的生态护坡[J]. 四川大学学报（工程科学报），45(1)：63-66.
张海燕. 1993. 河流演变工程学[M]. 北京：科学出版社.
张红武. 1994. 黄河高含沙洪水模型的相似率[M]. 郑州：河南科学技术出版社.
张瑾. 2011. 植被对河道水力特性影响的研究[D]. 扬州：扬州大学.
张俊华. 1998. 河道整治及堤防管理[M]. 郑州：黄河水利出版社.
张可. 2012. 不同结构型式丁坝水流特性研究[D]. 重庆：重庆交通大学.
张四明，邓怀，汪登强，等. 2001. 长江水系鲢和草鱼遗传结构及变异性的 RAPD 研究[J]. 水生生物学报，(4)：324-330.
张少云，胡越高. 2005. 沅水四级航道跑马滩群整治工程设计[J]. 湖南交通科技，31(1)：102-103.
张玮. 2007. 生态型护岸水力糙率特性实验研究[D]. 南京：河海大学.
张曦. 2010. 基于景观生态学的重庆主城区滨江地带城市设计研究[D]. 重庆：重庆大学.
张新周，窦希萍，王向明，等. 2012. 感潮河段丁坝局部冲刷三维数值模拟[J]. 水科学进展，(2)：78-84.
张幸农. 1994. 常用模型沙及其特性综述[J]. 水利水运科学研究，(6)：45-51.
张秀芳. 2012. 非恒定流作用下丁坝水毁试验研究[D]. 重庆：重庆交通大学.
张秀芳，王平义，王伟峰，等. 2010. 软体排护滩带的护滩效果研究[J]. 水运工程，(12)：116-121.
张志华. 2012. 可靠性理论及工程应用[M]. 北京：科学出版社.
赵希坤. 1980. 鱼类克服流速能力的试验[J]. 水产学报，4(1)：31-37.
赵世强. 1989. 丁坝的冲刷机理和局部冲刷计算[J]. 重庆交通学院院报，(1)：16-24.
郑英，吴伶，赵德玉，等. 2012. 四面六边透水框架护滩结构效果水槽试验研究[J]. 水运工程，(11)：149-154.
周彬瑞，曹民雄，王秀红，等. 2006. 鱼骨坝工程刺坝最佳间距的研究[J]. 水运工程，(11)：74-78.
周明，何广水. 2008. 长江护岸工程现代化建设管理模式探讨[J]. 水利建设与管理，(1)：83-85.
周宜林. 2001. 淹没丁坝附近三维水流运动大涡数值模拟[J]. 长江科学院院报，(5)：29-32.
周银军，陈立，刘金，等. 2010. 桩式丁坝局部冲刷深度试验研究[J]. 应用基础与工程科学学报，18(5)：750-758.
周银军，刘焕芳，何光春，等. 2008. 透水丁坝局部冲淤规律试验研究[J]. 水利水运工程学报，(1)：61-64.
周跃. 2000. 植被与侵蚀控制：坡面生态工程基本原理探索[J]. 应用生态学报，11(2)：297-300.

朱伯芳. 2012. 论混凝土坝的使用寿命及实现混凝土坝超长期服役的可能性[J]. 水利学报, 43(1): 1-9.

朱军政, 林炳尧. 2003. 涌潮翻越丁坝过程数值试验初步研究[J]. 水动力学研究与进展(A辑), (6): 4-11.

左东启. 1984. 模型试验的理论和方法[M]. 北京: 水利电力出版社.

GB 50286-2013. 2013. 堤防工程设计规范[S]. 北京: 中国计划出版社.

JTJ 313-2003. 2004. 航道整治工程技术规程[S]. 北京: 人民交通出版社.

JTJ/T 232-98. 1999. 内河航道与港口水流泥沙模拟技术规程[S]. 北京: 人民交通出版社.

Albert M, Khaled K, Wu B S. 1998. Shear stress around vertical wall abutments[J]. Journal of Hydraulic Engineering, 124(8): 822-830.

Ansari S A. 2002. Influence of cohesion on scour around bridge piers[J]. Journal of Hydraulic Research, 4(6): 717-725.

Baine M. 2001. Artificial reefs: a review of their design, application, management and performance[J]. Ocean & Coastal Management, 44(3): 241-259.

Best J L, Reid I. 1984. Separation zone at open channel junctions[J]. Journal of Hydraulic Engineering, ASCE, 110(11): 1588-1594.

Carr M H, Hixon M A. 1997. Artificial reefs: the importance of comparisons with natural[J]. Fisheries, 22(4): 28-33.

Chang G K. 2001. Artificial reefs in Korea[J]. Fisheries, 26(12): 15-18.

Collins K J, Jensen A C. 1995. Stabilized coal ash artificial reef studies[J]. Chemistry & Ecology, 10(3): 193-203.

Crowder D W, Diplas P. 2002. Vorticity and circulation: spatial metrics for evaluating flow complexity in stream habitats[J]. Canadian Journal of Fisheries and Aquatic Sciences, 59(4): 633-645.

Guo Y. 2005. Numerical modeling of free overfall[J]. Journal of Hydraulic Engineering, 131(2), 134-138.

Gurram S K, Karki K S, Hager W H. 1997. Subcritical junction flow[J]. Journal of Hydraulic Engineering, ASCE, 23(2): 243-259.

Hager W H. 1989a. Supercritical flow in channel junctions[J]. Journal of Hydraulic Engineering, ASCE, 115(5), 595-616.

Hager W H. 1989b. Transitional flow in channel junctions[J]. Journal of Hydraulic Engineering, ASCE, 115(2): 243-259.

Hemphill R W, Bramley M E. 1999. Protection of River and Canal Banks[M]. London: Butterworth.

Janbu N. 1973. Slope stability computations[J]. Embankment Dam Engineering: 47-86.

Jensen A. 2002. Artificial reefs of Europe: perspective and future[J]. Ices Journal of Marine Science, 59(5): 3-13.

Jensen A C, Collins K J, Lockwood A P M. 2009. Artificial Reefs in European Seas[M]. Southampton: Kluwer Academic Publishers.

Kamil H M. 2002. Simulation of flow around piers[J]. Journal of Hydraulic Research, 40(2): 161-174.

Kouwen N. 1992. Modern approach to design of grassed channels[J]. J Irrig Drain Eng, 118(5): 713-743.

Kouwen N, Li R M, Simons D B. 1981. Flow resistance in vegetated waterways[J]. Trans ASCE, 24(3): 684-698.

Kuhnle R A, Alonso C V, Shields F D. 1999. Geometry of scour holes associated with 90 spur dikes[J]. Journal of Hydraulic Engineering, 125(9): 972-978.

Law S W, Reynolds A J. 1966. Diversion flow in an open channel[J]. Journal of Hydraulics Division, ASCE, 92(2): 207-231.

Leendertse J J. 1967. Aspects of the Computation Model for Long Period Wave Propagation[M]. California: Monica.

Lee J K, Roig L C, Jenter H L, Visser H M. 2004. Drag coefficients for modeling flow through emergent vegetation in the florida everglades[J]. Ecological Engineering, (22): 237-248.

Mareo G B, Nepf H M. 2002. Mixing layer and erherent struetures in vegetated aquatic flows[J]. Journal of Geo Physical Researeh, 107(CZ): 1-11.

Michue M, Hinokidani O. 1987. Local bed form around spur-dikes in alluvial channels[J]. Proceedings of 22th

IAHR, Lausanne, 316-321.

Moir H J, Soulsby C, Youngson A. 1998. Hydraulic and sedimentary characteristics of habitat utilized by Atlantic salm-on for spawning in the Girnock Burn, Scotland[J]. Fisheries Management and Ecology, 5(3): 241-254.

Naot D, Nezu I, Nakagawa H. 1996. Hydrodynamic behavior of partially vegetated open ehannels[J]. Journal of Hydraulic Engineering, 122(11): 625-633.

Nepf H M, Vivoni E R. 1999. Flow strueture in depth-limited, vegetated flow[J]. Joumal Of Geophysical Researeh, 35(2): 28547-28557.

Norikazu H, Akira W, Masafumi S. 2002. New type units for artificial reef development of eco-friendly artificial reefs and the effectiveness thereof[C]//30th PIANC-AIPCN Congress 2002, Sydney, N S W: Institution of Engineers: 886-899.

Olivier H. 1967. Through and overflow rock fill dams-new design techniques[J]. Proceedings of the Institution of Civil Engineers, 36(3): 433-471.

Ramamurthy A S, Carballada L B, Tran D M. 1988. Combining open channel flow at right-angeled junctions[J]. Journal of Hydraulic Engineering, ASCE, 11(12): 1449-1460.

Ramamurthy A S, Satish M G. 1988. Division of flow in short open channel branches[J]. Journal of Hydraulic Engineering, ASCE, 114(4): 428-438.

Robert E, Marian M. 2004. Scale effects in flume experiments on flow around a spur dike in flatbed channel[J]. Journal of Hydraulic Engineering, 130(7): 635-646.

Sempeski P, Gaudin P. 1995. Habitat selection by grayling-spawning habitats[J]. Journal of Fish Biology, 47(2): 256-265.

Taylor E H. 1944. Flow characteristics at rectangular open-channel junctio[J]. ASCE, 109: 893-912.

Vanmarcke E H. 1977. Probabilistic modeling of soil profiles[J]. Journal of the Geotechnical Engineering, ASCE, (103): 1227-1246.

Velaseo D, Bateman A, Redondo J M. 2001. De medina vano penehannel flowex perimental and theoretical study of resistance and turbulent charaeterization over flexibl evegetated linings[J]. Technical University Catalonia(UPC): 1167-1173.

Vogel S. 1994. Life in Moving Fluids: the Physical Biology of Flow[M]. 2nd ed. Princeton: Princeton University Press.

Vrengedenil C B, Wijbenga J H A. 1982. Computation of flow patterns in rivers[J]. ASCE, 108(11): 1296-1310.